高等职业教育土木建筑大类专业系列规划教材

U0269089

建 筑 结 构

杜绍堂 胡 瑛 ▣主 编

韩春秀 赵 霞 ▣副主编

清华大学出版社

北 京

内 容 简 介

本书吸收已有建筑结构精品课程建设成果,结合国家新型城镇化、海绵城市、绿色建筑、地下空间的开发利用、综合管廊、智能建筑、装配式建筑等新技术发展要求,根据现行建筑结构相关规范进行编写。全书共10章,基本内容包括:绪论、建筑结构设计方法、钢筋和混凝土的力学性能、钢筋混凝土受弯构件、钢筋混凝土受压构件、钢筋混凝土受拉与受扭构件、预应力混凝土构件、钢筋混凝土楼盖、多层及高层钢筋混凝土结构、砌体结构。本书配备相应教学资源。

本书可作为高职高专土建类相关专业建筑结构课程的教材,也可供相关工程技术人员参考使用。

图书在版编目(CIP)数据

建筑结构/杜绍堂,胡瑛主编. —北京:清华大学出版社,2018
(高等职业教育土木建筑大类专业系列规划教材)
ISBN 978-7-302-49103-3

Ⅰ. ①建…　Ⅱ. ①杜…②胡…　Ⅲ. ①建筑结构—高等职业教育—教材　Ⅳ. ①TU3

中国版本图书馆 CIP 数据核字(2017)第 301366 号

责任编辑:杜　晓
封面设计:曹　来
责任校对:李　梅
责任印制:王静怡

出版发行:清华大学出版社
　　　网　　　址:http://www.tup.com.cn,http://www.wqbook.com
　　　地　　　址:北京清华大学学研大厦 A 座　　　　　邮　　编:100084
　　　社 总 机:010-62770175　　　　　　　　　　　　邮　　购:010-62786544
　　　投稿与读者服务:010-62776969,c-service@tup.tsinghua.edu.cn
　　　质量反馈:010-62772015,zhiliang@tup.tsinghua.edu.cn
　　　课件下载:http://www.tup.com.cn,010-62770175-4278
印 装 者:三河市金元印装有限公司
经　　销:全国新华书店
开　　本:185mm×260mm　　　印　张:20.5　　　　　字　　数:498 千字
版　　次:2018 年 1 月第 1 版　　　　　　　　　　　印　　次:2018 年 1 月第 1 次印刷
印　　数:1~2000
定　　价:55.00 元

产品编号:077335-01

前 言

本书结合国家新型城镇化、海绵城市、绿色建筑、地下空间的开发利用、综合管廊、智能建筑、装配式建筑等新技术发展要求,根据《混凝土结构设计规范》《砌体结构设计规范》等最新规范进行编写。

本书在编写过程中,充分考虑了传统教学与项目教学的特点,在尊重知识系统性与完整性的同时,吸收已有精品课程的教学成果、新知识和新技能,注重学生技能的培养,做到理论够用为度;在讲清建筑结构基本概念、基本计算思路和构造的同时,结合工程实例,加强学生工程技能的训练。本书根据信息化课程建设的要求,配备了相应的课程教学资源,可以用手机扫描相应二维码在线观看。

本书由杜绍堂、胡瑛任主编,韩春秀、赵霞任副主编。编写分工是:昆明冶金高等专科学校胡瑛编写第1章~第3章,云南民族大学韩春秀编写第4章,昆明冶金高等专科学校郭宇丰编写第5章,浙江工商职业技术学院徐卫星编写第6章,云南建设投资控股集团有限公司金琰编写第7章,昆明冶金高等专科学校赵霞编写第8章,昆明冶金高等专科学校杜绍堂编写第9章,昆明工业职业技术学院张美佳编写第10章,全书由杜绍堂、胡瑛统稿。

由于编者水平有限,书中不妥之处在所难免,恳请读者批评指正。

编 者

2017 年 11 月

目 录

第 1 章 绪论

1.1 建筑结构的组成与分类

建筑结构是指房屋中承受和传递荷载的部分,如梁、板、柱、基础等构件,如图 1-1 所示。建造建筑结构可以采用混凝土结构、砌体结构、钢结构和木结构,本书主要介绍混凝土结构和砌体结构。

板

梁

柱

图 1-1 建筑结构

1.1.1 混凝土结构

混凝土结构分为素混凝土结构、钢筋混凝土结构和预应力混凝土结构三类。

1. 素混凝土结构

素混凝土:由水泥、砂、石、水组成,属脆性结构,抗压强度较高,抗拉强度较低。例如素混凝土梁(图 1-2),梁受力后中性轴以上受压、中性轴以下受拉,一裂即坏,承载能力较低,破坏突然,没有预告,属脆性破坏。

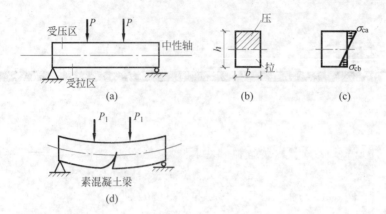

图 1-2　素混凝土结构

2. 钢筋混凝土结构

在素混凝土梁的受拉区配置受拉钢筋(图 1-3),则梁受拉区混凝土开裂后,混凝土承担的拉力会全部转嫁给钢筋来承担,而钢筋的抗拉、抗压强度都很高,这样就形成了钢筋在受拉区承担拉力为主,而混凝土在受压区承担压力为主的格局,这样就可充分发挥钢筋和混凝土两种材料的性能,当受拉钢筋受拉屈服,受压混凝土被压碎时,梁才会发生破坏。破坏有明显预告,属塑性破坏。

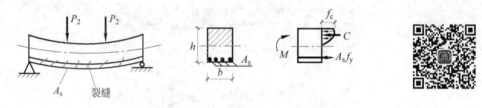

图 1-3　钢筋混凝土结构

钢筋与混凝土协同工作的原理:钢筋和混凝土是两种不同的材料,二者之所以能结合在一起协同工作,共同变形,主要原因如下。

(1) 黏结力。混凝土结硬后,与钢筋紧紧地结合在一起,二者之间形成黏结力,相互传力,共同工作。

(2) 二者的温度线膨胀系数接近。钢筋的温度线膨胀系数是 $1.2 \times 10^{-5}/℃$,混凝土的温度线膨胀系数是 $(1.0 \sim 1.5) \times 10^{-5}/℃$,二者数值接近,在温度变化时,它们将共同变形,即同时热胀冷缩。

钢筋混凝土结构比素混凝土结构具有较高的承载力和较好的受力性能,同时还具有以下优点。

(1) 就地取材。混凝土材料中,砂、石是主要材料,易于就地取材。此外还可采用工业废料,保护环境。

(2) 耐久性好。混凝土的化学稳定性好,同时钢材埋在混凝土中,受混凝土保护,不易锈蚀。

(3) 耐火性好。混凝土属难燃烧材料,传热性能差,同时钢筋埋在混凝土中,受混凝土保护,不易升温软化。

（4）整体性好。现浇钢筋混凝土结构整体性较好，抗震能力较好。

（5）可模性好。钢筋混凝土结构可以根据需要的形状和尺寸进行浇注以满足工程结构的需要。

（6）与钢结构相比，可节约钢材。

钢筋混凝土结构也存在以下缺点。

（1）自重大。钢筋混凝土结构的容重达到 $25kN/m^3$。对高层建筑和大跨度结构会形成肥梁胖柱，占用过多房屋的使用面积和净空间，影响房屋的使用。

（2）抗裂性差。混凝土抗拉强度较低，易裂，影响结构的耐久性和美观。钢筋混凝土结构是带裂缝工作的结构，但裂缝较多，较宽时容易给人造成不安全感。

（3）费工、费模板、周期长。钢筋混凝土结构的施工工艺包括绑扎钢筋、支模板、浇注、养护等工序，生产周期长，施工进度和质量受环境和季节的影响。

（4）补强修复困难。若出现露筋、蜂窝麻面、混凝土强度不足等质量问题时，补强修复较困难。

3. 预应力混凝土结构

普通钢筋混凝土结构构件的受拉区由于混凝土抗拉强度低，容易开裂，导致构件刚度降低、变形加大，影响结构的正常使用。另一方面高强度钢筋得不到充分利用，因为在普通钢筋混凝土结构中，即使采用高强度钢筋，但由于与混凝土受压强度不协调，在遭到破坏时高强度钢筋的强度还没有被充分利用，构件就可能因受压混凝土强度不足而被压碎破坏了。如果在结构构件承受外荷载作用前，预先对构件的受拉区施加预压力，这样当外荷载作用时，就要先抵消掉受拉区的预压力，混凝土才能受拉，从而延缓了裂缝的出现，减小了裂缝宽度，同时高强度钢材也能得到充分利用。这种在构件承受外荷载前预先对受拉区混凝土施加预压应力的结构称为预应力混凝土结构。

1.1.2 砌体结构

砌体结构是块材（砖、石、砌块）和砂浆砌筑而成的结构。在多层建筑中主要应用于房屋的墙、柱等主要承重构件，在高层建筑中则主要应用于填充墙等非承重构件。砌体结构具有以下优点。

（1）材料来源广。天然的石材、砂浆，制砖的黏土和工业废料具有地方性特点，材料来源广，取材方便，可就地取材。

（2）耐久性好。砖石等材料具有良好的化学稳定性和大气稳定性，抗腐蚀、抗风化、抗冻融能力强。

（3）耐火性好。砌体结构材料同样属难燃烧材料，传热性能差，结构稳定性好，可用作防火墙，阻止或延缓火灾的蔓延。

（4）节约材料、造价低。与混凝土结构相比，其水泥、钢材、木材用量大大减少，可降低成本，节约材料。

（5）施工简单，可连续施工。砌体结构施工主要是手工砌筑，技术容易掌握和普及，不需要特殊的设备。同时新砌体能承受一定的施工荷载，可连续施工。

砌体结构也存在以下缺点。

（1）自重大、强度低。砌体结构自重大，抗拉、抗剪强度低，承载力差，一般应用于不超过 10 层的建筑中。

（2）整体性差。由于砂浆与砖石等块体间的黏结力较弱，造成结构的整体性较差，抗震能力较差。

（3）砌筑工作量大。由于砖、石、砌块的体积较小，需人工砌筑，因此砌筑工作量大、劳动强度高。

（4）与农田争土地。烧制黏土砖需要较好的黏土，占用农田，与农田争土地，影响农业生产。

1.1.3　钢结构

由钢板、热轧型钢或冷加工成型的薄壁型钢以及钢索为主要材料建造的工程结构，称为钢结构。其基本构件是拉杆、压杆、梁、柱、桁架等，各构件或部件间采用焊接、铆接或螺栓连接等方式连接。钢结构具有以下优点。

1）重量轻

钢材与混凝土相比，虽然质量密度较大，但其屈服点较混凝土的抗压强度要高得多，其质量密度与屈服点的比值相对较低。在承载力相同的条件下，钢结构与钢筋混凝土结构相比，构件较小，重量较轻，便于运输和安装。钢材质地均匀，各向同性，弹性模量大，有良好的塑性和韧性，为理想的弹塑性体，完全符合目前所采用的计算方法和基本理论。

钢材容重大，强度高，但做成的结构却比较轻。可以用结构的轻质性系数 α 来描述。

$$\alpha = \frac{材料密度\ \rho}{材料屈服高度\ f_y}$$

α 值越小，结构相对越轻。

建筑钢材：$\alpha = 1.7 \sim 3.7 \times 10^{-4}\text{m}$；钢筋混凝土：$\alpha = 18 \times 10^{-4}\text{m}$。

以同样跨度承受同样的荷载，钢屋架的重量是钢筋混凝土屋架的 1/4～1/3，冷弯薄壁型钢屋架甚至接近 1/10。

2）生产、安装工业化程度高，施工周期短

钢结构生产具备成批大件生产和高度准确性的特点，可以采用工厂制作、工地安装的施工方法，所以其生产作业面多，可缩短施工周期，进而为降低造价、提高效益创造条件。

3）密闭性能好

钢材本身组织非常致密，当采用焊接连接，甚至螺栓连接时都可以做到完全密封不渗漏。因此一些要求气密性和水密性较高的压力容器、油罐、气柜、管道等板壳结构都采用钢结构。

4）抗震及抗动力荷载性能好

钢结构因自重轻、质地均匀，具有较好的延性，因此抗震及抗动力荷载性能好。

钢结构具有以下缺点。

1）耐热性好，但防火性差

温度在 200℃ 以内，钢的性质变化很小，温度超过 200℃ 后，材质变化较大，不仅强度总趋势逐步降低，还有蓝脆和徐变现象。当温度达 600℃ 时，钢材进入塑性状态已不能承载。因此，设计规定钢材表面温度超过 150℃ 后即需加隔热防护，对有防火要求者，更需按相应规定采取隔热保护措施。当防火设计不当或者当防火层处于破坏的状况下,有可能产生灾难性的后果。

2) 钢结构抗腐蚀性较差

钢结构的最大缺点是易于锈蚀。新建造的钢结构一般都需仔细除锈、镀锌或刷涂料。以后隔一段时间需重新刷涂料,这就使钢结构维护费用比钢筋混凝土结构高。目前国内外正在发展不易锈蚀的耐候钢,可大量节省维护费用,但还未能广泛采用。随着高科技的发展,钢结构易锈蚀、防火性能比混凝土差的问题将逐渐得到解决。一方面从钢材本身解决,如采用耐候钢和耐火高强度钢;另一方面是采用高效防腐涂料,特别是防腐、防火合一的涂料解决。

1.2 建筑结构的应用和发展情况

1.2.1 混凝土结构的应用和发展情况

混凝土结构是 20 世纪随着水泥的发明和现代钢铁工业的发展而发展起来的。1824 年,英国人 J. Aspdin 发明了波特兰水泥,为混凝土的诞生奠定了基础。1850 年,法国人 Joseph Louis Lambt 用水泥砂浆涂在钢丝网的两面做成了小船,形成了最早的钢筋混凝土结构。1868 年,法国花匠 J. Monier 用钢丝做骨架,然后在钢丝骨架外面抹上水泥,制成了美观坚固的花盆,并获得了专利。后来他又申请了钢筋混凝土板、管道、拱桥等专利,尽管他不懂钢筋混凝土结构的受力原理,甚至将钢筋配置在板的中部,但他却被公认为是钢筋混凝土结构的发明者。1884 年德国人 Wayss Bauschingger 和 Koenn 等提出了钢筋应配置在构件中受拉力的部位和钢筋混凝土板的计算理论。1872 年,世界第一座钢筋混凝土建筑在纽约落成,人类历史上一个崭新的纪元从此开始,从此混凝土结构被广泛应用于梁、板、柱、基础等结构构件中。近年来应用和发展较迅速,主要体现在以下几方面。

材料方面 目前我国混凝土结构采用 C15~C80 混凝土。高性能混凝土的研究也取得了较大进展,我国已制成 C100 级混凝土,国外制成 C200 级混凝土。为了减轻结构自重,充分利用工业废料,我国大力发展轻集料混凝土,如浮石混凝土、陶粒混凝土等,其自重为 14~18kg/m³,与普通混凝土相比可减少自重 10%~30%。此外,各种纤维混凝土的应用,大大改善了混凝土抗拉性和延伸性差的缺点。钢材方面,我国 2016 年钢材产量压缩产能后为 8.084 亿吨,占全球钢产量的 50%(2016 年,全球钢铁产量超过 16 亿吨),居世界首位。高强度钢材 HRB500 和强度达到 1960N/m³ 的预应力钢绞线得到广泛应用,为混凝土结构在高层建筑、高耸建筑和大跨度桥梁等方面的应用创造了条件。

结构方面 钢—混凝土组合结构是近年来的发展方向之一。如压型钢板—混凝土组合而成的组合楼盖、型钢—混凝土组合而成的组合梁及钢管混凝土柱等。另外,预应力混凝土结构近年来发展也比较迅速,特别是无黏结部分预应力混凝土结构。无黏结筋由单根或多根高强钢丝、钢绞线或钢筋沿全长涂抹防腐蚀油脂并用聚乙烯热塑管包裹而成,像普通钢筋一样敷设,然后浇筑混凝土,待混凝土达到规定的强度后进行张拉和锚固。省去了传统预应力混凝土的复杂施工工序,缩短了工期,降低了造价。

设计理论方面 在设计理论方面,从 1955 年我国有了第一批建筑结构设计规范至今,建筑结构设计规范已经修订了五次。现行《混凝土结构设计规范》(GB 50010—2010)(2015 版)

就是在总结 50 多年的丰富工程实践经验、设计理论和最新科学研究成果的基础上编制的。它采用以概率理论为基础的极限状态法，从对结构仅进行线性分析发展到对结构进行非线性分析；从对结构侧重安全发展到全面侧重结构的性能，更加严格地控制了裂缝和变形。随着对混凝土弹塑性性能的深入研究，现代测试技术的发展及计算机的广泛应用，混凝土结构的计算理论和设计方法将向更高阶段发展。

　　在混凝土结构应用方面，工业建筑的单层和多层厂房已广泛采用了钢筋混凝土结构；在民用和公共建筑中钢筋混凝土结构在住宅、旅馆、剧院、体育馆等建筑中得到广泛应用。此外，钢筋混凝土结构在桥梁工程、水工及港口工程、地下工程、海洋工程、国防工程及特种结构中得到广泛应用。尤其是近年来钢筋混凝土高层建筑发展迅速。

 小知识：钢筋混凝土高层建筑

　　位于阿拉伯联合酋长国迪拜的哈利法塔(又称迪拜塔)(图 1-4)于 2010 年 1 月 4 日建成，共 162 层，建筑总高度 828m，其中混凝土结构高度为 601m，是目前世界上最高的钢筋混凝土建筑。我国上海中心大厦(图 1-5)2016 年建成，共 118 层，建筑总高度 632m，混凝土结构高度 580m，目前是我国第一高楼。正在建设的武汉绿地中心(图 1-6)，建筑总高度 606m。

图 1-4　哈利法塔(迪拜塔)

图 1-5　上海中心大厦

图 1-6　武汉绿地中心(建设中)

1.2.2　砌体结构的应用和发展情况

砌体结构在我国的应用历史悠久,我国考古发掘资料表明,在新石器时期(4500—6000 年前),已有地面木架建筑和木骨泥墙建筑。公元前 20 世纪时(约夏代),出现了夯土构筑的城墙。殷代(公元前 1388—公元前 1122 年),出现了用黏土砖(土坯砖)砌筑的房屋。西周时期(公元前 1122—公元前 771 年)出现了黏土烧制成型的瓦。战国时期(公元前 403—公元前 221 年),出现了黏土烧制而成的大尺寸空心砖,秦汉时期黏土砖和瓦得到了广泛应用,历史上有著名的万里长城(图 1-7)、河北赵县李春建造的安济桥(图 1-8,建于隋代,距今约 1400 年,净跨 37.02m,券高 7.23m,桥面宽 9.6m,桥长 50.82m)等。

图 1-7　万里长城

图 1-8　河北赵县安济桥(又称赵州桥)

国外,采用石材和砖建造各种建筑物也有着悠久的历史。古希腊在发展石结构方面做出了重要的贡献。埃及的金字塔(图 1-9)和我国的万里长城一样,因其气势宏伟而举世闻名。公元前 432 年建成的帕提农神庙(图 1-10),比例匀称,庄严和谐,是古希腊多立克柱式建筑的最高成就。公元前 80 年建成的古罗马庞培城角斗场(图 1-11),规模宏大,功能完善,结构合理,景观宏伟,其形制对现代的大型体育场仍有着深远的影响。6 世纪在君士坦丁堡(今土耳其伊斯坦布尔)建成的索菲亚大教堂(图 1-12),为砖砌大跨结构,东西长 77.0m,南北长 71.7m,具有很高的水平。古罗马建筑依靠高水平的拱券结构获得宽阔的内部空间,能满足各种复杂的功能要求。始建于 1173 年的著名的意大利比萨斜塔(图 1-13)塔高 58.36m,以其大角度的倾斜(现倾斜约 5°30′)而闻名。1163 年始建、1250 年建成的巴黎圣母院(图 1-14),宽约 47m,进深约 125m,内部可容纳近万人,它立面雕饰精美,为法国哥特式教堂的典型。1889 年,在美国芝加哥由砖砌体、铁混合材料建成的第一幢高层建筑 Monadnock,17 层,高 66m。

19 世纪水泥发明以后,砌体结构在工业与民用建筑中进一步得到了广泛应用,如住宅、桥梁、公共建筑等房屋的建造。1949 年新中国成立后,我国制成了 240mm×115mm×53mm 标准砖,随着砌体结构材料的进步和设计理论的不断完善,砌体开始应用于特种结构,如水池、烟囱、水坝、水槽、料仓及小型桥涵等,房屋建筑的砌筑高度也得到较大发展,大量应用于单层、多层房屋(图 1-15 和图 1-16),具体应用和发展表现在以下方面。

图1-9　埃及金字塔

图1-10　帕提农神庙

图1-11　古罗马庞培城角斗场

图1-12　索菲亚大教堂

图1-13　意大利比萨斜塔

图1-14　巴黎圣母院

图 1-15　2层砌体结构房屋(别墅)

图 1-16　7层砌体结构房屋

材料和结构方面　具体表现在新材料、新技术和新型结构形式的采用。在新材料方面，包括混凝土空心砌块、硅酸盐和泡沫硅酸盐砌块、各种材料的大型墙板，以及非承重空心砖的采用和不断改进；在新技术方面，包括振动砖墙板、各种配筋砌体(含预应力空心砖楼板)、预应力砖砌圆形水池及钢丝网水泥与砖砌体组合而成的圆水池等；在新型结构方面，包括各种形式的砖薄壳结构。

设计理论方面　根据大量的试验和调查研究资料，1973年我国颁布了第一部《砖石结构设计规范》(GBJ 3—1973)，从而结束了我国长期沿用外国规范的历史，该规范提出了一系列适合我国国情的各种强度计算公式、偏心受压构件计算公式和考虑风荷载下砖砌体房屋空间工作的计算方法等。1988年我国颁布了《砌体结构设计规范》(GBJ 3—1988)，其特点是采用了以近似概率理论为基础的极限状态设计法，统一了各种砌体的强度计算公式，将偏心受压计算中的三个系数综合为一个系数，对局部受压的计算进行了较为合理的改进，提出了墙梁、挑梁计算的新方法，并将单层房屋的计算推广到多层房屋。2002年我国颁布了《砌体结构设计规范》(GB 50003—2001)，是在1988年规范的基础上经过全面修订而成，修订后的规范，注入了新型砌体材料的内容，并对原有的砌体结构设计方法作了适当的调整和补充。2011年我国颁布了《砌体结构设计规范》(GB 50003—2011)，使砌体结构设计规范更为完善和先进。

小知识：砌体结构的发展趋势

- 采用轻质高强砌体材料，如空心砖可大大减轻结构的自重，高强度砖和高强砂浆的研究和采用，砖的强度可达200MPa，大大提高了砌体结构的强度。
- 采用配筋砌体和组合砌体。在砌体水平灰缝中配置钢筋网，可提高砌体结构的整体性，提高房屋的抗震性能。
- 采用工业废料，如粉煤灰、炉渣、煤矸石等，制作硅酸盐砖、加气硅酸盐砌块或煤渣混凝土砌块等，这样既处理了工业废料，又避免了黏土砖与农田争土地的矛盾，我国2007年禁止使用实心黏土砖，进一步促进了工业废料的利用与发展。

- 大型墙板的采用,用作建筑的内外墙,形成装配式建筑,由于其大部分工作在工厂进行,为建筑工业化创造了有利条件。具有施工机械化程度高、工期短、现场用工少、湿作业少、受季节影响小等优点。20世纪80年代以来,各国均从构件定型化、产品系列化和组合多样化方面入手,扩大使用功能。发展大开间,采用多功能一次成型带饰面的外墙板,使用轻质材料,改进连接,缩短工期,为扩大装配式建筑的适用范围创造条件。

1.2.3　钢结构的应用和发展

1. 钢结构的应用

钢结构的应用范围与特点和钢材供应情况密切相关。我国20世纪60—70年代,钢材供应短缺,节约钢材、少用钢材成为当时的首要任务,致使钢结构的应用范围受到很大限制。20世纪80年代以来,钢产量逐年提高,钢材品种不断增加,钢结构应用范围不断扩大。目前,钢结构常用于大跨度、超高、过重、振动、密闭、高耸、空间和轻型的工程结构中,其应用范围大致为下列几种。

1) 厂房结构

对于单层厂房一般用于重型、大型车间的承重骨架。例如冶金工厂的平炉车间,重型机械厂的铸钢车间、锻压车间等。通常由檩条、天窗架、屋架、托架、柱、吊车梁、制动梁(桁架)、各种支撑及墙架等构件组成。

2) 大跨度结构

体育馆、影剧院、大会堂等公共建筑以及飞机装配车间或检修库等工业建筑要求有较大的内部自由空间,故屋盖结构的跨度很大,减轻屋盖结构自重成为结构设计的主要问题,因此采用材料强度高且重量轻的钢结构。其结构体系主要有框架结构、拱架结构、网架结构、悬索结构、预应力钢结构等。如2008年北京奥运会主体馆"鸟巢",钢结构总重4.2万吨,最大跨度343m,外形结构主要由巨大的门式钢架组成,共有24根桁架柱,柱距为37.96m,使用Q460规格的钢材;钢板厚度达到110mm。

3) 多层、高层结构

对于高层建筑来说,当层数多、高度大时,常常采用钢结构,如酒店、公寓等高层建筑。

高层钢结构建筑作为一个城市标志性建筑,北京、上海在建和新建成的高层钢结构就达到十余幢。如:上海中心大厦(632m)、上海环球金融中心(101层、492m,用钢量6.5万吨);北京电视中心(建筑面积18.3万m^2,41层,高度为227.05m,用钢量3.8万吨);国贸中心三期(建筑面积54万m^2、高度为330m);央视新大楼(建筑面积5万m^2、高度为234m、用钢量12.8万吨)等。

4) 高耸构筑物

高耸结构包括塔架和桅杆结构,如高压输电线路塔架,广播和电视发射用的塔架和桅杆,多采用钢结构,这类结构的特点是高度高,主要承受风荷载,采用钢结构可以减轻自重,方便架设和安装,并因构件截面小而使风荷载大大减小,从而获得更大的经济效益。

如巴黎埃菲尔铁塔,高320.7m,塔身为钢架镂空结构,重达9000吨,共用了1.8万余个金属部件,以100余万个铆钉铆成一体,全靠四条粗大的用水泥浇灌的塔墩支撑。全塔分为

3层：第1层高57m，第2层高115m，第3层高276m。每层都设有带高栏的平台，供游人眺望那独具风采的巴黎市区美景。

5）密闭压力容器

用于要求密闭的容器，如大型储液库、天然气储气罐、煤气柜库等，要求能承受较大的内力，另外温度急剧变化的高炉结构、输油输气管道等均采用钢结构。

6）移动结构

钢结构不仅重量轻，还可以用螺栓或其他便于拆装的手段来连接，需要搬迁或移动的结构，如流动式展览馆和活动房屋，采用钢结构最适宜。另外，钢结构还广泛用于水工闸门、桥式吊车和各种塔式起重机、缆绳起重机等。

7）桥梁结构

钢结构广泛应用于中等跨度和大跨度的桥梁结构中，如武汉长江大桥和南京长江大桥均为钢结构，其难度和规模举世闻名。上海南浦大桥、杨浦大桥为钢结构的斜拉桥。"十一五"前三年平均新建桥梁3万座/年，年平均用钢量1300万吨，香港昂船洲大桥（长1018m）和苏通长江大桥（长1088m）位居世界最大斜拉桥的前列。

8）轻钢结构

轻钢结构用于跨度较小，屋面较轻的工业和商业用房，常采用冷弯薄壁型钢、小角钢、圆钢等焊接而成。轻型钢结构因具有用钢量省、造价低、供货迅速、安装方便、外形美观、内部空旷等特点，近年得到迅速的发展。

9）住宅钢结构

用钢结构建造的住宅重量是钢筋混凝土住宅的1/2左右，可满足住宅大开间的需求，使用面积比钢筋混凝土住宅提高4％左右。钢材可以回收，建造和拆除时对环境污染较少，符合推进住宅产业化发展节能省地型住宅的国家政策。国务院1999第72号文件明确提出要发展钢结构住宅，扩大钢结构住宅的市场占有率。目前钢结构住宅已得到广泛应用。

2. 钢结构的发展

钢结构是由生铁结构逐步发展起来的，中国是最早用铁制造承重结构的国家。远在秦始皇时代（公元前200多年），就有了用铁建造的桥墩。

我国工程技术人员在金属结构方面创造了卓越的成就，1927年建成了沈阳皇姑屯机车厂钢结构厂房，1928—1931年建成了广州中心纪念堂圆屋顶，1934—1937年建成了杭州钱塘江大桥等。

20世纪50年代后，钢结构的设计、制造、安装水平有了很大提高，建成了大量钢结构工程，有些在规模上和技术上已达到世界先进水平。如采用大跨度网架结构的首都体育馆、上海体育馆、深圳体育馆，大跨度三角拱形式的西安秦始皇陵兵马俑陈列馆，悬索结构的北京工人体育馆、浙江体育馆，高耸结构的200m广州广播电视塔、上海的东方明珠广播电视塔高420m，板壳结构中有效容积达54 000m³的湿式储气柜等。

钢结构高层建筑近年来如雨后春笋般拔地而起，发展迅速。我国20世纪80年代建成的11幢钢结构高层建筑最高为208m，90年代建造或设计的钢结构高层建筑最高的超过400m，21世纪已超过600m。大跨空间钢结构最先让人们了解的是网架工程，其发展的速度较快，计算也比较成熟，国内有许多专用网架计算和绘图程序，是其迅速发展的重要原因。悬索及斜拉结构、膜和索膜结构在国内应用也较多，主要用于体育馆、车站等大空间公共建筑中。其他大跨度空间钢结构还包括立体桁架、预应力拱结构、弓式结构、悬吊结构、网格结构、索杆杂交结构、索穹顶结构等,在全国各地均有实例。

轻钢结构是近十年来发展最快的。在美国采用轻钢结构占非住宅建筑投资的50%以上。这种结构工业化、商品化程度高,施工快,综合效益高,市场需求量很大,已引起结构设计人员的注意。轻钢住宅的研究开发已在各地试点,是轻钢结构发展的一个重要方向,目前已经有多种的低层、多层和高层的设计方案和实例。因其具有大跨度、大空间,分隔使用灵活,而且施工速度快、抗震有利的特点,必将对我国传统的住宅结构模式产生较大影响。

将近40年来的改革开放和经济发展,我国许多城市已经建成了大量的钢结构建筑,这为钢结构体系的应用创造了极为有利的发展环境。

首先,从发展钢结构的主要物质基础来看,自1996年开始我国钢材的总产量就已超过1亿吨,2016年我国钢材产量是8.084亿吨,占全球钢产量的50%以上,居世界首位。随着钢材产量和质量的持续提高,其价格正逐步下降,钢结构的造价也相应有较大幅度的降低。与之相应的是,钢结构配套的新型建材也得到了迅速发展。其次,从发展钢结构的技术基础来看,普通钢结构、薄壁轻钢结构、高层民用建筑钢结构、门式刚架轻型房屋钢结构、网架结构、压型钢板结构、钢结构焊接和高强度螺栓连接、钢与混凝土组合楼盖、钢管混凝土结构及钢骨(型钢)混凝土结构等方面的设计、施工、验收规范规程及行业标准已发行20余部。有关钢结构的规范规程的不断完善为钢结构体系的应用奠定了必要的技术基础,为设计提供了依据。第三,从发展钢结构的人才素质来看,经过40多年的发展,专业钢结构设计人员已经形成一定的规模,而且他们的专业素质在实践中得到不断提高。而随着计算机在工程设计中的普遍应用,国内外钢结构设计软件发展迅猛,软件功能日臻完善,为协助设计人员完成结构分析设计,施工图绘制提供了极大的便利条件。

随着社会分工的不断细化,钢结构设计也必将走向专业化发展的道路。专业钢结构设计也可弥补由于不熟悉钢结构形式而无法优化结构设计方案的问题。

1.3 建筑结构课程的学习目标与方法

1.3.1 建筑结构课程的学习目标

建筑结构是建筑工程技术专业的主要专业课之一,学习目标是:掌握建筑结构的基本概念,基本理论及构造要求,能进行一般工业与民用建筑结构的设计,并具有绘制和识读结构施工图的能力,为将来从事建筑结构基本设计、建筑工程施工及管理工作打下坚实基础。

1.3.2 建筑结构课程要解决的问题

建筑结构课程不仅要解决建筑结构的强度和变形的计算问题,而且要进一步解决构件的设计问题,包括结构方案、构件选型、材料选择、荷载计算、内力计算、强度和变形、构造要求等,是一个综合性的问题。同一个问题往往有多种可能的解决办法,学习时要注意培养对多种因素进行综合分析和综合应用的能力。

1.3.3 建筑结构课程的学习方法

1. 注重基本公式的学习和应用

该课程的计算公式是建立在大量的试验基础上的,学习时要了解试验建立理论的方法,注意公式的适用范围和条件,重点掌握基本公式的概念和应用,做到能应用基本公式解决工程实际问题,而对于公式的复杂推导过程可不必掌握。

2. 注重材料的特性

混凝土与砌体结构是由不同材料构成的组合体,且材料是弹塑性材料,这与单一均质弹性材料建立的力学计算公式不同,而钢结构则是单一均质弹塑性材料组成的结构,学习中要注意它们的区别。

3. 注重培养综合分析问题的能力

结构问题的答案往往不是唯一的,即使是同一构件在给定荷载作用下,其截面形式、截面尺寸、配筋方式和数量都可以有多种答案。这时,往往需要综合考虑适用、材料、造价、施工等多方面的因素,才能做出合理选择。

4. 注重构造的学习

现行结构实用计算方法一般只考虑了荷载作用,其他影响,如混凝土收缩、温度影响及地基不均匀沉降等,难以用计算公式表达。有关规范根据长期工程实践的经验,总结出了一些构造措施来考虑这些因素的影响。所谓构造措施,就是对结构计算中未能详细考虑或难以定量计算的因素所采取的技术措施,它与结构计算是结构设计中相辅相成的两个方面。因此,学习时不但要重视各种计算,还要重视构造措施,设计时必须满足各项构造要求。但除常识性构造规定外,不能死记硬背,应该着重于理解。

5. 注重课程的实践性特点

一方面要学习本课程的基本理论和基础知识,进行结构的基本设计,解决设计中的构造问题;另一方面要结合施工现场、预制构件厂的现场学习以及作业和课程设计等实践环节,积累工程经验。

6. 注重结合现行规范进行课程的学习

本课程的学习,一定要熟悉和重视国家最新规范、标准和规程,如《工程结构可靠度设计统一标准》(GB 50153—2008)、《建筑结构荷载规范》(GB 50009—2012)、《建筑结构制图标准》(GB/T 50105—2010)、《房屋建筑制图统一标准》(GB/T 50001—2010)、《混凝土结构设计规范》(GB 50010—2010)(2015 版)、《砌体结构设计规范》(GB 50003—2011)等,掌握建筑结构最新理论和计算方法。

本课程与建筑材料、建筑识图与构造、建筑力学、建筑施工技术等课程密切相关,学习时要注意它们之间的关系,做到融会贯通。

本 章 小 结

1. 混凝土结构包括素混凝土结构、钢筋混凝土结构及预应力混凝土结构。

2. 在钢筋混凝土受弯构件中,通常是混凝土承受压力、钢筋承受拉力,钢筋与混凝土两种材料的强度均得到充分利用，大大提高了构件的承载力，特殊情况下也可用钢筋协助混凝土承受压力。

3. 钢筋和混凝土是两种性质不同的材料，之所以能有效地共同工作，是由于钢筋和混凝土之间有着可靠的黏结力，钢筋和混凝土两种材料的温度线膨胀系数大致相同，另外钢筋外边有一定厚度的混凝土保护层，可以防止钢筋锈蚀而保证了结构的耐久性。

4. 钢筋混凝土结构具有强度高、刚度大、可模性、整体性、耐久性、耐火性好，承载力高、抗震性能好等优点，广泛用于高层住宅、旅馆、写字楼、剧院、体育馆、单层和多层厂房，以及桥梁工程、水工及港口工程、地下工程、海洋工程、国防工程及特种结构中。但是混凝土材料自重大，抗裂差，现浇结构模板用量大，施工复杂，工期长，户外施工受季节条件限制。随着钢筋混凝土应用技术的不断发展，这些缺点正在不断地被克服。

5. 砌体结构是块材(砖、石、砌块)和砂浆砌筑而成的结构。在多层建筑中主要应用于房屋的墙、柱等主要承重构件，在高层建筑中则主要应用于填充墙等非承重构件。砌体结构具有材料来源广、耐久性好、耐火性好、节约材料、造价低、施工简单和可连续施工等优点，但也存在自重大、强度低、整体性差、砌筑工作量大和与农田争土地等缺点。

6. 钢结构是由钢板、热轧型钢或冷加工成型的薄壁型钢以及钢索为主要材料建造的工程结构。其基本构件是拉杆、压杆、梁、柱、桁架等，各构件或部件间采用焊接、铆接或螺栓连接等方式连接。

7. 建筑结构的应用和发展情况。建筑结构的历史沿革、材料、结构、设计理论发展与应用及发展趋势。

8. 本课程的学习目标与方法。本课程的学习目标是：掌握建筑结构的基本概念，基本理论及构造要求，能进行一般工业与民用建筑结构的设计，并具有绘制和识读结构施工图的能力，为将来从事建筑结构基本设计、建筑工程施工及管理工作打下坚实基础。本课程的学习方法是注重基本公式的学习和应用、注重材料的特性、注重培养综合分析问题的能力、注重构造的学习、注重课程的实践性特点、注重结合现行规范进行课程的学习。

习　题

1.1　混凝土结构的分类？
1.2　什么是钢筋混凝土结构？钢筋和混凝土协同工作的条件是什么？有什么优缺点？
1.3　什么是预应力混凝土结构？
1.4　什么是砌体结构？
1.5　什么是钢结构？
1.6　试述建筑结构的应用与发展。
1.7　试述本课程的学习目标与方法。

第2章 建筑结构设计方法

1. 掌握荷载的分类及代表值的取值,能进行结构的荷载计算。
2. 熟悉《建筑结构荷载规范》(GB 50009—2012)的荷载取值方法,能熟练查用。
3. 掌握结构的功能、可靠性、极限状态、作用效应、结构的抗力等概念。
4. 掌握结构的极限状态设计表达式。
5. 了解结构的失效概率、可靠指标与目标可靠指标。

2.1 荷 载

2.1.1 荷载的分类

使结构产生内力或变形的原因称为"作用",分直接作用和间接作用两种。施加在结构上的集中力或分布力系称为直接作用,习惯上称为荷载。混凝土收缩、温度变化、基础不均匀沉降、地震等引起结构外加变形或约束变形的原因称为间接作用。荷载是工程上常见的作用,由它产生的作用效应称为荷载效应。《建筑结构荷载规范》(GB 50009—2012)(以下简称为《荷载规范》)将结构上的荷载按作用时间的长短和性质分为下列三类。

永久荷载 在结构使用期间,其值不随时间变化,或者其变化与平均值相比可忽略不计,或其变化是单调的并能趋于限值的荷载,包括结构自重、土压力、预应力等。永久荷载也称为恒载。

可变荷载 在结构使用期间,其值随时间变化,且其变化与平均值相比不可忽略不计的荷载,包括楼面活荷载、屋面活荷载和积灰荷载、吊车荷载、风荷载、雪荷载、温度作用等。可变荷载也称为活载。

偶然荷载 在结构设计使用年限内不一定出现,而一旦出现其量值很大,且持续时间很短的荷载。包括爆炸力、撞击力等。

2.1.2 荷载代表值

荷载代表值是指设计中用以验算极限状态所采用的荷载量值,例如标准值、组合值、频遇值和准永久值。对永久荷载应采用标准值作为代表值;对可变荷载应根据设计要求采用标准值、组合值、频遇值或准永久值作为代表值;对偶然荷载应按建筑结构使用的特点确定其代表值。确定可变荷载代表值时应采用 50 年设计基准期。

1. 荷载标准值

荷载标准值是荷载的基本代表值,为设计基准期内最大荷载统计分布的特征值(例如均值、众值、中值或某个分位值)。其他代表值可在标准值的基础上乘以相应的系数得到。

1)永久荷载标准值 G_k

结构自重的标准值可按结构构件的设计尺寸与材料单位体积的自重计算确定。常用材料和构件的自重可按《荷载规范》采用。

2)可变荷载标准值 Q_k

我国《荷载规范》中规定了楼面与屋面活荷载、雪荷载、风荷载、吊车荷载等可变荷载标准值的具体数值或计算方法,设计时可直接查用。

(1)楼面与屋面活荷载。民用建筑楼面均布活荷载与屋面活荷载标准值,可由《荷载规范》查出。例如住宅的楼面活荷载标准值是 $2.0kN/m^3$。

实际工程中活荷载并不是同时布满各层楼面的,因此在设计梁、柱和基础时,需将楼面活荷载标准值乘以折减系数,折减系数见《荷载规范》。

(2)雪荷载。在降雪地区,雪荷载不容忽视,屋面水平投影上的雪荷载标准值按下式计算:

$$s_k = \mu_r s_0 \tag{2-1}$$

式中:s_k——雪荷载标准值,kN/m^2;

μ_r——屋面积雪分布系数,应根据不同类别的屋面形式,由《荷载规范》查得;

s_0——基本雪压,kN/m^2,可由《荷载规范》中"全国基本雪压分布图"查得。

(3)风荷载。风受到建筑物阻碍和影响时,速度会发生改变,并在建筑物表面形成压力(迎风面)和吸力(背面),即为建筑物所受的风荷载。垂直于建筑物表面的风荷载标准值应按下列公式计算:

$$w_k = \beta_z \mu_s \mu_z w_0 \tag{2-2}$$

式中:w_k——风荷载标准值,kN/m^2。

β_z——高度 z 处的风振系数,它是考虑脉动风压对结构产生的不利影响,《荷载规范》规定,对于高度低于 30m 或高宽比小于 1.5 的房屋结构,$\beta_z = 1$;对于高度大于 30m 且高宽比大于 1.5 的房屋结构及构架、塔架、烟囱等高耸结构可按《荷载规范》规定的方法计算;

μ_s——风荷载体型系数,常见建筑的风荷载体型系数参见《荷载规范》,其中正号表示压力,负号表示吸力;

μ_z——风压高度变化系数,见附表 1-7;

w_0——基本风压,kN/m^2,是以当地平坦空旷地带,离地面 10m 高处统计得到的 50 年一遇 10min 平均最大风速为标准确定的,可按《荷载规范》中"全国基本风压分布图"查用。

2. 可变荷载组合值

当作用在结构上的可变荷载有两种或两种以上时,各种可变荷载同时达到其标准值的可能性较小,因此《荷载规范》采用除其中产生最大效应的荷载仍取其标准值外,其他伴随的可变荷载均采用小于其标准值的量值作为荷载代表值,称之为荷载组合值。其取值可表示为 $\psi_c Q_k$,其中 Q_k 为可变荷载标准值,ψ_c 为可变荷载的组合值系数。

3. 可变荷载频遇值

对可变荷载,在设计基准期内被超越的总时间仅为设计基准期一小部分的荷载值;或在设计基准期内其超越频率为某一给定频率的作用值,称之为荷载频遇值,目前,其仅在桥梁结构设计中应用。荷载频遇值的取值可表示为 $\psi_f Q_k$,其中 ψ_f 为可变荷载的频遇值系数。

4. 可变荷载准永久值

在验算结构构件变形和裂缝时,要考虑荷载长期作用的影响。对于永久荷载而言,由于其变异性小,故取其标准值为长期作用的荷载;对于可变荷载而言,标准值中的一部分是经常作用在结构上的,与永久荷载相似。把在设计基准期内被超越的总时间为设计基准期一半的作用值称为可变荷载的准永久值。其取值可表示为 $\psi_q Q_k$,其中 ψ_q 为可变荷载准永久值系数。

上述可变荷载的组合值系数 ψ_c、频遇值系数 ψ_f 和准永久值系数 ψ_q 的具体取值见《荷载规范》。

2.1.3 荷载设计值

荷载的标准值与荷载分项系数的乘积称为荷载的设计值。永久荷载和可变荷载具有不同的分项系数,永久荷载分项系数 γ_G 和可变荷载分项系数 γ_Q 的具体值见表 2-1。

表 2-1 荷载分项系数

极限状态	荷载类别	荷载特征	荷载分项系数 γ_G 或 γ_Q
承载力极限状态	永久荷载	当其效应对结构不利时 对由可变荷载效应控制的组合 对由永久荷载效应控制的组合	1.20 1.35
		当其效应对结构有利时 一般情况 对结构的倾覆、滑移或漂浮验算	1.0 0.9
	可变荷载	一般情况 对标准值大于 $4kN/m^2$ 的工业房屋楼面结构可变荷载	1.4 1.3
正常使用极限状态	永久荷载 可变荷载	所有情况	1.0

【例 2-1】 图 2-1 为某工程楼面结构局部布置图,楼面做法为:面层为 30mm 水磨石,结构层为 80mm 厚现浇钢筋混凝土板,板底为石灰砂浆粉刷厚 20mm,板跨度为 3.3m。梁 L_2 计算跨度为 5.1m,净跨度为 4.86m,截面尺寸 $b \times h = 200mm \times 400mm$,试确定梁 L_2 的永久荷载和可变荷载设计值。

【解】 如图 2-1 所示,梁 L_2 的受荷范围是 3.3m,所受荷载是 p,包括永久荷载和可变荷载,现计算如下。

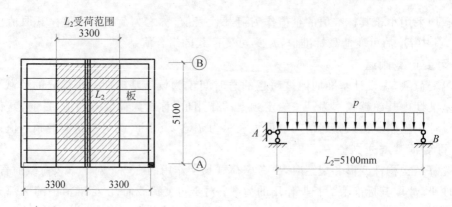

图 2-1 某工程楼面荷载计算简图

1. 永久荷载(恒载)

1) 永久荷载标准值 g_k

由《荷载规范》查得:30mm 水磨石地面的容重是 $0.65kN/m^2$,钢筋混凝土的重力密度是 $25kN/m^3$,石灰砂浆的重力密度是 $17kN/m^3$,永久荷载标准值计算如下。

30mm 水磨石地面	$0.65 \times 3.3 = 2.145 (kN/m)$
80mm 厚现浇钢筋混凝土板	$25 \times 0.08 \times 3.3 = 6.6 (kN/m)$
20mm 厚板底石灰砂浆粉刷	$17 \times 0.02 \times 3.3 = 1.122 (kN/m)$
梁自重	$25 \times 0.2 \times 0.4 = 2 (kN/m)$
永久荷载(恒载)标准值	$g_k = 11.867 kN/m$

2) 永久荷载设计值

$$g = 1.2 \times 11.867 = 14.24 (kN/m)$$

2. 可变荷载(活载)

由《荷载规范》可知,办公楼楼面可变荷载标准值为 $2kN/m^2$,则

梁 L_2 的可变荷载标准值	$q_k = 2 \times 3.3 = 6.6 (kN/m)$
梁 L_2 的可变荷载设计值	$q = 1.4 \times 6.6 = 9.24 (kN/m)$

3. 梁 L_2 所受荷载 p

梁 L_2 所受荷载　　　$p = g + q = 14.24 + 9.24 = 23.48 (kN/m)$

2.2　结构的设计方法

2.2.1　结构设计的基本要求

结构的设计、施工和维护应使结构在规定的设计使用年限内以适当的可靠度且经济的方式满足规定的各项功能要求。这些功能要求我们习惯上称为安全性、使用性、耐久性要求,《工程结构可靠性设计统一标准》(GB 50513—2008)规定结构应满足下列功能要求。

(1) 能承受在施工和使用期间可能出现的各种作用(安全性)。

(2) 保持良好的使用性能。

（3）具有足够的耐久性能。

（4）当发生火灾时，在规定的时间内可保持足够的承载力。

（5）当发生爆炸、撞击、人为错误等偶然事件时，结构能保持必需的整体稳固性，不出现与起因不相称的破坏后果，防止出现结构的连续倒塌。

结构设计时，应根据下列要求采取适当的措施，使结构不出现或少出现可能的损坏。

（1）避免、消除或减少结构可能受到的危害。

（2）采用对可能受到的危害反应不敏感的结构类型。

特别提示

1. 对所有的结构，应采取必要的措施，防止出现结构的连续倒塌。

2. 对港口工程结构，"撞击"指非正常撞击。

（3）采用当单个构件或结构的有限部分被意外移除或结构出现可接受的局部损坏时，结构的其他部分仍能保存的结构类型。

（4）不宜采用无破坏预兆的结构体系。

（5）使结构具有整体稳固性。

宜采取下列措施满足对结构的基本要求：

（1）采用适当的材料；

（2）采用合理的设计和构造；

（3）对结构的设计、制作、施工和使用等制定相应的控制措施。

2.2.2 结构的极限状态

极限状态是指整个结构或结构的一部分超过某一状态就不能满足设计规定的某一功能要求，此特定的状态就称为该功能的极限状态。

极限状态分为下列两类。

1. 承载能力极限状态

这种极限状态表示结构或结构构件已达到最大承载力或不适于继续承载的变形的状态。这是保证结构安全性功能要求的状态，当结构或结构构件出现下列状态之一时，应认为超过了承载能力极限状态：

（1）结构构件或连接因超过材料强度而被破坏，或因过度变形而不适于继续承载；

（2）整个结构或某一部分作为刚体失去平衡；

（3）结构转变为机动体系；

（4）结构或结构构件丧失稳定；

（5）结构因局部破坏而发生连续倒塌；

（6）地基丧失承载力而被破坏；

（7）结构或结构构件的疲劳破坏。

2. 正常使用极限状态

这种极限状态表示结构或结构构件达到正常使用或耐久性能的某项规定限值的状态。

这是保证结构使用性和耐久性功能要求的状态,当结构或结构构件出现下列状态之一时,应认为超过了正常使用极限状态:

(1)影响正常使用或外观的变形;

(2)影响正常使用或耐久性能的局部损坏;

(3)影响正常使用的振动;

(4)影响正常使用的其他特定状态。

2.2.3 结构的极限状态设计法

1. 结构的安全等级与设计使用年限

1)结构的安全等级

建筑物的重要程度是根据其用途决定的,不同用途的建筑物,发生破坏后所引起的生命财产损失是不一样的。《工程结构可靠度设计统一标准》(GB 50153—2008)规定:设计房屋建筑结构时,应根据结构破坏可能产生的后果(危及人的生命、造成经济损失、产生社会影响等)的严重性,采用不同的安全等级。根据破坏后果的严重程度,房屋建筑结构划分为三个安全等级(表2-2)。影剧院、体育馆和高层建筑等重要的工业与民用建筑的安全等级为一级,大量的一般工业与民用建筑的安全等级为二级,次要建筑的安全等级为三级。纪念性建筑及其他有特殊要求的建筑,其安全等级可根据具体情况另行确定。

表 2-2　房屋建筑结构的安全等级

安全等级	破 坏 后 果	示 例
一级	很严重:对人的生命、经济、社会或环境影响很大	大型的公共建筑等
二级	严重:对人的生命、经济、社会或环境影响较大	普通的住宅和办公楼等
三级	不严重:对人的生命、经济、社会或环境影响较小	小型的或临时性储存建筑等

注:房屋建筑结构抗震设计中的甲类建筑和乙类建筑,其安全等级宜规定为一级;丙类建筑,其安全等级宜规定为二级;丁类建筑,其安全等级宜规定为三级。

2)结构设计的使用年限

结构设计的目的是要使所设计的结构在规定的设计使用年限内满足预期的全部功能要求。所谓设计使用年限,是指设计规定的结构或结构构件不需进行大修即可按预定目的使用的年限。换言之,设计使用年限就是房屋建筑在正常设计、正常施工、正常使用和维护下所应达到的持久年限。结构的设计使用年限如表2-3所示,房屋建筑结构的设计基准期为50年。

表 2-3　房屋建筑结构的设计使用年限

类别	设计使用年限/年	示 例
1	5	临时性建筑结构
2	25	易于替换的结构构件
3	50	普通房屋和构筑物
4	100	标志性建筑和特别重要的建筑结构

2. 作用效应与结构抗力

1）作用效应 S

作用效应 S 是指施加在结构上的集中力或分布力（直接作用，也称为荷载）和引起结构外加变形或约束变形的原因（间接作用）。作用效应是由作用引起的结构或结构构件的反映。对建筑结构来说作用效应 S 是指作用引起的结构或结构构件的内力（如轴力、弯矩、剪力、扭矩等）和变形（如挠度、裂缝、转角等）。由荷载引起的作用效应称为荷载效应。

2）结构抗力 R

结构抗力 R 是指结构或结构构件承受作用效应（内力和变形）的能力。如构件的承载能力、刚度等。影响抗力的主要因素是材料强度、几何尺寸和计算模式的精度，这些因素是随机变量，因此结构抗力是一个随机变量，其中材料强度是最主要的因素，分为标准值和设计值。

（1）材料强度的标准值 f_k

结构所用材料的性能均具有变异性，例如按同一标准不同时生产的各批钢筋强度并不完全相同。即使是同一炉钢轧成的钢筋，其强度也有差异。因此结构设计时就需要确定一个材料强度的基本代表值，即材料强度的标准值，其取值是：

$$f_k = \mu - \alpha\sigma \tag{2-3}$$

式中：μ——材料强度试验的标准值；

α——与分位值取值保证率相应的系数；

σ——标准差。

$$\sigma = \sqrt{\frac{1}{n}\sum_{i=1}^{n}(x_i - \mu)^2} \tag{2-4}$$

式中：n——试验次数；

x_i——每一次试验的材料强度值。

材料强度的标准值取值原则是：在材料强度实测值中，强度标准值应取分位值的保证率为 95%，则保证率系数取 $\alpha = 1.645$。

（2）材料强度的设计值 f_d

材料强度的设计值 f_d 按下式计算：

$$f_d = \frac{f_k}{\gamma_d} \tag{2-5}$$

钢材设计强度 $\qquad\qquad\qquad\qquad f_y = \dfrac{f_{yk}}{\gamma_s}$

混凝土设计强度 $\qquad\qquad\qquad f_c = \dfrac{f_{ck}}{\gamma_c}$

式中：γ_d——材料强度分项系数。如钢材，对热轧钢筋取材料分项系数 $\gamma_s = 1.1$；但对强度 500MPa 级钢筋取材料分项系数 $\gamma_s = 1.15$；对钢丝、钢绞线等预应力筋取材料分项系数 $\gamma_s = 1.2$；对混凝土取材料分项系数 $\gamma_c = 1.4$。

3. 结构的极限状态方程

结构可靠度通常受到荷载、材料强度、截面几何参数等因素的影响，而这些因素一般都具有随机性，称为随机变量，用 $X_i(i=1,2,\cdots,n)$ 表示。

结构和构件按极限状态进行设计,因此,针对所需要的各种结构功能(如安全性、适用性和耐久性),通常可以建立包括各有关随机变量在内的关系式:

$$z = g(X_1, X_2, \cdots, X_n) = 0 \qquad (2-6)$$

结构的极限状态可用极限状态方程来表示。

当只有作用效应 S 和结构抗力 R 两个基本变量时,可令

$$z = g(S, R) = R - S \qquad (2-7)$$

显然,当 $z>0$ 时,则 $R>S$,结构处于可靠状态;

当 $z=0$ 时,则 $R=S$,结构处于极限状态;

当 $z<0$ 时,则 $R<S$,结构处于失效状态。

式(2-7)称为极限状态方程。

当结构按极限状态设计时,应符合下列要求:

$$z = g(S, R) = R - S > 0 \qquad (2-8)$$

4. 结构的可靠性与失效概率

结构和结构构件在规定的时间内、规定的条件下完成预定功能的概率,称为结构的可靠度或可靠概率 P_s,即 $z>0$ 的概率。结构不能完成预定功能的概率,称为结构的失效概率 P_f,即 $z<0$ 的概率。图 2-2 为 z 函数的分布曲线,从该图可以看出,$z<0$ 的概率即失效概率等于原点以左曲线下面与横坐标所包围的阴影面积;而原点以右曲线下面与横坐标所包围的面积为可靠概率 P_s,失效概率与可靠概率之和等于 1。

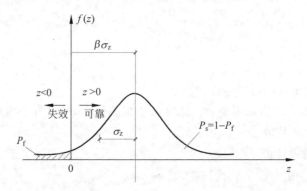

图 2-2 Z 函数的分布曲线

结构可靠与失效可采用失效概率 P_f 进行控制。

$$P_f = p(z<0) = \int_{-\infty}^{0} f(z)d_z \leqslant [P_f] \qquad (2-9)$$

式中:$[P_f]$——结构的允许失效概率,可查表 2-4 得到。

5. 结构的可靠指标与目标可靠指标

直接计算 P_f 比较复杂。为了简便起见,我国《工程结构可靠性设计统一标准》(GB 50153—2008)采用可靠指标 β 代替失效概率 P_f 来度量结构的可靠性。

在图 2-2 中 μ_z 为 z 的平均值,σ_z 是反映正态分布曲线离散程度的标准差,若用 β 表示 μ_z 和 σ_z 的比值,则 $\beta = \mu_z / \sigma_z$。从图中可以看出,β 增大 P_f 减小,并且二者之间存在一一对应的关系。因此 β 越大,结构或结构构件越可靠,β 称为可靠指标。

对于 z 服从正态分布的情况,失效概率 P_f 与可靠指标 β 的对应关系见表 2-4。

表 2-4 β 与 P_f 的对应关系

β	2.7	3.2	3.7	4.2
P_f	3.47×10^{-3}	6.87×10^{-4}	1.08×10^{-4}	1.33×10^{-5}

所谓目标可靠指标就是指结构构件设计时预先给定的可靠指标,用 $[\beta]$ 表示,见表 2-5。规范规定:$\beta \geqslant [\beta]$。

表 2-5 不同安全等级的目标可靠指标 $[\beta]$

破坏类型	安 全 等 级		
	一级	二级	三级
延性破坏	3.7	3.2	2.7
脆性破坏	4.2	3.7	3.2

$[\beta]$ 值的确定主要取决于构件的破坏形式和安全等级。目标可靠指标与建筑物的重要性有关。《工程结构可靠性设计统一标准》(GB 50153—2008)将建筑结构分为三个安全等级。

2.2.4 结构的极限状态设计表达式

1. 承载能力极限状态设计表达式

(1) 对于承载能力极限状态,结构构件应按荷载效应的基本组合或偶然组合,采用下列极限状态设计表达式:

$$\gamma_0 S_d \leqslant R_d \tag{2-10}$$

式中:γ_0——结构重要性系数(表 2-6);

S_d——荷载组合的效应(如轴力、弯矩或表示几个轴力、弯矩的向量)设计值;

R_d——结构构件的抗力设计值;在抗震设计中,应除以承载力抗震调整系数 γ_{RE}。式中的 $\gamma_0 S_d$ 通常指各种内力设计值。

表 2-6 房屋建筑的结构重要性系数 γ_0

结构重要性系数	对持久设计状况和短暂设计状况			对偶然设计状况和地震设计状况
	安 全 等 级			
	一级	二级	三级	
γ_0	1.1	1.0	0.9	1.0

(2) 荷载基本组合的效应设计值 S_d。《建筑结构荷载规范》(GB 50009—2012)规定,对于基本组合,荷载效应组合的设计值应从下列组合值中取最不利的效应设计值。

① 由可变荷载控制的效应设计值,应按下式进行计算:

$$S_d = \sum_{j=1}^{m} \gamma_{Gj} S_{Gjk} + \gamma_{Q1} \gamma_{L1} S_{Q1k} + \sum_{i=2}^{n} \gamma_{Qi} \gamma_{Li} \psi_{ci} S_{Qik} \qquad (2\text{-}11)$$

式中:γ_{Gj}——永久荷载分项系数;当其效应对结构不利时:对由可变荷载效应控制的组合,应取 1.2;对由永久荷载效应控制的组合,应取 1.35;当其效应对结构有利时:一般情况下取 1.0,对结构的倾覆、滑移或漂浮验算,应取 0.9;

γ_{Q1}、γ_{Qi}——第 1 个和第 i 个可变荷载分项系数,一般情况下应取 1.4;对标准值大于 $4kN/m^2$ 的工业房屋楼面结构的活荷载应取 1.3;

S_{Gjk}——按第 j 个永久荷载标准值 G_{jk} 计算的荷载效应值;

S_{Qik}——按第 i 个可变荷载标准值 Q_{ik} 计算的荷载效应值,其中 S_{Q1k} 为诸多可变荷载效应中起控制作用者;

γ_{Li}——第 i 个可变荷载考虑设计使用年限的调整系数,其中 γ_{L1} 为主导可变荷载 Q_1 考虑设计使用年限的调整系数,具体按表 2-7 选用;

ψ_{ci}——第 i 个可变荷载 Q_i 的组合值系数,应按规定采用;

m——参与组合的永久荷载数;

n——参与组合的可变荷载数。

表 2-7 楼面和屋面活荷载考虑设计使用年限的调整系数 γ_L

结构设计使用年限/年	5	50	100
γ_L	0.9	1.0	1.1

② 由永久荷载控制的效应设计值,应按下式进行计算:

$$S_d = \sum_{j=1}^{m} \gamma_{Gj} S_{Gjk} + \sum_{i=1}^{n} \gamma_{Qi} \gamma_{Li} \psi_{ci} S_{Qik} \qquad (2\text{-}12)$$

 注意

基本组合中的效应设计值仅适用于荷载与荷载效应为线性的情况;当对 S_{Q1k} 无法明确判断时,应依次以各可变荷载效应作为 S_{Q1k},并选其中最不利的荷载组合的效应设计值;当考虑以竖向的永久荷载效应控制的组合时,参与组合的可变荷载仅限于竖向荷载。

【例 2-2】 在例 2-1 中,办公楼安全等级为二级,设计使用年限为 50 年。试计算按承载能力极限状态设计时的跨中弯矩设计值的支座边缘截面剪力设计值。

【解】 由《荷载规范》查得可变荷载组合值系数 $\psi_c = 0.7$。安全等级为二级,则结构重要性系数 $\gamma_0 = 1.0$。设计使用年限为 50 年,则 $\gamma_L = 1.0$。

永久荷载产生的跨中弯矩标准值和支座边缘截面剪力标准值分别为

$$M_{gk} = \frac{1}{8} g_k l_0^2 = \frac{1}{8} \times 11.867 \times 5.1^2 = 38.58 (kN/m)$$

$$V_{gk} = \frac{1}{2} g_k l_n = \frac{1}{2} \times 11.867 \times 4.86 = 28.84 (kN)$$

可变荷载产生的跨中弯矩标准值和支座边缘截面剪力标准值分别为

$$M_{qk} = \frac{1}{8} q_k l_0^2 = \frac{1}{8} \times 6.6 \times 5.1^2 = 21.458(kN/m)$$

$$V_{qk} = \frac{1}{2} q_k l_n = \frac{1}{2} \times 6.6 \times 4.86 = 16.04(kN)$$

本例只有一个可变荷载，即为第一可变荷载。故计算由可变荷载弯矩控制的跨中弯矩设计值时，$\gamma_G = 1.2$，$\gamma_Q = \gamma_{Q1} = 1.4$。根据式(2-10)和式(2-11)计算，由可变荷载弯矩控制的跨中弯矩设计值和支座边缘截面剪力设计值分别为

$$\begin{aligned} \gamma_0 (\gamma_G M_{gk} + \gamma_{Q1} \gamma_L M_{q1k}) &= \gamma_0 (\gamma_G M_{gk} + \gamma_Q \gamma_L M_{qk}) \\ &= 1.0 \times (1.2 \times 38.58 + 1.4 \times 1.0 \times 21.458) \\ &= 76.34(kN/m) \end{aligned}$$

$$\begin{aligned} \gamma_0 (\gamma_G V_{gk} + \gamma_{Q1} \gamma_L V_{q1k}) &= \gamma_0 (\gamma_G V_{gk} + \gamma_Q \gamma_L V_{qk}) \\ &= 1.0 \times (1.2 \times 28.84 + 1.4 \times 1.0 \times 16.04) \\ &= 57.06(kN/m) \end{aligned}$$

计算由永久荷载弯矩控制的跨中弯矩设计值时，$\gamma_G = 1.35$，$\gamma_Q = 1.4$，$\psi_c = 0.7$。根据式(2-12)计算由永久荷载弯矩控制的跨中弯矩设计值和支座边缘截面剪力设计值分别为

$$\begin{aligned} \gamma_0 (\gamma_G M_{gk} + \psi_c \gamma_Q \gamma_L M_{qk}) &= 1.0 \times (1.35 \times 38.58 + 0.7 \times 1.4 \times 1.0 \times 21.458) \\ &= 69.06(kN \cdot m) \end{aligned}$$

$$\begin{aligned} \gamma_0 (\gamma_G V_{gk} + \psi_c \gamma_Q \gamma_L V_{qk}) &= 1.0 \times (1.35 \times 28.84 + 0.7 \times 1.4 \times 1.0 \times 16.04) \\ &= 54.65(kN \cdot m) \end{aligned}$$

取较大值得跨中弯矩设计值 $M = 76.34 kN \cdot m$，支座边缘截面剪力设计值 $V = 57.06 kN$。

2. 正常使用极限状态设计表达式

结构或结构构件超过正常使用极限状态时虽会影响结构正常使用，但对生命财产的危害程度较超过承载能力极限状态要小得多。为了简化计算，在正常使用极限状态设计表达式中，荷载取用代表值(标准值、组合值、频遇值或准永久值)不考虑分项系数，也不考虑结构重要性系数。

根据实际设计的需要，常需分别计算荷载的短期作用(标准组合、频遇组合)和荷载的长期作用(准永久组合)下构件的变形大小和裂缝宽度。例如，由于混凝土具有收缩、徐变等特性，故在正常使用极限状态计算时，需要考虑作用持续时间，分别按荷载的短期效应组合和荷载长期效应组合验算变形和裂缝宽度。因此，规范规定，对于正常使用极限状态，应根据不同的设计要求，采用荷载的标准组合、频遇组合或准永久组合，按下列设计表达式进行设计：

$$S_d \leqslant C \tag{2-13}$$

式中：C——结构或结构构件达到正常使用要求的规定限值，例如变形、裂缝、振幅、加速度、应力等的限值，应按各有关建筑结构设计规范的规定采用，如在结构设计计算中，混凝土结构的正常使用极限状态主要是验算构件的变形、抗裂度或裂缝宽度，使其不超过相应的规定限值；钢结构是通过构件的变形(刚度)验算来保证的；而砌体结构一般情况下可不做验算，由相应的构造措施保证；

　　　　S_d——荷载效应组合设计值。

式(2-13)中 S_d 按下列规定采用。

1）标准组合

$$S_d = \sum_{j=1}^{m} S_{Gjk} + S_{Q1k} + \sum_{i=2}^{n} \psi_{ci} S_{Qik} \qquad (2\text{-}14)$$

2）频遇组合

$$S_d = \sum_{j=1}^{m} S_{Gjk} + \psi_{f1} S_{Q1k} + \sum_{i=2}^{n} \psi_{qi} S_{Qik} \qquad (2\text{-}15)$$

式中：ψ_{f1} ——可变荷载 Q_1 的频遇值系数；

　　　ψ_{qi} ——可变荷载 Q_i 的准永久值系数。

3）准永久组合

$$S_d = \sum_{j=1}^{m} S_{Gjk} + \sum_{i=2}^{n} \psi_{qi} S_{Qik} \qquad (2\text{-}16)$$

 注意

以上组合中的设计值仅适用于荷载与荷载效应为线性的情况。

本 章 小 结

1. 荷载可分为以下三类：永久荷载（恒载）、可变荷载（活载）和偶然荷载。

2. 永久荷载的代表值是荷载标准值，可变荷载的代表值有荷载标准值、组合值、频遇值和准永久值；荷载标准值是荷载在结构使用期间的最大值，是荷载的基本代表值。

3. 荷载的设计值是荷载分项系数与荷载代表值的乘积，荷载分项系数分为永久荷载分项系数 γ_G，可变荷载分项系数 γ_Q。

4. 结构应满足的功能要求包括安全性、使用性、耐久性，它们统称为结构的可靠性。可靠性用可靠度来度量。

5. 作用效应 S 是指由于施加在结构上的荷载产生的结构内力与变形，如拉力、压力、弯矩、剪力、扭矩等内力和伸长、压缩、挠度、转角等变形。结构抗力 R 是指整个结构或结构构件承受作用效应（即内力和变形）的能力，如构件的承载能力、刚度等。

6. 结构或构件超过极限状态即 $S > R$ 时，就不再满足设计要求。极限状态可分为两类，其中结构的承载能力极限状态主要考虑有关结构安全性的功能，而正常使用极限状态则主要考虑有关结构适用性和耐久性的功能。

7. 荷载效应基本组合用于结构按承载能力极限状态的承载能力计算，荷载标准组合和准永久效应组合用于按正常使用极限状态的变形和裂缝验算。

习 题

2.1　什么是永久荷载、可变荷载和偶然荷载？

2.2　什么是荷载代表值？永久荷载、可变荷载的代表值分别是什么？

2.3 建筑结构的设计基准期与设计使用年限有何区别? 设计使用年限分为哪几类?

2.4 建筑结构应满足哪些功能要求? 其中最重要的一项是什么?

2.5 结构的可靠性和可靠度的定义分别是什么? 二者间有何联系和区别?

2.6 什么是结构功能的极限状态? 承载能力极限状态和正常使用极限状态的含义分别是什么?

2.7 试用结构功能函数描述结构所处的状态。

2.8 永久荷载、可变荷载的荷载分项系数分别为多少?

2.9 某住宅楼面梁,由永久荷载标准值引起的弯矩 $M_{gk}=50kN \cdot m$,由楼面可变荷载标准值引起的弯矩 $M_{qk}=30kN \cdot m$,可变荷载组合值系数 $\psi_c=0.7$,结构安全等级为二级,设计使用年限为 50 年。试求按承载能力极限状态设计时,梁的最大弯矩设计值 M。

2.10 某钢筋混凝土矩形截面简支梁,截面尺寸 $b \times h=200mm \times 400mm$,计算跨度 $l_0=5m$。梁上作用永久荷载标准值(不含自重)10kN/m,可变荷载标准值 6kN/m,可变荷载组合值系数 $\psi_c=0.7$,梁的安全等级为二级,设计使用年限为 50 年。试计算按承载能力极限状态设计时的跨中弯矩设计值。

第3章 钢筋和混凝土的力学性能

学习目标

1. 掌握钢筋的种类和力学性能。
2. 掌握钢筋的冷加工方法以及混凝土结构对钢筋性能的要求。
3. 掌握混凝土的强度指标和变形指标。
4. 了解混凝土结构的耐久性规定。
5. 掌握钢筋与混凝土共同工作的原理。
6. 了解黏结强度的影响因素。

3.1 钢 筋

3.1.1 钢筋的种类

我国建筑结构中使用的钢材主要有线材(钢筋、钢丝)、板材和型钢(角钢、槽钢及工字钢),混凝土结构中主要采用线材,称为钢筋,钢结构中主要采用板材和型钢。钢筋分为混凝土结构用钢筋和预应力混凝土结构用钢筋,这里主要介绍混凝土结构用钢筋。

按力学性能钢筋分为不同等级,随着钢筋级别的增大,钢筋强度提高,但延性有所降低。

按化学成分钢筋分为碳素钢和普通低合金钢。碳素钢的强度随含碳量的提高而增加,但延性明显降低;合金钢是在碳素钢中添加了少量合金元素,使钢筋的强度提高,延性保持良好。

我国用于混凝土结构和预应力混凝土结构的钢材主要有钢筋和钢丝,其形式如图 3-1 所示。

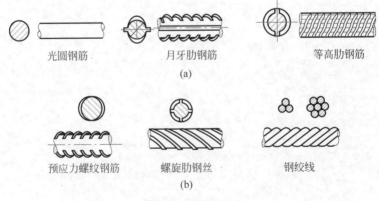

光圆钢筋　　　月牙肋钢筋　　　等高肋钢筋

(a)

预应力螺纹钢筋　　　螺旋肋钢丝　　　钢绞线

(b)

图 3-1 钢筋的形式

(a) 普通钢筋;(b) 预应力钢筋

1. 混凝土结构用钢筋

混凝土结构用钢筋主要有热轧钢筋、细晶粒热轧钢筋、热轧余热处理钢筋三类，其表面形式有光圆钢筋和带肋钢筋（螺纹、人字纹、月牙纹）两类，光圆钢筋是采用低碳钢轧制而成，强度较低，一般是 HPB300 级钢筋；带肋钢筋采用低合金钢轧制而成，强度较高，一般是 HRB335 级以上钢筋，钢筋的等级划分如下。

1）热轧钢筋分为 HPB300、HRB335、HRB400、HRB500 级

热轧钢筋是经热轧成型并自然冷却的成品钢筋，由低碳钢和普通合金钢在高温状态下压制而成，主要用于钢筋混凝土和预应力混凝土结构的配筋，是土木建筑工程中使用量最大的钢材品种之一。

2）细晶粒热轧钢筋分为 HRBF335、HRBF400、HRBF500 级

通过控冷控轧的方法，使钢筋组织晶粒细化、强度提高。该工艺既能提高强度又能降低脆性转变温度，钢中微合金元素通过析出质点在冶炼凝固过程到焊接加热冷却过程中影响晶粒成核和晶界迁移来影响晶粒尺寸。细晶强化的特点是在提高强度的同时，还能提高韧性或保持韧性和塑性基本不变。符合一、二、三级抗震等级的框架和斜撑构件对纵向受力钢筋的要求。

3）热轧余热处理钢筋主要有 RRB400 级

热轧余热处理钢筋就是利用钢筋轧制余热在热轧后直接穿水淬火、自回火处理的钢筋处理技术。通过控制钢筋显微组织和表面淬硬层面积所占比例，提高钢筋力学性能。普通钢筋经过热轧余热处理制成高强度钢筋。这种处理技术挖掘了钢筋的性能潜力，提高了钢筋的综合性能，可节约能源，节约材料，降低成本，具有巨大的经济效益和社会效益，是前景发展较好的实用技术。

2. 预应力混凝土结构用钢筋

预应力钢筋主要有中强度预应力钢丝、钢绞线、消除应力钢丝、预应力螺纹钢筋。

1）中强度预应力钢丝

中强度预应力钢丝是由钢丝经冷加工或冷加工后热处理制成，其抗拉强度标准值为 $800\sim1270$MPa，直径为 $4\sim9$mm，外形有光面（ϕ^{PM}）和螺旋肋（ϕ^{HM}）两种，以盘圆形式供应。

2）钢绞线

钢绞线（ϕ^S）是由多根高强钢丝扭结而成，常用的有 1×3（3 股）和 1×7（7 股），外径为 $8.6\sim15.2$mm，抗拉强度标准值为 $1570\sim1960$N/mm²，低松弛，伸直性好，比较柔软，盘弯方便，黏结性好。

3）消除应力钢丝

消除应力钢丝是由高碳镇静钢轧制而成的光圆盘条钢筋，经冷拔而成的光圆钢丝，经回火处理消除残余应力而成。其抗拉强度标准值为 $1470\sim1860$N/mm²，其外形有光面（ϕ^P）和螺旋肋（ϕ^H）两种。

4）预应力螺纹钢筋

预应力螺纹钢筋（ϕ^T）也称精轧螺纹钢筋，它成功地解决了大直径、高强度预应力钢筋的连接和锚具问题。抗拉强度标准值为 $980\sim1230$N/mm²。这种钢筋轧制时在钢筋表面直接轧出，不带纵筋，而横肋为梯形螺扣外形的钢筋，可采用螺钉套筒连接和螺母锚固，无须再加工螺钉。这种钢筋已成功应用于大型预应力混凝土结构、桥梁等结构中。预应力螺纹钢筋的公称直径有 18mm、25mm、32mm、40mm 和 50mm 五种。

3.1.2　钢筋的力学性能

1. 钢筋的强度

钢筋的强度和变形性能由钢筋的拉伸试验测得,通过钢筋的拉伸试验可测得钢筋典型的应力—应变曲线,通过钢筋的应力—应变曲线将钢筋分为两类,一类是有明显屈服点的钢筋(图 3-2),另一类是没有明显屈服点的钢筋(图 3-3)。

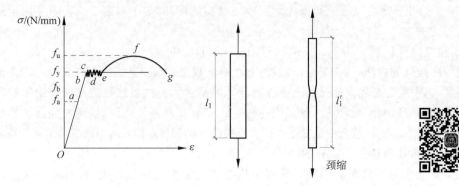

图 3-2　有明显屈服点的钢筋(软钢)

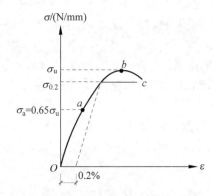

图 3-3　没有明显屈服点的钢筋(硬钢)

1) 有明显屈服点的钢筋(软钢)

有明显屈服点的钢筋属软钢,是低强度钢筋,如热轧钢筋,其特点是强度低,但塑性较好。图 3-2 所示是有明显屈服点的钢筋的典型应力—应变曲线,钢筋在单向拉伸过程中的受力经历了以下 5 个阶段。

弹性阶段(曲线的 Oa 段)　应力很小,a 点以内,应力与应变成正比,这时如果把荷载卸掉,变形可以完全恢复,这时钢材处于弹性受力阶段,a 点对应的应力称为钢材的弹性极限 f_a。

弹塑性阶段(曲线的 ab 段)　在这一阶段应力与应变不再保持直线变化而呈曲线关系,钢材表现出了明显的塑性变形,这时如果把荷载卸掉,变形不能完全恢复,这一阶称为钢材的弹塑性受力阶段,b 点对应的应力称为钢材的比例极限 f_b。

屈服阶段(曲线的 de 段)　随着钢材应力的增加,当应力达到 c 点时,在应力不增加的情况下,钢材产生持续的塑性变形(钢材持续伸长变细),形成屈服台阶 de 段,钢材进入了屈服阶段,钢材处于完全的塑性状态。c 点称为上屈服点,d 点称为下屈服点,对应的强度称为

屈服强度 f_y,是可利用的强度指标。

应变硬化阶段(曲线的 ef 段) 钢材在屈服阶段经过很大的塑性变形,达到 e 点以后又恢复继续承载的能力,直到应力达到 f 点的最大值,即极限抗拉强度 f_u,这一阶段(ef 段)称为应变硬化阶段。

颈缩阶段(曲线的 fg 段) 试件应力达到抗拉强度 f_u 时,试件中部截面变细,形成颈缩现象。

以上是有明显屈服点钢筋的 5 个受力阶段,有两个强度指标,一个是屈服强度 f_y,一个是极限抗拉强度 f_u,只有屈服强度 f_y 是可利用的强度指标,《混凝土结构设计规范》将它作为钢筋设计强度的依据,因为在钢筋混凝土结构中,钢筋和混凝土协同工作,共同承担承载力,大多数构件在遭到破坏时,钢筋的强度都没有达到极限抗拉强度 f_u,极限抗拉强度 f_u 可作为检验钢筋性能的一个强度指标。

2)没有明显屈服点的钢筋(硬钢)

没有明显屈服点的钢筋属硬钢,是高强度钢筋,如热处理钢筋、钢丝、钢绞线等,其特点是强度高,但塑性较差,图 3-3 是没有明显屈服点钢筋的应力应变曲线,其受力经历了三个阶段:弹性阶段(Oa),应力与应变成正比;弹塑性阶段(ab),有明显的塑性变形,但没有明显的屈服点,达到应力的最高点 b 点时,钢材达到了极限抗拉强度 σ_u,然后进入受力的第三阶段,钢材颈缩断裂而破坏。对于没有明显屈服点的钢筋,规范取残余应变 $\varepsilon=0.2\%$ 时所对应的应力 $\sigma_{0.2}$ 作为设计的依据,称为假想屈服强度,也称为条件屈服强度,一般取 $\sigma_{0.2}=0.85\sigma_u$。

钢筋的强度是通过试验测得的,钢筋的强度分为标准强度和设计强度两个指标。钢筋的标准强度取值与前述材料的标准强度取值一致,《混凝土结构设计规范》规定,材料强度的标准值应具有不少于 95% 的保证率。钢筋的标准强度按式(3-1)计算:

$$f_{yk} = \mu_y - 1.645\sigma \tag{3-1}$$

钢筋强度设计值按式(3-2)计算:

$$f_y = \frac{f_{yk}}{\gamma_s} \tag{3-2}$$

钢筋混凝土结构按承载力设计计算时,钢筋应采用强度设计值。钢筋强度设计值为钢筋强度标准值除以材料的分项系数 γ_s。普通钢筋的材料分项系数为 1.1;预应力用钢筋的材料分项系数为 1.2。

普通钢筋、预应力钢筋强度标准值、设计值见表 3-1 和表 3-2。

表 3-1 普通钢筋强度标准值、设计值　　　　　　　(单位：MPa)

种　　类		符号	普通钢筋强度		
			屈服强度 标准值 f_{yk}	抗拉强度 设计值 f_y	抗压强度 设计值 f'_y
热轧钢筋	HPB300	ϕ	300	270	270
	HRB335 HRBF335	Φ Φ^F	335	300	300
	HRB400 HRBF400 RRB400	Φ Φ^F Φ^R	400	360	360
	HRB500 HRBF500	Φ Φ^F	500	435	410

表 3-2　预应力钢筋强度标准值、设计值　　　　　　　　（单位：MPa）

种　　类		符号	公称直径 d/mm	屈服强度标准值 f_{pyx}	极限强度标准值 f_{ptk}	抗拉强度设计值 f_{py}	抗压强度设计值 f'_{py}
中强度预应力钢丝	光面螺旋肋	ϕ^{PM} ϕ^{HM}	5、7、9	620	800	510	410
				780	970	650	
				980	1270	810	
预应力螺纹钢筋	螺纹	ϕ^{T}	18、25、32、40、50	785	980	650	410
				930	1080	770	
				1080	1230	900	
消除应力钢丝	光面螺旋肋	ϕ^{P} ϕ^{H}	5	—	1570	1110	410
				—	1860	1320	
			7	—	1570	1110	
			9	—	1470	1040	
				—	1570	1110	
钢绞线	1×3（三股）	ϕ^{S}	8.6、10.8、12.9	—	1570	1110	390
				—	1860	1320	
				—	1960	1390	
	1×7（七股）		9.5、12.7、15.2、17.8	—	1720	1220	
				—	1860	1320	
				—	1960	1390	
			21.6	—	1860	1320	

2. 钢筋的塑性变形

钢筋的塑性变形主要有伸长率和冷弯性能，钢筋的伸长率 δ 是指拉断后的伸长值与原长的比值：

$$\delta = \frac{l_0 - l_1}{l_1} \times 100\% \qquad (3-3)$$

式中：δ——伸长率（%）；

　　　l_0——试件受力前的标距长度（一般有 $l_0 = 100d$，$l_0 = 10d$ 或 $l_0 = 5d$ 三种标距的试件，d 为试件直径），mm；

　　　l_1——试件拉断后的标距长度，mm。

伸长率越大，钢筋的塑性越好，反之则越差。

钢筋的冷弯性能是指将直径为 d 的钢筋绕直径为 D 的钢辊进行弯曲（图3-4），弯到冷弯角 α，观察钢筋的外表面，如不发生断裂，并且无裂缝、不起层，则认为钢筋的冷弯性能符合要求。钢辊的直径 D 越小，冷弯角 α 越大，说明钢筋的塑性越好。

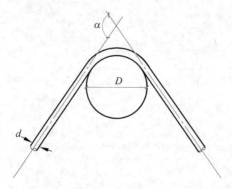

图 3-4　钢筋冷弯

钢筋在弹性受力阶段,应力与应变成正比,其比值称为弹性模量 E_s:

$$E_s = \frac{\sigma_s}{\varepsilon_s} \tag{3-4}$$

普通钢筋和预应力钢筋的弹性模量 E_s 应按表 3-3 采用。

表 3-3　钢筋的弹性模量 $E_s(\times 10^5 \, \text{N/mm}^2)$

牌号或种类	弹性模量 E_s
HPB300 钢筋	2.10
HRB335、HRB400、HRB500 钢筋 HRBF335、HRBF400、HRBF500 钢筋 RRB400 钢筋 预应力螺纹钢筋	2.00
消除应力钢丝、中强度预应力钢丝	2.05
钢绞线	1.95

屈服强度、极限强度、伸长率和冷弯性能是有明显屈服点钢筋的四项指标,对没有明显屈服点的钢筋只测定后三项。

3.1.3　钢筋的冷加工

钢筋的冷加工分为冷拉、冷拔、冷轧等。

1. 冷拉

在常温条件下,以超过原来钢筋屈服点强度的拉应力,强行拉伸钢筋,钢筋受拉后伸长变细,分子之间的密实程度增强,如果这时把荷载卸掉,再张拉钢筋,就会发现钢筋的屈服强度增加了(图 3-5 虚线所示),但塑性却降低了,这一现象称为冷拉强化。如果钢筋冷拉后卸载,隔一段时间再张拉,钢筋的屈服强度会进一步增加(图 3-5 中的 K'—E'),这一现象称为冷拉时效。工程中常采用这种加工方法,可达到节约钢材的目的。

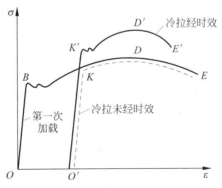

图 3-5　钢筋冷拉的应力—应变曲线变化图

2. 冷拔

冷拔是先将热轧钢筋的一端经过处理变细,然后用强力拔过比其直径小的硬质合金拔丝模(图 3-6),冷拔后钢筋伸长变细,分子之间的密实程度增强了,钢筋的强度提高了,但塑性却降低了。

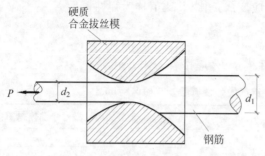

图 3-6　钢筋冷拔示意图

3. 冷轧

冷轧是采用普通低碳钢或低合金钢热扎圆盘条为母材,经冷拉或冷拔减径后,在其表面轧成具有三面或二面月牙纹横肋的冷轧带肋钢筋。冷轧带肋钢筋强度与冷拔钢丝强度接近,但塑性较好。因其表面带肋,与混凝土的黏结能力比冷拔低碳钢丝强,因此冷轧带肋钢筋是冷拔低碳钢丝的换代产品。

3.1.4　混凝土结构对钢筋性能的要求

1. 强度要求

钢筋的屈服强度(或条件屈服强度)是构件承载力计算的主要依据,屈服强度高则材料省,但实际结构中钢筋的强度并非越高越好。由于钢筋的弹性模量并不因其强度提高而增大,所以高强度钢筋在高应力下的大变形会引起混凝土结构的过大变形和裂缝宽度。因此,对混凝土结构宜优先选用 400MPa 和 500MPa 级钢筋,不应采用高强度钢丝、热处理钢筋等强度过高的钢筋。对预应力混凝土结构,可采用高强度钢丝等高强度钢筋,但其强度不应超过 1860MPa。屈服强度与极限强度之比称为屈强比,它代表了钢筋的强度储备,也一定程度上代表了结构的强度储备。屈强比小,则结构的强度储备大,但比值太小则钢筋强度的有效利用率低,所以钢筋应具有适当的屈强比。

2. 塑性要求

在工程设计中,要求混凝土结构承载能力极限状态为具有明显预兆的塑性破坏,避免脆性破坏,抗震结构则要求具有足够的延性,这就要求其中的钢筋具有足够的塑性。另外,在施工时钢筋要弯转成型,因此应具有一定的冷弯性能。

3. 可焊性要求

要求钢筋具有良好的焊接性能,在焊接后不应产生裂纹及过大的变形,以保证焊接接头性能良好。我国生产的热轧钢筋可焊,而高强度钢丝、钢绞线不可焊。热处理和冷加工钢筋在一定碳当量范围内可焊,但焊接引起的热影响区强度降低,应采取必要的措施。细晶粒热轧带肋钢筋以及直径大于 28mm 的带肋钢筋,其焊接应经试验确定,余热处理钢筋不宜焊接。

4. 耐久性和耐火性要求

细直径钢筋,尤其是冷加工钢筋和预应力钢筋,容易遭受腐蚀而影响表面与混凝土的黏结性能,甚至削弱截面,降低承载力。环氧树脂涂层钢筋或镀锌钢丝均可提高钢筋的耐久性,但降低了钢筋与混凝土间的黏结性能,设计时应注意。

热轧钢筋的耐久性最好,冷拉钢筋其次,预应力钢筋最差。设计时注意设置必要的混凝土保护层厚度以满足对构件耐久极限的要求。

3.1.5 钢筋的选用

《混凝土结构设计规范》规定混凝土结构的钢筋应按下列规定选用。

(1) 纵向受力普通钢筋宜采用 HRB400、HRB500、HRBF400、HRBF500 的钢筋,也可采用 HPB300、HRB335、HRBF335、RRB400 的钢筋。

(2) 梁、柱纵向受力普通钢筋应采用 HRB400、HRB500、HRBF400、HRBF500 的钢筋。

(3) 箍筋宜采用 HRB400、HRBF400、HPB300、HRB500、HRBF500 的钢筋,也可采用 HRB335、HRBF335 的钢筋。

(4) 预应力筋宜采用预应力钢丝、钢绞线和预应力螺纹钢筋。

3.2 混 凝 土

3.2.1 混凝土的强度

混凝土是由粗骨料(碎石、细石)、细骨料(砂)、水泥和水按照一定的配合比配合而成。混凝土的强度与其组成材料的质量、配合比、养护条件、龄期、受力条件、试件形状、尺寸和试验方法有关。混凝土的强度主要有立方体抗压强度、轴心抗压强度和轴心抗拉强度。

1. 立方体抗压强度 f_{cu}

立方体抗压强度是衡量混凝土强度大小的基本指标,是评价混凝土等级的标准。

《混凝土结构设计规范》规定,采用边长为 150mm 的标准立方体试件,在标准养护条件下(温度 20℃±3℃,相对湿度不小于 90%)养护 28 天后,按照标准试验方法测得的具有95%保证率的抗压强度,作为混凝土的立方体抗压强度标准值,用符号 $f_{cu,k}$ 表示。

标准试验方法如下。

(1) 试件:试件的承压面不涂润滑剂(图 3-7)。

(2) 加荷速度要求如下:

① 混凝土强度等级小于 C30 时,取每秒 0.3~0.5MPa;

② 混凝土强度等级大于或等于 C30 小于 C60 时,取每秒 0.5~0.8MPa;

③ 混凝土强度等级大于或等于 C60 时,取每秒 0.8~1.0MPa。

试验表明,混凝土的立方体抗压强度还与试块的尺寸有关,立方体尺寸越小,测得的混凝土抗压强度越高。当采用边长为 200mm 或 100mm 立方体试件时,须将其抗压强度实测值乘以 1.05 或 0.95 转换成标准试件的立方体抗压强度值。此外,加载速度较快时,测得的立方体抗压强度较高。

（不涂润滑剂）

图 3-7　混凝土立方体试件抗压破坏的情况

根据立方体抗压强度标准值 $f_{cu,k}$ 的大小，混凝土强度等级分为 C15、C20、C25、C30、C35、C40、C45、C50、C55、C60、C65、C70、C75、C80 共 14 个等级。其中，C60～C80 属高强混凝土。混凝土强度等级中的数字表示立方体抗压强度标准值，例如 C20 混凝土是指立方体抗压强度标准值为 20N/mm²。

《混凝土结构设计规范》规定，素混凝土结构的混凝土强度等级不应低于 C15；钢筋混凝土结构的混凝土强度等级不应低于 C20；当采用强度等级 400MPa 及以上的钢筋时混凝土强度等级不应低于 C25。

预应力混凝土结构的混凝土强度等级不宜低于 C40，且不应低于 C30。

承受重复荷载的钢筋混凝土构件，混凝土强度等级不应低于 C30。

2. 轴心抗压强度 f_c

实际工程中，受压构件并非立方体而是棱柱体，工作条件与立方体试块的工作条件也有很大差别。试验表明，当棱柱体试件的高宽比（h/b）在 2～3 时，混凝土的抗压强度趋于稳定（图 3-8），因此采用棱柱体试件更能反映混凝土的实际抗压能力。《混凝土结构设计规范》采用 150mm×150mm×300mm 棱柱体试件测得的强度作为混凝土的轴心抗压强度。

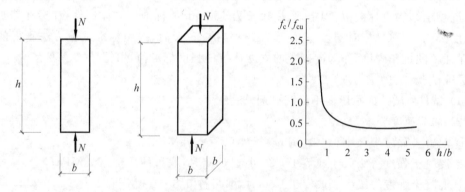

图 3-8　混凝土棱柱体抗压强度试验

《混凝土结构设计规范》中混凝土的轴心抗压强度标准值按下式计算：

$$f_{c,k} = 0.88\alpha_{c1}\alpha_{c2}f_{cu,k} \tag{3-5}$$

式中：α_{c1}——棱柱体强度与立方体抗压强度之比，对 C50 及以下混凝土取 $\alpha_{c1}=0.76$；对 C80 混凝土取 $\alpha_{c1}=0.82$；中间值按线性内插法计算。

α_{c2}——考虑混凝土脆性的折减系数，对 C40 混凝土取 $\alpha_{c2}=1.0$；对 C80 混凝土取 $\alpha_{c2}=0.87$；中间值按线性内插法计算。

轴心抗压强度是构件承载力计算的强度指标。

3. 轴心受拉构件 f_t

混凝土的抗拉强度远小于抗压强度，只有抗压强度的 $1/20\sim1/8$。

混凝土的抗拉强度可采用图 3-9(a)所示的试验方法来测定，即采用尺寸为 100mm× 100mm×500mm 的棱柱体试件直接进行轴心受拉试验，但其准确性较差，故《混凝土结构设计规范》采用边长为 150mm 的立方体试件的劈裂试验来间接测定[图 3-9(b)]。

《混凝土结构设计规范》中混凝土轴心抗拉强度标准值按下式计算：

$$f_{t,k} = 0.88 \times 0.395 f_{cu,k}^{0.55} (1-1.645\delta)^{0.45} \alpha_2 \tag{3-6}$$

式中：δ——混凝土立方强度变异系数，当 $f_{cu,k}>60\text{N/mm}^2$ 时，取 $\delta=0.1$。

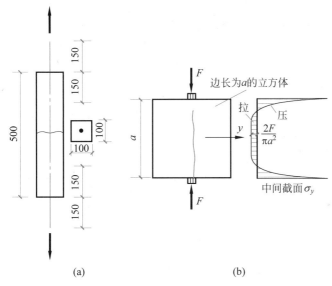

图 3-9　混凝土抗拉强度试验方法

(a) 拉伸试验；(b) 劈裂试验

4. 混凝土的强度设计指标

同钢筋相比，混凝土强度具有更大的变异性，按同一标准生产的混凝土各批强度会不同，即便用同一次搅拌的混凝土制作的构件其强度也有差异。因此，设计中也应采取混凝土强度标准值来进行计算。混凝土的强度标准值应具有不小于 95% 的保证率。

混凝土强度设计值等于混凝土强度标准值除以混凝土材料分项系数 γ_c，$\gamma_c=1.4$。

各种强度等级的混凝土强度标准值、强度设计值见表 3-4 和表 3-5。

表 3-4　混凝土强度标准值　　　　　　　　　（单位：N/mm²）

强度	混凝土强度等级													
	C15	C20	C25	C30	C35	C40	C45	C50	C55	C60	C65	C70	C75	C80
f_{ck}	10.0	13.4	16.7	20.1	23.4	26.8	29.6	32.4	35.5	38.5	41.5	44.5	47.4	50.2
f_{tk}	1.27	1.54	1.78	2.01	2.20	2.39	2.51	2.64	2.74	2.85	2.93	2.99	3.05	3.11

表 3-5　混凝土强度设计值　　　　　　　　　　　　　　　（单位：N/mm²）

强度	混凝土强度等级													
	C15	C20	C25	C30	C35	C40	C45	C50	C55	C60	C65	C70	C75	C80
f_c	7.2	9.6	11.9	14.3	16.7	19.1	21.1	23.1	25.3	27.5	29.7	31.8	33.8	35.9
f_t	0.91	1.1	1.27	1.43	1.57	1.71	1.80	1.89	1.96	2.04	2.09	2.14	2.18	2.22

3.2.2　混凝土的变形

混凝土的变形分为两类，一类称为混凝土的受力变形，包括一次短期加荷下的变形和长期荷载下的变形；另一类称为混凝土的体积变形，包括混凝土由于收缩和温度变化而产生的变形等。

1. 混凝土一次短期加荷下的变形

1）混凝土的应力—应变曲线

以混凝土棱柱体试验测得混凝土一次短期加荷下的典型受压应力—应变曲线如图 3-10(a)所示。图中 A、B、C 三点将全曲线划分为四个阶段。

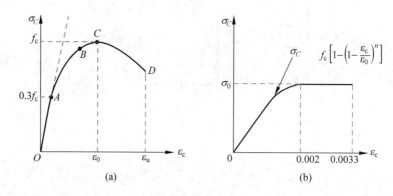

图 3-10　混凝土受压的应力—应变曲线

OA 段：σ_A 为 $(0.3\sim0.4)f_c$，对于高强混凝土 σ_A 可达 $(0.5\sim0.7)f_c$。混凝土基本处于弹性工作阶段。应力—应变呈线性关系。其变形主要是骨料和水泥结晶体的弹性变形。

AB 段：裂缝稳定发展阶段。混凝土表现出塑性性质，纵向压应变增长开始加快，应力—应变关系偏离直线，逐渐偏向应变轴。这是由于水泥凝胶体的黏结流动、混凝土中微裂缝的发展及新裂缝不断产生的结果，但该阶段微裂缝的发展是稳定的，即当应力不继续增加时，裂缝就不再延伸发展。

BC 段：应力达到 B 点，内部一些微裂缝相互连通，裂缝的发展已不稳定，并且随荷载的增加迅速发展，塑性变形显著增大。如果压应力长期作用，裂缝会持续发展，最终导致破坏，故通常取 B 点的应力 σ_B 为混凝土的长期抗压强度。普通强度混凝土 σ_B 约为 $0.8f_c$，高强混凝土 σ_B 可达 $0.95f_c$ 以上。C 点的应力达峰值应力，即 $\sigma_C = f_c$，相应于峰值应力的应变为 ε_0，其值在 0.0015～0.0025 之间波动，平均值为 $\varepsilon_0 = 0.002$。

C 点以后：试件承载能力下降，应变继续增大，最终还会留下残余应力。

　　OC 段为曲线的上升段,C 点以后为下降段。试验结果表明,随着混凝土强度的提高,上升段的形状和峰值应变的变化不很显著,而下降段的形状有较大的差异。混凝土的强度越高,下降段的坡度越陡,即应力下降相同幅度时变形越小,延性越差。《混凝土结构设计规范》取简化曲线(图 3-11)作为混凝土强度的设计依据。

　　2) 混凝土的弹性模量 E_c

　　混凝土的弹性模量指混凝土的原点切线模量(图 3-11)。但是,混凝土不是弹性材料,其应力和应变不成线性关系,在不同应力阶段的变形模量(应力与应变之比)不同,原点切线很难准确确定。实际工程中,取 $\sigma = (0.4 \sim 0.5) f_c$,重复加载 5~10 次后的 σ—ε 直线的斜率(图 3-12)作为混凝土的弹性模量 E_c。

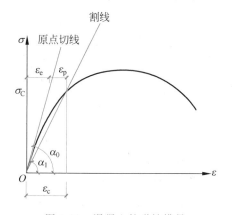

图 3-11　混凝土的弹性模量

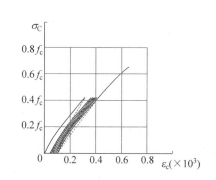

图 3-12　混凝土棱柱体重复加载的 σ—ε 曲线

　　按照上述方法,《混凝土结构设计规范》经统计分析得到混凝土的受拉或受压弹性模量 E_c 的经验计算公式:

$$E_c = \frac{10^5}{2.2 + \dfrac{34.7}{f_{cu,k}}} \tag{3-7}$$

式中:E_c——混凝土弹性模量,N/mm^2;

　　　　$f_{cu,k}$——混凝土立方体抗压强度的标准值,N/mm^2。

　　按式(3-7)计算的不同强度等级混凝土的弹性模量见表 3-6。

表 3-6　混凝土弹性模量

混凝土强度等级	C15	C20	C25	C30	C35	C40	C45	C50	C55	C60	C65	C70	C75	C80
$E_c/(\times 10^4 \text{N/mm}^2)$	2.20	2.55	2.80	3.00	3.15	3.25	3.35	3.45	3.55	3.60	3.65	3.70	3.75	3.80

注:① 当有可靠试验依据时,弹性模量可根据实测数据确定。

② 当混凝土中掺有大量矿物掺和料时,弹性模量可按规定龄期根据实测数据确定。

2. 混凝土长期荷载作用下的变形——徐变

　　混凝土在长期不变荷载作用下,变形随时间继续增长的现象,称为混凝土的徐变。混凝土的徐变会使构件变形增大;在预应力混凝土构件中,徐变会导致预应力损失;对于长细比较大的偏心受压构件,徐变会使偏心距增大,降低构件承载力。

　　产生徐变的原因有两个,一是混凝土在结硬的过程中有一部分转化为水泥凝胶体,在荷载长期作用下这些水泥凝胶体产生持续的塑性变形；另一个是混凝土在结硬的过程中水分蒸发后内部存在微裂缝，在荷载长期作用下这些微裂缝不断地发展和增加，引起裂缝的增长。

小知识：影响混凝土徐变的因素

（1）水泥用量越多，水灰比越大，徐变越大。当水灰比在 0.4～0.6 范围变化时，单位应力作用下的徐变与水灰比成正比；

（2）增加混凝土骨料的含量，徐变减小。当骨料的含量由 60％ 增大到 75％ 时，徐变将减小 50％。

（3）养护条件好，水泥水化作用充分，徐变就小。

（4）构件加载前混凝土的强度越高，徐变就越小。

（5）构件截面的应力越大，徐变越大。

3. 混凝土的收缩和温度变形

混凝土在空气中结硬时体积减小的现象称为收缩。混凝土收缩的原因主要是混凝土结硬过程中的体积收缩和混凝土内的水分蒸发而引起的体积收缩。

混凝土的收缩对钢筋混凝土构件往往是不利的。例如，混凝土构件受到约束时，混凝土的收缩将使混凝土中产生拉应力，在使用前就可能因混凝土收缩应力过大而产生裂缝。在预应力混凝土结构中，混凝土的收缩会引起预应力损失。

试验表明，混凝土的收缩随时间而增长，一般在半年内可完成收缩量的 80％～90％，两年后趋于稳定。一般情况下，普通混凝土最终收缩应变约为 $4 \times 10^{-4} \sim 8 \times 10^{-4}$。

试验还表明，水泥用量越多，水灰比越大，则混凝土收缩越大；集料的弹性模量大、级配好，混凝土浇捣越密实则收缩越小。因此，加强混凝土的早期养护、减小水灰比、减少水泥用量、加强振捣是减小混凝土收缩的有效措施。

温度变化会使混凝土热胀冷缩，在结构中产生温度应力，甚至会使构件开裂以致损坏。因此，对于烟囱、建筑屋面等结构，设计时应考虑温度应力的影响。

3.2.3　混凝土结构的耐久性规定

混凝土结构应符合有关耐久性的规定，以保证其在化学、生物以及其他使结构材料性能恶化的各种侵蚀的作用下，达到预期的耐久年限。

结构的使用环境是影响混凝土结构耐久性的最重要的因素。混凝土结构的使用环境类别见表 3-7。影响混凝土结构耐久性的另一重要因素是混凝土的质量。控制水灰比，减小渗透性，提高混凝土的强度等级，增加混凝土的密实性，以及控制混凝土中氯离子和碱的含量等，对于混凝土的耐久性都有非常重要的作用。耐久性对混凝土质量的主要要求如下：

表 3-7　混凝土结构的使用环境类别

环境类别	说　明
一	室内干燥环境；无侵蚀性静水浸没环境
二 a	室内潮湿环境；非严寒和非寒冷地区的露天环境、非严寒和非寒冷地区与无侵蚀性的水或土层直接接触的环境；严寒和寒冷地区的冰冻线以下与无侵蚀性的水或土层直接接触的环境
二 b	干湿交替环境；水位频繁变动环境；严寒和寒冷地区的露天环境；严寒和寒冷地区冰冻线以上与无侵蚀性的水或土层直接接触的环境
三 a	严寒和寒冷地区冬季水位变动区环境；受除冰盐影响环境；海风环境
三 b	盐渍土环境；受除冰盐作用环境；海岸环境
四	海水环境
五	受人为或自然的侵蚀性物质影响的环境

注：严寒地区指最冷月平均温度不高于 $-10℃$，日平均温度不高于 $5℃$ 的天数不少于 145 天的地区；寒冷地区指最冷月平均温度 $-10\sim0℃$，日平均温度不高于 $5℃$ 的天数为 $90\sim145$ 天的地区。

1. 设计使用年限为 50 年的一般结构混凝土

混凝土中的氯离子会使钢筋锈蚀，混凝土中的碱会使混凝土膨胀，因此使用中要加以控制。对于设计使用年限为 50 年的一般结构，混凝土质量应符合表 3-8 的规定。

表 3-8　结构混凝土耐久性的基本规定

环境类别	最大水胶比	最低强度等级	氯离子含量不大于/%	碱含量不大于/（kg·m⁻³）
一	0.60	C20	0.30	不限制
二 a	0.55	C25	0.20	3.0
二 b	0.50(0.55)	C30(C25)	0.15	3.0
三 a	0.45(0.50)	C35(C30)	0.15	3.0
三 b	0.4	C40	0.10	3.0

注：① 氯离子含量按水泥总量的百分率计。
② 预应力混凝土构件中的氯离子含量不得超过 0.05%；最低混凝土强度等级应按表中规定提高两个等级。
③ 素混凝土构件的水胶比及最低强度等级可适当放松。
④ 处于严寒和寒冷地区二 b、三 a 类环境中的混凝土应使用引气剂，并可采用括号中的有关参数。
⑤ 当有可靠工程经验时，处于二类环境中的最低混凝土强度等级可降低一个等级。
⑥ 当使用非碱活性集料时，可不对混凝土中的碱性含量进行控制。

2. 设计使用年限为 100 年的结构混凝土

一类环境中，设计使用年限为 100 年的结构混凝土应符合下列规定。

（1）钢筋混凝土结构混凝土强度等级不应低于 C30；预应力混凝土结构的最低混凝土强度等级为 C40。

（2）混凝土中氯离子含量不得超过水泥质量的 0.06%。

（3）宜使用非碱活性骨料；当使用碱活性骨料时，混凝土中的碱含量不得超过 3.0kg/m。

（4）混凝土保护层厚度应符合规范相应的规定；当采取有效的表面防护措施时，混凝土保护层厚度可适当减少。

对于设计寿命为 100 年且处于二类和三类环境中的混凝土结构应采取专门有效的措施。

3. 其他要求

（1）预应力混凝土结构中的预应力筋应根据具体情况采取表面防护、孔道灌浆、加大混凝土保护层等措施，外露的锚固端应采取封锚和混凝土表面处理等有效措施。

（2）严寒及寒冷地区的潮湿环境中，结构混凝土应满足抗冻要求，混凝土抗冻等级应符合有关标准的要求。

（3）有抗渗要求的混凝土结构，混凝土的抗渗等级应符合有关标准的要求。

（4）处于二、三类环境中的悬臂构件宜采用悬臂梁—板的结构形式，或在其表面增设防护层。

（5）处于二、三类环境中的结构构件，其表面的预埋件、吊钩、连接件等金属部件应采取可靠的防锈措施，对于后张预应力混凝土外露金属锚具，其防护要求应符合相关规定。

（6）处在三类环境中的混凝土结构构件，可采用阻锈剂、环氧树脂涂层钢筋或其他具有耐腐蚀性能钢筋，采取阴极保护措施或采用可更换的构件等措施。

4. 混凝土结构在设计使用年限内尚应遵守的规定

（1）建立定期检测、维修制度。

（2）设计中可更换的混凝土构件应按规定更换。

（3）构件表面的防护层应按规定维护或更换。

（4）结构出现可见的耐久性缺陷时应进行处理。

3.3　钢筋与混凝土的共同工作

3.3.1　钢筋与混凝土共同工作的原理

钢筋和混凝土是两种性质不同的材料，二者结合在一起，在荷载、温度、收缩等各种外界因素作用下能够共同工作的原理是：

（1）二者的温度线膨胀系数接近（见 1.1.1 小节），在温度作用下共同伸长和收缩；

（2）二者之间存在黏结力，能够共同变形、协同工作。

钢筋和混凝土间的黏结力主要由以下三部分组成。

胶结力　钢筋与混凝土的接触面水泥凝胶体对钢筋会产生化学吸附作用，形成胶结力。混凝土强度越高，胶结力越大。

摩擦力　混凝土收缩紧紧握固钢筋，当二者出现滑移时，在接触面上将出现摩擦。接触面越粗糙，摩擦力越大。

机械咬合力　由于钢筋表面凹凸不平与混凝土之间产生的机械咬合力。其值较大，变形钢筋比光面钢筋的咬合力要大得多。

3.3.2　黏结强度的影响因素

黏结力是钢筋与混凝土得以共同工作的基础，其中钢筋凹凸不平的表面与混凝土间的机械咬合力是黏结力的主要部分，所以带肋钢筋与混凝土的黏结性能最好，设计中宜优先选用。另外,在寒冷地区要求钢筋具备抗低温性能,以防止钢筋低温冷脆而致破坏。

黏结强度通常采用拔出试验来测定。试验表明,钢筋与混凝土的黏结应力沿钢筋长度方向是不均匀的(图3-13)。最大黏结应力在离端部某一距离处,越靠钢筋尾部,黏结应力越小。钢筋埋入长度越长,拔出力越大,但埋入过长则尾部的黏结应力很小,甚至为零。由此可见,为了保证钢筋与混凝土有可靠的黏结,钢筋应有足够的锚固长度 l_a,但也不必太长。

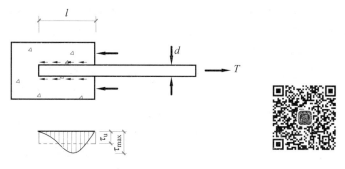

图 3-13　黏结强度试验

影响钢筋与混凝土黏结强度的因素很多,主要有混凝土强度、钢筋表面形状、浇注位置、保护层厚度、钢筋间距、横向钢筋和侧向压应力等。《混凝土结构设计规范》采用有关构造措施来保证钢筋与混凝土的黏结强度,这些构造措施有钢筋保护层厚度、钢筋搭接长度、锚固长度、钢筋净距和受力光面钢筋端部做成弯钩等。

本 章 小 结

1. 钢筋混凝土结构所用的钢筋,按其力学性能的不同可分为有明显屈服点的钢筋和无明显屈服点的钢筋。力学性能有强度、塑性、冷弯性能、韧性和可焊性。只有屈服强度是可利用的强度指标。

2. 在工程中常用的混凝土强度有:立方体抗压强度 f_{cu}、轴心抗压强度 f_c 和轴心抗拉强度 f_t 等。其中,混凝土立方体抗压强度是衡量混凝土最基本的强度指标,是评价混凝土强度等级的标准,混凝土的其他力学指标可由立方体抗压强度换算得到。

3. 由混凝土的应力—应变关系可知混凝土是一种弹塑性材料。低强度混凝土比高强度混凝土有较好的延性。

4. 混凝土在长期不变荷载作用下,应变随时间增长的现象称为混凝土徐变。徐变对结构的影响有不利的一面,也有有利的一面;混凝土在空气中结硬时体积减小的现象称为收缩,收缩对结构主要产生不利影响。

5. 钢筋和混凝土之间的黏结作用是保证二者能较好地共同工作的主要原因之一。变形钢筋黏结能力的主要来源是钢筋与混凝土之间产生的机械咬合力;光面钢筋黏结能力的主要来源是钢筋与混凝土之间产生的胶结力和摩擦力。影响钢筋与混凝土之间黏结作用的因素很多,《混凝土结构设计规范》主要采用构造措施来保证钢筋与混凝土之间的黏结力。

习　题

3.1　建筑结构用钢筋的种类有哪些?

3.2　试述有明显屈服点的钢材的受力阶段,钢材的设计强度如何取。

3.3　有明显屈服点的钢筋和无明显屈服点的钢筋的应力—应变曲线有何特点?

3.4　钢材的力学指标有哪些?

3.5　试述钢材的冷加工方法有哪些。冷加工后钢材的性能有何变化?

3.6　混凝土的强度等级是怎样确定的? 混凝土的基本强度指标有哪些?

3.7　混凝土受压时的应力—应变曲线有何特点?

3.8　混凝土的弹性模量是如何确定的?

3.9　什么是混凝土的徐变和收缩? 影响混凝土徐变、收缩的主要因素有哪些? 混凝土的徐变、收缩对结构构件有哪些影响?

3.10　钢筋与混凝土产生黏结的作用和原因是什么?

第 4 章 钢筋混凝土受弯构件

学习目标	1. 掌握单筋矩形截面、双筋矩形截面和 T 形截面梁的正截面受弯承载力计算。 2. 掌握无腹筋梁和有腹筋梁斜截面受剪承载力计算。 3. 了解受弯构件正截面受弯及斜截面受剪的破坏形态。 4. 熟悉梁内纵向钢筋弯起和截断的构造要求。

受弯构件是指截面上有弯矩和剪力共同作用,而轴力可忽略不计的构件(图 4-1)。

钢筋混凝土受弯构件的主要形式是梁和板(图 4-2),它们是组成工程结构的基本构件,在建筑工程和桥梁工程中应用广泛。梁和板的区别在于:梁的截面高度一般大于其宽度,而板的截面高度则远小于其宽度。

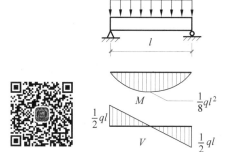

图 4-1 受弯构件示意图

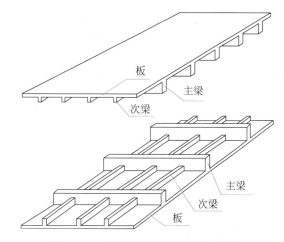

图 4-2 工程中的主要受弯构件:梁、板

在荷载作用下,受弯构件的截面将承受弯矩和剪力的作用。因此设计受弯构件时,一般应满足下列两方面的要求。

(1) 由于弯矩的作用,构件可能沿弯矩最大的截面发生破坏,当受弯构件沿弯矩最大的截面被破坏时,破坏截面与构件轴线垂直,称为正截面破坏,须进行正截面承载力计算。

(2) 由于弯矩和剪力的共同作用,构件可能沿剪力最大或弯矩和剪力都较大的截面破坏,破坏截面与构件的轴线斜交,称为沿斜截面破坏,须进行斜截面承载力计算(图 4-3)。

进行受弯构件设计时,既要保证构件不沿正截面发生破坏,又要保证构件不沿斜截面发生破坏,因此要进行正截面承载能力和斜截面承载能力的计算。

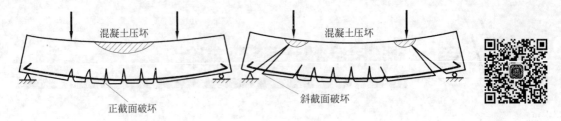

图 4-3 受弯构件的截面破坏形式

4.1 一般构造要求和规定

钢筋混凝土梁、板可分为预制梁、板和现浇梁、板两大类。

钢筋混凝土预制板的截面形式很多,常用的有平板、槽形板和多孔板三种。钢筋混凝土预制梁常用的截面形式为矩形、T形和箱形。图 4-4 为工程中常用的梁、板截面形式。

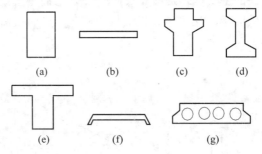

图 4-4 常用受弯构件的截面形式

(a)、(b) 矩形;(c) 花篮形;(d) 工字形;(e) T 形;(f) 槽形;(g) 空心形

4.1.1 板的一般构造及规定

1. 截面尺寸

1）板的最小厚度

板的跨厚比 l/h:钢筋混凝土单向板不大于 30,双向板不大于 40;无梁支承的有柱帽板不大于 35,无梁支承的无柱帽板不大于 30。预应力板可适当增加;当板的荷载、跨度较大时,适当减小。现浇钢筋混凝土板厚除应满足承载力等要求外,尚不应小于表 4-1 规定的数值。

表 4-1 现浇钢筋混凝土板的最小厚度　　　　　　　　（单位：mm）

板 的 类 别		最小厚度	板 的 类 别		最小厚度
单向板	屋面板	60	密肋楼盖	面板	50
	民用建筑楼板	60		肋高	250
	工业建筑楼板	70	悬臂板（根部）	悬臂长度不大于 500	60
	行车道下的楼板	80		悬臂长度 1200	100
双向板		80	无梁楼板		150
			现浇空心楼盖		200

特别提示

一般工业与民用建筑的楼面和屋面,板的最小厚度如下。

(1) 单向现浇板:屋面板为 60mm;民用建筑楼板为 60mm;工业建筑楼板为 70m;行车道下的楼板为 80mm。

(2) 双向板及无梁楼板、现浇空心楼盖:双向板为 80mm,无梁楼板为 150mm,现浇空心楼盖为 200mm。

2) 板的高跨比

板的高跨比(h/l_0)应不小于表 4-2 的规定。

表 4-2　板的高跨比(h/l_0)

支承情形	单向板	双向板	悬臂板
简支	$\geqslant \dfrac{1}{35}$	$\geqslant \dfrac{1}{45}$	—
连续	$\geqslant \dfrac{1}{40}$	$\geqslant \dfrac{1}{50}$	$\geqslant \dfrac{1}{12}$

2. 板的配筋

对于单向受力的板,板内通常配置受力钢筋和分布钢筋(图 4-5)。

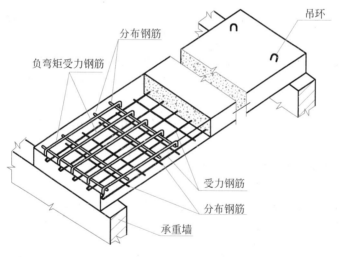

图 4-5　板的钢筋

受力钢筋布于板的跨度方向,一般为 φ6～φ10 的 HPB300 级钢筋,其间距为 70～200mm(当板厚 $h > 150$mm 时,间距不大于 $1.5h$ 且不大于 250mm);板中伸入支座的下部钢筋,其间距不应大于 400mm,截面面积不应小于跨中受力钢筋截面面积的 1/3。下部纵向受力钢筋伸入支座的锚固长度不应小于 $5d$(d 为钢筋直径)。

每米板宽各种钢筋混凝土的钢筋用量见附表 2-4。

板的分布钢筋应布置在受力钢筋内侧,与受力钢筋垂直,并在交点处绑扎或焊接。

小知识：分布钢筋的作用

（1）固定受力钢筋的位置；

（2）抵抗混凝土因温度变化及收缩产生的拉应力；

（3）将荷载均匀分布给受力钢筋。

单位长度上分布钢筋的截面面积应不小于单位宽度上的跨中受力钢筋面积的 15%，且不宜小于该方向板截面面积的 0.15%；分布钢筋的直径一般不小于 ϕ6，间距不宜大于 250mm（集中荷载较大时，不宜大于 200mm）。

3. 板的混凝土保护层厚度

板中受力钢筋外边缘至板表面范围用于保护钢筋的混凝土，称为板的保护层。在一类环境下保护层最小厚度为 15mm（混凝土强度等级大于或等于 C25 时）或 20mm（混凝土强度等级为 C20 及以下时）；预制板的混凝土保护层可相应减少 5mm。

4. 板中钢筋的保护层

保护层厚度与环境条件及混凝土等级有关，一般情况下，混凝土保护层取 15mm。

4.1.2 梁的一般构造及规定

1. 截面尺寸

1）模数要求

当梁高 $h < 800$mm 时，h 为 50mm 的倍数；当 $h > 800$mm 时，h 为 100mm 的倍数。梁宽 b 一般为 50mm 的倍数；当 $b < 200$mm 时，梁宽可为 150mm 或 180mm。

2）梁的高跨比

梁的高跨比（h/l_0）可参照表 4-3 的规定选择，其中 l_0 为梁的计算跨度。

表 4-3　梁的高跨比

构 件 类 型	简支	两端连续	悬臂
独立梁或整体肋形梁的主梁	$\frac{1}{12} \sim \frac{1}{8}$	$\frac{1}{14} \sim \frac{1}{8}$	$\frac{1}{6}$
整体肋形梁的次梁	$\frac{1}{18} \sim \frac{1}{10}$	$\frac{1}{20} \sim \frac{1}{12}$	$\frac{1}{8}$

注：当梁的跨度超过 9m 时，表中数值宜乘以 1.2 的系数。

2. 混凝土保护层厚度及钢筋间净距

1）混凝土保护层最小厚度

一类环境下梁受力钢筋的混凝土保护层最小厚度为 30mm（混凝土强度等级小于或等于 C25 时为 25mm）且不小于受力钢筋直径；露天或室内高湿度环境下（指二类 a 环境）的混凝土保护层最小厚度为 25mm（混凝土强度等级不大于 C25 时为 30mm）；箍筋和构造钢筋的保护层厚度不小于 15mm。为提高混凝土耐久性，对于设计使用年限 50 年的混凝土结构，《混凝土结构设计规范》对混凝土最小保护层厚度的规定见表 4-4。

表 4-4　混凝土保护层的最小厚度　　　　　　　　　（单位：mm）

环境等级	板墙壳	梁柱
一类	15	20
二类 a	20	25
二类 b	25	35
三类 a	30	40
三类 b	40	50

注：① 混凝土强度等级不大于 C25 时，表中保护层厚度数值应增加 5mm。

② 钢筋混凝土基础应设置混凝土垫层，其纵向受力钢筋的混凝土保护层厚度应从垫层顶面算起，且不小于 40mm。

当有充分依据并采取下列有效措施时，可适当减小混凝土保护层的厚度：

a. 构件表面有可靠的防护层；

b. 采用工厂化生产的预制构件，并能保证预制构件混凝土的质量；

c. 在混凝土中掺加阻锈剂或采用阴极保护处理等防锈措施；

d. 当对地下室墙体采取可靠的建筑防水做法或防腐措施时，与土层接触一侧钢筋的保护层厚度可适当减少，但不应小于 25mm。

当梁、柱、墙中纵向受力钢筋的保护层厚度大于 50mm 时，宜对保护层采取有效的构造措施。可在保护层内配置防裂、防剥落的焊接钢筋网片，网片钢筋的保护层厚度不应小于 25mm，并应采取有效的绝缘、定位措施。

2）钢筋的净距

下部钢筋的净距 d_2 不小于 25mm 且不小于受力钢筋最小直径；上部钢筋净距 d_1 不小于 30mm 且不小于受力钢筋最大直径的 1.5 倍；当梁的下部纵向钢筋布置成两排时，上下排钢筋必须对齐（图 4-6）；钢筋超过两层时，两层以上的钢筋中距应比下面两层的中距增加一倍。

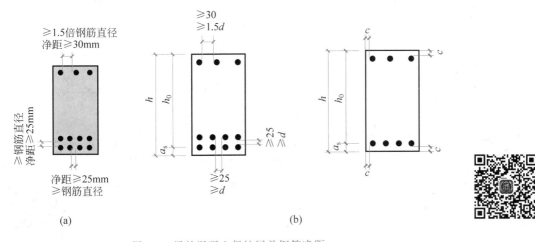

图 4-6　梁的混凝土保护层及钢筋净距

3. 纵向钢筋

1）钢筋直径

纵向受力钢筋直径一般不小于 10mm，并宜优先选择直径较小的钢筋；当采用两种不同直径的钢筋时，其直径至少相差 2mm，以便施工识别，但也不宜大于 6mm。

2）伸入支座的钢筋数量

当梁的宽度 $b>100mm$ 时，伸入支座的钢筋数量不应少于 2 根；当梁的宽度 $b<100mm$ 时，可以为 1 根。光面钢筋末端应做成半圆弯钩。

3）架立钢筋

架立钢筋设置在梁的受压区，用来固定箍筋并与受力钢筋形成钢筋骨架（图 4-7）。架立钢筋还可以承受温度应力、收缩应力。架立钢筋直径与梁的跨度有关。当梁的跨度小于 4m 时，架立钢筋直径 $d>8m$；当梁的跨度为 $4\sim6m$ 时，架立钢筋直径 $d\geqslant 10mm$；当梁的跨度大于 6m 时，架立钢筋直径 $d>12mm$。

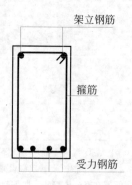

图 4-7　梁配筋横断面图

4. 箍筋和弯起钢筋

1）箍筋

梁内箍筋由抗剪计算和构造要求确定。箍筋的直径与梁高有关，对截面高度大于 800mm 的梁，箍筋直径不宜小于 8mm；对截面高度为 800mm 及以下的梁，箍筋直径不宜小于 6mm；对梁中配有计算需要的纵向受压钢筋时，箍筋直径不应小于 $d/4$（d 为纵向受压钢筋的最大直径）。

2）弯起钢筋

弯起钢筋是利用梁的部分纵向受力钢筋在支座附近斜弯成型的。弯起钢筋在弯起前抵抗梁内正弯矩，在弯起段可抵抗剪力，在连续梁中间支座的弯起钢筋还可抵抗支座负弯矩，弯起钢筋的弯起角度一般为 45°，当梁高度 h 超过 800mm 时，弯起角度可采用 60°。

综上所述，梁的配筋包括纵向受力钢筋、架立钢筋、箍筋，这是梁的基本配筋；利用梁的部分纵向受力钢筋在支座附近斜弯成型的弯起钢筋，一般只在非抗震设计中采用。一般梁中的配筋情况见图 4-8。

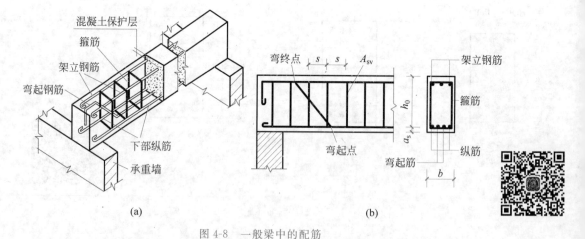

(a)　　　　　　　　　　　　　(b)

图 4-8　一般梁中的配筋

4.1.3　梁、板截面的有效高度

有效高度是指受力钢筋形心到混凝土受压区外边缘的距离（图 4-9），用 h_0 表示。

$$h_0 = h - a_s \tag{4-1}$$

式中：h——受弯构件的截面高度，mm；

a_s——纵向受拉钢筋合力点至受拉区混凝土边缘的距离，mm。当布置单排钢筋时，$a_s = c + \dfrac{d}{2}$，其中 c 为混凝土保护层厚度，d 为纵向受拉钢筋直径；如布置双排钢筋，$a_s = c + d + \dfrac{e}{2}$，其中 d 为自受拉区边缘第一排纵向受拉钢筋的直径，e 为两排钢筋间的净距。

板通常取 $h_0 = h - 25\text{mm}$。

梁：一排钢筋时取 $h_0 = h - (35 \sim 45)\text{mm}$

双排钢筋时取 $h_0 = h - (60 \sim 80)\text{mm}$

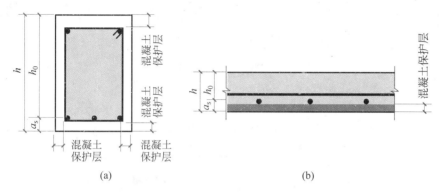

图 4-9 梁、板截面的有效高度

4.2 正截面承载力计算

4.2.1 梁的正截面受弯性能试验分析

为了研究钢筋混凝土梁的弯曲性能，探讨正截面的应力和应变分布规律，通常采用图 4-10 所示的试验方案，进行钢筋混凝土梁试验研究。

图 4-10 所示的试验梁，纵向受力钢筋仅配置在梁的受拉区阶段。由试验获得的破坏曲线如图 4-11 所示。

梁的受力过程可以分为以下三个阶段（图 4-12）。

1）第 I 阶段——弹性工作阶段（未裂阶段）

当施加的荷载较小，即梁承受的弯矩较小时，构件基本处于弹性工作阶段。测试表明：沿截面高度的混凝土应力和应变的分布均为直线，与材料力学的分布规律相同〔图 4-12(a)〕，钢筋应变很小，混凝土受拉区未出现裂缝；跨中挠度很小，并与施加的荷载（或弯矩）成正比。荷载逐渐增加后，受拉区混凝土塑性变形发展，拉应力图形呈曲线分布。当荷载增加到受拉混凝土边缘纤维拉应变达到混凝土极限拉应变时，受拉混凝土将开裂，受拉区混凝土的应力达到混凝土抗拉强度。这种将裂未裂的状态标志着阶段 I 的结束，称为 I a〔图 4-12(b)〕。

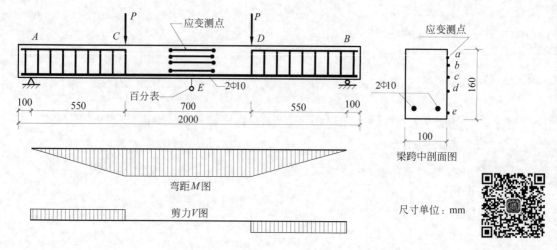

图 4-10　梁的受弯试验示意图

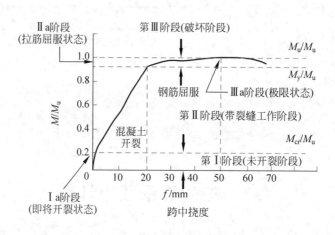

图 4-11　简支梁弯曲破坏曲线

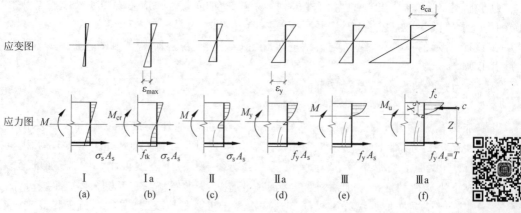

图 4-12　梁受力的三个阶段应力、应变图

2）第Ⅱ阶段——带裂缝工作阶段

当荷载继续增加时,受拉混凝土边缘纤维应变超过其极限拉应变,混凝土开裂。在开裂截面,受拉混凝土逐渐退出工作,拉力主要由钢筋承担;随着荷载的增大,裂缝向受压区方向延伸,中和轴上升,裂缝宽度加大,新裂缝逐渐出现;混凝土受压区的塑性变形有所发展,压应力图形呈曲线形分布[图 4-12(c)]。由于裂缝的出现和扩展,梁的刚度下降,跨中挠度增长速度要比第Ⅰ阶段快(图 4-11),但与弯矩的关系基本仍为线性关系。当荷载增加到使钢筋应力达到屈服强度 f_y 时,标志着第Ⅱ阶段结束,称为Ⅱa 状态[图 4-12(d)]。

3）第Ⅲ阶段——破坏阶段

随着受拉钢筋的屈服,裂缝急剧开展,裂缝宽度变大,构件挠度大大增加,出现破坏前的预兆。由于中和轴高度上升,混凝土受压区高度不断缩小。当受压区混凝土边缘纤维达到极限压应变时,受压混凝土压碎,构件完全破坏,此时第Ⅲ阶段结束[图 4-12(f)]。

根据试验研究,不同条件下梁正截面的破坏形式有较大差异,而破坏形式与配筋率 ρ、钢筋级别、混凝土强度等级、截面几何特征等很多因素有关,其中以配筋率对构件破坏特征的影响最为明显。

配筋率 ρ 是指受拉钢筋截面面积 A_s 与梁截面有效面积 bh_0 之比(图 4-13),即

$$\rho = \frac{A_s}{bh_0} \qquad (4-2)$$

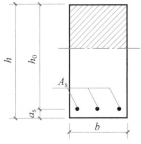

图 4-13　梁的配筋率

式中：A_s——受拉钢筋截面面积,mm^2;

　　　b——梁截面宽度,mm;

　　　h_0——梁截面有效高度,$h_0 = h - a_s$,mm。

试验表明,当梁的配筋率 ρ 超过或低于正常配筋率范围时,梁正截面的受力性能和破坏特征将发生显著变化。因此,随着配筋率的不同,钢筋混凝土梁可能出现下面三种不同的破坏形式(图 4-14)。

1）适筋破坏

当梁的配筋率适中时,构件的破坏首先是纵向受拉钢筋屈服,维持应力不变而发生明显的塑性变形,直到混凝土受压区边缘的应变达到混凝土受弯的极限压应变,受压区混凝土被压碎,截面即宣告破坏,这种破坏称适筋破坏。适筋破坏在构件破坏前有明显的塑性变形和裂缝征兆[图 4-14(a)],而不是突然发生,属延性破坏。

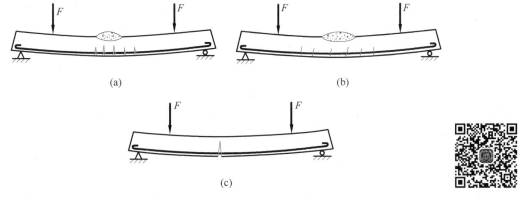

图 4-14　配筋不同的梁的破坏形式

(a) 适筋梁破坏;(b) 超筋梁破坏;(c) 少筋梁破坏

2）超筋破坏

当构件的配筋率超过某一定值时，构件的破坏特征发生质的变化。试验表明，由于钢筋配置过多，抗拉能力过强，当荷载加到一定程度后，在钢筋的应力尚未达到屈服强度之前，受压区混凝土先被压碎，致使构件破坏[图 4-14(b)]，这种破坏称超筋破坏。由于在破坏前钢筋尚未屈服而仍处于弹性工作阶段，其伸长较小，因此梁在破坏时裂缝较细，挠度较小，破坏突然，没有明显预兆，其破坏类型属脆性破坏。

3）少筋破坏

当构件的配筋率低于某一定值时，构件承载能力很低，只要一开裂，裂缝就会迅速展开，裂缝截面处的拉力全部转由钢筋承担，由于受拉钢筋量配置太少，裂缝截面的钢筋拉应力突然剧增甚至超过其屈服强度进入强化阶段，此时由于经过屈服阶段，钢筋塑性伸长已很大，裂缝开展过宽，梁将严重下垂，即使受压区混凝土暂未压碎，但过大的变形及裂缝已经不适于继续承载，从而标志着梁的破坏[图 4-14(c)]。这种破坏称少筋破坏。少筋破坏一般是在梁出现第一条裂缝后突然发生，破坏突然、没有明显预兆，属脆性破坏。

由此可见，当截面配筋率变化到一定程度时，将引起正截面受弯破坏性质的改变，而其破坏形式取决于受拉钢筋与受压混凝土相互抗衡的结果。当受压区混凝土的抗压能力大于受拉钢筋的抗拉能力时，受拉钢筋先屈服；反之，当受拉钢筋的抗拉能力大于受压区混凝土的抗压能力时，受压区混凝土先被压碎；当二者力量均衡时，破坏始于受拉钢筋屈服，然后受压区混凝土被压坏，宣告构件破坏。少筋破坏和超筋破坏都具有脆性破坏性质，破坏前无明显征兆，破坏时将造成严重后果，材料的强度也未得到充分利用，因此应避免将受弯构件设计成少筋和超筋构件，只允许设计成适筋构件。

4.2.2 单筋矩形截面的受弯承载力计算

1. 正截面承载力计算的基本假设

（1）截面应变保持平面。

（2）不考虑混凝土的抗拉强度。

（3）混凝土受压的应力与压应变关系曲线按下列规定取用（图 4-15）。

混凝土受压应力—应变曲线方程如下。

当 $\varepsilon_c \leqslant \varepsilon_0$ 时（上升段）：

$$\sigma_c = f_c \left[1 - \left(1 - \frac{\varepsilon_c}{\varepsilon_0} \right)^n \right] \tag{4-3}$$

当 $\varepsilon_0 \leqslant \varepsilon_c \leqslant \varepsilon_{cu}$ 时（水平段）：

$$\sigma_c = f_c \tag{4-4}$$

式中，参数 n、ε_0 和 ε_{cu} 的取值如下，$f_{cu,k}$ 为混凝土立方体抗压强度标准值。

$$n = 2 - \frac{1}{60}(f_{cu,k} - 50) \leqslant 2.0 \quad \varepsilon_0 = 0.002 + 0.5 \times (f_{cu,k} - 50) \times 10^{-5} \geqslant 0.002$$

$$\varepsilon_{cu} = 0.0033 - 0.5 \times (f_{cu,k} - 50) \times 10^{-5} \leqslant 0.0033$$

（4）纵向钢筋的应力—应变关系方程为：$\sigma_s = E_s \varepsilon_s \leqslant f_y$，纵向钢筋的极限拉应变取值为 0.01（图 4-16）。

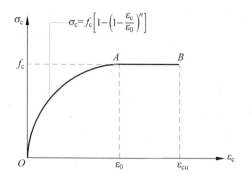

图 4-15 理想化的混凝土应力—应变曲线

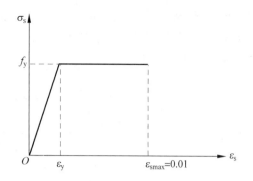

图 4-16 理想化的钢筋应力—应变曲线

2. 受压区混凝土的等效应力图

在进行结构设计时,为了简化计算,受压区混凝土的应力图形可进一步用一个等效的矩形应力图代替。矩形应力图的应力取为 $\alpha_1 f_c$(图 4-17), f_c 为混凝土轴心抗压强度设计值。所谓"等效"是指:等效应力图形的面积与理论图形面积相等,即压应力合力大小不变;等效应力图形的形心与理论图形形心位置相同,即压应力合力点位置不变。

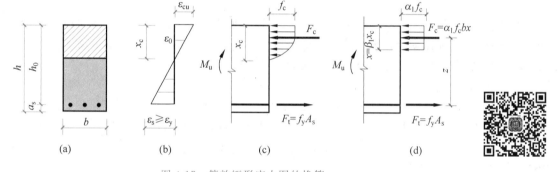

图 4-17 等效矩形应力图的换算

(a) 截面特征;(b) 截面应变;(c) 应力图形;(d) 等效应力图

按等效矩形应力计算的受压区高度 x 与按平截面假定确定的受压区高度 x_0 之间的关系为

$$x = \beta_1 x_0 \tag{4-5}$$

系数 α_1 和 β_1 的取值见表 4-5。

表 4-5 系数 α_1 和 β_1 的取值表

混凝土强度等级	≤C50	C55	C60	C65	C70	C75	C80
α_1	1.00	0.99	0.98	0.97	0.96	0.95	0.94
β_1	0.80	0.79	0.78	0.77	0.76	0.75	0.74

3. 适用条件

1) 适筋梁与超筋梁的界限——相对界限受压区高度

对于钢筋和混凝土强度都已确定的梁,总会有一个特定的配筋率,使得钢筋应力达到屈服强度(应变达到屈服应变)的同时,受压区混凝土边缘纤维的应变也恰好达到混凝土的抗压极限应变值,通常将这种破坏称为"界限破坏"(图 4-18)。相应于这种破坏的配筋率就是适筋梁的最大配筋率。

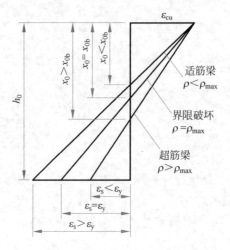

图 4-18　适筋梁和超筋梁"界限破坏"的截面应变

从图 4-18 可以看出,限制配筋率 $\rho \leqslant \rho_{\max}$,可以转换为限制应变图变形零点至截面受压边缘的距离(即混凝土受压区曲线应力图的高度)$x_0 \leqslant x_{0b}$,进一步转化为限制混凝土受压区等效矩形应力图的高度(一般简称为混凝土受压区高度)为

$$x \leqslant x_b = \xi_b h_0 \qquad (4\text{-}6)$$

式中:x_b——相对于"界限破坏"时的混凝土受压区高度,mm;

ξ_b——相对界限受压高度,又称为混凝土受压区高度界限系数,其数值按表 4-6 选取。

表 4-6　钢筋混凝土构件的相对界限受压区高度 ξ_b

钢筋级别 ＼ 混凝土强度等级	≤C50	C55	C60	C65	C70	C75	C80
HPB300	0.576	0.566	0.556	0.547	0.537	0.528	0.518
HRB335、HRBF335	0.550	0.541	0.531	0.522	0.512	0.503	0.493
HRB400、RRB 400、HRBF400	0.518	0.508	0.499	0.490	0.481	0.472	0.463

设计时,为使所设计的受弯构件保持在适筋范围内而不致超筋,基本公式的适用条件为

$$\xi \leqslant \xi_b \qquad (4\text{-}7)$$

或

$$x \leqslant x_b = \xi_b h_0 \qquad (4\text{-}8)$$

或

$$\rho \leqslant \rho_{\max} = \xi_b \frac{\alpha_1 f_c}{f_y} \qquad (4\text{-}9)$$

2) 适筋梁与少筋梁的界限——最小配筋率

确定 $\rho_{\min}$ 值是一个较复杂的问题,理论上可以根据按最小配筋率配筋的受弯构件,用基本公式计算的受弯承载力不应小于同截面、同强度等级的素混凝土受弯构件所能承担的弯矩的原则确定。但实际还涉及其他诸多因素,如裂缝控制,抵抗温度、湿度变化及收缩、徐变

等引起的次应力等。《混凝土结构设计规范》根据国内外的经验,对各种构件的最小配筋率作了规定,可由表 4-7 查得。设计时,为避免设计成少筋构件,基本公式的适用条件为

$$\rho \geqslant \rho_{\min} \frac{h}{h_0} \tag{4-10}$$

或

$$A_s \geqslant \rho_{\min} bh \tag{4-11}$$

$\rho_{\min}$ 取 0.2 和 $45 \dfrac{f_t}{f_y}$ 中的较大值,当 $\rho < \rho_{\min} \dfrac{h}{h_0}$ 时,应按 $\rho = \rho_{\min} \dfrac{h}{h_0}$ 配筋。

表 4-7　纵向受力钢筋的最小配筋百分率 $\rho_{\min}$

受 力 类 型			最小配筋百分率/%
受压构件	全部纵向钢筋	强度等级 500MPa	0.50
		强度等级 400MPa	0.55
		强度等级 300MPa、335MPa	0.60
	一侧纵向钢筋		0.20
受弯构件、偏心受拉、轴心受拉构件一侧的受拉钢筋			0.20 和 $45f_t/f_y$ 中的较大值

注: ① 受压构件全部纵向钢筋最小配筋百分率,当采用 C60 以上强度等级的混凝土时,应按表中规定增加 0.10。
② 板类受弯构件(不包括悬臂板)的受拉钢筋。当采用强度等级 400MPa、500MPa 的钢筋时,其最小配筋百分率应允许采用 0.15 和 $45f_t/f_y$ 中的较大值。
③ 偏心受拉构件中的受压钢筋应按受压构件一侧纵向钢筋考虑。
④ 受压构件的全部纵向钢筋和一侧纵向钢筋的配筋率以及轴心受拉构件和小偏心受拉构件一侧受拉钢筋的配筋率均应按构件的全截面面积计算。
⑤ 受弯构件、大偏心受拉构件一侧受拉钢筋的配筋率应按全截面面积扣除受压翼缘面积 $(b'_f - b)h'_f$ 后的截面面积计算。
⑥ 当钢筋沿构件截面周边布置时,"一侧纵向钢筋"是指沿受力方向两个对边中一边布置的纵向钢筋。

4. 基本公式

单筋矩形截面是受弯构件中最基本的截面形式,就是仅在截面的受拉区配置纵向受力钢筋的矩形截面(图 4-19)。

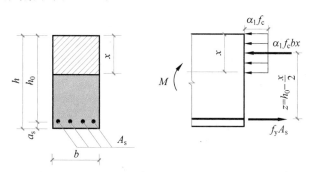

图 4-19　单筋矩形截面受弯构件正截面承载力计算简图

根据图 4-19 可以列出截面上力的平衡条件,由截面上各力在水平方向的投影之和为零(即 $\sum x = 0$)的条件可得:

$$\alpha_1 f_c bx = f_y A_s \tag{4-12}$$

由截面上各力对受拉钢筋合力作用点或对混凝土受压区合力作用点的力矩之和为零(即 $\sum M = 0$)的条件可得:

$$M_u = \alpha_1 f_c bx\left(h_0 - \frac{x}{2}\right) \tag{4-13}$$

或
$$M_u = f_y A_s\left(h_0 - \frac{x}{2}\right) \tag{4-14}$$

式(4-13)和式(4-14)应满足：

$$M \leqslant M_u = \alpha_1 f_c bx\left(h_0 - \frac{x}{2}\right) \tag{4-15}$$

或
$$M \leqslant M_u = f_y A_s\left(h_0 - \frac{x}{2}\right) \tag{4-16}$$

式中：M——弯矩设计值，N·m；

    M_u——受弯承载力设计值，即破坏弯矩设计值，N·m；

    f_c——混凝土轴心抗压强度设计值，N/mm²；

    f_y——钢筋抗拉强度设计值，N/mm²；

    A_s——受拉钢筋截面面积，mm²；

    b——梁截面宽度，mm；

    x——混凝土受压区计算高度，mm；

    h_0——截面有效高度，mm。

式(4-12)、式(4-15)和式(4-16)即为受弯构件正截面承载力计算基本公式。一般计算时使用相互独立的式(4-12)和式(4-15)。在利用这两个公式时须求解方程组，比较麻烦。为了简化计算，在式(4-12)和式(4-15)中引入计算系数 α_s、γ_s：

$$\alpha_s = \xi(1 - 0.5\xi) \quad \text{即} \quad \xi = 1 - \sqrt{1 - 2\alpha_s} \tag{4-17}$$

$$\gamma_s = 1 - 0.5\xi \quad \text{即} \quad \gamma_s = \frac{1 + \sqrt{1 - 2\alpha_s}}{2} \tag{4-18}$$

则基本公式为

$$\alpha_1 f_c bx = f_y A_s \tag{4-19}$$

$$M \leqslant M_u = \alpha_1 f_c bx\left(h_0 - \frac{x}{2}\right) = \alpha_1 f_c b h_0^2 \xi(1 - 0.5\xi) \tag{4-20}$$

或
$$M \leqslant M_u = f_y A_s\left(h_0 - \frac{x}{2}\right) = f_y A_s h_0(1 - 0.5\xi) \tag{4-21}$$

则式(4-20)和式(4-21)可简化为

$$M = \alpha_s b h_0^2 \alpha_1 f_c \tag{4-22}$$

$$M = \gamma_s h_0 f_y A_s \tag{4-23}$$

在式(4-22)中，$\alpha_s b h_0^2$ 相当于梁的截面模量，因此 α_s 称为截面模量系数。在适筋范围内，配筋率越高，$\xi = \dfrac{\rho f_y}{\alpha_1 f_c}$ 越大，α_s 值也就越大，截面的受弯承载力也越大。而从式(4-23)中则可看出，$\gamma_s h_0$ 相当于内力臂，因此 γ_s 称为内力臂系数。γ_s 越大，意味着内力臂越大，截面的受弯承载力也越大。

5. 基本公式的适用条件

(1) 为防止超筋破坏，保证截面破坏时受拉钢筋屈服，应满足：

$$\xi \leqslant \xi_b$$

或
$$x \leqslant x_b = \xi_b h_0$$

或
$$\rho \leqslant \rho_{\max} = \xi_b \frac{\alpha_1 f_c}{f_y}$$

以上条件意义完全相同,还可以补充一个条件:

$$M \leqslant M_{u\max} = \alpha_1 f_c b x_b \left(h_0 - \frac{x_b}{2} \right) = \alpha_1 f_c b h_0^2 \xi_b (1 - 0.5\xi_b) \tag{4-24}$$

$M_{u\max}$ 为单筋矩形截面受弯构件在适筋前提下受弯承载力的上限值。ξ_b 按表 4-6 取值。

(2)为防止少筋破坏,应满足:

$$\rho \geqslant \rho_{\min} \frac{h}{h_0}$$

或
$$A_s \geqslant \rho_{\min} b h \tag{4-25}$$

最小配筋率 $\rho_{\min}$ 按表 4-7 取用。

6. 公式的应用

在受弯构件设计中,基本公式的应用主要有截面设计及截面复核两种情况。

1)截面设计

截面设计是在已知弯矩设计值 M 的条件下,选定材料(混凝土强度等级、钢筋级别)、确定截面尺寸及配筋。由于只有两个相互独立的基本公式,而未知数却有多个,在这种情况下应先根据实际情况和经验首先选择混凝土及钢筋的强度等级、截面尺寸,再利用基本公式计算受拉钢筋面积 A_s,最后利用附表 2-1 的钢筋表选出应配受拉钢筋的直径和根数。截面设计并非单一解,当 M、f_c 和 f_y 已确定时,可选择不同的截面尺寸,得出相应的配筋量。截面尺寸越大(尤其是 h 越大),需混凝土越多,模板用量越多,但所需的钢筋就越少,反之同理。根据实际工程经验,在满足适筋要求的条件下,截面选择过大或过小都会提高造价。为了获得较好的经济效果,在梁的高度比较适宜的情况下,应尽可能控制梁的配筋率在下列经济配筋率范围内。

板:0.3%~0.8%;

矩形截面梁:0.6%~1.5%;

T 形截面梁:0.9%~1.8%。

根据已知的弯矩组合设计值进行截面设计,常遇到以下两种情况。

(1)截面尺寸已定,根据已知的弯矩组合设计值,选择钢筋截面面积。

已知:弯矩组合设计值 M;截面尺寸 b、h_0;材料性能参数 f_c、f_y、ξ_b,求:钢筋截面面积 A_s。

首先假定受拉钢筋合力点至受拉边缘的距离 a_s。

解二次方程求得受压区高度 x:

$$x = h_0 - \sqrt{h_0^2 - \frac{2M}{f_c b}}$$

若 $x > \xi_b h_0$,则此梁为超筋梁,需要增大截面尺寸,增加高度 x 或者提高混凝土的强度等级或改为双筋矩形截面;若 $x \leqslant \xi_b h_0$,再求钢筋面积:

$$A_s = \frac{M}{f_y \left(h_0 - \dfrac{x}{2} \right)} \quad \text{或} \quad A_s = \frac{f_c b x}{f_y}$$

（2）截面尺寸未知，根据已知的弯矩组合设计值，选择截面尺寸和配置钢筋。

已知：弯矩设计值 M，材料性能参数 f_c、f_y、ξ_b，求：截面尺寸 b、h_0、A_s。

根据：

$$f_c bx = f_y A_s$$

$$M \leqslant f_c bx \left(h_0 - \frac{x}{2} \right)$$

$$M \leqslant f_y A_s \left(h_0 - \frac{x}{2} \right)$$

只有两个独立的方程，四个未知数。

为了求得一个比较合理的解答，通常是先假定梁宽和配筋率 ρ（对矩形梁取 $\rho = 0.006 \sim 0.015$，板取 $\rho = 0.003 \sim 0.008$）。这样只剩下两个未知数。

首先由 $x = \dfrac{f_y A_s}{f_c b} = \rho \dfrac{f_y}{f_c} h_0$，则 $\dfrac{x}{h_0} = \rho \dfrac{f_y}{f_c} = \xi$，若 $\xi \leqslant \xi_b$，则取 $x = \xi h_0$，将 $h_0 = \sqrt{\dfrac{M}{\xi(1 - 0.5\xi) f_c b}}$，这样 b、h 已知，可按（1）计算 A_s。

2）截面复核

实际工程中往往要求对设计图纸上的或已建成的结构作承载力复核，称为截面复核。这时一般是已知材料强度等级（f_c、f_y）、截面尺寸（b、h）及配筋量 A_s（根数与直径）。若设计弯矩 M 为未知，则可理解为求构件的抗力 M_u；若设计弯矩 M 也为已知，则可理解为求出 M_u 后与 M 比较，看是否能满足 $M \leqslant M_u$，如满足，说明该构件正截面承载力 M_u 满足要求。

已知：截面尺寸 h_0、b，钢筋截面面积 A_s，材料性能参数 f_c、f_y、ξ_b，弯矩设计值 M，求：截面所能承受的弯矩设计值 M_{du}，并判断其安全程度。

首先验算配筋率，若 $\rho = A_s / bh_0 > \rho_{min}$，求混凝土受压区高度：$x = \dfrac{f_y A_s}{f_c b}$；若 $x \leqslant \xi_b h_0$，则将其代入公式 $M_u = f_c bx \left(h_0 - \dfrac{x}{2} \right)$ 或 $M_u = f_y A_s \left(h_0 - \dfrac{x}{2} \right)$；若截面所能承受的弯矩设计值大于截面应承受的弯矩组合设计值，即 $M_u > M$，则说明该截面的承载力是足够的，结构是安全的。

若 $x > \xi_b h_0$，说明该截面配筋已超出适筋梁的范围，应修改设计，适当增加梁高度或提高混凝土强度等级或改为双筋截面。单筋矩形截面计算流程见图 4-20。

【例 4-1】 某钢筋混凝土矩形截面简支梁，计算跨度 $l_0 = 6.0\text{m}$，截面尺寸：$b \times h = 250\text{mm} \times 600\text{mm}$，承受均布荷载标准值 $g_k = 15\text{kN/m}$（不含自重），均布活载标准值 $q_k = 18\text{kN/m}$，一类环境，试确定该梁的配筋并给出配筋图。

【解】 ① 选择材料，确定计算参数。

选用 C25 混凝土：$f_c = 11.9\text{N/mm}^2$，$\alpha_1 = 1.0$

钢筋：HRB335 级，$f_y = 300\text{N/mm}^2$，$\xi_b = 0.55$，$a_s = 35\text{mm}$，$h_0 = 600\text{mm} - 35\text{mm} = 565\text{mm}$

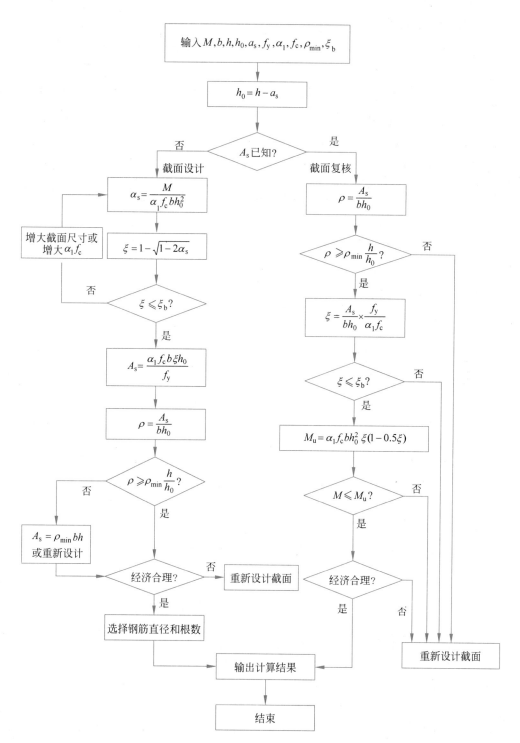

图 4-20　单筋矩形梁正截面承载力计算流程图

② 确定荷载设计值(图 4-21),取 $\gamma_G = 1.2, \gamma_Q = 1.4$。

恒载设计值:$G = \gamma_G(g_k + b \times h \times \gamma) = 1.2(15 + 0.25 \times 0.6 \times 25) = 22.5(\text{kN/m})$

活载设计值:$Q = \gamma_Q \times q_k = 1.4 \times 18 = 25.2(\text{kN/m})$

③ 确定梁跨中截面弯矩设计值。

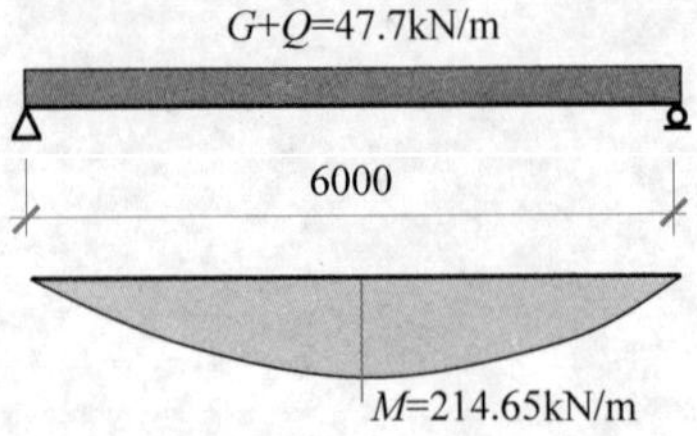

$$M = \frac{1}{8}ql^2 = \frac{1}{8}(G+Q)l^2$$

$$= \frac{1}{8} \times 47.7 \times 6.0^2 = 214.65(\text{kN/m})$$

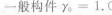

图 4-21 梁的内力计算图

④ 确定构件重要性系数 γ_0。

一般构件 $\gamma_0 = 1.0$

⑤ 求受压区高度 x。

由 $\sum x = 0, f_y A_s = \alpha_1 f_c bx, \sum M = 0, M = \alpha_1 f_c bx \left(h_0 - \frac{x}{2} \right)$ 联立求解可得：

$$x = h_0 - \sqrt{h_0^2 - \frac{2\gamma_0 M}{\alpha_1 f_c b}} = \left(565 - \sqrt{565^2 - \frac{2 \times 1.0 \times 214.65 \times 10^6}{1.0 \times 11.9 \times 250}} \right)$$

$$= 146.76(\text{mm})$$

⑥ 求受拉钢筋的面积 A_s。

$$A_s = \frac{\alpha_1 f_c bx}{f_y} = \frac{1.0 \times 11.9 \times 250 \times 146.76}{300} = 1455.37(\text{mm}^2)$$

或者用另一种方法重复计算第⑤、⑥步。

⑤′ 求截面抵抗矩系数 α_s。

$$\alpha_s = \frac{M}{\alpha_1 f_c bh_0^2} = \frac{214.65 \times 10^6}{1.0 \times 11.9 \times 250 \times 565^2} = 0.226$$

⑥′ 求 ξ 和 A_s。

$$\xi = 1 - \sqrt{1 - 2\alpha_s} = 1 - \sqrt{1 - 2 \times 0.226} = 0.260$$

$$\alpha_s = 0.26 \rightarrow \xi = 0.260 \quad \gamma_s = 0.87$$

$$A_s = \frac{M}{f_y h_0 \gamma_s} = \frac{214.65 \times 10^6}{300 \times 565 \times 0.87} = 1456(\text{mm}^2)$$

⑦ 选择钢筋：查附表 2-1。

选用 4 Φ 22, $A_s = 1520\text{mm}^2$

钢筋净距： $$s = \frac{250 - 2 \times 25 - 4 \times 22}{3} = 37 > 25$$

⑧ 验算适用条件。

$x = 147.76 < \xi_b h_0 = 0.55 \times 565 = 310.75(\text{mm})$ 或 $\xi = 0.26 < \xi_b = 0.55$

$A_s = 1520 > \rho_{\min} bh_0 = 0.002 \times 250 \times 600 = 300(\text{mm}^2)$

$\rho_{\min} = 45 f_t \div f_y = 45 \times 1.27 \div 300 = 0.0019 = 0.19\%$

均满足要求。

⑨ 绘制筋图，如图 4-22 所示。

【例 4-2】 一矩形截面梁 $b = 250\text{mm}, h = 500\text{mm}$，承受弯矩设计值 $M = 160\text{kN} \cdot \text{m}$，采用 C25 混凝土，HRB400 级钢筋，截面配筋如图 4-23 所示，求复核截面是否安全（一类环境）。

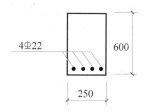

图 4-22 例 4-1 截面配筋图

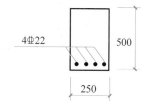

图 4-23 例 4-2 截面配筋图

【解】 ① 确定计算参数。

C25 混凝土：$f_c=11.9\text{MPa}$，$\alpha_1=1.0$

HRB400 级钢筋：$f_y=360\text{MPa}$，$\xi_b=0.518$，$A_s=1256\text{mm}^2$，$C=25\text{mm}$，$h_0=465\text{mm}$

② 计算受弯承载力 M_u。

由 $\sum X=0$，$f_yA_s=\alpha_1 f_c bx$

得：

$$x=\frac{f_yA_s}{\alpha_1 f_c b}=\frac{360\times 1256}{1.0\times 11.9\times 250}=151.99(\text{mm})$$

$$x=151.99\text{mm}<\xi_b h_0=0.518\times 465=240.87(\text{mm})$$

$$M_u=f_yA_s\left(h_0-\frac{x}{2}\right)=360\times 1256(465-0.5\times 151.99)$$

$$=175.89(\text{kN}\cdot\text{m})>M=160\text{kN}\cdot\text{m}$$

构件安全满足要求。

4.2.3 双筋矩形截面梁的承载力计算

双筋梁是指在受拉区和受压区都配有纵向受力钢筋的梁，即在受压区配受压钢筋，同混凝土共同承担压力，在受拉区配置受拉钢筋，承担拉力。由于一般板较薄，不采用双筋截面。对于钢筋混凝土结构而言，采用钢筋受压会使总用钢量较大，是不经济的，一般不宜采用。但配置受压钢筋可以提高构件截面的延性，并可减少构件在荷载作用下的变形。以下特殊情况可考虑采用双筋截面。

（1）当构件承担的弯矩较大，采用单筋截面无法满足 $x\leqslant\xi_b h_0$ 的条件，且截面尺寸受限制不能增大，混凝土强度等级也不宜再提高时，可考虑采用双筋梁。

（2）同一截面在不同的荷载组合下出现正负弯矩，即可能在不同时期承受方向不同的弯矩。

（3）当梁需要承担正负弯矩或在截面受压区由于其他原因配置有纵向钢筋时，也可采用双筋截面。

1. 基本公式及适用条件

受弯构件正截面受弯承载力计算的基本理论同样适用于双筋矩形梁，在此不再赘述。在双筋截面中必须注意的是受压钢筋的受力工作状态。在设计双筋梁时，应使受压钢筋的抗压强度得到充分利用。对各种等级的混凝土和钢筋，都可推导得出 x 的最小限值，为了简化计算，规定 $x \geqslant 2a_s'$。不论何种级别的混凝土和热轧钢筋，当满足这一条件时，受压钢筋的应力均可达到其抗压强度设计值。但还必须注意到应采取必要的构造措施，保证受压钢筋不会在其应力达到抗压强度以前即被压屈而失效。

图 4-24 是根据建立双筋矩形梁正截面承载力计算所依据的应力图形，由平衡条件可写出以下两个基本计算公式。

由 $\sum x = 0$ 得：

$$\alpha_1 f_c bx + f_y' A_s' = f_y A_s \tag{4-26}$$

由 $\sum M = 0$ 得：

$$M \leqslant M_u = \alpha_1 f_c bx \left(h_0 - \frac{x}{2}\right) + f_y' A_s'(h_0 - a_s') \tag{4-27}$$

式中：f_y'——钢筋的抗压强度设计值，N/mm^2；

　　　A_s'——受压钢筋截面面积，mm^2；

　　　a_s'——受压钢筋合力点到截面受压边缘的距离，mm。

其他符号意义同前。

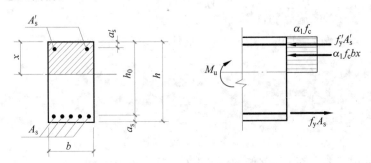

图 4-24　双筋矩形梁正截面承载力计算应力图形

上述基本公式应满足下面两个适用条件。

（1）为了防止构件发生超筋破坏，应满足：

$$\xi \leqslant \xi_b$$

（2）为了保证受压钢筋在截面破坏时能达到抗压强度设计值，应满足：

$$x \geqslant 2a_s' \tag{4-28}$$

双筋矩形梁一般不会成为少筋梁，故可不验算最小配筋率。

如果不能满足式（4-28）的要求，即 $x < 2a_s'$ 时，可近似取 $x = 2a_s'$，这时受压钢筋的合力将与受压区混凝土压应力的合力相重合，如对受压钢筋合力点取矩，即可得到正截面受弯承载力的计算公式为

$$M \leqslant M_u = f_y A_s (h_0 - a_s') \tag{4-29}$$

这种简化计算方法回避了受压钢筋应力可能为未知量的问题，且更加安全。

当 $\xi \leqslant \xi_b$ 的条件未能满足时，原则上仍以增大截面尺寸或提高混凝土强度等级为好，只有在这两种措施都受到限制时，才可考虑用增大受压钢筋用量的办法来减小 ξ。在设计中必须注意到过多地配置受压钢筋会使总的用钢量过大，不经济，且钢筋排列过密，施工质量难以保证。

2. 公式的应用

1）截面设计

双筋矩形梁正截面承载力计算流程见图4-25。

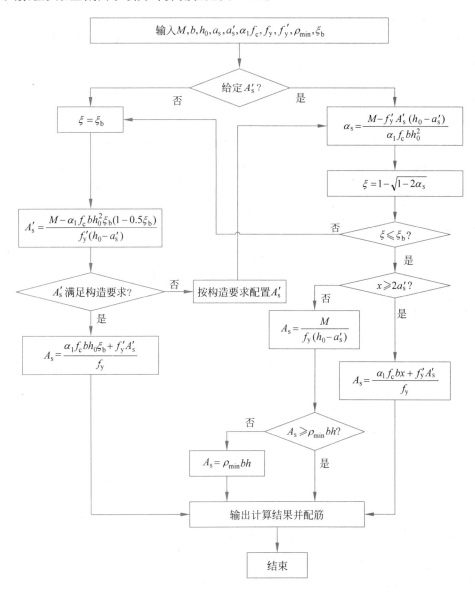

图 4-25　双筋矩形梁正截面承载力计算流程图

设计双筋矩形梁时，有两种不同情况，下面分别介绍这两种情况的截面设计方法。

（1）已知 M、b、h 和材料强度等级，计算所需 A_s 和 A_s'。在两个基本式（4-25）和（4-26）中共有三个未知数，即 A_s、A_s' 和 x，因此需再补充一个条件方能求解。在实际工程设计中，为了减少受压钢筋面积，使总用钢量 $A_s + A_s'$ 最省，应充分利用受压区混凝土承担压力，因此，可先假定受压高度 $x = x_b = \xi_b h_0$ 或 $\xi = \xi_b$，这就使 x 或 ξ 成为已知，而只需计算 A_s 和 A_s' 即可。

（2）已知 M、b、h 和材料强度以及 A'_s，计算所需 A_s。此时，A'_s 既然已知，即可按式（4-29）求解 ξ。ξ 确定以后就可求出 A_s。

具体计算步骤详见图 4-25。

2）截面复核

已知截面尺寸 b、h、材料强度等级以及 A_s 和 A'_s，复核构件正截面的受弯承载力，即求截面所能承担的弯矩 M_u。

此时，可首先由式（4-26）求得 x。当符合 $2a'_s \leqslant x \leqslant \xi_b h_0$ 时，可将 x 值代入式（4-27），便可求得正截面承载力 M_u。

若 $x < 2a'_s$，则近似地按式（4-29）计算 M_u，即 $M_u = f_y A_s (h_0 - a'_s)$；

若 $x > \xi_b h_0$，则说明已为超筋截面，但并不意味着承载力不满足要求。对于已建成的结构构件，其承载力只能按 $x = \xi_b h_0$ 计算，此时，将 $x = \xi_b h_0$ 代入式（4-29），所得 M_u 即为此梁的极限承载力。如果所复核的梁尚处于设计阶段，则应重新设计使之不成为超筋梁。

双筋矩形梁正截面受弯承载力的复核步骤见图 4-25。

【例 4-3】 已知梁截面尺寸 $b = 200\text{mm}$，$h = 450\text{mm}$，安全等级二级，一类环境。混凝土 C20，钢筋 HRB335 级。梁截面尺寸及材料强度等级由于特殊原因不可改变。梁承担的弯矩设计值 $M = 157.8\text{kN} \cdot \text{m}$。试计算所需的纵向钢筋。

【解】 ① 确定计算参数。

由混凝土 C20，钢筋 HRB335 级，查表可知：$f_c = 9.6\text{N/mm}^2$，$\alpha_1 = 1.0$，$f_y = f'_y = 300\text{N/mm}^2$，$\xi_b = 0.55$。

由于梁承担的弯矩相对较大，截面相对较小，估计受拉钢筋较多，需布置两排，故取 $h_0 = 450 - 65 = 385\text{mm}$。

② 验算是否需用双筋截面。

单筋矩形截面受弯构件在适筋条件下所能承担的最大弯矩为

$$
\begin{aligned}
M_{u1max} &= \alpha_1 f_c b h_0^2 \xi_b (1 - 0.5\xi_b) \\
&= 1.0 \times 9.6 \times 200 \times 385^2 \times 0.55 \times (1 - 0.5 \times 0.55) \\
&= 113.48 \times 10^6 (\text{N} \cdot \text{mm}) \\
&= 113.48 (\text{kN} \cdot \text{m}) < M = 157.8\text{kN} \cdot \text{m}
\end{aligned}
$$

而梁截面尺寸及材料强度等级由于特殊原因不可改变，说明需用双筋截面。

③ 配筋计算。为使总用钢量最小，取 $x = \xi_b h_0$。

④ 由式（4-29）得：

$$
A'_s = \frac{M - \alpha_1 f_c b h_0^2 \xi_b (1 - 0.5\xi_b)}{f'_y (h_0 - a'_s)} = \frac{(157.8 - 113.48) \times 10^6}{300 \times (385 - 40)} = 428.2 (\text{mm}^2)
$$

从构造角度来说，A'_s 的最小用量一般不宜小于 2 ⏀ 10，即 $A'_{smin} = 157\text{mm}^2$。现 $A'_s = 428.2\text{mm}^2 > 157\text{mm}^2$，故满足构造要求。

⑤ 受拉钢筋总面积为

$$
\begin{aligned}
A_s &= \frac{\alpha_1 f_c b \xi_b h_0 + f'_y A'_s}{f_y} = \frac{1.0 \times 9.6 \times 200 \times 0.55 \times 385 + 300 \times 428.2}{300} \\
&= 1783.4 (\text{mm}^2)
\end{aligned}
$$

⑥ 实选钢筋查附表 2-1。

受压钢筋选用 $2 \oplus 18$，即 $A_s' = 509 \text{mm}^2$。

受拉钢筋选用 $3 \oplus 22 + 2 \oplus 20$，$A_s = 1768 \text{mm}^2$（比计算要求相差 $<5\%$）。截面配筋如图 4-26 所示。

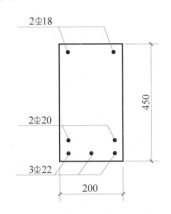
图 4-26　例 4-3 截面配筋

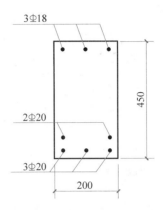
图 4-27　例 4-4 截面配筋

【例 4-4】　已知数据同例 4-3，但梁的受压区已配置 $3 \oplus 18$ 受压钢筋，如图 4-27 所示，试求受拉钢筋 A_s。

【解】　① 充分发挥已配 A_s' 的作用。查附录表 2-1，得 $3 \oplus 18$ 的 $A_s' = 763 \text{mm}^2$。

② $\alpha_s = \dfrac{M - f_y' A_s'(h_0 - a_s')}{\alpha_1 f_c b h_0^2} = \dfrac{157.8 - 300 \times 763 \times (385 - 40) \times 10^6}{1.0 \times 9.6 \times 200 \times 385^2} = 0.277$

$\xi = 1 - \sqrt{1 - 2\alpha_s} = 1 - \sqrt{1 - 2 \times 0.277} = 0.332 \leqslant \xi_b = 0.55$

$A_s = \dfrac{\alpha_1 f_c b \xi h_0 + A_s' f_y'}{f_y} = \dfrac{1.0 \times 9.6 \times 200 \times 0.332 \times 385 + 763 \times 300}{300}$

$\quad = 1581.4 (\text{mm}^2)$

实际选用钢筋 $5 \oplus 20$，即 $A_s = 1570 \text{mm}^2$，判断一排是否能放得下，$(5 \times 20 + 4 \times 25 + 2 \times 25)\text{mm} = 250 \text{mm} > b = 200 \text{mm}$，则一排放不下，需布置两排，截面配筋见图 4-27。

比较例 4-3 和例 4-4 可以看出，例 4-3 由于充分利用了混凝土的抗压能力，其总用钢为：$A_s + A_s' = 1783.4 + 428.2 - 2211.6 \text{mm}^2$，比例 4-4 的总用钢量要节省，即 $A_s + A_s' = (1581.4 + 763) \text{mm}^2 = 2344.4 \text{mm}^2$。

【例 4-5】　已知某梁，截面尺寸为 $b \times h = 200 \text{mm} \times 450 \text{mm}$，一类环境，选用 C25 混凝土和钢筋 HRB400，已配有 $2 \oplus 12$ 受压钢筋和 $3 \oplus 25$ 受拉钢筋，需承受的弯矩设计值为 $M = 130 \text{kN} \cdot \text{m}$。试验算正截面是否安全。

【解】　① 确定计算参数。

由混凝土 C25，钢筋 HRB400 级，查表 3-1 和表 3-5 可知：$f_c = 11.9 \text{N/mm}^2$，$\alpha_1 = 1.0$，$f_y = f_y' = 360 \text{N/mm}^2$，$\xi_b = 0.518$，$2 \oplus 12$ 受压钢筋，$A_s' = 226 \text{mm}^2$，$3 \oplus 25$ 受拉钢筋，$A_s = 1473 \text{mm}^2$

一类环境：$c = 25 \text{mm}$，$a_s = c + \dfrac{d}{2} = 25 + \dfrac{25}{2} = 37.5 (\text{mm})$，$h_0 = h - a_s = 450 - 37.5 = 412.5 (\text{mm})$，

$$a'_s = c + \frac{d}{2} = 25 + \frac{12}{2} = 31 (\text{mm})。$$

② 计算 x。

$$x = \frac{f_y A_s - f'_y A'_s}{\alpha_1 f_c b} = \frac{360 \times 1473 - 360 \times 226}{1.0 \times 11.9 \times 200}$$

$$= 188.6(\text{mm}) \geqslant 2a'_s = 2 \times 31 = 62(\text{mm})$$

且 $x = 188.6\text{mm} \leqslant \xi_b h_0 = 0.518 \times 412.5 = 213.675(\text{mm})$,满足公式适用条件。

③ 计算 M_u 并校核截面。

$$M_u = \alpha_1 f_c b x \left(h_0 - \frac{x}{2} \right) + f'_y A'_s (h_0 - a'_s)$$

$$= 1.0 \times 11.9 \times 200 \times 188.6 \left(412.5 - \frac{188.6}{2} \right) + 360 \times 226(412.5 - 31)$$

$$= 173.87(\text{kN} \cdot \text{m}) > M = 130\text{kN} \cdot \text{m}$$

故正截面承载力满足要求。

4.2.4 单筋 T 形截面的承载力计算

1. T 形截面

受弯构件遭到破坏时,大部分受拉区混凝土早已退出工作,故可挖去部分受拉区混凝土,并将钢筋集中放置,如图 4-28(a)所示,形成 T 形截面,对受弯承载力没有影响。这样既可节省混凝土,也可减轻结构自重。若受拉钢筋较多,为便于布置钢筋,可将截面底部适当增大,形成工形截面,如图 4-28(b)所示。

T 形截面伸出部分称为翼缘,中间部分称为肋或梁腹。肋的宽度为 b,位于截面受压区的翼缘宽度为 b'_f,厚度为 h'_f,截面总高为 h。工字形截面位于受拉区的翼缘不参与受力,因此也按 T 形截面计算。

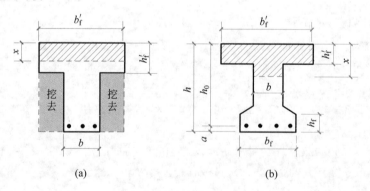

图 4-28 T 形截面图
(a) T 形截面;(b) 工字形截面

工程结构中,T 形和工形截面受弯构件的应用是很多的,如现浇肋形楼盖中的主、次梁,T 形吊车梁、薄腹梁、槽形板等均为 T 形截面;箱形截面、空心楼板、桥梁中的梁为工形截面。

但是,若翼缘在梁的受拉区[图 4-29(a)],当受拉区的混凝土开裂以后,翼缘对承载力就不再起作用了。对于这种梁应按肋宽为 b 的矩形截面计算承载力。又如整体式肋梁楼盖连续梁中的支座附近的 2—2 截面,如图 4-29(b)所示,由于承受负弯矩,翼缘(板)受拉,故仍应按肋宽为 b 的矩形截面计算。

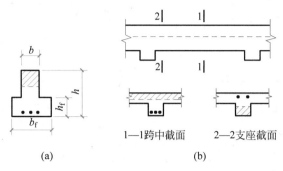

图 4-29　倒 T 形截面及连续梁截面

(a) 倒 T 形截面;(b) 连续梁跨中与支座截面

2. 翼缘的计算宽度 b_f'

由试验和理论分析可知,T 形截面梁受力后,翼缘上的纵向压应力是不均匀分布的,离梁肋越远压应力越小,实际压应力分布如图 4-30(a)和(c)所示。故在设计中把翼缘限制在一定范围内,称为翼缘的计算宽度 b_f',并假定在 b_f' 范围内压应力是均匀分布的,如图 4-30(b)和(d)所示。

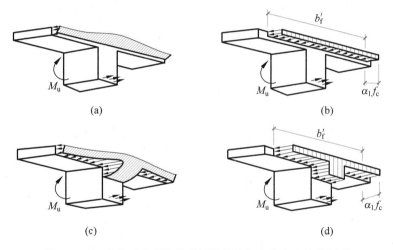

图 4-30　T 形截面受弯构件受压翼缘的应力分布和计算图形

翼缘计算宽度 b_f' 的取值规定见表 4-8,计算时应取表中有关各项中的最小值。

表 4-8　T 形截面翼缘宽度 b_f' 的计算值

考虑情况	T 形、工字形截面		倒 L 形截面
	肋形梁(板)	独立梁	肋形梁(板)
按计算跨度 l_0 考虑	$\dfrac{l_0}{3}$	$\dfrac{l_0}{3}$	$\dfrac{l_0}{6}$
按梁(纵肋)净距 l_n 考虑	$b+l_n$	—	$b+\dfrac{l_n}{2}$

续表

考 虑 情 况		T形、工字形截面		倒L形截面
		肋形梁（板）	独立梁	肋形梁（板）
按翼缘高度 h'_f 考虑	$h'_f/h_0 \geqslant 0.1$	—	$b+12h'_f$	—
	$0.1 > h'_f/h_0 \geqslant 0.05$	$b+12h'_f$	$b+6h'_f$	$b+5h'_f$
	$h'_f/h_0 < 0.05$	$b+12h'_f$	b	$b+5h'_f$

注：① 表中 b 为梁的腹板宽度；b'_f 和 h'_f 如图 4-28 所示。

② 如肋型梁跨内设有间距小于纵向间距的横肋时，则可不遵守表列第三种情况的规定。

③ 对有加腋 T 形、工字形截面和倒 L 形截面，当受压区加腋的高度 $h_h \geqslant h'_f$，且加腋的宽度 $b_h \leqslant 3h'_f$ 时，则其翼缘计算宽度可按表列第三种情况规定增加 $2b_h$（T 形、工字形截面）和 b_h（倒 L 形截面）采用。

④ 独立梁受压区的翼缘板在荷载作用下经验算沿纵肋方向可能产生裂缝时，其计算宽度应取用腹板宽度 b。

3. 计算公式与适用条件

1）T 形截面的两种类型

采用翼缘计算宽度 b'_f，T 形截面受压区混凝土仍可按等效矩形应力图考虑。按照构件破坏时中和轴位置的不同，T 形截面可分为两种类型：

第一类 T 形截面　中和轴在翼缘内，即 $x \leqslant h'_f$；

第二类 T 形截面　中和轴在梁肋内，即 $x > h'_f$。

为了判别 T 形截面属于哪一种类型，首先分析 $x = h'_f$ 的特殊情况，图 4-31 为两类 T 形截面的界限情况。

$$\sum X = 0 \quad f_y A_s = \alpha_1 f_c b'_f h'_f \tag{4-30}$$

$$\sum M = 0 \quad M = \alpha_1 f_c b'_f h'_f \left(h_0 - \frac{h'_f}{2} \right) \tag{4-31}$$

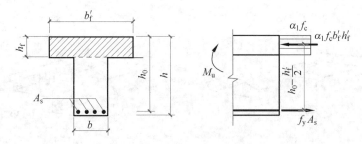

图 4-31　$x = h'_f$ 时的 T 形截面梁

当 $f_y A_s \leqslant \alpha_1 f_c b'_f h'_f$ 或 $M \leqslant \alpha_1 f_c b'_f h'_f \left(h_0 - \dfrac{h'_f}{2} \right)$ 时，则 $x \leqslant h'_f$，即属于第一类 T 形截面；反之，当 $f_y A_s > \alpha_1 f_c b'_f h'_f$ 或 $M > \alpha_1 f_c b'_f h'_f \left(h_0 - \dfrac{h'_f}{2} \right)$ 时，则 $x > h'_f$，即属于第二类 T 形截面。

2）第一类 T 形截面的计算公式与适用条件

（1）计算公式

第一类 T 形截面受弯构件正截面承载力计算简图如图 4-32 所示，这种类型与梁宽为 b 的矩形梁完全相同，可用 b'_f 代替 b 按矩形截面的公式计算。

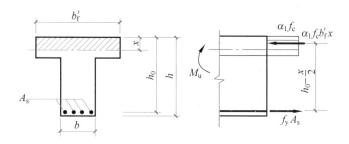

图 4-32 第一类 T 形截面梁正截面承载力计算简图

$$\sum X = 0 \quad f_y A_s = \alpha_1 f_c b'_f x \tag{4-32a}$$

$$\sum M = 0 \quad M \leqslant M_u = \alpha_1 f_c b'_f x \left(h_0 - \frac{x}{2} \right) \tag{4-32b}$$

（2）适用条件

$\xi \leqslant \xi_b$——防止发生超筋脆性破坏，此项条件通常均可满足，不必验算；

$\rho_1 = \dfrac{A_s}{bh} \geqslant \rho_{min}$——防止发生少筋脆性破坏。

必须注意，这里受弯承载力虽然按 $b'_f \times h$ 的矩形截面计算，但最小配筋面积 A_{smin} 按 $\rho_{min} bh$ 计算，而不是 $\rho_{min} b'_f h$。这是因为最小配筋率是按 $M_u = M_{cr}$ 的条件确定，而开裂弯矩 M_{cr} 主要取决于受拉区混凝土的面积，T 形截面的开裂弯矩与具有同样腹板宽度 b 的矩形截面基本相同。对工字形和倒 T 形截面，最小配筋率 ρ_1 的表达式为：$\rho_1 = \dfrac{A_s}{bh + (b_f - b)h_f}$。

3）第二类 T 形截面的计算公式与适用条件

（1）计算公式

第二类 T 形截面受弯构件正截面承载力计算简图如图 4-33(a) 所示。

$$f_y A_s = \alpha_1 f_c b x + \alpha_1 f_c (b'_f - b) h'_f \tag{4-33a}$$

$$M \leqslant M_u = \alpha_1 f_c b x \left(h_0 - \frac{x}{2} \right) + \alpha_1 f_c (b'_f - b) h'_f \left(h_0 - \frac{h'_f}{2} \right) \tag{4-33b}$$

与双筋矩形截面类似，T 形截面受弯承载力设计值 M_u 也可分为两部分。第一部分是由肋部受压区混凝土和相应的一部分受拉钢筋 A_{s1} 所形成的承载力设计值 M_{u1}[图 4-33(b)]，相当于单筋矩形截面的受弯承载力；第二部分是由翼缘挑出部分的受压混凝土和相应的另一部分受拉钢筋 A_{s2} 所形成的承载力设计值 M_{u2}[图 4-33(c)]，即

$$M_u = M_{u1} + M_{u2} \tag{4-33c}$$

$$A_s = A_{s1} + A_{s2} \tag{4-33d}$$

对第一部分[图 4-33(b)]，由平衡条件可得：

$$f_y A_{s1} = \alpha_1 f_c b x \tag{4-33e}$$

$$M_{u1} = \alpha_1 f_c b x \left(h_0 - \frac{x}{2} \right) \tag{4-33f}$$

对第二部分[图 4-33(c)]，由平衡条件可得：

$$f_y A_{s2} = \alpha_1 f_c (b'_f - b) h'_f \tag{4-33g}$$

$$M_{u2} = \alpha_1 f_c (b'_f - b) h'_f \left(h_0 - \frac{h'_f}{2} \right) \tag{4-33h}$$

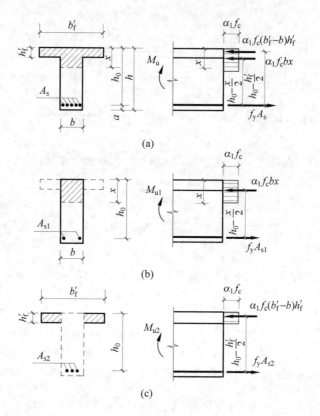

图 4-33 第二类 T 形截面梁正截面承载力计算简图

（2）适用条件

$\xi \leqslant \xi_b$——防止发生超筋脆性破坏；

$\rho_1 = \dfrac{A_s}{bh} \geqslant \rho_{\min}$——防止发生少筋脆性破坏，此项条件通常均可满足，不必验算。

4. 设计计算方法

1）截面设计

已知：弯矩设计值 M、截面尺寸、混凝土和钢筋的强度等级，求受拉钢筋面积 A_s。

第一类 T 形截面：$M \leqslant \alpha_1 f_c b'_f h'_f \left(h_0 - \dfrac{h'_f}{2} \right)$

其计算方法与 $b'_f \times h$ 的单筋矩形截面梁完全相同。

第二类 T 形截面：$M > \alpha_1 f_c b'_f h'_f \left(h_0 - \dfrac{h'_f}{2} \right)$

在计算公式中，有 A_s 及 x 两个未知数，该问题可用计算公式求解，也可用公式分解求解。

公式求解计算的一般步骤如下：

（1）由式（4-33h）计算 $M_{u2} = \alpha_1 f_c (b'_f - b) h'_f \left(h_0 - \dfrac{h'_f}{2} \right)$；

（2）由式（4-33c）得 $M_{u1} = M - M_{u2}$；

(3) $\alpha_s = \dfrac{M_{u1}}{\alpha_1 f_c b h_0^2}$，$\xi = 1 - \sqrt{1 - 2\alpha_s}$，$x = \xi h_0$；

(4) 当 $x \leqslant \xi_b h_0$ 时，由式(4-33a)得 $A_s = \dfrac{\alpha_1 f_c b x + \alpha_1 f_c (b_f' - b) h_f'}{f_y}$；

(5) 当 $x > \xi_b h_0$ 时，说明截面过小，会形成超筋梁，应加大截面尺寸或提高混凝土强度等级，或改用双筋截面。

2) 截面复核

已知：弯矩设计值 M、截面尺寸、混凝土和钢筋的强度等级、受拉钢筋面积 A_s，求受弯承载力 M_u。

第一类 T 形截面：$f_y A_s \leqslant \alpha_1 f_c b_f' h_f'$，可按 $b_f' \times h$ 的单筋矩形截面梁的计算方法求 M_u。

第二类 T 形截面：$f_y A_s > \alpha_1 f_c b_f' h_f'$，计算的一般步骤如下：

(1) 由式(4-33a)得 $x = \dfrac{f_y A_s - \alpha_1 f_c (b_f' - b) h_f'}{\alpha_1 f_c b}$；

(2) 当 $x \leqslant \xi_b h_0$ 时，由式(4-33b)计算 $M_u = \alpha_1 f_c b x \left(h_0 - \dfrac{x}{2}\right) + \alpha_1 f_c (b_f' - b) h_f' \left(h_0 - \dfrac{h_f'}{2}\right)$；

(3) 当 $M \leqslant M_u$ 时，构件截面安全，否则为不安全。

【例 4-6】　某整浇梁板结构的次梁，计算跨度 6m，次梁间距 2.4m，截面尺寸如图 4-34 所示。跨中最大弯矩设计值 $M = 64\text{kN} \cdot \text{m}$，混凝土 C20，钢筋 HPB300 级，试计算次梁受拉钢筋面积 A_s。

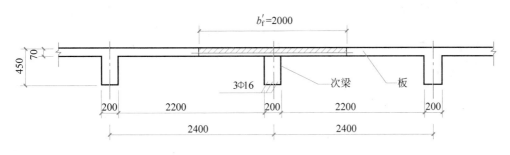

图 4-34　截面尺寸

【解】　① 确定计算参数：

$$f_c = 9.6\text{N/mm}^2, \quad \alpha_1 = 1.0, \quad f_y = 270\text{N/mm}^2,$$
$$h_0 = h - \alpha_s = 450 - 40 = 410(\text{mm})$$

② 确定翼缘计算宽度 b_f'。根据表 4-7：

按梁的计算跨度 l_0 考虑：$b_f' = \dfrac{l_0}{3} = \dfrac{6000}{3} = 2000(\text{mm})$

按梁(肋)净距 l_n 考虑：$b_f' = b + l_n = 200 + 2200 = 2400(\text{mm})$

按梁翼缘高度 h_f' 考虑：$\dfrac{h_f'}{h_0} = \dfrac{70}{410} = 0.17 > 0.1$

故翼缘宽度不受此项限制，取前两项中最小者 $b_f' = 2000\text{mm}$。

③ 判别类型：

$$\alpha_1 f_c b'_f h'_f \left(h_0 - \frac{h'_f}{2} \right) = 1.0 \times 9.6 \times 2000 \times 70 \times \left(410 - \frac{70}{2} \right)$$

$$= 504 (\text{kN} \cdot \text{m}) > M = 64 \text{kN} \cdot \text{m}$$

故属于第一类 T 形截面。

④ 求受拉钢筋面积 A_s：

$$\alpha_s = \frac{M}{\alpha_1 f_c b'_f h_0^2} = \frac{64 \times 10^6}{1.0 \times 9.6 \times 2000 \times 410^2} = 0.0198$$

$$\xi = 1 - \sqrt{1 - 2\alpha_s} = 1 - \sqrt{1 - 2 \times 0.098} = 0.020$$

$$A_s = \frac{\alpha_1 f_c b'_f \xi h_0}{f_y} = \frac{1.0 \times 9.6 \times 2000 \times 0.020 \times 410}{270} = 583.1 (\text{mm}^2)$$

选择钢筋 $3 \Phi 16, A_s = 603 \text{mm}^2$。

⑤ 验算适用条件：

$$\rho = \frac{A_s}{b h_0} = \frac{583.1}{200 \times 410} = 0.711\% > \rho_{\min} \frac{h}{h_0} = \rho_{\min} \frac{450}{410}$$

$$= 0.237\% \times \frac{450}{410} = 0.260\%, 满足要求。$$

【例 4-7】 某 T 形梁承受弯矩设计值 $M = 195.6 \text{kN} \cdot \text{m}$，截面尺寸 $b \times h = 180 \text{mm} \times 500 \text{mm}, b'_f \times u'_f = 380 \text{mm} \times 100 \text{mm}$，混凝土 C20，钢筋 HRB335 级，试计算该梁受拉钢筋面积 A_s。

【解】 ① 确定计算参数：

$$f_c = 9.6 \text{N/mm}^2, \quad \alpha_1 = 1.0, \quad f_y = 300 \text{N/mm}^2$$

估计钢筋需布置两排，取 $h_0 = 500 - 65 = 435 (\text{mm})$。

② 判别类型：

$$\alpha_1 f_c b'_f h'_f \left(h_0 - \frac{h'_f}{2} \right) = 1.0 \times 9.6 \times 380 \times 100 \times \left(435 - \frac{100}{2} \right)$$

$$= 130.4 \times 10^6 (\text{N} \cdot \text{mm})$$

$$= 130.4 (\text{kN/m}) < M = 195.6 \text{kN/m}$$

故属于第二类 T 形截面。

③ 计算 A_s

$$\alpha_s = \frac{M - \alpha_1 f_c (b'_f - b) h'_f \left(h_0 - \frac{h'_f}{2} \right)}{\alpha_1 f_c b h_0^2}$$

$$= \frac{195.6 \times 10^6 - 1.0 \times 9.6 (380 - 180) \times 100 \times \left(435 - \frac{100}{2} \right)}{1.0 \times 9.6 \times 180 \times 435^2} = 0.372$$

$$\xi = 1 - \sqrt{1 - 2\alpha_s} = 1 - \sqrt{1 - 2 \times 0.372} = 0.494 \leqslant \xi_b = 0.55$$

$$A_s = \frac{\alpha_1 f_c b \xi h_0 + \alpha_{1c} f_c (b'_f - b) h'_f}{f_y}$$

$$= \frac{1.0 \times 9.6 \times 180 \times 0.494 \times 435 + 1.0 \times 9.6 \times (380 - 180) \times 100}{300}$$

$$\approx 1878 (\text{mm}^2)$$

④ 实际选用 6 ⌀ 20，$A_s = 1884\text{mm}^2$。

【例 4-8】 一根 T 形截面简支梁，截面尺寸 $b \times h = 250\text{mm} \times 600\text{mm}$，$b_f' = 500\text{mm}$，$h_f' = 100\text{mm}$，混凝土采用 C20，钢筋采用 HRB335，在梁的下部配有两排共 6 ⌀ 25 的受拉钢筋，该截面承受的弯矩设计值为 $M = 350\text{kN} \cdot \text{m}$，试校核梁是否安全（环境类别为一类）。

【解】 ① 确定计算参数：

$$f_c = 9.6\text{N/mm}^2, f_y = 300\text{kN} \cdot \text{m}, \alpha_1 = 1.0, \xi_b = 0.55,$$

$$a_s = 30 + 20 + \frac{25}{2} = 62.5(\text{mm})$$

取 $a_s = 65\text{mm}$，则 $h_0 = 600 - 65 = 535(\text{mm})$。

② 判断截面类型：

$$f_y A_s = 300 \times 2945 = 883.5(\text{kN}) > \alpha_1 f_c b_f' h_f'$$
$$= 1.0 \times 9.6 \times 500 \times 100 = 480(\text{kN})$$

故该梁属于第二类 T 形截面。

③ 求 x 并判别：

$$x = \frac{f_y A_s - \alpha_1 f_c (b_f' - b) h_f'}{\alpha_1 f_c b}$$

$$= \frac{300 \times 2945 - 1.0 \times 9.6 \times (500 - 250) \times 100}{1.0 \times 9.6 \times 250}$$

$$= 268(\text{mm}) < \xi_b h_0 = 0.55 \times 535 = 294(\text{mm})，满足要求。$$

④ 求 M_u：

$$M_u = \alpha_1 f_c b x \left(h_0 - \frac{x}{2}\right) + \alpha_1 f_c (b_f' - b) h_f' \left(h_0 - \frac{h_f'}{2}\right)$$

$$= 1.0 \times 9.6 \times 250 \times 268 \times \left(535 - \frac{268}{2}\right) + 1.0 \times 9.6 \times (500 - 250)$$

$$\times 100 \times \left(535 - \frac{100}{2}\right)$$

$$= 373.12(\text{kN} \cdot \text{m}) > M = 350\text{kN} \cdot \text{m}，故截面安全。$$

4.3 斜截面承载力计算

如 4.2 节所述，受弯构件在弯矩作用下会出现垂直裂缝，垂直裂缝的发展导致正截面破坏，保证正截面承载力的主要措施是在构件内配置适当的纵向受力钢筋。而在受弯构件的支座附近区段，不仅有弯矩作用，同时还有较大的剪力作用，该区段称为剪弯段或剪跨。在剪力和弯矩的共同作用下，剪弯段内的主拉应力将使构件在支座附近的剪弯段内出现斜裂缝；斜裂缝的发展最终可能导致斜截面被破坏（图 4-35）。与正截面破坏相比，斜截面破坏普遍具有脆性性质。

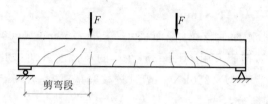

图 4-35　梁上剪弯段内的斜裂缝

　　为了防止斜截面破坏的发生,应当使构件具有合理的截面尺寸和合理的配筋构造,并在梁中配置必要的箍筋(板由于承受剪力很小,靠混凝土即足以抵抗,故一般不需要在板内配置箍筋)。当梁承受的剪力较大时,在优先采用箍筋的前提下,还可以利用梁内跨中的部分受拉钢筋在支座附近弯起以承担部分剪力,称之为弯起钢筋或斜筋。箍筋和弯起钢筋统称为腹筋(图 4-36)。

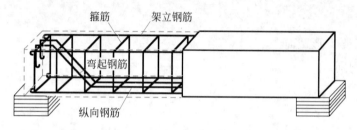

图 4-36　梁中的钢筋

4.3.1　斜截面受力分析

1. 开裂前的受力分析

　　按图 4-10 相同的加载方式,研究梁在支座附近区段沿斜截面的破坏方式。梁在荷载作用下的主应力迹线如图 4-37 所示。图中实线为主拉应力轨迹线,虚线为主压应力轨迹线。

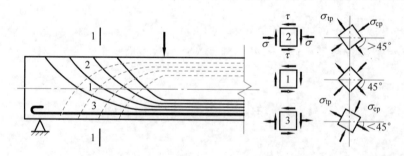

图 4-37　梁的主应力轨迹线和单元体应力

　　位于中和轴处的微元体 1,其正应力为零,切应力最大,主拉应力 σ_{tp} 和主压应力 σ_{cp} 与梁轴线成 45°角;位于受压区的微元体 2,主拉应力 σ_{tp} 减小,主压应力 σ_{cp} 增大,主拉应力与梁轴线夹角大于 45°;位于受拉区的微元体 3,主拉应力 σ_{tp} 增大,主压应力 σ_{cp} 减小,主拉应力与梁轴线夹角小于 45°。

　　当主拉应力或主压应力达到材料的抗拉或抗压强度时,将引起构件截面的开裂和破坏。

2. 无腹筋梁的受力及破坏分析

腹筋是箍筋和弯起钢筋的总称,无腹筋梁是指不配箍筋和弯起钢筋的梁。试验表明,当荷载较小,裂缝未出现时,可将钢筋混凝土梁视为均质弹性材料的梁,其受力特点可用材料力学的方法分析。随着荷载的增加,梁在支座附近出现斜裂缝。取 CB 为隔离体,则其受力如图 4-38 所示。

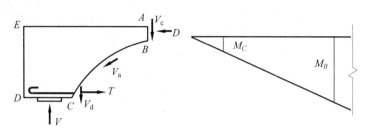

图 4-38　隔离体受力图

与剪力 V 平衡的力有:AB 面上的混凝土切应力合力 V_c;由于开裂面 BC 两侧凹凸不平产生的骨料咬合力 V_a 的竖向分力;穿过斜裂缝的纵向钢筋在斜裂缝相交处的销栓力 V_d。

与弯矩 M 平衡的力矩主要是由纵向钢筋拉力 T 和 AB 面上混凝土压应力合力 D 组成的内力矩。由于斜裂缝的出现,梁在剪弯段内的应力状态会发生变化,主要表现在以下方面。

(1)开裂前的剪力是全截面承担的,开裂后则主要由剪压区承担,混凝土的切应力大大增加,应力的分布规律不同于斜裂缝出现前的情景。

(2)混凝土剪压区面积因斜裂缝的出现和发展而减小,剪压区内的混凝土压应力却随之大大增加。

(3)与斜裂缝相交的纵向钢筋应力,由于斜裂缝的出现而突然增大。

(4)纵向钢筋拉应力的增大导致钢筋与混凝土间黏接应力的增大,有可能出现沿纵向钢筋的黏结裂缝或撕裂裂缝。

当荷载继续增加时,斜裂缝条数增多,裂缝宽度增大,骨料咬合力下降,沿纵向钢筋的混凝土保护层被撕裂,钢筋的销栓力也逐渐减弱;斜裂缝中的一条发展成为主要斜裂缝,称为临界斜裂缝,无腹筋梁如同拱结构,纵向钢筋成为拱的拉杆(图 4-39)。

 小知识:破坏情形

混凝土剪压区在切应力和压应力共同作用下被压碎,梁发生破坏。

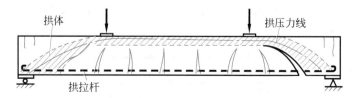

图 4-39　无腹筋梁的拱体受力机制

3. 有腹筋梁的受力及破坏分析

配置箍筋可以有效提高梁的斜截面受剪承载力。箍筋最有效的布置方式是与梁腹中的主拉应力方向一致,但为了施工方便,一般和梁轴线成 90° 布置,如图 4-40 所示。

在斜裂缝出现后,箍筋应力增大。有腹筋梁如桁架,箍筋和混凝土斜压杆分别为桁架的受拉腹杆和受压腹杆,纵向受拉钢筋成为桁架的受拉弦杆,剪压区混凝土成为桁架的受压弦杆。

当将纵向受力钢筋在梁的端部弯起时,弯起钢筋和箍筋有相似的作用,可提高梁斜截面的抗剪承载力。

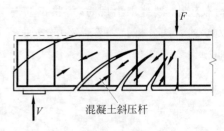

图 4-40　有腹筋梁的剪力传递

4. 影响斜截面承载力的主要因素

(1) 剪跨比和跨高比。

定义　对于承受集中荷载作用的梁,剪跨比是影响其斜截面受力性能的主要因素之一。剪跨比用 λ 表示,集中荷载作用下梁的某一截面的剪跨比等于该截面的弯矩值与截面的剪力值和有效高度乘积之比,即 $\lambda = \dfrac{M}{Vh_0}$。

实验表明　对于承受集中荷载的梁,随着剪跨比的增大,受剪承载力下降。对于承受均布荷载的梁来说,构件跨度与截面高度之比 l_0/h(跨高比)是影响受剪承载力的主要因素。随着跨高比的增大,受剪承载力下降。

(2) 腹筋(箍筋和弯起钢筋)配筋率,配筋率增大,斜截面的承载力增大。

(3) 混凝土强度等级。

(4) 纵筋配筋率。

(5) 其他因素,如:

截面形状　实验表明,受压区翼缘的存在可提高斜截面承载力;

预应力　预应力能阻滞斜裂缝的出现和开展,增加混凝土剪压区的高度,从而提高混凝土所承担的抗剪能力;

梁的连续性　实验表明,连续梁的受剪承载力与相同条件下的简支梁相比,仅在受集中荷载时低于简支梁,而在受均布荷载时是相当的。

5. 斜截面的主要破坏形态

1) 斜拉破坏

产生条件　$\lambda > 3$ 且腹筋量少。

破坏特点　受拉边缘一旦出现斜裂缝便急速发展,构件很快被破坏,如图 4-41 所示。

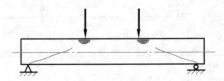

图 4-41　斜拉破坏

2）剪压破坏

产生条件　$1.5 \leqslant \lambda \leqslant 3$ 且腹筋量适中。

破坏特点　受拉区边缘先开裂,然后向受压区延伸。破坏时,与临界斜裂缝相交的腹筋屈服,受压区混凝土随后被压碎,如图 4-42 所示。

3）斜压破坏

产生条件　$\lambda < 1.5$ 或腹筋多、腹板薄。

破坏特点　中和轴附近出现斜裂缝,然后向支座和荷载作用点延伸,破坏时在支座与荷载作用点之间形成多条斜裂缝,斜裂缝间混凝土突然压碎,腹筋不屈服,如图 4-43 所示。

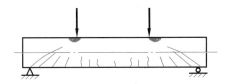

图 4-42　剪压破坏

图 4-43　斜压破坏

进行受弯构件设计时,应使斜截面破坏呈剪压破坏,避免斜拉、斜压和其他形式的破坏。

防止斜截面破坏的承载力条件:斜截面上有剪力,也有弯矩。为了防止斜截面破坏,要求 $V \leqslant V_u$,通过计算满足;$M \leqslant M_u$,用构造措施保证。

4.3.2　斜截面承载力计算

1. 计算公式

梁发生剪压破坏时,斜截面的剪力设计值由三部分组成(图 4-44)。

$$V = V_c + V_{sv} + V_{sb} \tag{4-34}$$

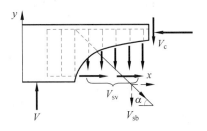

图 4-44　斜截面剪力的组成

式中:V_c——混凝土承担的剪力,N;

　　　V_{sv}——箍筋承担的剪力,N;

　　　V_{sb}——弯起钢筋承担的剪力,N。

$$V_{cs} = V_c + V_{sv}$$

式中:V_{cs}——混凝土和箍筋承担的剪力,N。

(1) 不配置箍筋和弯起钢筋的一般板类受弯构件通常承受的荷载不大,剪力较小,因此不必进行斜截面承载力的计算,也不配箍筋和弯起钢筋。当板上承受的荷载较大时,需要对其斜截面承载力进行计算。不配腹筋的一般板类受弯构件,其斜截面的受剪承载力计算公式为

$$V = 0.7\beta_h f_t b h_0 \tag{4-35}$$

$$\beta_h = \left(\frac{800}{h_0}\right)^{\frac{1}{4}} \tag{4-36}$$

β_h 截面高度影响系数,当 $h_0 < 800\text{mm}$ 时,取 $h_0 = 800\text{mm}$,当 $h_0 > 2000\text{mm}$ 时,取 $h_0 = 2000\text{mm}$。

(2) 矩形、T 形和工字形截面受弯构件截面上的最大剪力设计值 V 应满足:

当仅配置箍筋时

$$V \leqslant V_{cs} \tag{4-37}$$

当仅配置箍筋和弯起钢筋时

$$V \leqslant V_{cs} + V_{sb} \tag{4-38}$$

$$V_{cs} = \alpha_{cv} f_t b h_0 + f_{yv} \frac{A_{sv}}{s} h_0 \tag{4-39}$$

式中：f_{yv}——箍筋抗拉强度设计值,N/mm^2；

α_{cv}——斜截面混凝土受剪承载力系数,对于一般受弯构件取 0.7；

A_{sv}——配置在同一截面内箍筋各肢的全部截面面积 $A_{sv} = nA_{sv1}$,此处,n 为在同一截面内箍筋的肢数(图 4-45),A_{sv1} 为单肢箍筋的截面面积,mm^2；

s——沿构件长度方向的箍筋间距,mm。

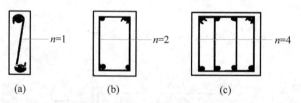

图 4-45 箍筋的肢数

(a) 单肢箍；(b) 双肢箍；(c) 四肢箍

此公式用于矩形截面梁承受均布荷载。截面梁承受均布荷载和集中荷载但以均布荷载为主；T 形、工字形截面梁受任何荷载。

集中荷载作用下的独立梁(包括有多种荷载作用,其中集中荷载对支座截面或节点所产生的剪力值占总剪力值的 75% 以上的情况),考虑剪跨比的影响,计算公式为

$$V_{cs} = \frac{1.75}{\lambda + 1.0} f_t b h_0 + f_{yv} \frac{A_{sv}}{s} h_0 \tag{4-40}$$

式中：λ——计算截面的剪跨比。当 $\lambda < 1.5$ 时,取 $\lambda = 1.5$；当 $\lambda > 3.0$ 时,取 $\lambda = 3.0$。

弯起钢筋能承受的剪力

$$V_{sb} = 0.8 f_{yv} A_{sb} \sin\alpha_s \tag{4-41}$$

A_{sb}——弯起钢筋的截面面积，mm^2；

0.8——应力不均匀系数。用来考虑靠近剪压区的弯起钢筋在斜截面破坏时，可能达不到钢筋抗拉强度设计值；

α_s——弯起钢筋与梁轴线的夹角，一般取 45°，当梁高大于 800mm 时，取 60°。

2. 受剪承载力公式的适用范围

1）最小截面尺寸

当发生斜压破坏时，梁腹的混凝土被压碎、箍筋不屈服，其受剪承载力主要取决于构件的腹板宽度、梁截面高度和混凝土强度。因此，只要保证构件截面尺寸不要太小，就可防止斜压破坏的发生。

当 $\dfrac{h_w}{b} \leqslant 4$ 时

$$V \leqslant 0.25\beta_c f_c b h_0 \tag{4-42}$$

当 $\dfrac{h_w}{b} \geqslant 6$ 时

$$V \leqslant 0.2\beta_c f_c b h_0 \tag{4-43}$$

当 $4 < h_w/b < 6$ 时，按线性内插法或按以下公式计算：

$$V \leqslant 0.025\left(14 - \dfrac{h_w}{b}\right)\beta_c f_c b h_0 \tag{4-44}$$

式中：V——构件斜截面上的最大剪力设计值，kN；

β_c——混凝土强度影响系数。当混凝土强度等级不超过 C50 时，取 1.0；当混凝土强度等级为 C80 时，取 0.8，其间按内插法取用；

b——矩形截面的宽度，T 形截面或工字形截面的腹板宽度，mm；

h_w——截面的腹板高度（图 4-46）；矩形截面取有效高度 h_0，T 形截面取有效高度减去翼缘高度，工字形截面取腹板净高，mm。

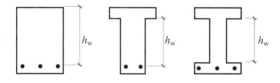

图 4-46 梁的腹板高度

2）最小配箍率和箍筋最大间距

实验表明，若箍筋的配筋率过小或箍筋间距过大，在 λ 较大时，一旦出现斜裂缝，可能使箍筋迅速屈服甚至拉断，斜裂缝急剧开展，导致发生斜拉破坏。箍筋直径过小也不能保证钢筋骨架的刚度。为了防止斜拉破坏，梁中箍筋间距和直径都应符合一定要求。

当 $V > 0.7f_t b h_0$ 时，配箍率应满足最小配箍率的要求：

$$\rho_{sv} = \dfrac{A_{sv}}{bs} = \dfrac{nA_{sv1}}{bs} \geqslant \rho_{sv,min} = 0.24\dfrac{f_t}{f_{yv}} \tag{4-45}$$

梁中箍筋直径不宜小于《混凝土结构设计规范》规定的最小直径（表 4-9）。

表 4-9　梁中箍筋最小直径　　　　　　　　（单位：mm）

梁高 h	$h \leqslant 800$	$h > 800$
箍筋最小直径	6	8

注：梁中配有计算需要的纵向受压钢筋时，箍筋直径尚不应小于 $d/4$（d 为纵向受压钢筋的最大直径）。

为防止斜拉破坏，规范规定梁中箍筋间距不宜超过梁中箍筋的最大间距 s_{max}（表 4-10）。

表 4-10　梁中箍筋最大间距 s_{max}　　　　　　　　（单位：mm）

梁高 h	$150 < h \leqslant 300$	$300 < h \leqslant 500$	$500 < h \leqslant 800$	$h > 800$
$V \leqslant 0.7 f_t b h_0$	200	300	350	400
$V > 0.7 f_t b h_0$	150	200	250	300

3. 斜截面受剪承载力的计算位置（图 4-47）

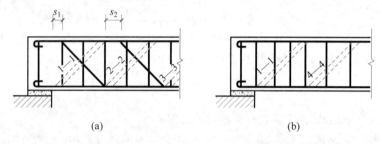

图 4-47　斜截面受剪承载力的计算位置

（1）支座边缘处截面。该截面承受的剪力最大。在计算简图中跨度取至支座中心。但支座和构件连在一起，可以共同承受剪力，所以受剪控制截面是支座边缘截面。计算该截面剪力设计值时，跨度取净跨。用支座边缘的剪力设计值确定第一排弯起钢筋和 1—1 截面的箍筋。

（2）受拉区弯起钢筋弯起点处截面（2—2 截面和 3—3 截面）。

（3）箍筋截面面积或间距改变处截面（4—4 截面）。

（4）腹板宽度改变处的截面。

4. 斜截面受剪承载力计算步骤

计算分截面设计和承载力复核两类问题。

1）截面设计

（1）构件的截面尺寸和纵筋由正截面承载力计算已初步选定，所以进行斜截面受剪承载力计算时应首先复核是否满足截面限制条件，如不满足应加大截面或提高混凝土强度等级。

当 $\dfrac{h_w}{b} \leqslant 4$ 时，属于一般梁，应满足：$V \leqslant 0.25 \beta_c f_c b h_0$；

当 $\dfrac{h_w}{b} \geqslant 6$ 时，属于薄腹梁，应满足：$V \leqslant 0.20 \beta_c f_c b h_0$；

当 $4 < \dfrac{h_w}{b} < 6$ 时，按线性内插法求得。

（2）判定是否需要按照计算配置箍筋，当不需要按计算配置箍筋时，应按照构造满足最小箍筋用量的要求：

$$V \leqslant 0.7 f_t b h_0 \quad \text{或} \quad V \leqslant \frac{1.75}{\lambda + 1.0} f_t b h_0$$

（3）需要按计算配置箍筋时，按计算截面位置采用剪力设计值：①支座边缘处的截面；②受拉区弯起钢筋弯起点处的截面；③箍筋截面面积和间距改变处的截面；④腹板宽度改变处的截面。

（4）按计算确定箍筋用量时，选用的箍筋也应满足箍筋最大间距和最小直径的要求。

矩形、T形和工字形截面的一般受弯构件　只配箍筋而不用弯起钢筋。

$$V \leqslant 0.7 f_t b h_0 + 1.25 f_{yv} \frac{n A_{sv1}}{s} h_0$$

$$\frac{n A_{sv1}}{s} = \frac{V - 0.7 f_t b h_0}{1.25 f_{yv} h_0}$$

根据此值选择箍筋，并应符合箍筋间距要求。

集中荷载作用下的独立梁（包括作用多种荷载，且其中集中荷载对支座截面或节点边缘所产生的剪力值占总剪力值的 75% 以上的情况）　只配箍筋而不用弯起钢筋。

$$V \leqslant V_{cs} = \frac{1.75}{\lambda + 1.0} f_t b h_0 + f_{yv} \frac{A_{sv}}{s} h_0$$

$$\frac{n A_{sv1}}{s} = \frac{V - \dfrac{1.75}{\lambda + 1.0} f_t b h_0}{f_{yv} \times h_0}$$

根据此值选择箍筋，并应符合箍筋间距要求。

（5）当需要配置弯起钢筋时，可先计算 V_{cs}，再计算弯起钢筋的截面面积，剪力设计值为：计算第一排弯起钢筋（对支座而言）时，取支座边缘的剪力；计算以后每排弯起钢筋时，取前一排弯起钢筋弯起点处的剪力；两排弯起钢筋的间距应小于箍筋的最大间距。

弯起钢筋承担的剪力：

$$V_{sb} = 0.8 A_{sb} \cdot f_y \cdot \sin\alpha_s$$

混凝土和箍筋承担的剪力：

$$V_{cs} = V - V_{sb}$$

余下计算按（4）进行。

2）承载力复核步骤

已知：材料强度设计值 f_c、f_y；截面尺寸 b、h_0；配箍量 n、A_{sv1}、s 等，复核斜截面所能承受的剪力 V_u（仅配箍筋）。

矩形、T形和工字形截面的一般受弯构件　只配箍筋而不用弯起钢筋。

$$V \leqslant 0.7 f_t b h_0 + 1.25 f_{yv} \frac{n A_{sv1}}{s} h_0$$

集中荷载作用下的独立梁（包括作用多种荷载，且其中集中荷载对支座截面或节点边缘所产生的剪力值占总剪力值的 75% 以上的情况）　只配箍筋而不用弯起钢筋。

$$V \leqslant V_{cs} = \frac{1.75}{\lambda + 1.0} f_t b h_0 + f_{yv} \frac{A_{sv}}{s} h_0$$

【例 4-9】　钢筋混凝土矩形截面简支梁，如图 4-48 所示，截面尺寸 250mm×500mm，混凝土强度等级为 C30，箍筋为热轧 HPB300 级钢筋，纵筋为 2 ⨁ 25 和 2 ⨁ 22 的 HRB400 级钢筋。试配置抗剪箍筋。

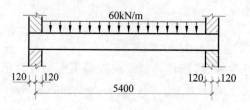

图 4-48　钢筋混凝土矩形截面简支梁

【解】　① 求剪力设计值：

支座边缘处截面的剪力值最大。

$$V_{max} = \frac{1}{2}ql_n = \frac{1}{2} \times 60 \times (5.4 - 0.24) = 154.8(kN)$$

② 验算截面尺寸：

$$h_w = h_0 = 465mm, \quad \frac{h_w}{b} = \frac{465}{250} = 1.86 < 4$$

属厚腹梁,混凝土强度等级为 C20,$f_{cu,k} = 20N/mm^2 < 50N/mm^2$,故 $\beta_c = 1$。

$$0.25\beta_c f_c bh_0 = 0.25 \times 1 \times 14.3 \times 250 \times 465 = 415.5937(kN) > V_{max}$$

截面符合要求。

③ 验算是否需要计算配置箍筋：

$$0.7f_t bh_0 = 0.7 \times 1.43 \times 250 \times 465 = 116\,366.25(N) < V_{max}$$

故需要进行配箍计算。

④ 只配箍筋而不用弯起钢筋：

$$V = 0.7f_t bh_0 + f_{yv}\frac{nA_{sv1}}{s}h_0$$

$$154\,800 = 89\,512.5 + 270 \times \frac{nA_{sv1}}{s} \times 465$$

则

$$\frac{nA_{sv1}}{s} = 0.306mm^2/mm$$

若选用 $\phi 8@220$,实有

$$\frac{nA_{sv1}}{s} = \frac{2 \times 50.3}{220} = 0.457 > 0.306(\text{满足要求})$$

配箍率

$$\rho_{sv} = \frac{nA_{sv1}}{bs} = \frac{2 \times 50.3}{250 \times 220} = 0.183\%$$

最小配箍率

$$\rho_{svmin} = 0.24\frac{f_t}{f_{yv}} = 0.24 \times \frac{1.43}{300} = 0.114\% < \rho_{sv}(\text{满足要求})$$

【例 4-10】　一钢筋混凝土简支梁如图 4-49 所示,混凝土强度等级为 C25($f_t = 1.27N/mm^2$、$f_c = 11.9N/mm^2$),纵筋为 HRB400 级钢筋($f_y = 360N/mm^2$),箍筋为 HPB300 级钢筋($f_{yv} = 300N/mm^2$),环境类别为一类。如果忽略梁自重及架立钢筋的作用,试求此梁所能承受的最大荷载设计值 P。

【解】　(1) 确定基本数据。

查表 4-5 和表 4-6 得 $\alpha_1 = 1.0$,$\xi_b = 0.518$。

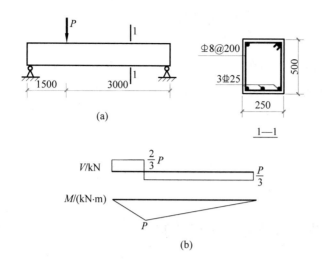

图 4-49 梁的内力及配筋

$A_s = 1473\text{mm}^2$, $A_{sv1} = 50.3\text{mm}^2$；取 $\alpha_s = 35\text{mm}$，$\beta_c = 1.0$。

（2）按斜截面受剪承载力计算。

① 计算受剪承载力：

$\lambda = \dfrac{a}{h_0} = \dfrac{1500}{465} = 3.22 > 3$，取 $\lambda = 3$

$$
\begin{aligned}
V_u &= \frac{1.75}{\lambda + 1} f_t b h_0 + f_{yv} \frac{A_{sv}}{s} h_0 \\
&= \frac{1.75}{3 + 1} \times 1.27 \times 250 \times 465 + 300 \times \frac{50.3 \times 2}{200} \times 465 \\
&= 134\,760\,(\text{N})
\end{aligned}
$$

② 验算截面尺寸条件：

$\dfrac{h_w}{b} = \dfrac{h_0}{b} = \dfrac{465}{250} = 1.86 < 4$ 时

$V_u = 134\,760\text{N} < 0.25\beta_c f_c b h_0 = 0.25 \times 1 \times 11.9 \times 250 \times 465 = 345\,843.8\,(\text{N})$

该梁斜截面受剪承载力为 134 760N。

$$
\begin{aligned}
\rho_{sv} &= \frac{nA_{sv1}}{bs} = \frac{2 \times 50.3}{250 \times 200} = 0.002\,013 > \rho_{sv,\min} \\
&= 0.24 \frac{f_t}{f_{sv}} = 0.24 \times \frac{1.27}{300} = 0.001\,016
\end{aligned}
$$

③ 计算荷载设计值 P：

由 $\dfrac{2}{3} P = V_u$ 得

$$
P = \frac{3}{2} V_u = \frac{3}{2} \times 134\,760 = 202.14\,(\text{kN})
$$

（3）按正截面受弯承载力计算。

① 计算受弯承载力 M_u：

$$
x = \frac{f_y A_s}{a_1 f_c b} = \frac{360 \times 1473}{1.0 \times 11.9 \times 250} = 178.2\,(\text{mm}) < \xi_b h_0
$$

$$= 0.518 \times 465 = 240.87(\text{mm})$$

满足要求。

$$M_u = a_1 f_c bx \left(h_0 - \frac{x}{2}\right) = 1.0 \times 11.9 \times 250 \times 178.2 \times \left(465 - \frac{178.2}{2}\right).$$
$$= 199.3 \times 10^6 (\text{N} \cdot \text{mm})$$
$$= 199.3(\text{kN} \cdot \text{m})$$

② 计算荷载设计值 P。$M = \frac{2}{3} P \times 1.5 = P$，因此 $P = 199.3 \text{kN}$。

该梁所能承受的最大荷载设计值应该为上述两种承载力计算结果的较小值，故 $P = 199.3 \text{kN}$。

4.3.3 保证斜截面承载力的构造措施

斜截面承载力包括斜截面受剪承载力和斜截面受弯承载力两个方面。斜截面受弯承载力计算是指斜截面上的纵向受拉钢筋、弯起钢筋、箍筋等在斜截面破坏时，它们各自所提供的拉力对剪压区的内力矩之和，通常是不进行计算的，而是用梁内纵向钢筋的弯起、截断、锚固及箍筋的间距等构造措施来保证。

正截面受弯承载力抵抗弯矩图是按实际配置的纵向钢筋绘制的梁上各正截面所能承受的弯矩图。它反映了沿梁长正截面上材料的抗力，简称为材料图。图中竖标所表示的正截面受弯承载力设计值简称为抵抗弯矩。

1. 抵抗弯矩图的做法

（1）纵向受拉钢筋全部伸入支座各截面 M_u 相同，材料图为矩形图。以均布荷载作用下的简支梁为例，其设计弯矩图为抛物线（图 4-50）。

（2）部分纵向受拉钢筋弯起。确定抗剪箍筋和弯筋时，考虑一根钢筋在离支座的 C 点弯起；该钢筋弯起后，其内力臂逐渐减小，因而其抵抗弯矩变小直至等于零。假定该钢筋弯起后与梁轴线的交点为 D，过 D 点后不再考虑该钢筋承受弯矩，则 CD 段的材料图为斜直线 cd（图 4-51）。

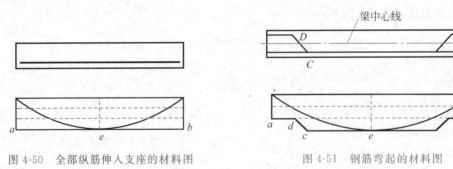

图 4-50　全部纵筋伸入支座的材料图　　　图 4-51　钢筋弯起的材料图

（3）部分纵向受拉钢筋截断。在图 4-52 中，假定纵筋①抵抗控制截面 A—A 的部分弯矩（图中纵坐标 ef），A—A 为①号筋强度充分利用截面，B—B 和 C—C 为按计算不需要该钢筋的截面，也称理论截断点，则在 B—B 和 C—C 处截面①号筋的材料图就是图中矩形阴影 $abcd$。为了可靠锚固，①号筋的实际截断点需延伸一段长度。

2. 弯矩抵抗图的作用

（1）反映材料利用的程度：材料图越贴近弯矩图，表示材料利用程度越高。

（2）确定纵向钢筋的弯起数量和位置：弯起钢筋的目的，斜截面抗剪；抵抗支座负弯矩。只有当材料图全部覆盖住弯矩图，各正截面弯矩承载力才有保证；而要满足截面受弯承载力的要求，也必须通过作材料图才能确定弯起钢筋的数量和位置。

（3）确定纵向钢筋的截断位置。

3. 满足斜截面受弯承载力的纵向钢筋弯起位置

当弯起点与按计算充分利用该钢筋的截面之间的距离不小于 $h_0/2$ 时，可以满足斜截面受弯承载力的要求（保证斜截面的受弯承载力不低于正截面的受弯承载力），钢筋弯起后与梁中心线的交点应在该钢筋正截面抗弯的不需要点之外（图 4-53）。

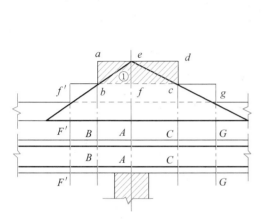

图 4-52　纵筋截断的材料图

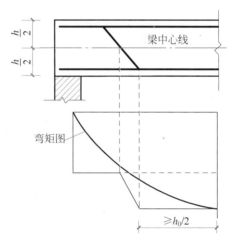

图 4-53　弯起钢筋弯起点的位置

4. 纵向受力钢筋的截断位置

纵向受力钢筋的截断位置见图 4-54。

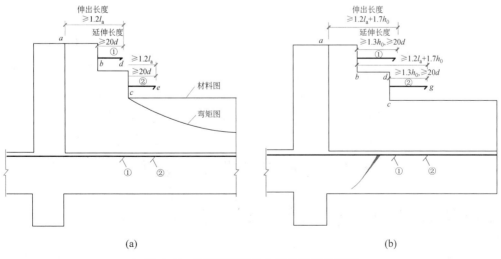

(a)　　　　　　　　　　　　　(b)

图 4-54　负弯矩区段纵向受拉钢筋的截断

(a) $V \leqslant 0.7f_t bh_0$；(b) $V > 0.7f_t bh_0$，且截断点位于负弯矩受拉区

5. 纵向钢筋在支座处的锚固

钢筋混凝土简支梁和连续梁简支端的下部纵向受力钢筋,其伸入梁支座范围内的锚固长度 l_{as}(图 4-55 和图 4-56)应符合下列规定(d 为纵向受力钢筋直径):

当 $V \leqslant 0.7 f_t bh_0$ 时,$l_{as} \geqslant 5d$;

当 $V > 0.7 f_t bh_0$ 时,$l_{as} \geqslant 12d$(带肋);$l_{as} \geqslant 15d$(光面)。

l_1——搭接长度,取值详见《混凝土结构设计规范》。

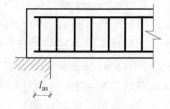

图 4-55 纵筋锚固长度

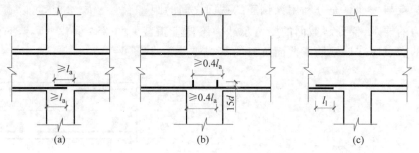

图 4-56 中间支座节点中的钢筋锚固

弯筋终点应有直线段,光面钢筋端部还应做弯钩(图 4-57)。

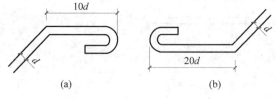

图 4-57 弯起钢筋端部构造

(a) 受压;(b) 受拉

不得采用浮筋做弯筋,见图 4-58。

梁受扭或承受动荷载时,不得使用开口钢箍,见图 4-59。

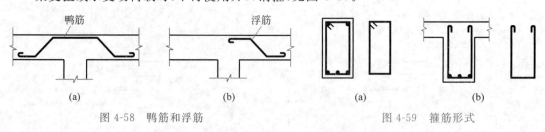

图 4-58 鸭筋和浮筋   图 4-59 箍筋形式

4.4　变形与裂缝宽度验算

4.4.1　变形验算

1. 一般要求

对建筑结构中的屋盖、楼盖及楼梯等受弯构件,由于使用上的要求并保证人们的感觉在可接受程度之内,需要对其挠度进行控制。对于吊车梁或门机轨道梁等构件,变形过大时会妨碍吊车或门机的正常行驶,也需要进行变形控制验算。钢筋混凝土受弯构件的变形计算,是指对其挠度进行验算,按荷载标准组合并考虑长期作用影响计算的挠度最大值 $a_{\mathrm{f,max}}$ 应满足

$$a_{\mathrm{f,max}} \leqslant a_{\mathrm{f,lim}} \tag{4-46}$$

式中: $a_{\mathrm{f,lim}}$——受弯构件的挠度限值,由附表 3-1 查得。

2. 钢筋混凝土受弯构件截面刚度

由式(4-46)可见,钢筋混凝土受弯构件的挠度验算主要是计算 $a_{\mathrm{f,max}}$。由于钢筋混凝土受弯构件在荷载作用下其截面应变符合平截面假定,因此其挠度计算可直接应用材料力学公式。在材料力学中,受弯构件的挠度一般可用虚功原理等方法求得。对于常见的匀质弹性受弯构件,材料力学直接给出了下面的挠度计算公式:

$$a_{\mathrm{f}} = s\frac{M}{EI}l^2 = s\phi l^2 \tag{4-47}$$

式中: $\phi = \dfrac{M}{EI}$,为截面曲率;

　　　s——与荷载形式、支承条件有关的挠度系数。如对于均布荷载作用下的简支梁, $s = 5/48$。

在材料力学中,由于截面抗弯刚度 EI 是常数,因此由式(4-47)可知,其弯矩(M)与挠度(a_{f})以及弯矩(M)与截面曲率(ϕ)均呈线性关系,如图 4-60 中的虚线所示。

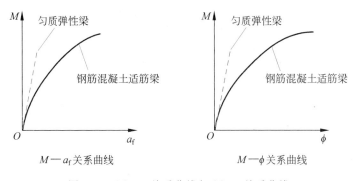

图 4-60　M—a_{f} 关系曲线与 M—ϕ 关系曲线

可见其截面刚度不是常数,而是随着弯矩的变化而变化。因此,求钢筋混凝土受弯构件的挠度,关键是求其截面的抗弯刚度。在荷载标准组合作用下,钢筋混凝土受弯构件的截面抗弯刚度简称短期刚度,用 B_{s} 表示;在荷载标准组合作用下并考虑长期作用影响的截面抗弯刚度简称长期刚度,用 B 表示。

1) 短期刚度 B_{s} 的计算

对于要求不出现裂缝的构件,可将混凝土开裂前的 M—ϕ 曲线(图 4-60)视为直线,其斜率就是截面的抗弯刚度,即

$$B_{\mathrm{s}} = 0.85E_{\mathrm{c}}I_0 \tag{4-48}$$

式中: I_0——换算截面惯性矩。

对于允许出现裂缝的构件,研究其带裂缝工作阶段的刚度,取构件的纯弯段进行分析,如图 4-61 所示。裂缝出现后,受压混凝土和受拉钢筋的应变沿构件长度方向的分布是不均匀的;中和轴沿构件长度方向的分布呈波浪状,曲率分布也是不均匀的;裂缝截面曲率最

大；裂缝中间截面曲率最小。为简化计算，截面上的应变、中和轴位置、曲率均采用平均值。根据平均应变的平截面假定，由图 4-61 的几何关系可得平均曲率。

$$\phi = \frac{1}{r} = \frac{\varepsilon_{sm} + \varepsilon_{cm}}{h_0} \tag{4-49}$$

式中：r——与平均中和轴相应的平均曲率半径；

ε_{sm}——裂缝截面之间钢筋的平均拉应变；

ε_{cm}——裂缝截面之间受压区边缘混凝土的平均压应变；

h_0——截面的有效高度。

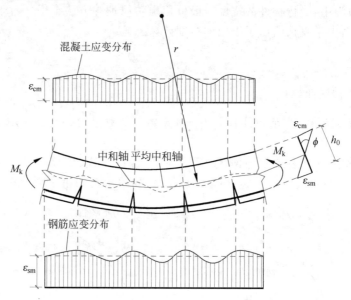

图 4-61　梁纯弯段内混凝土和钢筋应变分布

由式(4-49)及曲率、弯矩和刚度间的关系 $\phi = M/B_s$ 可得

$$B_s = \frac{M_k h_0}{\varepsilon_{sm} + \varepsilon_{cm}} \tag{4-50}$$

ε_{sm} 可按下式计算：

$$\varepsilon_{sm} = \psi\varepsilon_s = \psi \frac{M_k}{\eta h_0 A_s E_s} \tag{4-51}$$

对如图 4-62 所示的工字形截面，其受压区面积为

$$A_c = (b'_f - b)h'_f + bx = (\gamma'_f + \xi)bh_0 \tag{4-52}$$

由于受压区混凝土的应力图形为曲线分布，在计算受压边缘混凝土应力 σ_c 时，应引入应力图形丰满系数 ω，于是受压混凝土压应力合力可表示为

$$C = \omega\sigma_c(\gamma'_f + \xi)bh_0 \tag{4-53}$$

由对受拉钢筋应力合力作用点取矩的平衡条件可得

$$\sigma_c = \frac{M_k}{\omega(\gamma'_f + \xi)bh_0 \eta h_0} \tag{4-54}$$

考虑混凝土的弹塑性变形性能，取变形模量为 $\nu_c E_c$(ν_c 为混凝土弹性特征系数)，同时引入受压区混凝土应变不均匀系数 ψ_c，则

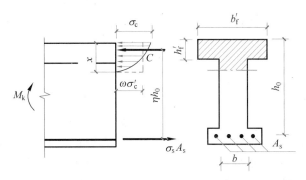

图 4-62　工字形截面应力分布图

$$\varepsilon_{cm} = \psi_c \varepsilon_c = \psi_c \frac{M_k}{\omega(\gamma'_f + \xi)bh_0 \eta h_0 \nu_c E_c} \tag{4-55}$$

令
$$\zeta = \frac{\omega(\gamma'_f + \xi)\eta \nu_c}{\psi_c} \tag{4-56}$$

则 ε_{cm} 按下式计算：

$$\varepsilon_{cm} = \psi_c \varepsilon_c = \frac{M_k}{\zeta b h_0^2 E_c} \tag{4-57}$$

式中：ζ——受压区边缘混凝土平均应变的综合系数，它综合反映受压区混凝土塑性、应力
　　　　图形完整性、内力臂系数及裂缝间混凝土应变不均匀性等因素的影响。从材料
　　　　力学观点来看，ζ 也可称为截面的弹塑性抵抗矩系数。

将式(4-49)和式(4-55)代入式(4-50)，并取 $\alpha_E = E_s/E_c$，$\rho = \dfrac{A_s}{bh_0}$，$\eta = 0.87$，可得

$$B_s = \frac{E_s A_s h_0^2}{1.15\psi + \dfrac{\alpha_E \rho}{\zeta}} \tag{4-58}$$

　　试验表明，受压区边缘混凝土平均应变的综合系数 ζ 随荷载增大而减小，在裂缝出现后
降低很快，而后逐渐缓慢，在使用荷载范围内则基本稳定。因此，对 ζ 的取值可不考虑荷载
的影响。通过试验结果统计分析可得(图 4-63)

$$\frac{\alpha_E \rho}{\zeta} = 0.2 + \frac{6\alpha_E \rho}{1 + 3.5\gamma'_f} \tag{4-59}$$

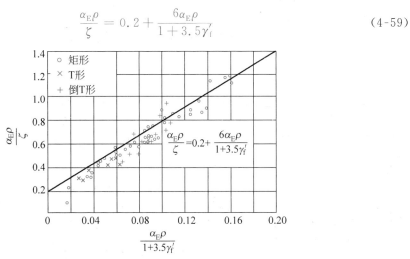

图 4-63　ζ 的取值统计分析

并可得钢筋混凝土受弯构件短期刚度 B_s 的计算公式

$$B_s = \frac{E_s A_s h_0^2}{1.15\psi + 0.2 + \dfrac{6\alpha_E \rho}{1 + 3.5\gamma_f'}} \tag{4-60}$$

2）长期刚度 B 的计算

钢筋混凝土受弯构件在荷载持续作用下，由于受压区混凝土的徐变、受拉混凝土的应力松弛以及受拉钢筋和混凝土之间的滑移徐变，导致挠度将随时间而不断缓慢增长，也就是构件的抗弯刚度将随时间而不断缓慢降低，这一过程往往持续数年之久。

荷载长期作用下的挠度增大系数用 θ 表示，根据试验结果，θ 可按下式计算

$$\theta = 2.0 - 0.4\rho'/\rho \tag{4-61}$$

式中：ρ、ρ'——分别为纵向受拉和受压钢筋的配筋率。当 $\rho'/\rho > 1$ 时，取 $\rho'/\rho = 1$。对于翼缘在受拉区的 T 形截面 θ 值应比式（4-61）的计算值增大 20%。

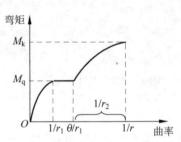

图 4-64　弯矩—曲率关系

为分析方便，将 M_k 分成 M_q 和 $M_k - M_q$ 两部分。在 M_q 和 $M_k - M_q$ 先后作用于构件时的弯矩—曲率关系可用图 4-64 表示。图中，M_k 按荷载标准组合算得，M_q 按荷载准永久组合算得。

由图 4-64 及弯矩、曲率和刚度关系可得

$$\frac{1}{r_1} = \frac{M_q}{B_s}, \quad \frac{1}{r_2} = \frac{M_k - M_q}{B_s}, \quad \frac{1}{r} = \frac{M_k}{B} \tag{4-62}$$

则

$$\frac{1}{r} = \frac{\theta}{r_1} + \frac{1}{r_2} = \frac{\theta M_q}{B_s} + \frac{M_k - M_q}{B_s} = \frac{M_q(\theta - 1) + M_k}{B_s}$$

从而

$$B = \frac{M_k}{M_q(\theta - 1) + M_k} B_s \tag{4-63}$$

从刚度计算公式分析可知，提高截面刚度最有效的措施是增加截面高度；增加受拉或受压翼缘可使刚度有所增加；当设计上构件截面尺寸不能加大时，可考虑增加纵向受拉钢筋截面面积或提高混凝土强度等级来提高截面刚度，但其作用不明显；对某些构件还可以充分利用纵向受压钢筋对长期刚度的有利影响，在构件受压区配置一定数量的受压钢筋来提高截面刚度。

3. 钢筋混凝土受弯构件挠度计算

由式（4-63）可知，钢筋混凝土受弯构件截面的抗弯刚度随弯矩的增大而减小。即使对

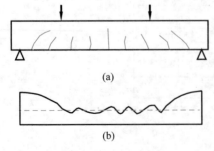

图 4-65　沿梁长的刚度分布

于图 4-65(a)所示的承受均布荷载作用的等截面梁，由于梁各截面的弯矩不同，故各截面的抗弯刚度都不相等。图 4-65(b)的实线为该梁抗弯刚度的实际分布，按照这样的变刚度来计算梁的挠度显然是十分烦琐的，也是不可能的。考虑到支座附近弯矩较小区段虽然刚度较大，但它对全梁变形的影响不大，故《混凝土结构设计规范》规定了钢筋混凝土受弯构件的挠度计算的"最小刚度原则"，即对于等截面构

件,可假定各同号弯矩区段内的刚度相等,并取用该区段内最大弯矩处的刚度。由"最小刚度原则"可得图 4-65(a)所示梁的抗弯刚度,分布如图 4-65(b)的虚线所示。可见,"最小刚度原则"使得钢筋混凝土受弯构件的挠度计算变得简便可行。

有了刚度的计算公式及"最小刚度原则"后,即可用力学的方法来计算钢筋混凝土受弯构件的最大挠度 $a_{f,max}$。

【例 4-11】 钢筋混凝土矩形截面梁,$b \times h = 200\text{mm} \times 400\text{mm}$,计算跨度 $l_0 = 5.4\text{m}$,采用 C20 混凝土,配有 $3 \Phi 18 (A_s = 763\text{mm}^2)$ HRB335 级纵向受力钢筋。承受均布永久荷载标准值为 $g_k = 5.0\text{kN/m}$,均布活荷载标准值 $q_k = 10\text{kN/m}$,活荷载准永久系数 $\psi_q = 0.5$。如果该构件的挠度限值为 $l_0/250$,试验算该梁的跨中最大变形是否满足要求。

【解】 ① 求弯矩标准值

标准组合下的弯矩值

$$M_k = \frac{1}{8}(g_k + q_k)l_0^2 = \frac{1}{8} \times (5 + 10) \times 5.4^2 = 54.68(\text{kN} \cdot \text{m})$$

准永久组合下的弯矩值

$$M_q = \frac{1}{8}(g_k + q_k\psi_q)l_0^2 = \frac{1}{8} \times (5 + 10 \times 0.5) \times 5.4^2 = 36.45(\text{kN} \cdot \text{m})$$

② 有关参数计算

查表得 C20 混凝土 $f_{tk} = 1.54\text{N/mm}^2$,$E_c = 2.55 \times 10^5\text{N/mm}^2$;查表得 HRB335 级钢筋 $E_s = 2.0 \times 10^5\text{N/mm}^2$

$$\rho_{te} = \frac{A_s}{0.5bh} = \frac{763}{0.5 \times 200 \times 400} = 0.0191 > 0.010$$

$$\sigma_{sk} = \frac{M_k}{0.87h_0 A_s} = \frac{54.68 \times 10^6}{0.87 \times 365 \times 763} = 225.68(\text{N/mm}^2)$$

$$\psi = 1.1 - 0.65\frac{f_{tk}}{\rho_{te}\sigma_{sk}} = 1.1 - 0.65 \times \frac{1.54}{0.0191 \times 225.68} = 0.868 > 0.2 \text{ 且 } \psi < 1.0$$

$$\alpha_E = \frac{E_s}{E_c} = \frac{2.0 \times 10^5}{2.55 \times 10^4} = 7.84, \quad \rho = \frac{A_s}{bh_0} = \frac{763}{200 \times 365} = 0.0105$$

③ 计算短期刚度 B_s

$$B_s = \frac{E_s A_s h_0^2}{1.15\psi + 0.2 + 6\alpha_E\rho} = \frac{2.0 \times 10^5 \times 763 \times 365^2}{1.15 \times 0.868 + 0.2 + 6 \times 7.84 \times 0.0105}$$
$$= 1.20 \times 10^{13}(\text{N} \cdot \text{mm}^2)$$

④ 计算长期刚度 B

$\rho' = 0, \theta = 2.0$,则

$$B = \frac{M_k}{M_k + (\theta - 1)M_q}B_s = \frac{54.68}{54.68 + (2.0 - 1) \times 36.45} \times 1.20 \times 10^{13}$$
$$= 7.2 \times 10^{12}(\text{N} \cdot \text{mm}^2)$$

⑤ 挠度计算

$$a_{f,max} = \frac{5}{48} \times \frac{M_k l_0^2}{B} = \frac{5}{48} \times \frac{54.68 \times 10^6 \times 5.4^2 \times 10^6}{7.20 \times 10^{12}} = 23.07(\text{mm}) > \frac{l_0}{250}$$
$$= 21.6(\text{mm})$$

显然该梁跨中挠度不满足要求。

4.4.2 裂缝宽度验算

1. 一般要求

混凝土结构上的裂缝归纳起来有两大类,即荷载作用引起的裂缝或非荷载因素引起的裂缝。在使用荷载作用下,钢筋混凝土结构构件截面上的混凝土拉应变常常是大于混凝土极限拉伸值的,因此构件在使用时实际上是带裂缝工作的。目前我们所指的裂缝宽度验算主要是针对由弯矩、轴向拉力、偏心拉(压)力等荷载效应引起的垂直裂缝,或称正截面裂缝。对于剪力或扭矩引起的斜裂缝,目前研究得还不够充分。所以,现在大多数国家的规范还没有反映斜裂缝宽度的计算内容。

在混凝土结构中,除了荷载作用会引起裂缝外,还有许多非荷载因素如温度变化、混凝土收缩、基础不均匀沉降、混凝土塑性坍落等,也可能引起裂缝。对此类裂缝应采取相应的构造措施,尽量减小或避免其产生和发展。

对于使用上要求限制裂缝宽度的钢筋混凝土构件,按荷载效应的标准组合并考虑长期作用影响计算的最大裂缝宽度 w_{max} 应满足下列要求:

$$w_{max} \leqslant w_{lim} \tag{4-64}$$

式中:w_{lim}——最大裂缝宽度限值,由附表 3-2 查得。

2. 裂缝宽度的计算方法

1) 裂缝出现前后的应力状态

在裂缝未出现时,受拉区钢筋与混凝土共同受力;沿构件长度方向,各截面的受拉钢筋应力及受拉区混凝土拉应力大体上保持均等。

由于混凝土的不均匀性,各截面混凝土的实际抗拉强度是有差异的,随着荷载的增加,在某一最薄弱的截面上将出现第一条裂缝(图 4-66 中的截面 a)。有时也可能在几个截面上同时出现一批裂缝。在裂缝截面上混凝土不再承受拉力而转由钢筋来承担,钢筋应力将突然增大,应变也突增。加上原来受拉伸长的混凝土应力释放后又瞬间产生回缩,所以裂缝一出现就会有一定的宽度。

由于混凝土向裂缝两侧回缩受到钢筋的黏结约束,混凝土将随着远离裂缝截面而重新建立起拉应力。当荷载再有增加时,在离裂缝截面某一长度处混凝土拉应力增大到混凝土实际抗拉强度,其附近某一薄弱截面又将出现第二条裂缝(图 4-66 中的截面 b)。如果两条裂缝的间距小于最小间距 l_{min} 的 2 倍,则由于黏结应力传递长度不够,混凝土拉应力不可能达到混凝土的抗拉强度,将不会出现新的裂缝。因此,裂缝的平均间距 l_{cr} 最终将稳定在 $l_{min} \sim 2l_{min}$ 之间。

在裂缝陆续出现后,沿构件长度方向,钢筋与混凝土的应力是随着裂缝的位置而变化的(图 4-67)。同时,中和轴也随着裂缝的位置呈波浪形起伏。试验表明,对正常配筋率或配筋率较高的梁来说,大概在荷载超过开裂荷载的 50% 以上时,裂缝间距已基本趋于稳定。也就是说,此后再增加荷载,构件也不产生新的裂缝,而只是使原来的裂缝继续扩展与延伸,荷载越大,裂缝越宽。随着荷载的逐步增加,裂缝间的混凝土逐渐脱离受拉工作,钢筋应力逐渐趋于均匀。

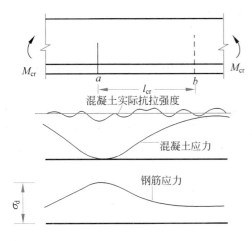

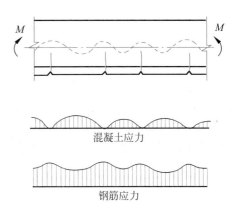

图 4-66　第一条裂缝与第二条裂缝之间　　　　图 4-67　中和轴、混凝土及钢筋应力
混凝土及钢筋应力　　　　　　　　　　　随着裂缝位置变化情况

2）平均裂缝间距

对裂缝间距和裂缝宽度而言，钢筋的作用仅仅影响到它周围的有限区域，裂缝出现后只是钢筋周围有限范围内的混凝土受到钢筋的约束，而距离钢筋较远的混凝土受钢筋的约束影响就小得多。因此，取图 4-68 所示的平均裂缝间距 l_{cr} 的钢筋及其有效约束范围内的受拉混凝土为脱离体。脱离体两端的拉力之差将由钢筋与混凝土之间的黏结力来平衡，即

$$f_t A_{te} - 0 = \tau_m u l_{cr}$$

故有

$$l_{cr} = \frac{f_t A_{te}}{\tau_m u} \tag{4-65}$$

式中：τ_m——l_{cr} 范围内纵向受拉钢筋与混凝土的平均黏结应力；

u——纵向受拉钢筋截面总周长，$u = n\pi d$，n 和 d 分别为钢筋的根数和直径；

A_{te}——有效受拉混凝土截面面积，可按下列规定取用：对轴心受拉构件取构件截面面积；对受弯、偏心受压和偏心受拉构件，取腹板截面面积的一半与受拉翼缘截面面积之和（图 4-69），即 $A_{te} = 0.5bh + (b_f - b)h_f$，此处 b_f、h_f 为受拉翼缘的宽度、高度。

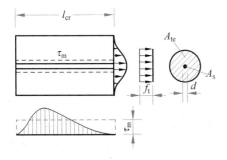

图 4-68　混凝土脱离体应力图形

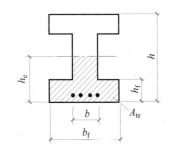

图 4-69　有效受拉混凝土截面面积

令 $\rho_{te}=A_s/A_{te}$（A_s 为纵向受拉钢筋截面面积），代入式（4-65）得

$$l_{cr} = \frac{f_t d}{4\tau_m \rho_{te}} \tag{4-66}$$

式中：ρ_{te}——按有效受拉混凝土截面面积计算的纵向受拉钢筋配筋率，$\rho_{te}=A_s/A_{te}$。当 $\rho_{te}<0.01$ 时，取 $\rho_{te}=0.01$。

由于钢筋和混凝土的黏结力随着混凝土抗拉强度的增大而增大，可近似地取 f_t/τ_m 为常数。同时，根据试验资料分析，构件侧表面钢筋重心水平位置处的裂缝间距与混凝土保护层厚度 c 呈线性增大关系，并考虑纵向受拉钢筋表面形状的影响及不同直径钢筋的黏结性能等效换算，式（4-66）可改写并具体表达为

$$l_{cr} = \alpha\left(1.9c + 0.08\frac{d_{eq}}{\rho_{te}}\right) \tag{4-67}$$

$$d_{eq} = \frac{\sum n_i d_i^2}{\sum n_i v_i d_i} \tag{4-68}$$

式中：α——系数，对轴心受拉构件，取 $\alpha=1.1$；对偏心轴心受拉构件，取 $\alpha=1.05$；对其他受力构件，取 $\alpha=1.0$；

c——最外层纵向受力钢筋外边缘至受拉区底边的距离（mm），当 $c<20$mm 时，取 $c=20$mm；当 $c>65$mm 时，取 $c=65$mm；

d_{eq}——纵向受拉钢筋的等效直径，mm；

d_i——第 i 种纵向受拉钢筋的直径，mm；

n_i——第 i 种纵向受拉钢筋的根数；

v_i——第 i 种纵向受拉钢筋的相对黏结特性系数，对带肋钢筋，取 1.0；对光面钢筋，取 0.7。

3）平均裂缝宽度

平均裂缝宽度等于平均裂缝间距内钢筋和混凝土的平均受拉伸长之差（图 4-70），即

$$w_m = \varepsilon_{sm} l_{cr} - \varepsilon_{cm} l_{cr} = \left(1 - \frac{\varepsilon_{cm}}{\varepsilon_{sm}}\right)\varepsilon_{sm} l_{cr}$$

$$\tag{4-69}$$

式中：ε_{sm}、ε_{cm}——分别为裂缝间钢筋及混凝土的平均拉应变。

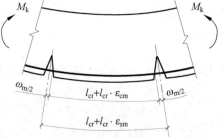

图 4-70 平均裂缝宽度计算

由于混凝土的拉伸变形很小，可以取式（4-69）中等号右边括号项为定值 $\alpha_c=1-\varepsilon_{cm}/\varepsilon_{sm}=0.85$，并引入裂缝间钢筋应变不均匀系数 $\psi=\varepsilon_{sm}/\varepsilon_s$，则上式可改写为

$$w_m = \alpha_c \psi \frac{\sigma_{sk}}{E_s} l_{cr} \tag{4-70}$$

式中：σ_{sk}——按荷载标准组合计算的构件纵向受拉钢筋应力。

裂缝间钢筋应变不均匀系数 $\psi=\varepsilon_{sm}/\varepsilon_s$，反映了裂缝间受拉混凝土参与受拉工作的程度。裂缝间钢筋的平均拉应变 ε_{sm} 肯定小于裂缝截面处的钢筋应变 ε_s。显然，ψ 值不会大于 1。ψ 值越小，表示混凝土承受拉力的程度越大；ψ 值越大，表示混凝土承受拉力的程度越小，各截面中钢筋的应力、应变也比较均匀；当 ψ 值等于 1 时，表示混凝土完全脱离受拉工作，钢筋应力趋于均匀。

随着外力的增加,裂缝间钢筋的应力逐渐加大,钢筋与混凝土之间的黏结逐步被破坏,混凝土逐渐退出工作,因此 ψ 值必然随钢筋应力 σ_{sk} 的增大而增大。同时,ψ 的大小与按有效受拉混凝土截面面积计算的纵向受拉钢筋配筋率 ρ_{te} 有关,当 ρ_{te} 较小时,说明钢筋周围的混凝土参加受拉的有效相对面积大些,它所承担的总拉力也相对大些,对纵向受拉钢筋应变的影响程度也相应大些,因而 ψ 小些。此外,ψ 还与钢筋与混凝土之间的黏结性能、荷载作用的时间和性质等有关。准确地计算 ψ 值是相当复杂的,其半理论半经验公式为

$$\psi = 1.1 - \frac{0.65 f_{tk}}{\rho_{te} \sigma_{sk}} \qquad (4\text{-}71)$$

在计算中,当 $\psi < 0.2$ 时,取 $\psi = 0.2$;当 $\psi > 1.0$ 时,取 $\psi = 1.0$。对直接承受重复荷载的构件,取 $\psi = 1.0$。

4) 最大裂缝宽度

由于混凝土质量的不均质性,裂缝宽度有很大的离散性,裂缝宽度验算应该采用最大裂缝宽度。短期荷载作用下的最大裂缝宽度可以采用平均裂缝宽度 w_m 乘以扩大系数 α_s 得到。根据可靠概率为 95% 的要求,该系数可由实测裂缝宽度分布直方图的统计分析求得:对于轴心受拉和偏心受拉构件,$\alpha_s = 1.90$;对于受弯和偏心受压构件,$\alpha_s = 1.66$。

同时,在荷载长期作用下,由于钢筋与混凝土的黏结滑移徐变、拉应力松弛和受拉混凝土的收缩影响,导致裂缝间混凝土不断退出工作,钢筋平均应变增大,裂缝宽度随时间推移逐渐增大。此外,荷载的变动、环境温度的变化,都会使钢筋与混凝土之间的黏结受到削弱,也将导致裂缝宽度的不断增大。因此,短期荷载最大裂缝宽度还需乘以荷载长期效应的裂缝扩大系数 α_l。《建筑结构荷载规范》考虑荷载短期效应与长期效应的组合作用,对各种受力构件,均取 $\alpha_l = 1.50$。

因此,考虑荷载长期影响在内的最大裂缝宽度公式为

$$w_{max} = \alpha_s \alpha_l \alpha_c \psi \frac{\sigma_{sk}}{E_s} l_{cr} \qquad (4\text{-}72)$$

在上述理论分析和试验研究基础上,对于矩形、T 形、倒 T 形及工字形截面的钢筋混凝土受拉、受弯和偏心受压构件,按荷载效应的标准组合并考虑长期作用影响的最大裂缝宽度 w_{max} 按下列公式计算:

$$w_{max} = \alpha_{cr} \psi \frac{\sigma_{sk}}{E_s} \left(1.9c + 0.08 \frac{d_{eq}}{\rho_{te}} \right) \qquad (4\text{-}73)$$

式中:α_{cr}——构件受力特征系数,为前述各系数 α、α_c、α_s、α_l 的乘积。对轴心受拉构件取 2.7,对偏心受拉构件取 2.4;对受弯构件和偏心受压构件取 2.1。

根据试验,偏心受压构件 $e_0/h_0 \leqslant 0.55$ 时,正常使用阶段裂缝宽度较小,均能满足要求,故可不进行验算。对于直接承受重复荷载作用的吊车梁,卸载后裂缝可部分闭合,同时由于吊车满载的概率很小,吊车最大荷载作用时间很短暂,可将计算所得的最大裂缝宽度乘以系数 0.85。

如果 w_{max} 超过允许值,则应采取相应措施,如适当减小钢筋直径,使钢筋在混凝土中均匀分布;采用与混凝土黏结较好的变形钢筋;适当增加配筋量(不够经济合理),以降低使用阶段的钢筋应力。这些方法都能一定程度减小正常使用条件下的裂缝宽度。但对限制裂缝宽度而言,最根本的方法也是采用预应力混凝土结构。

3. 裂缝截面钢筋应力

按荷载标准组合计算的纵向受拉钢筋应力 σ_{sk} 可由下列公式计算。

1）轴心受拉构件

对于轴心受拉构件，裂缝截面的全部拉力均由钢筋承担，故钢筋应力

$$\sigma_{sk} = \frac{N_k}{A_s} \tag{4-74}$$

式中：N_k——按荷载标准组合计算的轴向拉力值。

2）矩形截面偏心受拉构件

对小偏心受拉构件，直接对拉应力较小一侧的钢筋重心取力矩平衡；对大偏心受拉构件，近似取受压区混凝土压应力合力与受压钢筋合力作用点重合并对受压钢筋重心取力矩平衡得

$$\left.\begin{array}{l} \sigma_{sk} = \dfrac{N_k e'}{A_s(h_0 - a_s')} \\ e' = e_0 + h/2 + a' \end{array}\right\} \tag{4-75}$$

式中：N_k——按荷载标准组合计算的轴向拉力值；

e'——轴向拉力作用点至纵向受压钢筋（对小偏心受拉构件，为拉应力较小一侧的钢筋）合力点的距离。

3）受弯构件

对于受弯构件，在正常使用荷载作用下，可假定裂缝截面的受压区混凝土处于弹性阶段，应力图形为三角形分布，受拉区混凝土的作用忽略不计，按截面应变符合平截面假定求得应力图形的内力臂 z，一般可近似地取 $z = 0.87h_0$。故

$$\sigma_{sk} = \frac{M_k}{0.87 h_0 A_s} \tag{4-76}$$

式中：M_k——按荷载标准组合计算的弯矩值。

4）大偏心受压构件

在正常使用荷载作用下，可假定大偏心受压构件的应力图形同受弯构件，按照受压区三角形应力分布假定和平截面假定求得内力臂。但因需求解三次方程，不便于设计。为此，《建筑结构荷载规范》给出了以下考虑截面形状的内力臂近似计算公式。

$$z = \left[0.87 - 0.12(1 - \gamma_f')\left(\frac{h_0}{e}\right)\right]h_0 \tag{4-77}$$

$$e = \eta_s e_0 + y_s \tag{4-78}$$

$$\eta_s = 1 + \frac{1}{4000\dfrac{e_0}{h_0}}\left(\frac{l_0}{h}\right)^2 \tag{4-79}$$

$$\gamma_f' = \frac{(b_f' - b)h_f'}{bh_0} \tag{4-80}$$

$$\sigma_{sk} = \frac{N_k}{A_s}\left(\frac{e}{z} - 1\right) \tag{4-81}$$

式中：N_k——按荷载标准组合计算的轴向压力值；

e——轴向压力作用点至纵向受拉钢筋合力点的距离；

z——纵向受拉钢筋合力点至受压区合力点的距离；

η_s——使用阶段的偏心距增大系数，当 $l_0/h \leq 14$ 时，可取 $\eta_s = 1.0$；

y_s——截面重心至纵向受拉钢筋合力点的距离；

γ_f'——受压翼缘面积与腹板有效面积的比值，当 $h_f' > 0.2h_0$ 时，取 $h_f' = 0.2h_0$。

【例 4-12】 某屋架下弦按轴心受拉构件设计，处于一类环境，截面尺寸为 $b \times h = 200\text{mm} \times 200\text{mm}$，纵向配置 HRB335 级钢筋 $4 \oplus 16(A_s = 804\text{mm}^2)$，采用 C40 混凝土。按荷载标准组合计算的轴向拉力 $N_k = 180\text{kN}$。试验算其裂缝宽度是否满足控制要求？

【解】 查表 3-4 得 C40 混凝土 $f_{tk} = 2.39\text{N/mm}^2$；查表 3-3 得 HRB335 级钢筋 $E_s = 2.0 \times 10^5 \text{N/mm}^2$；查附表 3-2 得：一类环境 $c = 25\text{mm}$，$w_{\lim} = 0.3\text{mm}$。

$$d_{eq} = 16\text{mm}$$

$$\rho_{te} = \frac{A_s}{A_{te}} = \frac{A_s}{bh} = \frac{804}{200 \times 200} = 0.0201 > 0.01$$

$$\sigma_{sk} = \frac{N_k}{A_s} = \frac{180\,000}{804} = 223.9(\text{N/mm}^2)$$

$$\psi = 1.1 - 0.65\frac{f_{tk}}{\rho_{te}\sigma_{sk}} = 1.1 - 0.65 \times \frac{2.39}{0.0201 \times 223.9} = 0.755 > 0.2 \text{ 且 } \psi < 1.0$$

轴心受拉构件 $\alpha_{cr} = 2.7$，则

$$w_{max} = \alpha_{cr}\psi\frac{\sigma_{sk}}{E_s}\left(1.9c + 0.08\frac{d_{eq}}{\rho_{te}}\right) = 2.7 \times 0.653 \times \frac{223.9}{2.0 \times 10^5} \times \left(1.9 \times 25 + 0.08 \times \frac{16}{0.0201}\right)$$

$$= 0.22(\text{mm}) < w_{\lim} = 0.3\text{mm}$$

因此满足裂缝宽度控制要求。

本 章 小 结

1. 钢筋混凝土梁由于配筋率的不同，可分成少筋梁、适筋梁和超筋梁三类。少筋梁和超筋梁破坏前无明显的预兆，有可能造成重大的生命和财产损失，设计时应避免。

2. 适筋梁从开始加载至破坏，正截面经历三个受力阶段。第 I 阶段末为受弯构件抗裂计算的依据；第 II 阶段末是受弯构件变形和裂缝宽度计算的依据；第 III 阶段末是受弯构件正截面承载能力的计算依据。

3. 梁的正截面承载力计算包括截面设计和承载力复核。单筋矩形截面的截面设计和承载力复核可以直接利用基本公式求解；双筋矩形截面的截面设计要考虑 A_s' 是否已知，若未知，需补充 $x = \xi_b h_0$ 的条件；T 形截面首先要判断截面属于第一类截面还是第二类截面，然后再进行计算。

4. 影响斜截面受剪承载力的因素主要有剪跨比、混凝土强度、箍筋强度及配箍率、纵向配筋率等，计算公式为半经验半理论公式，是以试验统计为基础建立的。

5. 斜截面受剪破坏的主要形态有斜拉破坏、斜压破坏和剪压破坏，这三种破坏均为脆性破坏。受剪承载力计算公式是以剪压破坏为依据进行，其余的两种破坏形式采用构造加以避免。

6. 斜截面承载力计算包括截面设计和承载力复核。计算时应考虑是否配腹筋，以及不

同的腹筋类型。

7. 弯矩抵抗图是按照实配纵向钢筋数量计算并画出各截面能抵抗的弯矩图。

8. 钢筋混凝土结构既需要理论计算也需要合理的构造措施,才能满足设计和使用要求,应熟悉本章所述的钢筋和截面尺寸的构造要求。

9. 变形验算基本上采用工程力学中的挠度计算公式,但截面抗弯刚度不仅随弯矩增大而减小,也随着荷载持续作用而减少,截面抗弯刚度需要修正,因此变形验算实际就是截面刚度的计算。

10. 在使用阶段允许发生裂缝的构件,其最大裂缝宽度必须严格地控制在规范允许的范围内。

习　题

4.1　什么叫配筋率? 配筋率对梁的正截面承载力有何影响?

4.2　适筋梁的破坏过程可分为几个阶段? 各阶段的主要特点是什么? 正截面抗弯承载力计算是以哪个阶段为依据的?

4.3　什么情况下采用双筋截面梁? 为什么要求 $x \geqslant 2a_s'$? 若这一适用条件不满足应如何处理?

4.4　现浇楼盖中的连续梁,其跨中截面和支座截面分别按什么截面计算? 为什么?

4.5　影响受弯构件斜截面承载力的主要因素有哪些? 它们与受剪承载力有何关系?

4.6　在计算斜截面承载能力时,对配箍率、箍筋间距、直径有何要求? 为什么要满足这些要求?

4.7　什么是抵抗弯矩图(或材料图)? 抵抗弯矩图与设计弯矩图比较说明了哪些问题?

4.8　在长期荷载作用下,钢筋混凝土构件的裂缝宽度、挠度为何会增大? 主要影响因素有哪些?

4.9　叙述钢筋混凝土构件裂缝的出现、分布和开展过程。裂缝间距与裂缝宽度之间具有什么样的规律?

4.10　如果构件的计算挠度超过允许值,可采取哪些措施来减小梁的挠度? 其中最有效的措施是哪些?

4.11　某矩形截面梁,$b \times h = 250\text{mm} \times 500\text{mm}$,混凝土强度等级为 C20,HRB400 级钢筋,承受的弯矩设计值 $M = 250\text{kN} \cdot \text{m}$,试确定该梁的纵向受拉钢筋,并绘制截面配筋图。若改用 HRB335 级钢筋,截面配筋情况怎样?

4.12　已知矩形截面梁,$b \times h = 250\text{mm} \times 500\text{mm}$,混凝土等级为 C20,HRB335 级钢筋,受拉钢筋为 $4 \oplus 18 (A_s = 1017\text{mm}^2)$,构件处于正常工作环境,弯矩设计值 $M = 100\text{kN} \cdot \text{m}$,构件安全等级为 Ⅱ 级。验算该梁的正截面承载力。

4.13　已知矩形截面梁,$b \times h = 200\text{mm} \times 500\text{mm}$,$A_s = A_s' = 40\text{mm}$。该梁在不同荷载组合下受到变号弯矩作用,其设计值分别为 $M = -80\text{kN} \cdot \text{m}$,$M = +140\text{kN} \cdot \text{m}$,采用 C20 级混凝土,HRB400 级钢筋。试求:

(1) 按单筋矩形截面计算在 $M = -80\text{kN} \cdot \text{m}$ 作用下,梁顶面需配置的受拉钢筋 A_s'。

（2）按单筋矩形截面计算在 $M=+140\mathrm{kN\cdot m}$ 作用下，梁底面需配置的受拉钢筋 A_s。

（3）将在 $M=-80\mathrm{kN\cdot m}$ 作用下梁顶面配置的受拉钢筋 A'_s 作为受压钢筋，按双筋矩形截面计算在 $M=+140\mathrm{kN\cdot m}$ 作用下梁底部需配置的受拉钢筋 A_s。

（4）比较（2）和（3）的总配筋面积。

4.14 某 T 形截面梁，$b'_\mathrm{f}=400\mathrm{mm}$，$h'_\mathrm{f}=100\mathrm{mm}$，$b=200\mathrm{mm}$，$h=600\mathrm{mm}$，采用 C20 级混凝土，HRB400 级钢筋，计算该梁的配筋。

（1）承受弯矩设计值 $M=150\mathrm{kN\cdot m}$。

（2）承受弯矩设计值 $M=280\mathrm{kN\cdot m}$。

4.15 矩形截面简支梁，截面尺寸 $b\times h=250\mathrm{mm}\times550\mathrm{mm}$，净跨 $l_\mathrm{n}=6.0\mathrm{m}$，混凝土强度等级 C25，箍筋 HPB300 级，承受荷载设计值（含自重）$q=50\mathrm{kN/m}$，试计算梁内所需箍筋。

4.16 某钢筋混凝土简支梁，截面尺寸 $b\times h=200\mathrm{mm}\times400\mathrm{mm}$，净跨 $l_\mathrm{n}=3.5\mathrm{m}$，混凝土强度等级 C25，箍筋 HPB300 级，承受均布荷载，梁内配有双肢 $\phi8@200$ 的箍筋。试计算该梁能承受的最大剪力设计值 V_u。

4.17 某钢筋混凝土矩形截面简支梁，计算跨度为 $l_0=4.8\mathrm{m}$，截面尺寸 $b\times h=200\mathrm{mm}\times500\mathrm{mm}$，承受楼面传来的均布恒载标准值（包括自重）$g_\mathrm{k}=25\mathrm{kN/m}$，均布活荷载标准值 $q_\mathrm{k}=14\mathrm{kN/m}$，准永久值系数 $\psi_\mathrm{q}=0.5$。采用 C25 级混凝土，$6\,\phi\,18$ HRB335 级钢筋（$A_\mathrm{s}=1526\mathrm{mm}^2$），梁的允许挠度 $f_\mathrm{lim}=l_0/250$，试验算梁的挠度。

4.18 验算习题 4.17 中梁的裂缝宽度。已知最大允许裂缝宽度为 $\omega_\mathrm{lim}=0.2\mathrm{mm}$，混凝土保护层厚度 $c=25\mathrm{mm}$。

第5章 钢筋混凝土受压构件

1. 熟悉受压构件的分类及构造要求。
2. 掌握轴心受压构件的承载力计算。
3. 掌握偏心受压构件的承载力计算。
4. 了解偏心受压构件斜截面受剪承载力计算。

钢筋混凝土受压构件在工业与民用建筑中应用十分广泛。例如：多层框架结构柱，如图 5-1(a)所示；单层工业厂房柱，如图 5-1(b)所示；屋架(桁架)受压腹杆，如图 5-1(c)所示，等等，均属于受压构件。

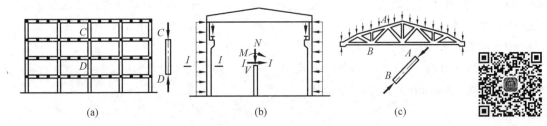

图 5-1 钢筋混凝土受压构件实例

以承受压力为主的杆件称为受压构件。受压构件分为轴心受压构件和偏心受压构件两种类型。承受轴心压力的构件称为轴心受压构件，当轴向压力 N 偏离截面形心或构件同时承受轴向压力和弯矩时，为偏心受压构件(图 5-2)。

偏心受压构件又分为单向偏心受压和双向偏心受压两类：当轴向压力的作用点只在构件正截面的一个主轴存在偏心距时，称为单向偏心受压[图 5-2(b)]；当轴向压力的作用点在构件正截面的两个主轴存在偏心距时，称为双向偏心受压[图 5-2(c)]。

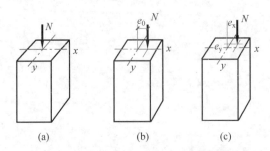

图 5-2 轴心受压构件与偏心受压构件
(a)轴心受压；(b)单向偏心受压；(c)双向偏心受压

设计时，一般在设计以恒荷载为主的多层房屋的内柱以及桁架的受压腹杆等时，可按轴心受压构件设计计算。工程中的排架柱、多高层框架房屋的柱等都是偏心受压构件。

5.1　受压构件的构造要求

5.1.1　截面形式与尺寸

钢筋混凝土受压构件常用正方形、矩形、工字形截面。轴心受压构件以正方形为主,偏心受压构件以矩形为主,工字形截面柱翼缘厚度不宜小于 120mm,腹板厚度不宜小于100mm。柱截面尺寸一般不宜小于 250mm×250mm,构件长细比应控制在 $l_0/b \leqslant 30$、$l_0/h \leqslant 25$、$l_0/d \leqslant 25$。此处 l_0 为柱的计算长度,b 为柱的短边,h 为柱的长边,d 为圆形柱的直径。

考虑施工支模方便,柱截面尺寸要取整数,截面尺寸小于或等于 800mm,以 50mm 为倍数(模数);截面尺寸大于 800mm,以 100mm 为倍数(模数)。

5.1.2　材料选择

(1) 混凝土强度等级宜采用较高强度等级的混凝土。一般采用 C25、C30、C35、C40,对于高层建筑的底层柱,必要时可采用高强度等级的混凝土。

(2) 纵向钢筋一般采用 HRB335 级、HRB400 级和 RRB400 级,不宜采用高强度钢筋,这是由于它与混凝土共同受压时,不能充分发挥其高强度的作用。

(3) 箍筋一般采用 HPB300 级、HRB335 级钢筋,也可采用 HRB400 级钢筋。

5.1.3　纵向受力钢筋

纵向受力钢筋应根据计算确定,同时应符合下列规定。

1. 直径、间距、混凝土保护层

纵向钢筋直径不宜小于 12mm,优先选择较大直径的钢筋。纵向钢筋中距不宜大于300mm,净距不应小于 50mm。

混凝土保护层最小厚度根据环境等级按表 4-4 采用,对一类环境采用 20mm。

2. 钢筋布置

轴心受压构件的纵向钢筋沿截面周边均匀对称布置;偏心受压构件的受力钢筋按计算要求设置在弯矩作用方向的两对边,且当截面高度 $h \geqslant 600mm$ 时,在侧面应设置直径 10～16mm、间距不大于 300mm 的构造钢筋。

3. 纵向受力钢筋配筋率

受压构件的全部受压钢筋的最小配筋率为 0.6%,受压构件受力方向每侧的最小配筋率为 0.2%;按最小配筋率计算钢筋截面面积时,取用构件的实际截面面积 A。

全部纵向钢筋的配筋率不宜大于 5%,一般不宜大于 3%;圆柱纵向钢筋宜沿周边均匀布置,根数不宜少于 8 根。

5.1.4 箍筋

受压柱中的箍筋应符合下列要求。

(1) 应采用封闭式箍筋。因箍筋除了形成钢筋骨架之外,其主要作用是保证纵向钢筋在受力后不致压屈,箍筋具有约束混凝土的作用。

(2) 箍筋直径不应小于 6mm,且不应小于 $d/4$(d 为纵向钢筋的最大直径)。

(3) 箍筋间距 s 不应大于 400mm 及构件截面的短边尺寸,且不应大于 $15d$(d 为纵向钢筋的最小直径)。

(4) 当柱中全部纵向受力钢筋的配筋率超过 3‰时,则箍筋直径不应小于 8mm,其间距不应大于 $10d$,且不应大于 200mm;箍筋末端应做成 135°弯钩,且弯钩末端平直段长度不应小于箍筋直径的 10 倍;箍筋也可焊成封闭环式。

(5) 当柱截面短边尺寸大于 400mm,且各边纵向钢筋多于 3 根时,或当柱截面短边不大于 400mm,但各边纵向钢筋多于 4 根时,应设置复合箍筋,其布置要求是使纵向钢筋至少每隔一根位于箍筋转角处,如图 5-3 所示。

(6) 柱内纵向钢筋搭接长度范围内的箍筋应加密,其直径不应小于搭接钢筋较大直径的 0.25 倍。当搭接钢筋受压时,箍筋间距不应大于 $10d$,且不应大于 200mm;当搭接钢筋受拉时,箍筋间距不应大于 $5d$,且不应大于 100mm,d 为纵向钢筋的最小直径。当受压钢筋直径 $d > 25$mm 时,尚应在搭接接头两个端面外 100mm 范围内各设置两个箍筋。

(7) 对截面形状复杂的柱,不允许采用有内折角的箍筋,因内折角箍筋受力后有拉直趋势,其合力将使内折角处混凝土崩裂。应采用图 5-3 所示的叠套箍筋形式。

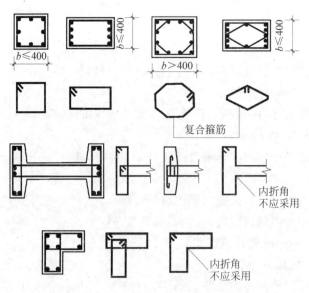

图 5-3 受压构件的箍筋

5.2　轴心受压构件承载力计算

在工程结构设计中,以承受恒荷载为主的多层房屋的内柱及桁架的受压腹杆等构件时,可近似地按轴心受压构件计算。另外,轴心受压构件正截面承载力计算还用于偏心受压构件垂直弯矩平面的承载力验算。

一般把钢筋混凝土柱按照箍筋的作用及配置方式的不同分为两种:

(1) 配有纵向钢筋和普通箍筋的柱,简称普通箍筋柱,如图 5-4(a)、(c)所示;

(2) 配有纵向钢筋和螺旋式(或焊接环式)箍筋的柱,简称螺旋箍筋柱,如图 5-4(b)所示。

纵向钢筋的作用　除了与混凝土共同承担轴向压力外,还能承担由于初始偏心或其偶然因素引起的附加弯矩在构件中产生的拉力。

普通箍筋的作用　防止纵向钢筋在混凝土压碎之前压屈;箍筋对核芯混凝土的约束作用可以在一定程度上改善构件的脆性破坏性质。

螺旋箍筋的作用　对核芯混凝土有较强的环向约束,因而能够提高构件的承载力和延性。

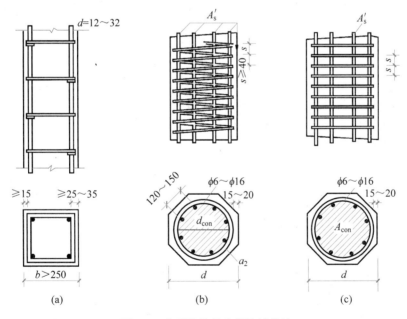

图 5-4　普通箍筋柱和螺旋箍筋柱

5.2.1　配有普通箍筋的轴心受压构件

根据构件的长细比(构件的计算长度 l_0 与构件截面回转半径 i 之比)的不同,轴心受压构件可分为短柱(对矩形截面 $l_0/b \leqslant 8$,b 为截面宽度)和长柱。

1. 试验研究

1) 短柱

试验表明：钢筋混凝土短柱在整个加载过程中，由于纵向钢筋与混凝土黏结在一起，两者变形相同，当混凝土的压应变达到混凝土棱柱体的极限压应变 $\varepsilon_{cu} = \varepsilon_0 = 0.002$ 时，构件达到承载力极限状态，稍增加荷载，柱四周出现明显的纵向裂缝，箍筋间的纵筋向外凸出，然后中部混凝土被压碎而宣告破坏（图 5-5）。因此在轴心受压短柱中钢筋的最大压应变为 0.002，故不宜采用高强钢筋，对抗压强度高于 400N/mm^2，只能取 400N/mm^2，若采用高强度钢筋，其强度得不到充分利用。

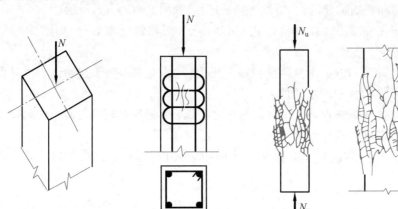

图 5-5 轴心受压短柱的破坏形态

2) 长柱

对于长柱，由于轴向压力的初始偏心和附加弯矩，其承载能力比短柱低（图 5-6）。《混凝土结构设计规范》采用稳定系数来反映承载力随长细比的增大而降低。

矩形截面　　　$l_0/b \leqslant 8$

圆形截面　　　$l_0/d \leqslant 7$

任意截面　　　$l_0/i \leqslant 28$

式中：l_0——构件的计算长度；

　　　b——矩形截面的短边尺寸；

　　　d——圆形截面的直径；

　　　i——任意截面的最小回转半径。

试验表明：钢筋混凝土轴心受压短柱的纵向弯曲影响很小，可忽略不计。构件破坏时，混凝土的强度达轴心抗压强度 f_c，其应变约为 0.002。受压钢筋的应变与混凝土相同，对于 300～400 级钢筋，此时已进入流幅阶段，即其应力为屈服强度；而对于 500 级以上的高强度钢筋，此时的应力仅为 $\sigma'_s = \varepsilon_0 E_s = 0.002 \times 2 \times 10^5 = 400(\text{N/mm}^2)$，并未达到其屈服强度。尽管钢筋压力还可增加，但却因混凝土已达到最大应力而使柱的承载能力达到最大而被认为破坏。由此可见，高强度钢筋在与混凝土共同受压时，并不能发挥其高强度作用。

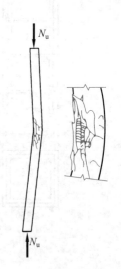

图 5-6 轴心受压长柱的破坏形态

钢筋混凝土轴心受压长柱的试验表明:纵向弯曲的影响不可忽略。其承载力低于条件完全相同的短柱。当构件长细比过大时还会发生失稳破坏。《混凝土结构设计规范》采用稳定系数 φ 来反映长柱承载力的降低程度。短柱 $\varphi=1$;长柱 $\varphi<1$,并随构件的长细比的增大而减小,具体数值可查表 5-1。

2. 截面承载力计算

截面承载力由混凝土和纵向受压钢筋承担,并考虑纵向弯曲的降低作用,根据图 5-7,由平衡条件得轴心受压柱承载力计算公式为

$$N \leqslant N_u = 0.9\varphi(f_c A + f_y' A_s') \qquad (5\text{-}1)$$

式中:N_u——轴向压力承载力设计值;

N——轴向压力设计值;

0.9——可靠度调整系数;

φ——钢筋混凝土轴心受压构件的稳定系数,见表 5-1;

f_c——混凝土的轴心抗压强度设计值;

f_y'——纵向钢筋的抗压强度设计值;

A_s'——全部纵向钢筋的截面面积;

A——构件截面面积,当纵向钢筋配筋率 $\rho>3.0\%$ 时,式中 A 改用 $A-A_s'$。

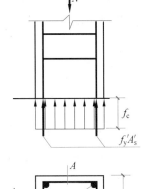

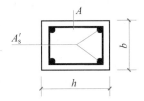

图 5-7　轴心受压构件的计算应力图形

表 5-1　钢筋混凝土受压构件的稳定系数 φ

l_0/b	≤8	10	12	14	16	18	20	22	24	26	28
l_0/d	≤7	8.5	10.5	12	14	15.5	17	19	21	22.5	24
l_0/i	≤28	35	42	48	55	62	69	76	83	90	97
φ	1.0	0.98	0.95	0.92	0.87	0.81	0.76	0.70	0.65	0.60	0.56
l_0/b	30	32	34	36	38	40	42	44	46	48	50
l_0/d	26	28	29.5	31	33	34.5	36.5	38	40	41.5	43
l_0/i	104	111	118	125	132	139	146	153	160	167	174
φ	0.52	0.48	0.44	0.40	0.36	0.32	0.29	0.26	0.23	0.21	0.19

注:l_0:构件计算长度;b:矩形截面短边;d:圆形截面直径;i:截面最小回转半径,$i=\sqrt{I/A}$。

表 5-1 中的计算长度 l_0 可按下列规定采用。

一般多层房屋中梁柱为刚接的框架结构,各层柱的计算长度 l_0 可按表 5-2 取用。

表 5-2　框架结构各层柱的计算长度

楼盖类型	柱的类别	l_0
现浇楼盖	底层柱	$1.0H$
	其余各层柱	$1.25H$
装配式楼盖	底层柱	$1.25H$
	其余各层柱	$1.5H$

注:表中 H 对底层柱为从基础顶面到一层楼盖顶面的高度;对其余各层柱为上、下两层楼盖顶面之间的高度。

3. 设计步骤及实例

1) 截面设计

已根据构造要求初选材料强度等级和截面尺寸,并已求得截面上的轴力设计值 N 和柱的计算长度。求截面配筋。

此时,可先由构件的长细比求稳定系数 φ,然后根据式(5-1)求 $N_u = N$ 时所需的纵向钢筋的截面面积如下:

$$A'_s = \frac{\frac{N}{0.9\varphi} - f_c A}{f'_y} \tag{5-2}$$

纵筋面积一旦求得,便可对照构造要求选配纵筋。至于轴心受压柱的箍筋,则完全根据构造配置。

2) 截面强度复核

已知构件计算长度、截面尺寸、材料强度等级和纵向钢筋,求柱的极限承载力(轴向压力设计值)。

此时,可先由构件的长细比求得稳定系数 φ,然后根据式(5-1)求截面的极限承载力 N_u。

若在已知条件中还有轴向力设计值 N,要求判断是否安全时,可再看 N 和 N_u 是否满足公式(5-1)。满足时为安全,否则为不安全,应予加强。

【例 5-1】 某层钢筋混凝土轴心受压柱,采用 C30 混凝土,HRB400 级箍筋;已选截面尺寸 $b \times h = 400\text{mm} \times 400\text{mm}$;并已求得构件的计算长度 $l_0 = 5.6\text{m}$,柱底截面的轴心压力设计值(包括自重)为 $N = 1997\text{kN}$。试根据计算和构造要求选配纵筋和箍筋。

【解】 ① 材料强度。

C30 混凝土,$f_c = 14.3\text{N/mm}^2$,HRB400 级纵筋 $f'_y = 360\text{N/mm}^2$。

② 稳定系数 φ。

长细比 $\qquad\qquad\qquad l_0/b = 5600/400 = 14 > 8$

查表 5-1,得 $\varphi = 0.92$。

③ 求 A'_s,并检验 ρ'。

$$A'_s = \frac{\frac{N}{0.9\varphi} - f_c A}{f'_y} = \frac{\frac{1\,997\,000}{0.9 \times 0.92} - 14.3 \times 400 \times 400}{360} = 344(\text{mm}^2)$$

$$\rho = \frac{A'_s}{A} = \frac{344}{400 \times 400} \times 100\% = 0.22\%$$

$\rho' < \rho'_{\min} = 0.55\%$,不满足最小配筋率要求,应根据最小配筋率和构造要求考虑纵筋;

$A'_s \geqslant \rho'_{\min} = 0.0055 \times 400 \times 400 = 880(\text{mm}^2)$ ⎱

构造要求柱纵筋不少于 $4 \phi 12$,即应 $A'_s \geqslant 452\text{mm}^2$ ⎰ 取 $A'_s = 880\text{mm}^2$

④ 配筋。

纵筋:考虑到受压纵筋间距不宜大于 300mm,选用 $4 \oplus 18$($A'_s = 1017\text{mm}^2$)。

箍筋(采用绑扎骨架):

$$\text{直径} \begin{cases} \geqslant \dfrac{d}{4} = \dfrac{12}{4} = 3(\text{mm}) \\ \\ \geqslant 6\text{mm} \end{cases} \text{取 6mm}$$

$$间距\begin{cases} \leqslant 15d = 15 \times 12 = 180(\mathrm{mm}) \\ \leqslant 短边尺寸 = 400\mathrm{mm} \\ \leqslant 400\mathrm{mm} \end{cases} 取\ 150\mathrm{mm}$$

即选用ф6@150。

【例 5-2】 某层钢筋混凝土轴心受压柱,截面尺寸 $b \times h = 300\mathrm{mm} \times 300\mathrm{mm}$,柱高 $H = 4\mathrm{m}$,已知根据两端支承情况查得其计算高度 $l_0 = 0.7H = 2.8\mathrm{m}$,柱内纵筋配有 HRB400 级钢筋 4 ф 16($A'_s = 804\mathrm{mm}^2$),混凝土强度等级为 C30。求该柱的极限承载力 N_u,并判断当该柱承受轴向压力设计值为 1200kN 时,是否安全。

【解】 ① 材料强度。

C30 混凝土,即 $f_c = 14.3\mathrm{N/mm}^2$

400 级纵筋,$f'_y = 360\mathrm{N/mm}^2$

② 稳定系数。

$$l_0/b = 2800/300 = 9.33 > 8$$

查表 5-1,得

$$\varphi = 1 - \frac{1 - 0.98}{10 - 8} \times (9.33 - 8) = 0.987$$

③ 验算 ρ' 并求 N_u。

$$\rho' = \frac{A'_s}{A} = \frac{804}{300 \times 300} \times 100\% = 0.89\%$$

$\rho' > \rho'_{min} = 0.55\%$,满足最小配筋率要求。

$\rho' < 3\%$,可用以下公式求 N_u:

$$\begin{aligned} N_u &= 0.9\varphi(f_c A + f'_y A'_s) \\ &= 0.9 \times 0.987 \times (14.3 \times 300 \times 300 + 360 \times 804) \\ &= 1\,400\,325(\mathrm{N}) = 1400.325(\mathrm{kN}) \end{aligned}$$

④ 判断是否安全。

$N = 1200\mathrm{kN} < N_u = 1400.325\mathrm{kN}$,安全。

5.2.2　配螺旋箍筋的轴心受压构件

由于施工较困难且不够经济,这种箍筋柱仅用于轴力很大、截面尺寸又受限制(建筑造型或使用要求),采用普通箍筋柱会使纵筋配筋率过高,而混凝土强度等级又不宜提高的情况。此时,截面形状一般为圆形或正八边形。箍筋为螺旋环或焊接圆环,其间距较密。

1. 受力特点

密排环式箍筋可约束其内部混凝土的横向变形,使之处于三向受压状态,从而间接提高混凝土的纵向抗压强度。当混凝土纵向压缩时横向产生膨胀,该变形受到密排箍筋的约束,在箍筋中产生拉力而在混凝土中产生侧向压力。当构件的压应变超过无约束混凝土的极限应变后,尽管箍筋以外的表层混凝土会开裂甚至剥落而退出工作,但箍筋以内的混凝土(又称核心混凝土)尚能继续承担更大的压力,直至箍筋屈服。显然,混凝土抗压强度的提高程度与箍筋的约束力大小有关。为了使箍筋对混凝土有足够大的约束力,箍筋应为圆形(以最小的周长获得最大的内部面积,对内部混凝土的约束性能好),当为圆环时要进行焊接。箍筋的级别同普通箍筋,但间距应较密。由于此种箍筋间接起到了纵向受压钢筋的作用,故又称之为间接钢筋。

2. 正截面承载力计算公式

根据圆柱体三向受压试验结果,在侧向均匀压力 σ_r 的作用下,约束混凝土的轴心抗压强度 f_{cc} 比无约束时的强度 f_c 约增大 $4\sigma_r$,即

$$f_{cc} = f_c + 4\sigma_r \tag{5-3}$$

当密排环箍柱的箍筋屈服时,核心混凝土所受到的侧向压力 σ_r 可由图 5-8 求得(图中所示 σ_r 为混凝土对箍筋的反作用力)。由于每道箍筋所约束的混凝土柱的高度即为箍筋间距,故有以下平衡方程式:

$$\sigma_r d_{cor} s = 2 f_y A_{ss1}$$

式中:A_{ss1}——单根箍筋的截面积;

f_y——箍筋的抗拉强度设计值;

d_{cor}——构件的核心直径(算至箍筋内表面)。

于是有

$$\sigma_r = \frac{2 f_y A_{ss1}}{d_{cor} s} \tag{5-4}$$

将式(5-4)代入式(5-3)便得到核心混凝土的抗压强度为

$$f_{cc} = f_c + \frac{8 f_y A_{ss1}}{d_{cor} s} \tag{5-5}$$

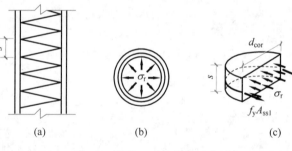

图 5-8　混凝土对箍筋的反作用力

由于箍筋屈服时,外围混凝土已开裂甚至脱落而退出工作,所以,承受压力的混凝土截面面积应该取核心混凝土的面积 A_{cor}。于是根据轴向力的平衡条件,可得密排环箍柱的极限承载力约为

$$N_u = f_{cc} A_{cor} + f_y' A_s' \tag{5-6}$$

再将式(5-5)代入上式,则得

$$N_u = f_c A_{cor} + \frac{8 f_y A_{ss1}}{d_{cor} s} A_{cor} + f_y' A_s' \tag{5-7}$$

该式右端第二项即为密排环箍(又称间接钢筋)的作用,为了将此间钢筋的作用与直接承受轴向力的纵向钢筋的作用对比,并使式(5-7)便于记忆,可将间距为 s 的箍筋按体积相等的原则换算成纵向钢筋,设其换算后的截面面积为 A_{ss0},则应有

$$A_{ss0} = \frac{\pi d_{cor} A_{ss1}}{s} \tag{5-8}$$

在式(5-7)右端第二项中，$A_{cor} = \pi d_{cor}^2/4$，故该项可改为

$$\frac{8f_y A_{ss1}}{d_{cor}s} \cdot \frac{\pi d_{cor}^2}{4} = \frac{2f_y \pi d_{cor} A_{ss1}}{s} = 2f_y A_{ss0}$$

于是式(5-7)可记为

$$N_u = 0.9(f_c A_{cor} + 2f_y A_{ss0} + f_y' A_s') \tag{5-9}$$

当混凝土强度等级超过 C50 时，右端第二项还应乘以折减系数 α，C50 时 $\alpha=1.0$，C80 时 $\alpha=0.85$，中间按线性内插。

从式(5-9)可知，采用密排式环箍筋柱后，尽管混凝土的受压面积有所减少，但由于间接钢筋的作用一般较大，可以使构件承载力得到较大的提高。

3. 公式的适用条件

在使用公式(5-9)时应注意满足下列条件。

(1) 按式(5-9)算得的构件受压承载力设计值不应大于按式(5-1)算得的构件受压承载力设计值的 1.5 倍。不满足该条件时，构件在破坏前，混凝土保护层可能过早脱落而影响正常使用。此时，可适当提高混凝土强度等级、增大纵筋面积或增大截面尺寸，或采用其他类型的构件(例如钢管混凝土柱等)。

(2) 柱的长度计算与构件直径之比应不大于 12，即 $l_0/d \leqslant 12$。对细长比 $l_0/d > 12$ 的柱子，由于纵向弯曲的影响，构件破坏时，截面上压应力很不均匀，在相当大的面积上，压应力并不大，因而不能充分发挥其增强作用，故不能按式(5-9)计算。此时，可适当增大 d，设法减小 l_0，或采用其他类型的构件。

(3) 间接钢筋按式(5-8)换成纵向钢筋所得的换算截面面积不应小于纵筋截面面积的 25%，即 $A_{ss0} \geqslant 0.25A_s'$。否则，说明间接钢筋过少，对核心混凝土的约束效果较差，不能按式(5-9)计算。此时，应加大箍筋直径或减少箍筋间距。

尚需指出，当截面较小而混凝土保护层较厚时，有可能出现按式(5-9)的计算结果反而低于式(5-1)的计算结果的现象。此时，按式(5-1)计算，亦即按普通箍筋柱来考虑。

【例 5-3】 某大楼顶层门厅现浇钢筋混凝土柱，已求得轴向力设计值 $N=3430$kN，计算高度 $L_0=4.2$m；根据建筑设计要求，柱为圆形截面，直径 $d=400$mm；采用 C40 混凝土 ($f_c=19.1$N/mm²)，400 级箍筋($f_y=360$N/mm²)；已按普通箍筋柱设计，发现配筋率过高，且混凝土等级不宜再提高。试按密排环箍柱进行设计。

【解】 ① 判别密排环箍柱是否适用。

$$\frac{l_0}{d} = \frac{4200}{400} = 10.5 < 12 \quad (适用)$$

② 选用 A_s'。

$$A = \frac{\pi d^2}{4} = \frac{\pi \times 400^2}{4} = 125\,664 \, (mm^2)$$

取 $\rho'=0.025$，则

$$A_s' = \rho'A = 0.025 \times 125\,664 = 3142 \, (mm^2)$$

选用 HRB400 级钢筋 10 ⏀ 20($A_s'=3142$mm²，$f_y'=360$N/mm²)。

③ 求所需的间接箍筋换算面积 A_{ss0} 并验算其用量是否过少。

$$d_{cor} = 400 - 50 = 350 \, (mm)$$

$$A_{cor} = \frac{\pi \times 350^2}{4} = 96\,210 \, (mm^2)$$

采用式(5-9),并取 $N_u = N$,可得

$$A_{ss0} = \frac{N/0.9 - (f_c A_{cor} + f'_y A'_s)}{2f_y}$$

$$= \frac{3\,430\,000/0.9 - (19.1 \times 96\,210 + 360 \times 3142)}{2 \times 360} = 1170 (\text{mm}^2)$$

$$0.25 A'_s = 0.25 \times 3142 = 786 (\text{mm}^2) < A_{ss0} \quad (\text{可以})$$

④ 确定环箍的直径和间距。

选用直径 $d = 8\text{mm}$,则单肢截面积 $A_{ss1} = 50.3\text{mm}^2$,由式(5-8)可得

$$s = \frac{\pi d_{cor} A_{ss1}}{A_{ss0}} = \pi \times 350 \times 50.3/1170 = 47 (\text{mm})$$

取 $s = 45\text{mm}$,满足构造要求 $40\text{mm} \leqslant s \leqslant 80\text{mm}$ 以及 $s \leqslant 0.2d$ 的要求。

⑤ 验算。

由 l_0/d 并查表 5-1 得 $\varphi = 0.95$

$$1.5 \times 0.9\varphi(f_c A + f'_y A'_s) = 1.5 \times 0.9 \times 0.95 \times (19.1 \times 125\,664 + 360 \times 3142)$$

$$= 4\,228\,900 (\text{N}) = 4228.9 (\text{kN}) > N = 3430\text{kN} \quad (\text{可以})$$

5.3 偏心受压构件承载力计算

偏心受压构件分为单向偏心和双向偏心两种(图 5-9),本书主要介绍工程中常用的单向偏心受压构件,为叙述方便起见,以下将单向偏心受压构件简称为偏心受压构件。

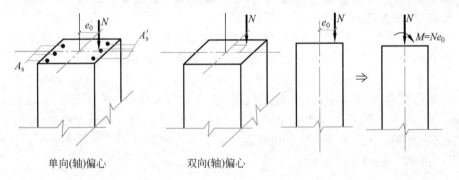

单向(轴)偏心　　　　双向(轴)偏心

图 5-9　偏心受压构件

5.3.1　受力特点及破坏特征

偏心受压构件截面上既有轴向力又有弯矩,从正截面的受力性能来看,可视为轴心受压与受弯的叠加。受弯构件的平截面假定,对偏心受压构件同样适用。

偏心受压构件的截面破坏特征与压力的偏心率(偏心距 e_0 与截面有效高度 h_0 之比,又称相对偏心距)、纵筋的数量、钢筋和混凝土强度等因素有关,一般可分为大偏心受压破坏(又称受拉破坏)和小偏心受压破坏(又称受压破坏)两类。

1. 大偏心受压破坏(受拉破坏)

大偏心受压破坏是在压力的偏心率较大且受拉钢筋不是太多时发生。截面的破坏特征

是：受拉钢筋首先屈服，最终受压边缘的混凝土也因压应变达到极限值 ε_{cu}（与受弯构件基本相同，可取为0.0033）而破坏。至于受压钢筋，只要压区高度不是太小，一般也能屈服。其破坏特征与适筋的双筋受弯构件相似。破坏情况如图 5-10 所示。

由于此种破坏一般在压力的偏心较大时发生，故习惯上称为大偏心受压破坏。又由于这种破坏始于受拉钢筋的屈服，故又称之为受拉破坏。

2. 小偏心受压破坏（受压破坏）

当压力的偏心率较小，或虽偏心率不小，但受拉纵筋配置过多时，会发生此种破坏。截面破坏特征一般是：压力近侧的受压区边缘的混凝土压应变首先达到极限值而被压坏，该侧的受压钢筋屈服；而压力远侧的钢筋虽受拉但并未屈服（应力为 σ_s），甚至还可能受压（可能屈服，也可能不屈服，这时，截面全部受压）。该破坏特征与超筋的双筋受弯构件或轴心受压构件类似。构件破坏及其截面受力情况如图 5-11 所示。其中，混凝土的极限压应变 ε_{cmax1} 和 ε_{cmax2} 均小于大偏心受压时的混凝土极限压应变 ε_{cu}，并随着偏心距的减少而接近于轴心受压时的压应变 ε_0。

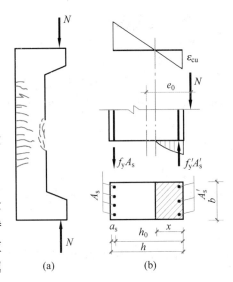

图 5-10　大偏心受压破坏
（a）试件；（b）截面的应力和应变

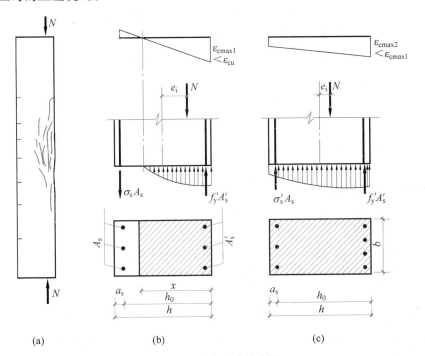

图 5-11　小偏心受压破坏
（a）试件；（b）部分截面受拉但 A_s 未屈服；（c）全截面受压破坏

特别提示

当压力的偏心率很小且压力近侧的纵筋多于远侧时,混凝土和纵筋的压坏有可能发生在压力远侧而不是近侧。如采用对称配筋,则可能避免此种情况的发生。

上述几种破坏表面上虽有所不同,但实质上有着共同之处。这就是:偏心距较小、破坏始于混凝土压坏而不是钢筋压坏。故而它们属于同类破坏,习惯上称之为小偏心受压破坏,也可称为受压破坏。

理论上还存在一种特殊的破坏状态:当受拉钢筋屈服的同时,受压区边缘混凝土正好达到极限压应变 ε_{cu},这种特殊状态称为界限破坏。界限破坏时大偏心受压破坏和小偏心受压破坏的分界;也可看成是大偏心受压破坏中的极端情况。

5.3.2　偏心受压构件正截面承载力计算的基本原则

1. 计算基本假定及应力图

如前所述,偏心受压的破坏特征介于受弯和轴心受压之间。大偏心受压的破坏与适筋受弯构件相似,而小偏心受压构件则与超筋受弯构件或轴心受压构件相似。截面破坏时的混凝土的最大压应力及其压应变随偏心距的大小而变化。

为简化计算,《混凝土结构设计规范》采用了与受弯构件正截面承载力相同的计算假定。对受压区混凝土的曲线应力图也同样采用等效矩形应力图来代替。

2. 附加偏心距 e_a

当偏心受压构件截面上的弯矩 M 和轴力 N 求得后,便可求得轴向力的偏心距($e_0 = M/N$)。但在正截面承载力计算中,偏心距还应加上一个附加偏心距 e_a。

采用附加偏心距的目的,是考虑由于荷载作用位置的不确定性、混凝土质量的不均匀性以及构件尺寸偏差等因素产生的偏心距的增大。《混凝土结构设计规范》给出了附加偏心距 e_a 的近似计算式:

$$e_a = \frac{h}{30} \text{ 且 } e_a \geqslant 20\text{mm} \tag{5-10}$$

式中:h——偏心方向的截面尺寸。

考虑了附加偏心距后的偏心距称为初始偏心距,以符号 e_i 表示,即

$$e_i = e_0 + e_a \tag{5-11}$$

3. 弯矩对初始偏心距的影响——偏心距增大系数 η_{ns}

偏心受压长柱在偏心压力作用下将产生纵向挠曲变形(图 5-12),使偏心距由原来的 e_i 增加为 $e_i + f$,其中 f 为侧向挠度。相应作用在截面上的弯矩也由 Ne_i 增加为 $N(e_i + f)$,截面弯矩中的 Ne_i 称为一阶弯矩,Nf 称为二阶弯矩。若把由于结构挠曲(或结构侧移)引起的二阶弯矩称为二阶效应或附加弯矩,显然由于二阶效应或附加弯矩的影响,偏心受压长柱的承载力将显著降低。

《混凝土结构设计规范》规定:对弯矩作用平面内截面对称的偏心受压构件,当同一主轴方向的杆端弯矩比 $\dfrac{M_1}{M_2} \leqslant 0.9$ 时,且轴压比 $\lambda = \dfrac{N}{Af_c} \leqslant 0.9$,若构件长细比满足式(5-12)要求,可不考虑轴心压力在该方向挠曲杆中产生附加弯矩的影响。

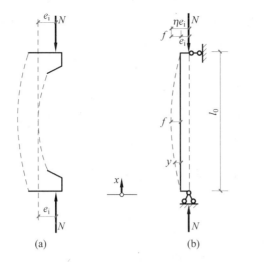

图 5-12　偏心受压构件的侧向挠度

$$\frac{l_0}{i} \leqslant 34 - 12\left(\frac{M_1}{M_2}\right) \tag{5-12}$$

式中：M_1、M_2——考虑侧移影响偏压构件两端截面按结构弹性分析确定的同一主轴的组合
　　　　　　弯矩设计值，绝对值较大端为 M_2，绝对值较小端为 M_1，当构件按单项弯
　　　　　　矩（即两端弯矩使柱同侧受拉时）M_1/M_2 取正值，否则取负值；

　　　　l_0——构件计算长度，可近似取偏心受压构件相对主轴方向上下支点之间的距离；

　　　　i——偏心方向截面回转半径。

当不满足式(5-12)要求时，需要考虑附加弯矩影响。《混凝土结构设计规范》规定，除
排架结构柱外，其他偏心受压构件考虑轴向压力在挠曲杆中产生的二阶效应后控制截面的
弯矩设计值，应按下列公式计算：

$$M = C_m \eta_{ns} M_2 \tag{5-13}$$

$$C_m = 0.7 + 0.3\frac{M_1}{M_2} \tag{5-14}$$

$$\eta_{ns} = 1 + \frac{1}{1300(M_2/N + e_a)h_0}\left(\frac{l_0}{h}\right)^2 \zeta_c \tag{5-15}$$

$$\zeta_c = \frac{0.5 f_c A}{N} \leqslant 1 \tag{5-16}$$

当 $C_m \eta_{ns} < 1$ 时，取 $C_m \eta_{ns} = 1$。

式中：C_m——构件端截面偏心距调节系数，小于 0.7 时取 0.7；

　　　　η_{ns}——弯矩增大系数；

　　　　N——与弯矩设计值 M_2 相应的轴向压力设计值；

　　　　ζ_c——偏心受压构件的截面曲率修正系数，当 $\zeta_c > 1.0$ 时，取 $\zeta_c = 1.0$；

　　　　h——矩形截面高度，对圆形截面取直径；

　　　　A——构件截面面积；

　　　　e_a——附加偏心距。

4. 大、小偏心受压的界限

由于大偏心受压构件的破坏特征及计算基本假定与适筋受弯构件相同。故而大小偏心

受压的界限受压区高度也与受弯构件相同：$x_b = \xi_b h_0$；当 $x \leqslant \xi_b h_0$ 时为大偏心受压，当 $x > \xi_b h_0$ 时为小偏心受压。ξ_b 为截面的相对界限受压区高度：

$$\xi_b = \frac{0.8}{1 + \dfrac{f_y}{0.0033E_s}} \tag{5-17}$$

对于 300 级钢筋，$\xi_b = 0.576$；335 级钢筋，$\xi_b = 0.550$；400 级钢筋，$\xi_b = 0.518$；500 级钢筋，$\xi_b = 0.482$。

5.3.3 矩形截面偏心受压构件的正截面承载力计算

1. 基本计算公式及适用条件

1）大偏心受压（$x \leqslant \xi_b h_0$）

计算应力图如图 5-13 所示。其中，纵向钢筋的应力，因大偏心受压破坏时受拉钢筋 A_s 总是屈服的，故其应力可记为抗拉强度 f_y。而受压钢筋 A_s'，则与双筋受弯构件类似，仅当 $x \geqslant 2a_s'$，即 $\xi \geqslant 2a_s'/h_0$ 时才能屈服，应记为 f_y'。图中正是作此假定的结果。如不满足要求，A_s' 不能屈服，其应力只能记为 σ_s'。按图 5-13 所示的计算应力图，由平衡条件可得以下基本计算公式：

$$N = \alpha_1 f_c bx + f_y' A_s' - f_y A_s \tag{5-18}$$

$$Ne = \alpha_1 f_c bx\left(h_0 - \frac{x}{2}\right) + f_y' A_s'(h_0 - a_s') \tag{5-19}$$

式中：e——轴向力作用点至受拉钢筋 A_s 合力点的距离，即 $e = \eta_{ns} e_i + \dfrac{h}{2} - a_s$。

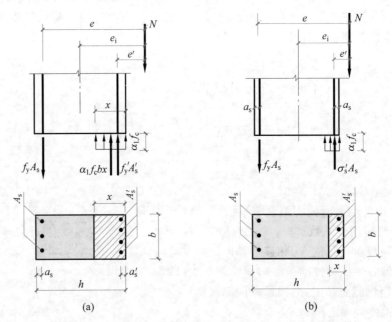

图 5-13 大偏心受压计算应力图

(a) 大偏心受压计算应力图形；(b) $x < 2a_s'$ 时大偏心受压计算应力图形

为保证受拉、受压钢筋都屈服，必须满足下列条件。

$x \leqslant \xi_b h_0$，保证受拉钢筋屈服；

$x \geqslant 2a'_s$，保证受压钢筋屈服。

当不满足条件 $x \leqslant \xi_b h_0$ 时，说明截面发生小偏心受压破坏，应改按小偏心受压公式计算。

当不满足条件 $x \geqslant 2a'_s$ 时，如图 5-13(b) 所示，说明虽为大偏心受压（受拉钢筋屈服），但受压钢筋 A'_s 不屈服，这时可对未屈服的受压钢筋合力点取矩，并忽略受压混凝土对此点的力矩（偏安全），则可得：

$$Ne' = f_y A_s (h_0 - a'_s) \tag{5-20}$$

式中：e'——轴向力作用点至受压钢筋 A'_s 合力点的距离，即 $e' = \eta_{ns} e_i - \dfrac{h}{2} + a'_s$。

2）小偏心受压（$x > \xi_b h_0$）

小偏心受压破坏时的截面应力情况已在图 5-10 中有过介绍。其主要特征是离压力远侧的纵向钢筋 A_s 受拉未屈服甚至还可能受压。混凝土应力的分布也大不同于偏压。但《混凝土结构设计规范》为简化起见，采用了与大偏心受压相同的混凝土压应力计算简图，并将离压力远侧的纵筋 A_s 的应力不论拉、压一概画为受拉，以 σ_s 表示。这样处理后的计算应力图如图 5-14 所示。

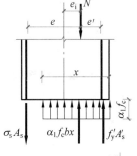

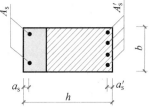

按照图 5-14，由平衡条件可得以下基本计算公式：

$$N = \alpha_1 f_c bx + f'_y A'_s - \sigma_s A_s \tag{5-21}$$

$$Ne = \alpha_1 f_c bx \left(h_0 - \frac{x}{2} \right) + f'_y A'_s (h_0 - a'_s) \tag{5-22}$$

或

$$Ne' = \alpha_1 f_c bx \left(\frac{x}{2} - a'_s \right) + \sigma_s A_s (h_0 - a'_s) \tag{5-23}$$

图 5-14　小偏心受压构件
计算应力图形

式中：$e' = \dfrac{h}{2} - (e_0 - e_a) - a'_s$。

该组公式与大偏心受压公式不同的是，离压力远侧的钢筋 A_s 的应力为 σ_s，其大小和方向有待确定。

σ_s 计算公式虽可根据平截面假定推得，但这样得到的计算公式中，σ_s 与 ξ 是非线性关系，将其代入基本公式求 A'_s 时会出现 ξ 的三次方程，使计算复杂。为简化计算，《混凝土结构设计规范》根据大量试验资料的分析，采用了以下的直线方程。

$$\sigma_s = \frac{\xi - \beta_1}{\xi_b - \beta_1} f_y \tag{5-24}$$

式中：β_1——系数，当混凝土强度等级不超过 C50 时，$\beta_1 = 0.8$；当混凝土强度等级为 C80 时，$\beta_1 = 0.74$；其间按线性内插法取用。

σ_s 计算值为正号时，表示拉应力；为负号时，表示压应力。其取值范围是：$-f'_y \leqslant \sigma_s \leqslant f_y$。显然，当 $\xi = \xi_b$，即界限破坏时，$\sigma_s = f_y$；而当 $\xi = 0.8$，即实际压区高度 $x_a = h_0$ 时，$\sigma_s = 0$。

上述介绍的小偏心受压公式仅适用于压力近侧先压坏的一般情况。对非对称配筋的小偏心受压构件,当 $N > f_c bh$ 时,尚应验算离偏心压力较远一侧混凝土先被压坏的反向破坏情况(图 5-15),计算公式如下:

$$Ne' = \alpha_1 f_c bh \left(h'_0 - \frac{h}{2} \right) + f'_y A_s (h'_0 - a_s)$$

$$(5-25)$$

式中:e'——轴力作用点至受压钢筋合力点的距离,这里取 $e' = h/2 - e'_i - a'_s$;

h'_0——压力近侧钢筋合力点到压力远侧边缘的距离,$h'_0 = h - a'_s$。

因为在这种情况下,轴向力作用点和截面重心靠近,故在计算中不应考虑偏心距增大系数,且必须将初始偏心距取为

$$e'_i = e_0 - e_a$$

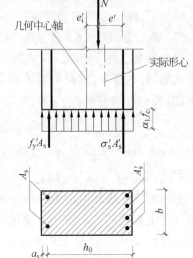

图 5-15 小偏心受压反向破坏情况

2. 矩形截面对称配筋的计算方法

对称配筋是指压力近侧和远侧的纵向钢筋的级别、数量完全相同的一种配筋方式,即采用 $f_y = f'_y$,$A_s = A'_s$。采用这种配筋方式的偏压构件,可抵抗变号弯矩(因竖向活荷载的位置或水平活荷载的方向变化引起),施工和设计也较为简单,当采用装配式时,还可避免因吊错方向而造成的事故。由于以上优点,工程中常采用对称配筋。

对称配筋的计算分截面设计和截面复核两类问题,这里只介绍截面设计的方法。

1) 大小偏心判别

对称配筋时,$f_y A_s = f'_y A'_s$,由大偏心受压计算公式(5-18)得

$$\xi = \frac{N}{\alpha_1 f_c b h_0}$$

$$(5-26)$$

当 $\xi \leqslant \xi_b$ 时,为大偏心受压构件;当 $\xi > \xi_b$ 时,为小偏心受压构件。

2) 计算钢筋截面面积

(1) 大偏心受压($\xi \leqslant \xi_b$),由式(5-26)求出 ξ。当 $\dfrac{2a'_s}{h_0} \leqslant \xi \leqslant \xi_b$ 时,则由式(5-19)求 A'_s,并取 $A_s = A'_s$,得

$$A_s = A'_s = \frac{Ne - \xi(1 - 0.5\xi)\alpha_1 f_c b h_0^2}{f'_y (h_0 - a'_s)}$$

$$(5-27)$$

式中:$e = \eta_{ns} e_i + \dfrac{h}{2} - a_s$。

当 $\xi < \dfrac{2a'_s}{h_0}$ 时,应由式(5-20)求 A_s,并取 $A_s = A'_s$,得

$$A_s = A'_s = \frac{Ne'}{f_y (h_0 - a'_s)}$$

$$(5-28)$$

式中：$e' = \eta_{ns} e_i - \dfrac{h}{2} + a'_s$。

（2）小偏心受压（$\xi > \xi_b$）。将小偏心受压基本公式（5-21）、公式（5-22）和公式（5-23）的 σ_s 和 x 换成 ξ 的表达式，当 $A_s = A'_s$，$f_y = f'_y$ 时，可得

$$N = \alpha_1 f_c b h_0 \xi + f'_y A'_s - \frac{\xi - \beta_1}{\xi_b - \beta_1} f'_y A'_s \tag{5-29}$$

$$Ne = \alpha_1 f_c b h_0^2 \xi(1 - 0.5\xi) + f'_y A'_s (h_0 - a'_s) \tag{5-30}$$

当联立求解时，将出现 ξ 的三次方程，计算较为复杂。为简化计算，《混凝土结构设计规范》给出了对称配筋小偏心受压构件的计算公式：

$$A_s = A'_s = \frac{Ne - \xi(1 - 0.5\xi)\alpha_1 f_c b h_0^2}{f'_y(h_0 - a'_s)} \tag{5-31}$$

$$\xi = \frac{N - \xi_b \alpha_1 f_c b h_0}{\dfrac{Ne - 0.43\alpha_1 f_c b h_0^2}{(\beta_1 - \xi_b)(h_0 - a'_s)} + \alpha_1 f_c b h_0} + \xi_b \tag{5-32}$$

$$e = \eta_{ns} e_i + \frac{h}{2} - a_s$$

【例 5-4】　已知：某钢筋混凝土偏心受压柱，截面尺寸为 $b \times h = 300\text{mm} \times 500\text{mm}$，计算长度 $l_0 = 6\text{m}$，混凝土强度等级为 C45，纵筋采用 HRB400 级钢筋。截面承受轴向压力设计值 $N = 150\text{kN}$，弯矩的设计值 $M_1 = 0.9M_2$，$M_2 = 300\text{kN} \cdot \text{m}$，$a_s = a'_s = 45\text{mm}$。采用对称配筋，求：钢筋截面面积 $A_s = A'_s$。

【解】　① 求弯矩增大系数 η_{ns}。

$$\frac{l_c}{i} \leqslant 34 - 12\frac{M_1}{M_2} = 34 - 12 \times 0.9 = 23.2$$

因为 $i = 0.289h$，所以 $l_c/h = 0.289 \times 23.2 \approx 6.7$。

由于 $\dfrac{l_c}{h} = \dfrac{6000}{300} = 20 > 6$，所以要考虑挠度对偏心距的影响。

$$\zeta_c = \frac{0.5 f_c A}{N} = \frac{0.5 \times 21.1 \times 300 \times 500}{150 \times 10^3} = 10.6 > 1，取 \zeta_c = 1$$

$$e_a = \frac{h}{30} = \frac{500}{30} = 16.7(\text{mm}) < 20\text{mm}，取 e_a = 20\text{mm}$$

$$\eta_{ns} = 1 + \frac{1}{\dfrac{1300(M_2/N + e_a)}{h_0}}\left(\frac{l_c}{h}\right)^2 \zeta_c$$

$$= 1 + \frac{1}{\dfrac{1300 \times \left(\dfrac{300 \times 10^6}{150 \times 10^3} + 20\right)}{445}} \times 12^2 \times 1$$

$$= 1.025$$

② 求偏心距 e_i，

$$C_m = 0.7 + 0.3\frac{M_1}{M_2} = 0.7 + 0.3 \times 0.9 = 0.97$$

$$C_m \eta_{ns} = 0.97 \times 1.025 = 0.994 < 1，取 C_m \eta_{ns} = 1$$

$$e_i = e_0 + e_a = \frac{M}{N} + 20 = \frac{C_m \eta_{ns} M_2}{N} + 20$$

$$= \frac{1 \times 300 \times 10^6}{150 \times 10^3} + 20 = 2020(mm)$$

③ 求 x，并判别大小偏心受压。

将对称配筋条件 $A_s = A_s'$，$f_y = f_y'$，$a_s = a_s'$ 代入式(5-18)得：

$$x = \frac{N}{\alpha_1 f_c b} = \frac{150 \times 10^3}{1 \times 21.1 \times 300}$$

$$= 23.6(mm) < \xi_b h_0 = 0.518 \times 455 = 235.7(mm)$$

当 $x < 2a_s' = 2 \times 45 = 90mm$ 时，可取 $x = 2a_s'$，故为大偏心受压。若满足 $e_i = 2020mm >$ $0.3h_0 = 0.3 \times 455 = 136.5(mm)$ 条件，则属于大偏心受压。

④ 求 A_s，A_s'。

$$e' = \eta_{ns} e_i - \frac{h}{2} + a_s' = 1.025 \times 2020 - \frac{500}{2} + 45 = 1865.5(mm)$$

即 $$A_s = A_s' = \frac{N_e'}{f_y(h_0 - a_s')} = \frac{150 \times 10^3 \times 1865.5}{360 \times (455 - 45)}$$

$$= 1895.8(mm^2)$$

⑤ 验算配筋率。

$$\rho = \rho' = \frac{A_s}{bh} = \frac{1895.5}{300 \times 500} = 1.26\% > \rho_{min} = 0.2\%$$

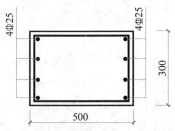

图 5-16 例 5-4 配筋图

满足要求。

$$\rho + \rho' = 1.26\% + 1.26\% = 2.52\% < 3\%$$

满足要求。

选配 4 $\oplus$ 25 钢筋($A_s = 1964mm^2$)，截面配筋图见图 5-16。

【例 5-5】 已知：某钢筋混凝土偏心受压柱截面尺寸为 $b \times h = 400mm \times 600mm$，混凝土强度等级为 C35，钢筋采用 HRB400 级，计算长度 $l_c = l_0 = 3.0m$。承受轴向压力设计值 $N = 5280kN$，弯矩的设计值 $M_1 = M_2 = 24.2kN \cdot m$，$a_s = a_s' = 45mm$。采用对称配筋，求：钢筋截面面积 A_s 和 A_s'。

【解】 ① 求弯矩增大系数 η_{ns}。

由于 $\frac{l_c}{h} = \frac{3000}{600} = 5 < 6$，得

$$C_m \eta_{ns} = 1$$

$$C_m = 0.7 + 0.3\frac{M_1}{M_2} = 0.3 + 0.7 = 1$$

即 $\eta_{ns} = 1$。

② 求偏心距 e_i。

$$M = C_m \eta_{ns} M_2 = 1 \times 24.2 \times 10^6$$

$$e_0 = \frac{M}{N} = \frac{1 \times 24.2 \times 10^6}{5280 \times 10^3} = 4.6(mm)$$

$$e_a = \frac{h}{30} = \frac{600}{30} = 20(mm)，取 e_a = 20mm$$

$$e_i = e_0 + e_a = 4.6 + 20 = 24.6(mm)$$

③ 求 x,并判别大小偏心受压。

将对称配筋条件 $A_s = A'_s$, $f_y = f'_y$, $a_s = a'_s$ 代入公式(5-16)得:

$$x = \frac{N}{\alpha_1 f_c b} = \frac{5280 \times 10^3}{1 \times 16.7 \times 400}$$
$$= 804.9(\text{mm}) > \xi_b h_0$$
$$= 0.518 \times 550 = 284(\text{mm})$$

故为小偏心受压。

④ 求出真实的 ξ。

取 $\beta_2 = 0.8$,$e = \eta_{ns} e_i + \frac{h}{2} - a_s = 1 \times 24.6 + \frac{600}{2} - 45 = 279.6(\text{mm})$。

$$\xi = \frac{N - \xi_b \alpha_1 f_c b h_0}{\dfrac{Ne - 0.43\alpha_1 f_c b h_0^2}{(\beta_1 - \xi_b)(h_0 - a'_s)}} + \xi_b$$

$$= \frac{5280 \times 10^3 - 0.518 \times 1 \times 16.7 \times 400 \times 555}{\dfrac{5280 \times 10^3 \times 279.6 - 0.43 \times 1 \times 16.7 \times 400 \times 555^2}{(0.8 - 0.518) \times (555 - 45)}} + 0.518$$

$$= 1.335$$

⑤ 求 A_s、A'_s。

$$A_s = A'_s = \frac{Ne - \alpha_1 f_c b h_0^2 \xi(1 - 0.5\xi)}{f'_y(h_0 - a'_s)}$$

$$= \frac{5280 \times 10^3 \times 279.6 - 1 \times 16.7 \times 400 \times 555^2 \times 1.335 \times (1 - 0.5 \times 1.335)}{360 \times (555 - 45)}$$

$$= 3066.1(\text{mm}^2)$$

选配 5 Φ 28 钢筋($A_s = 3079\text{mm}^2$),截面配筋图见图 5-17。

⑥ 验算配筋率。

$$\rho = \rho' = \frac{A_s}{bh} = \frac{3066.1}{400 \times 600} = 1.28\% > \rho_{min} = 0.2\%$$

满足要求。

⑦ 验算垂直于弯矩平面的轴心受压承载力。

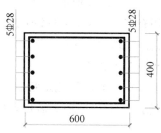

图 5-17 例 5-5 配筋图

$$\frac{l_0}{b} = \frac{3000}{400} = 7.5,查表 \varphi = 1.0。$$

$$N_u = 0.9\varphi(f_c A + f'_y A'_s)$$
$$= 0.9 \times 1.0 \times (16.7 \times 400 \times 600 + 360 \times 3066.1 \times 2)$$
$$= 6215.6(\text{kN}) > N$$

满足要求。

5.4 偏心受压构件的斜截面受剪承载力计算

偏心受压构件除承受轴心压力和弯矩外,一般还承受剪力。目前,我国的建筑高度正在日益增加。多层框架受水平地震作用或高层框架风荷载作用,由于作用在柱上的剪力较大,受剪所需的箍筋数量很可能超过受压构件的构造要求。因此,也需进行受剪承载力计算。

与受弯构件相比,偏心压构件截面上还存在着轴压力。试验表明,适当的轴压力可抑制斜裂缝的出现,增加了截面剪压区的高度,从而提高了混凝土的受剪承载力。当轴压力 N 超过 $0.3f_cA$ 后,承载力的提高并不明显,超过 $0.5f_cA$ 后,还呈下降趋势。此处 A 为构件截面面积。

根据试验结果,《混凝土结构设计规范》提出了以下的偏心受压构件受剪承载力计算方法。

矩形截面的钢筋混凝土偏心受压构件的受剪截面应符合下列条件。

$$V \leqslant 0.25\beta_c f_c bh_0 \tag{5-33}$$

式中:V——剪力设计值。

矩形截面的钢筋混凝土偏心受压构件,其斜截面受剪承载力应按下列公式计算:

$$V \leqslant \frac{1.75}{\lambda+1}f_t bh_0 + f_{yv}\frac{A_{sv}}{s}h_0 + 0.07N \tag{5-34}$$

式中:λ——偏心受压构件计算截面的剪跨比;

N——与剪力设计值 V 相对应的轴向压力设计值;当 $N > 0.3f_cA$ 时,取 $N = 0.3f_cA$;A 为构件的截面面积。

计算截面的剪跨比应按下列规定取用。

(1) 对框架柱,取 $\lambda = H_n/2h_0$。当 $\lambda < 1$ 时,取 $\lambda = 1$;当 $\lambda > 3$ 时,取 $\lambda = 3$;此处,H_n 为柱净高。M 为计算截面上与剪力设计值相应的弯矩设计值。

(2) 对其他偏心受压构件,当承受均布荷载时,取 $\lambda = 1.5$;当承受集中荷载时(包括作用有多种荷载,且集中荷载对支座截面或节点边缘所产生的剪力值占总剪力值 75% 以上的情况),取 $\lambda = a/h_0$;当 $\lambda < 1.5$ 时,取 $\lambda = 1.5$;当 $\lambda > 3$ 时,取 $\lambda = 3$;此处,a 为集中荷载至支座或节点边缘的距离。

矩形截面的钢筋混凝土偏心受压构件如符合式(5-35)的要求时,则不可进行斜截面受剪承载力计算,而仅需根据偏心受压构件的构造要求配置箍筋。

$$V \leqslant \frac{1.75}{\lambda+1}f_t bh_0 + 0.07N \tag{5-35}$$

非抗震设防区的多层框架房屋在风荷载作用下的柱剪力一般不会太大,计算结果通常按要求配箍。

本 章 小 结

钢筋混凝土受压构件是建筑结构里非常重要的一部分,掌握其计算方法对掌握建筑结构有非常重要的意义。

轴向压力与构件轴线重合者(截面上仅有轴心压力),称为轴心受压构件;轴向压力与构件轴线不重合者(截面上既有轴心压力,又有弯矩),称为偏心受压构件。在偏心受压构件中又有单向偏心受压和双向偏心受压两种情况。

与其他构件的设计过程一样,受压构件在内力已知后,应进行截面计算和构造处理。在截面计算时,对轴心受压构件仅需进行正截面承载力计算。对偏心受压构件除进行此种计算外,若截面上存在剪力,还需进行斜截面承载力计算;若偏心较大,还需进行裂缝宽度验算。

习　　题

5.1　纵向钢筋和箍筋在受压构件中的作用和构造要求是什么?

5.2　轴心受压构件计算中,稳定系数 φ 的含义是什么? 主要考虑了哪些因素?

5.3　配置螺旋箍筋柱承载力提高的原因是什么?

5.4　偏心受压构件分为哪两种类型? 两类破坏有何本质区别? 其判别的界限条件是什么?

5.5　偏心距增大系数 η_{ns} 引入的意义是什么? 何时取 $\eta=1.0$?

5.6　引入附加偏心距 e_a 的实质是什么?

5.7　什么是对称配筋? 有什么优点?

5.8　钢筋混凝土偏心受压柱的承受轴向压力设计值 $N=1750\text{kN}$,弯矩设计值 $M=150\text{kN}\cdot\text{m}$,截面尺寸为 $b\times h=400\text{mm}\times600\text{mm}$, $a_s=a_s'=40\text{mm}$,柱的计算长度 $l_0=5.0\text{m}$,采用 C25 混凝土和 HRB335 钢筋,要求进行截面对称配筋设计。

5.9　已知:某钢筋混凝土偏心受压柱的截面尺寸为 $b\times h=300\text{mm}\times400\text{mm}$,承受轴向压力设计值 $N=550\text{kN}$,弯矩设计值 $M_1=M_2=275\text{kN}\cdot\text{m}$,采用 HRB400 级钢筋,混凝土强度等级为 C40, $a_s=a_s'=45\text{mm}$, $l_c/h=4.5$,采用对称配筋,求:钢筋截面面积 $A_s=A_s'$。

5.10　已知设计荷载作用下的轴向压力设计值 $N=230\text{kN}$,弯矩设计值 $M=132\text{kN}\cdot\text{m}$(沿长边作用),柱截面尺寸 $b=250\text{mm}$, $h=350\text{mm}$, $a_s=a_s'=40\text{mm}$,柱计算高度 $l_0=4\text{m}$,混凝土强度等级为 C20,钢筋采用 HRB335 级钢筋。求对称配筋时钢筋截面面积。

第6章 钢筋混凝土受拉与受扭构件

学习目标

1. 掌握大小偏心受拉构件的判别和偏心受拉构件正截面承载力的计算方法。
2. 了解偏心受拉构件斜截面抗剪承载力的计算。
3. 了解受扭构件在实际工程中的应用,了解平衡扭转与协调扭转的区别。
4. 掌握受扭构件承载力的计算方法和受扭钢筋的构造要求。
5. 了解平衡扭转与协调扭转的区别。
6. 掌握受扭构件承载力的计算方法。
7. 掌握受扭钢筋的构造要求,并且掌握弯剪扭构件的截面设计步骤等。

6.1 钢筋混凝土受拉构件

钢筋混凝土受拉构件可分为轴心受拉构件和偏心受拉构件。

当轴向拉力作用线与构件截面形心线重合时,为轴心受拉构件,如钢筋混凝土屋架的下弦杆、圆形水池等;当轴向拉力作用线偏离构件截面形心线或同时由轴心拉力和弯矩作用时,为偏心受拉构件,如钢筋混凝土矩形水池、双肢柱的肢杆等。

受拉构件除了需要进行正截面承载力和斜截面承载力计算外,根据不同的要求,还需进行抗裂或裂缝宽度验算。本节只介绍承载力计算方法。

6.1.1 轴心受拉构件承载力计算

轴心受拉构件开裂前,拉力由混凝土与钢筋共同承受。开裂后,混凝土退出受拉工作,全部拉力由钢筋承担。当钢筋应力达到屈服时,构件即将破坏,所以,轴心受拉构件承载力计算公式为

$$N \leqslant f_y A_s \tag{6-1}$$

式中：N——轴向拉力设计值;

f_y——钢筋抗拉强度设计值;

A_s——纵向受拉钢筋的全部截面面积。

6.1.2　偏心受拉构件正截面承载力计算

偏心受拉构件中靠近偏心拉力 N 的钢筋为 A_s，远离 N 的钢筋为 A'_s，按轴向拉力的作用位置不同，可分为大偏心受拉构件和小偏心受拉构件。当 $e_0 \leqslant \dfrac{h}{2} - a_s$ 时，为小偏心受拉构件；当 $e_0 > \dfrac{h}{2} - a_s$ 时，为大偏心受拉构件。

1. 基本公式

1) 小偏心受拉构件 $\left(e_0 \leqslant \dfrac{h}{2} - a_s \right)$

当纵向拉力 N 作用在钢筋 A_s 合力点及 A'_s 合力点范围之间时 $\left(e_0 \leqslant \dfrac{h}{2} - a_s \right)$，为小偏心受拉构件。小偏心受拉构件破坏时，截面全部裂通，混凝土退出工作，拉力全部由钢筋承担，钢筋 A_s 及 A'_s 的拉应力达到屈服，其计算应力图形如图 6-1 所示。分别对钢筋合力点取矩，可得小偏心受拉构件的计算公式为

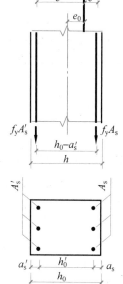

$$N \leqslant f_y A'_s + f_y A_s \tag{6-2}$$
$$Ne = f_y A'_s (h_0 - a'_s) \tag{6-3}$$
$$Ne' = f_y A_s (h'_0 - a_s) \tag{6-4}$$

式中：f_y——钢筋抗拉强度设计值。

$$e = \frac{h}{2} - e_0 - a_s$$
$$e' = e_0 + \frac{h}{2} - a'_s$$

2) 大偏心受拉构件 $\left(e_0 > \dfrac{h}{2} - a_s \right)$

当纵向拉力 N 作用在钢筋 A_s 合力点及 A'_s 合力点范围以外时 $\left(e_0 > \dfrac{h}{2} - a_s \right)$，为大偏心受拉构件。因轴向力的偏

图 6-1　小偏心受拉构件计算简图

心距 e_0 较大，截面一部分受拉，另一部分受压，随着轴向力的增加，受拉区混凝土开裂，这时受拉区钢筋 A_s 承担拉力，而受压区由混凝土和钢筋 A'_s 承担全部压力。随着轴向拉力进一步增加，裂缝开展，受拉区钢筋 A_s 达到屈服强度 f_y，受压区进一步缩小，以致混凝土被压碎，同时受压区钢筋 A'_s 应力也达到屈服强度 f'_y。其破坏形态与大偏心受压构件类似。其计算应力图形如图 6-2 所示。分别对钢筋合力点取矩，可得大偏心受拉构件的计算公式为

$$N = f_y A_s - f'_s A'_s - a_1 f_c bx \tag{6-5}$$
$$Ne = a_1 f_c bx \left(h_0 - \frac{x}{2} \right) + f'_s A'_s (h_0 - a'_s) \tag{6-6}$$

式中：

$$e = e_0 - \left(\frac{h}{2} - a_s\right)$$

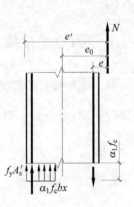

公式适用条件：$2a'_s < x \leqslant x_b = \xi_b h_0$。

2. 截面设计

已知截面尺寸 $b \times h$，轴向拉力和弯矩设计值 N、M，材料强度等级 f_c、f_y、f'_y，求纵向钢筋截面面积 A_s 和 A'_s。

偏心受拉构件正截面的纵向钢筋有非对称配筋（$A_s \neq A'_s$）和对称配筋（$A_s = A'_s$）两种情况。

1）非对称配筋

（1）小偏心受拉构件。根据式（6-3）、式（6-4）可直接求出截面两侧受拉钢筋 A'_s 和 A_s。

$$A'_s = \frac{Ne}{f_y(h_0 - a'_s)} \tag{6-7}$$

$$A_s = \frac{Ne'}{f_y(h'_0 - a_s)} \tag{6-8}$$

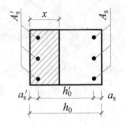

（2）大偏心受拉构件。设计时为了使 $A_s + A'_s$ 最小，可取 $x = \xi_b h_0$ 代入式（6-5）和式（6-6）得

图 6-2 大偏心受拉构件
计算简图

$$A_s = \frac{Ne - \alpha_1 f_c b h_0^2 \xi_b (1 - 0.5\xi_b)}{f'_y(h_0 - a'_s)} \tag{6-9}$$

$$A_s = \frac{\alpha_1 f_c b h_0 \xi_b + f'_y A'_s + N}{f_y} \tag{6-10}$$

若由式（6-9）算出的 A'_s 为负值或小于 $\rho'_{min} bh$ 时，则应取 $A'_s = \rho'_{min} bh$ 来配筋，然后按 A'_s 已知，由式（6-6）求出 x 值，并代入式（6-5）求 A_s 值。

当 $x \leqslant 2a'_s$ 时，可取 $x = 2a'_s$ 对 A'_s 合力点取距得

$$A_s = \frac{Ne'}{f_y(h_0 - a'_s)} \tag{6-11}$$

2）对称配筋

采用对称配筋时，由于 $A_s = A'_s$，$f_y = f'_y$，不论大小偏心受拉，离纵向力较远一侧的钢筋 A'_s 的应力均达不到设计强度。当 $x \leqslant 2a'_s$ 时，均可按式（6-11）计算。

3. 截面复核

已知截面尺寸 $b \times h$，材料强度等级 f_c、f_y、f'_y，钢筋截面面积 A_s 和 A'_s，荷载偏心距 e_0，求偏心受拉构件正截面承载力 N_u。

对小偏心受拉构件，由式（6-3）和式（6-4）分别求出 N_u 值，比较后取较小值。

对大偏心受拉构件，由式（6-5）和式（6-6）联立求解 x 及 N_u。

【例 6-1】 钢筋混凝土屋架下弦，截面尺寸 $b \times h = 180\text{mm} \times 180\text{mm}$，承受轴向拉力设计值 $N = 300\text{kN}$。混凝土强度等级 C25，钢筋采用 HRB335 级，求受拉钢筋数量。

【解】 查表 3-1，$f_y = 300\text{N/mm}^2$，由式（6-1）得

$$A_s = \frac{N}{f_y} = \frac{300 \times 10^3}{300} = 1000(\text{mm}^2)$$

选配 4 $\underline{\Phi}$ 18(A_s = 1017mm²)。

【例 6-2】 某矩形钢筋混凝土偏心受拉构件,截面尺寸 $b \times h$ = 400mm × 600mm,a'_s = a_s = 35mm,截面承受的纵向拉力设计值 N = 700kN,弯矩设计值 M = 76kN·m,混凝土采用 C20,钢筋采用 HRB335 级,采用对称配筋,求截面所需的纵向钢筋数量。

【解】 ① 判别大小偏心

$$e_0 = \frac{M}{N} = \frac{76 \times 10^6}{700 \times 10^3} = 108(mm) < \frac{h}{2} - a_s = \frac{600}{2} - 35 = 265(mm)$$

属小偏心受拉。

② 计算纵向钢筋数量

$$e' = \frac{h}{2} - a'_s + e_0 = \frac{600}{2} - 35 + 108 = 373(mm)$$

由式(6-8)得

$$A_s = A'_s = \frac{Ne'}{f_y(h'_0 - a_s)} = \frac{700 \times 10^3 \times 373}{300 \times (565 - 35)} = 1642(mm^2)$$

$$\rho' = \frac{A_s}{bh} = \frac{1642}{400 \times 600} = 0.68\% > \rho_{min} = 0.15\%$$

选配 2 $\underline{\Phi}$ 25 + 2 $\underline{\Phi}$ 22(A_s = A'_s = 1742mm²)。

6.1.3 偏心受拉构件斜截面受剪承载力计算

偏心受拉构件往往还要承受较大剪力的作用,因此需要进行斜截面受剪承载力计算。

试验表明轴向拉力的存在,将使斜裂缝提前出现,而且裂缝宽度加大,构件截面的受剪承载力明显降低。《混凝土结构设计规范》建议按下式进行偏心受拉构件斜截面受剪承载力计算:

$$V \leqslant \frac{1.75}{\lambda + 1.0} f_t bh_0 + f_{yv} \frac{nA_{sv1}}{s} h_0 - 0.2N \tag{6-12}$$

式中:N——与剪力设计值 V 相应的轴向拉力设计值;

λ——计算截面剪跨比,按偏心受压构件公式(5-34)规定采用。

当式(6-12)右侧的计算值小于 $f_{yv} \frac{nA_{sv1}}{s} h_0$ 时,应取其等于 $f_{yv} \frac{nA_{sv1}}{s} h_0$,且 $f_{yv} \frac{nA_{sv1}}{s} h_0$ 值不得小于 $0.36 f_t bh_0$。

6.2 受 扭 构 件

6.2.1 受扭构件的概念与扭转类型

1. 受扭构件的概念

凡在构件截面中有扭矩作用的构件,习惯上都叫作受扭构件。在实际工程中,单独受扭作用的纯扭构件很少见,一般都是扭转和弯曲同时发生的复合受扭构件,一般来说,吊车梁、雨篷梁、平面曲梁或折梁以及现浇框架边梁、螺旋楼梯等都是复合受扭构件,如图 6-3 所示。

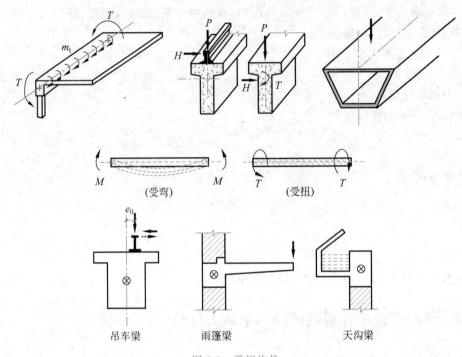

图 6-3　受扭构件

按构件上的作用分类,受扭构件有纯扭、剪扭、弯扭和弯剪扭四种,其中以弯剪扭最为见。构件中的扭矩可以直接由荷载静力平衡求出。

受扭构件必须提供足够的抗扭承载力,否则不能与作用扭矩相平衡而引起破坏。

2. 扭转的类型

(1) 平衡扭转:构件的扭矩是由荷载的直接作用所引起的,构件的内扭矩是用以平衡外扭矩即满足静力平衡条件所必需的,如雨篷梁、吊车梁等。

(2) 协调扭转或附加扭转:扭转由变形引起,并由变形连续条件所决定。如与次梁相连的边框架的主梁扭转,如图 6-4 所示。

 **特别提示**

本节主要讨论平衡扭转计算,协调扭转可用构造钢筋或内力重分布方法处理。

(3) 抗扭钢筋的形式如图 6-5 所示。

抗弯:纵向钢筋;

抗剪:箍筋或箍筋+弯筋;

抗扭:箍筋+沿截面周边均匀布置的纵筋,且箍筋与纵筋的比例要适当。

(4) 受扭构件根据截面上存在的内力情况分为纯扭、弯扭、剪扭、弯剪扭。土木工程中的受扭构件一般都是弯、剪、扭构件,纯扭极为少见。

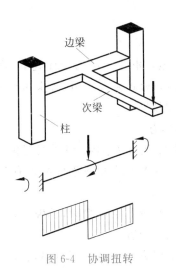

图 6-4　协调扭转

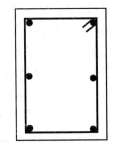

图 6-5　抗扭钢筋形式

6.2.2　矩形截面纯扭构件承载力的计算

1. 素混凝土纯扭构件承载力计算

试验表明,矩形截面素混凝土纯扭构件的破坏过程如图 6-6(a)所示。首先,构件在某一长边侧面出现一条倾角为 45°的斜裂缝,该裂缝在构件的底部和顶部分别延伸,最后构件将沿三面受拉、一边受压的斜向空间扭曲面破坏,如图 6-6(b)所示。

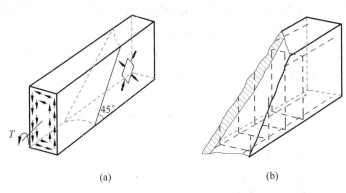

(a)　　　　　　　　　　　(b)

图 6-6　混凝土纯扭构件

(a) 破坏过程;(b) 斜向空间扭曲断裂面

由试验可得素混凝土纯扭构件的受扭承载力 T 的计算公式为

$$T \leqslant 0.7 f_t W_t \tag{6-13}$$

式中:W_t——截面受扭塑性抵抗矩,$W_t = \dfrac{b^2}{6}(3h - b)$,$b$ 为截面的短边尺寸,h 为截面的长边尺寸;

f_t——混凝土的抗拉强度设计值。

2. 钢筋混凝土纯扭构件承载力计算

1）纯扭构件的配筋

为施工方便起见,也为能抵抗不同方向的扭矩,《混凝土结构设计规范》规定,配置受扭箍筋与纵筋来共同抗扭。为使受扭箍筋与纵筋能较好地发挥作用,将箍筋配置于构件表面,而将纵筋沿构件核芯周边(箍筋内皮)均匀、对称配置。

2）钢筋混凝土纯扭构件的受力性能和破坏形态

混凝土开裂前的钢筋应力很小,构件的开裂扭矩仍可按素混凝土构件考虑,按式(6-13)计算。混凝土开裂后的受力性能和破坏形态与受扭箍筋与受扭纵筋的配置有关,分为以下四种类型。

（1）少筋破坏。当构件受扭箍筋和受扭纵筋配置数量过少时,其破坏形式与素混凝土构件受扭破坏没有本质区别,属脆性破坏,工程上应予避免。

《混凝土结构设计规范》规定了受扭箍筋和受扭纵筋的最小配筋率限值,从而在设计上防止了少筋破坏的发生。

（2）适筋破坏。当构件受扭箍筋和受扭纵筋的配置数量适当时,首先是混凝土三面开裂,随着扭矩加大,与裂缝相交的受扭箍筋和受扭纵筋都将达到屈服强度,裂缝不断扩展,最后导致另一面混凝土被压碎而破坏。这种破坏的形态属于塑性破坏,受扭构件应设计成这种具有适筋破坏特征的构件。

（3）完全超筋破坏。当构件的受扭箍筋和受扭纵筋配置过多时,构件破坏时受扭箍筋和纵筋均未达到屈服强度,而受压区混凝土被压碎,构件突然破坏,属脆性破坏,设计中必须避免。

《混凝土结构设计规范》规定了构件截面的限制尺寸,即在选择适宜的混凝土的基础上,限制了钢筋的最大配筋率,从而避免了这种破坏的发生。

（4）部分超筋破坏。当构件的受扭箍筋和受扭纵筋有一种配置过多时,破坏时配置适量的钢筋首先达到屈服强度,然后受压区混凝土被压碎,此时配置过多的钢筋未达到屈服强度,破坏时也具有一定塑性性能。

为了保证受扭箍筋和受扭纵筋都能有效地发挥作用,应将两种钢筋的用量控制在某一范围之内。试验表明,采用控制纵向钢筋与箍筋的配筋强度比 ζ 可以达到上述目的。截面核心尺寸及纵筋与箍筋体积比尺寸如图 6-7 所示。

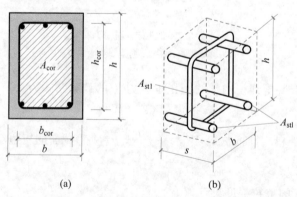

图 6-7　截面核心尺寸及纵筋与箍筋体积比尺寸示意图

受扭纵筋与箍筋的配筋强度比的计算公式如下：

$$\zeta = \frac{f_y A_{stl}/u_{cor}}{f_{yv} A_{stl}/s_t} = \frac{f_y A_{stl} s}{f_{yv} A_{stl} u_{cor}} \tag{6-14}$$

式中：A_{stl}——对称布置在截面中的全部受扭纵筋截面面积；

A_{stl}——受扭箍筋的单肢截面面积；

u_{cor}——截面核心部分的周长，$u_{cor} = 2(b_{cor} + h_{cor})$，$b_{cor}$ 和 h_{cor} 分别从箍筋内表面计算的截面核心部分的短边和长边尺寸，一般取 $b_{cor} = b - 60$，单位为 mm；$h_{cor} = h - 60$，单位为 mm；

s——受扭箍筋的间距。

为保证在构件完全破坏前受扭纵筋和箍筋能同时或先后达到屈服强度，《混凝土结构设计规范》规定 ζ 应符合下列条件。

$$0.6 \leqslant \zeta \leqslant 1.7 \tag{6-15}$$

试验表明，最佳配筋强度比为 $\zeta = 1.2$。

通过计算，配置足够的受扭箍筋和纵筋可防止适筋破坏。

3）计算公式

由试验可得矩形截面钢筋混凝土纯扭构件在适筋破坏时的承载力计算公式如下：

$$T \leqslant 0.35 f_t W_t + 1.2\sqrt{\zeta} \frac{f_{yv} A_{stl}}{s_t} A_{cor} \tag{6-16}$$

式中：f_t——混凝土的抗拉强度设计值；

W_t——截面受扭塑性抵抗矩；

A_{cor}——截面核芯部分的面积，$A_{cor} = b_{cor} h_{cor}$。

上式右边所列的钢筋混凝土受扭承载力可认为由两部分组成：第一部分（即第一项）为混凝土的受扭承载力 T_c；第二部分（即第二项）为受扭纵筋和箍筋的受扭承载力 T_s。

6.2.3　在弯剪扭共同作用下的承载力计算

在弯矩、剪力和扭矩的共同作用下，各项承载力是相互关联的，其相互影响十分复杂。为了简化，《混凝土结构设计规范》规定，构件在弯矩、剪力和扭矩共同作用下承载力可按下述叠加方法进行计算，如图 6-8 所示。

（1）按受弯构件计算在弯矩作用下所需的纵向钢筋的截面面积 A_s 与按受扭构件计算在扭矩作用下所需的受扭纵向分配的面积叠加后设置在构件的受拉区。

（2）按剪扭构件计算在承受剪力作用下所需的箍筋截面面积与承受扭矩作用下所需的箍筋截面面积叠加后重新设置箍筋。

《混凝土结构设计规范》规定：矩形截面弯剪扭构件可按下面步骤进行承载力计算。

1. 验算截面尺寸

为了避免超筋破坏，构件截面尺寸应满足下式要求。

$$\frac{V}{bh_0} + \frac{T}{0.8W_t} \leqslant 0.25\beta_c f_c \tag{6-17}$$

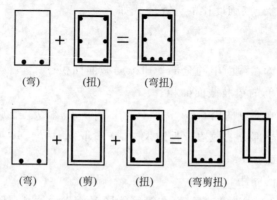

图 6-8 受扭构件的钢筋叠加

2. 验算构造配筋条件

构造配筋的界限：当满足下式要求时，箍筋和抗扭纵筋可采用构造配筋。

$$\frac{V}{bh_0} + \frac{T}{W_t} \leqslant 0.7f_c \qquad (6-18)$$

即配箍率必须满足以下最小配箍率要求。

$$\rho_{sv} = \frac{A_{sv}}{bs} \geqslant \rho_{sv,min} = 0.28\frac{f_t}{f_{yv}} \qquad (6-19)$$

抗钮纵筋最小配筋率为

$$\rho_{tl} = \frac{A_{stl}}{bh} \geqslant \rho_{tl,min} = 0.6\sqrt{\frac{T}{Vb}}\frac{f_t}{f_y} \qquad (6-20)$$

式中：当 $\frac{T}{Vb} > 2$ 时，取 $\frac{T}{Vb} = 2$。

3. 验算是否能进行简化计算

（1）当一般构件 $V \leqslant 0.35f_tbh_0$ 或受集中荷载作用（或以集中荷载为主）的矩形截面独立构件 $V \leqslant \frac{0.85}{\lambda+1}f_tbh_0$ 时，可不进行抗剪承载力计算，只按受弯构件的正截面受弯承载力和纯扭构件的受扭承载力分别进行计算。

（2）当 $T \leqslant 0.175f_tW_t$ 时，可不进行抗扭承载力计算，只按受弯构件的正截面受弯承载力和斜截面受剪承载力分别进行计算。

（3）其他情况按弯剪扭构件进行承载力计算。

4. 计算箍筋（取 $\zeta = 1.2$）

1）计算抗剪箍筋

混凝土部分在剪扭承载力计算中，有一部分被重复利用，显然其抗剪和抗扭能力应降低，《混凝土结构设计规范》采用剪扭构件混凝土受扭承载力降低系数 β_t 来考虑剪扭共同作用的影响。一般剪扭构件，β_t 的计算公式如下：

$$\beta_t = \frac{1.5}{1 + 0.5\dfrac{VW_t}{Tbh_0}} \qquad (6-21)$$

对集中荷载作用下的独立剪扭构件：

$$\beta_t = \frac{1.5}{1 + 0.2(\lambda + 1)\frac{VW_t}{Tbh_0}} \tag{6-22}$$

式中：当 $\lambda < 1.5$ 时，取 $\lambda = 1.5$；当 $\lambda > 3$ 时，取 $\lambda = 3$。

计算 β_t 过程中，当 $\beta_t < 0.5$ 时，取 $\beta_t = 0.5$；当 $\beta_t > 1$ 时，取 $\beta_t = 1$。在考虑了降低系数后，剪扭构件的承载力计算公式分别如下。

（1）剪扭构件受剪承载力

一般剪扭构件

$$V = 0.7(1.5 - \beta_t)f_t bh_0 + f_{yv}\frac{A_{sv}}{s}h_0 \tag{6-23}$$

集中荷载作用下的独立剪扭构件

$$V = \frac{1.75}{\lambda + 1}(1.5 - \beta_t)f_t bh_0 + f_{yv}\frac{A_{sv}}{s}h_0 \tag{6-24}$$

（2）剪扭构件的受扭承载力

$$T = 0.35\beta_t f_t w_t + 1.2\sqrt{\zeta}f_{yv}\frac{A_{st1}A_{cor}}{s} \tag{6-25}$$

2）计算抗扭箍筋

箍筋由抗剪与抗扭箍筋的叠加得到。

5. 计算抗扭纵筋

计算抗扭纵筋公式为

$$A_{stl} = \frac{\zeta f_{yv}A_{st1}u_{cor}}{sf_y} \tag{6-26}$$

6. 计算箍筋用量

按照叠加原则计算抗弯剪扭总的纵筋和箍筋用量。

6.2.4 受扭构件的构造要求

1. 受扭箍筋

受扭箍筋除满足强度要求和最小配筋率外，其形状还应满足图 6-9 所示的要求：即箍筋必须做成封闭式，箍筋的末端必须做成 135° 的弯钩，弯钩的端头平直端长度不小于 $10d$，箍筋的间距 s 及直径 d 均应满足受弯构件的最大箍筋间距 s_{max} 及最小箍筋直径的要求。

2. 受扭纵筋

受扭纵筋除满足强度要求和最小配筋率外，在截面的四角必须设置受扭纵筋，其余的受扭纵筋则沿截面的周边均匀对称布置，如图 6-10 所示。工程中常采用如下分配方法设置。

当 $h \leq b$ 时，则受扭纵筋按受扭纵筋面积 A_{stl} 的上下各 1/2 设置。

当 $h > b$ 时，则受扭纵筋按受扭纵筋面积 A_{stl} 的上、中、下各 1/3 设置。

同时还要求受扭纵筋的间距不大于 200mm 和梁的截面宽度。

如梁的截面尺寸为 $b \times h = 250\text{mm} \times 600\text{mm}$，则受扭纵筋按受扭纵筋面积 A_{stl} 的上、中、下各 1/4 设置。

配置钢筋时,可将叠加部位的受弯纵筋与受扭纵筋面积进行叠加。

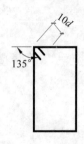

图 6-9 受扭箍筋

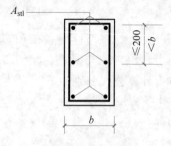

图 6-10 受扭纵筋

【例 6-3】 某钢筋混凝土连续受均布荷载作用,截面尺寸为 $b \times h = 300\text{mm} \times 600\text{mm}$, $a_s = a_s' = 45\text{mm}$,在支座下承受的内力:$M = 90\text{kN} \cdot \text{m}$,$V = 103.8\text{kN}$,$T = 283\text{kN} \cdot \text{m}$。采用混凝土强度等级为 C30,纵向钢筋和箍筋为 HRB400 级钢筋。试确定该截面配筋。

【解】 (1) 验算截面尺寸

$$W_t = \frac{b^2}{6}(3h - b) = \frac{300^2}{6} \times (3 \times 600 - 300) = 225 \times 10^5 (\text{mm})$$

$$\frac{V}{bh_0} + \frac{T}{0.8W_t} = \frac{103\,800}{300 \times 555} + \frac{283 \times 10^5}{0.8 \times 225 \times 10^5} = 2.2(\text{N/mm}^2)$$

$$< 0.25\beta_c f_c = 0.25 \times 1 \times 14.3 = 3.58(\text{N/mm}^2)$$

$$> 0.7f_t = 0.7 \times 1.43 = 1.00(\text{N/mm}^2)$$

则截面尺寸满足要求,但需按计算确定抗剪和抗扭钢筋。

(2) 验算是否能进行简化计算

$$0.35f_t bh_0 = 0.35 \times 1.43 \times 300 \times 555 = 83.33(\text{kN}) < V = 103.8\text{kN}$$

$$0.175f_t W_t = 0.175 \times 1.43 \times 225 \times 10^5 = 5.63(\text{kN} \cdot \text{m}) < T = 28.3\text{kN} \cdot \text{m}$$

故剪力和扭矩都不能忽略,不能进行简化计算。

(3) 计算箍筋。取 $\zeta = 1.2$,则:

① 计算抗剪箍筋

$$\beta_t = \frac{1.5}{1 + 0.5\dfrac{VW_t}{Tbh_0}}$$

$$= \frac{1.5}{1 + 0.5 \times \dfrac{103\,800}{28\,300\,000} \times \dfrac{22\,500\,000}{300 \times 555}} = 1.20 > 1.0$$

即取 $\beta_t = 1.0$。

由 $V = 0.7(1.5 - \beta_t)f_t bh_0 + f_{yv}\dfrac{A_{sv}}{s}h_0$ 得

$$103\,800 = 0.7 \times (1.5 - 1.0) \times 1.43 \times 300 \times 555 \times 360 \times \frac{2A_{sv1}}{s_v} \times 555$$

$$\frac{A_{sv1}}{s_v} = 0.051$$

② 计算抗扭箍筋

$$A_{cor}' = b_{cor} \times h_{cor} = 240 \times 540 = 129\,600 (\text{mm}^2)$$

由 $T = 0.35\beta_t f_t W_t + 1.2\sqrt{\zeta}\dfrac{f_{yv}A_{st1}A_{cor}}{s}$ 得

$$28\,300\,000 = 0.35 \times 1.0 \times 1.43 \times 22\,500\,000 + 1.2 \times \sqrt{1.2} \times 360 \times \frac{A_{st1}}{s_t} \times 129\,600$$

$$\frac{A_{st1}}{s_t} = 0.227$$

③ 箍筋为抗剪与抗扭箍筋叠加,即

$$\frac{A_{svt1}}{s} = \frac{A_{sv1}}{s_v} + \frac{A_{st1}}{s_t} = 0.051 + 0.227 = 0.328$$

④ 选配箍筋

选用双肢箍 ϕ 8,则:$A_{svt1} = 50.3\text{mm}^2$,即其间距为 $s = \dfrac{50.3}{0.328} = 153.4(\text{mm})$,取 $s = 150\text{mm}$。

⑤ 验算配箍率

$$\rho_{sv,min} = 0.28\frac{f}{f_{yv}} = 0.28 \times \frac{1.43}{360} = 0.11\%$$

$$\rho_{sv} = \frac{nA_{svt1}}{b_s} = \frac{2 \times 50.3}{300 \times 150} = 0.22\% > \rho_{sv,min=0.11\%}$$

(4) 计算抗扭纵筋

$$A_{stl} = \frac{\zeta f_{yv}A_{st1}u_{cor}}{sf_y}$$

$$= \frac{1.2 \times 360 \times 0.227 \times 2 \times (240 + 50)}{360} = 518.5(\text{mm}^2)$$

验算:

$$\rho_{stl,min} = 0.6\sqrt{\frac{T}{Vb}}\frac{f_t}{f_y} = 0.6 \times \sqrt{\frac{28\,300\,000}{103\,800 \times 300}} \times \frac{1.43}{360} = 0.227\%$$

$$\rho_{stl} = \frac{A_{stl}}{bh} = \frac{518.5}{300 \times 600} = 0.288\% > \rho_{stl,min} = 0.227\%(满足)$$

(5) 计算抗弯纵筋

$M = 90\text{kN} \cdot \text{m}$,计算得:$A_s = 484.9\text{mm}^2$,计算按单筋梁的计算步骤进行,具体过程略。

(6) 选配钢筋

抗扭纵筋均匀对称布置,按上、中、下 $\dfrac{1}{3}A_{stl}$ 个设置,顶面有 $\dfrac{1}{3}A_{stl}$ 与抗弯钢筋叠加,即

梁顶部:
$$A_s = \frac{518.5}{3} + 484.9 = 657.7(\text{mm}^2)$$

故选取 3 ϕ 18($A_s = 763\text{mm}^2$)。

梁中部和底部:
$$A_s = \frac{1}{3}A_{stl} = \frac{518.5}{3} = 172.8(\text{mm}^2)$$

故选取 2 ϕ 12($A_s = 226\text{mm}^2$)。

【例 6-4】 钢筋混凝土矩形截面纯扭构件，$b \times h = 250\text{mm} \times 500\text{mm}$，承受的扭矩设计值 $T = 15\text{kN} \cdot \text{m}$。混凝土为 C20，纵筋为 HRB335 级，箍筋为 HPB300 级。试计算配置该构件所需的抗扭钢筋（图 6-11）。

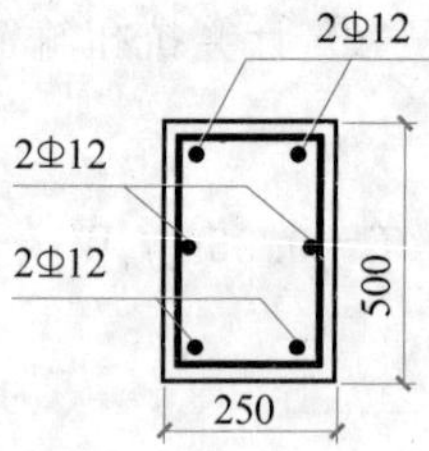

【解】 ① 验算截面尺寸

$$W_t = (3h - b)b^2/6 = (3 \times 500 - 250) \times 250^2/6 = 13\,020\,833.3(\text{mm}^3)$$

$$0.25\beta_c f_c \times 0.8 W_t = 0.25 \times 1.0 \times 9.6 \times 0.8 \times 13\,020\,833.3$$
$$= 25 \times 10^6(\text{N} \cdot \text{mm}) > T = 15\text{kN} \cdot \text{m}$$

$$0.7 f_t W_t = 0.7 \times 1.1 \times 130\,200\,833.3 = 10 \times 10^6(\text{N} \cdot \text{mm}) < T$$

图 6-11 例 6-4 图

所以截面尺寸满足要求，并且要按计算配置受扭钢筋。

② 计算抗扭箍筋数量。设 $\xi = 1.2$

$$b_{cor} = b - 60 = 250 - 60 = 190(\text{mm})$$

$$h_{cor} = h - 60 = 500 - 60 = 440(\text{mm})$$

$$u_{cor} = 2(b_{cor} + h_{cor}) = 2 \times (190 + 440) = 1260(\text{mm})$$

$$A_{cor} = b_{cor} \times h_{cor} = 190 \times 440 = 83\,600(\text{mm}^2)$$

$$\frac{A_{st1}}{s} = \frac{T - 0.35 f_t W_t}{1.2\sqrt{\xi} f_{yv} A_{cor}} = \frac{15 \times 10^6 - 0.35 \times 1.1 \times 13\,020\,833.3}{1.2 \times \sqrt{1.2} \times 300 \times 83\,600}$$
$$= 0.303(\text{mm}^2/\text{mm})$$

选用 φ8 双肢 $A_{st1} = 50.3\text{mm}^2$，则箍筋的间距 $s = \dfrac{50.3}{0.303} = 166(\text{mm})$，取间距 $s = 150\text{mm}$。

最小配箍率验算：

$$\rho_{svt} = \frac{2A_{st1}}{bs} = \frac{2 \times 50.3}{250 \times 150} = 0.268\% \geqslant \rho_{svt,min} = 0.28\frac{f_t}{f_{yv}} = 0.103\%$$

③ 纵筋计算

$$A_{stl} = \frac{\xi f_{yv} A_{st1} u_{cor}}{f_y s} = \frac{1.2 \times 270 \times 50.3 \times 1260}{300 \times 150} = 456(\text{mm}^2)$$

选用 6 φ 12，$A_{stl} = 678\text{mm}^2$。

最小配筋率验算：

$$\rho_{tl} = \frac{A_{stl}}{bh} = \frac{678}{250 \times 500} = 0.54\% \geqslant \rho_{tl,min} = 0.6\sqrt{\frac{T}{Vb}}\frac{f_t}{f_y} = 0.31\%$$

对纯扭构件 $V = 1.0$，当 $\dfrac{T}{Vb} = \dfrac{15\,000\,000}{250} \geqslant 2.0$ 时，取 $\dfrac{T}{Vb} = 2.0$。

本 章 小 结

1. 偏心受拉构件分大偏心受拉构件和小偏心受拉构件，当轴向力作用在钢筋 A_s 和 A'_s 合力点之间时 $\left(e_0 \leqslant \dfrac{h}{2} - a_s\right)$，为小偏心受拉构件；当轴向力不作用在钢筋 A_s 和 A'_s 合力点之间时 $\left(e_0 > \dfrac{h}{2} - a_s\right)$，为大偏心受拉构件。对于小偏心受拉构件，当构件截面两侧钢筋是由平衡条件确定时,构件破坏时受拉钢筋应力可达到钢筋屈服强度。否则,例如采用对称配筋,距轴向拉力较近一侧钢筋可达到屈服强度,而距较远一侧钢筋达不到屈服强度。

2. 大偏心受拉构件与大偏心受压构件正截面承载力的计算公式是相似的,其计算方法也可参照大偏心受压构件进行。所不同的是 N 为拉力,而且不考虑二阶效应影响和附加偏心距 e_a。

3. 偏心受拉构件斜截面受剪承载力公式是在无轴向力作用受剪承载力公式基础上,减去一项由于轴向拉力存在对构件受剪承载力产生的不利影响。

4. 只要在构件截面中有扭矩作用,无论其中是否存在其他内力,这样的构件习惯上都称为受扭构件。它的截面承载力计算称为扭曲截面承载力计算。

钢筋混凝土受扭构件,由混凝土、抗扭箍筋和抗扭纵筋来抵抗由外载在构件截面内产生的扭矩。

5. 钢筋混凝土矩形截面受纯扭时的破坏形态,分为少筋破坏、适筋破坏、超筋破坏和部分超筋破坏。适筋破坏是正常破坏形态,少筋破坏、超筋破坏和部分超筋破坏是非正常破坏。通过控制最小配箍率和最小抗扭纵筋配筋率防止少筋破坏;通过限制截面尺寸防止超筋破坏;通过控制受扭纵筋和受扭箍筋配筋强度比值 ζ 防止部分超筋破坏。

6. 构件抵抗某种内力的能力受其他同时作用的内力影响的性质,称为构件承受各种内力能力之间的相关性。在剪扭构件截面中,既受有剪力产生的剪应力,又受有扭矩产生的剪应力。因此,混凝土的抗剪能力将随扭矩的增大而降低,而混凝土的抗扭能力将随剪力的增大而降低,《混凝土结构设计规范》是通过混凝土受扭强度降低系数 β_t 来考虑剪扭构件混凝土抵抗剪力和扭矩之间的相关性的。

7. 钢筋混凝土弯剪扭构件承载力的计算主要步骤是:验算构件的截面尺寸;确定计算方法;确定抗剪及抗扭箍筋数量;确定受扭纵筋数量并与受弯纵筋数量叠加。

习　题

6.1　在实际工程中,哪些结构构件可按轴心受拉构件计算? 哪些应按偏心受拉构件计算?

6.2　怎样判别构件属于小偏心受拉还是大偏心受拉? 它们的破坏特征有何不同?

6.3　大偏心受拉构件正截面承载力计算公式的适用条件是什么? 为什么计算中要满足这些适用条件?

6.4　矩形截面钢筋混凝土纯扭构件的破坏形态与什么因素有关? 有哪几种破坏形态? 各有什么特点?

6.5　钢筋混凝土纯扭构件破坏时,在什么条件下,纵向钢筋和箍筋都会先达到屈服强度,然后混凝土才压坏,即产生延性破坏?

6.6　简述 ζ 和 β_t 的意义和取值限制。

6.7　受扭构件中,受扭纵向钢筋为什么要沿截面周边对称放置,并且四角必须放置?

6.8　简述抗扭钢筋的构造要求。

6.9　矩形截面弯剪扭构件的受弯、受剪、受扭承载力如何计算? 其纵筋和箍筋如何配置?

6.10 已知矩形截面偏心受拉构件, $b \times h = 200\text{mm} \times 400\text{mm}$, $a_s = a_s' = 40\text{mm}$, 混凝土采用 C20, 钢筋 HRB335 级, 承受轴向拉力设计值 $N = 560\text{kN}$, 弯矩设计值 $M = 50\text{kN} \cdot \text{m}$, 试计算配筋 A_s 和 A_s'。

6.11 某双肢柱的拉肢为偏心受拉构件, 截面尺寸 $b \times h = 400\text{mm} \times 150\text{mm}$, $a_s = a_s' = 40\text{mm}$, 承受轴心拉力设计值 $N = 86\text{kN}$, 弯矩设计值 $M = 5.6\text{kN} \cdot \text{m}$, 采用 C30 混凝土, HRB335 级钢筋, 试计算受拉肢截面的配筋。

6.12 一钢筋混凝土矩形截面悬臂梁, $b \times h = 200\text{mm} \times 400\text{mm}$, 混凝土为 C25, 纵筋为 HRB400 级, 箍筋为 HPB235 级, 若在悬臂支座截面处作用设计弯矩 $M = 56\text{kN} \cdot \text{m}$, 设计剪力 $V = 60\text{kN}$ 和设计扭矩 $T = 4\text{kN} \cdot \text{m}$, 试确定该构件的配筋, 并画出配筋图。

6.13 承受均布荷载的矩形截面折线梁, 截面尺寸 $b \times h = 250\text{mm} \times 600\text{mm}$, 混凝土为 C30 级, 纵筋 HRB400 级, 箍筋 HRB400 级。已求得支座处负弯矩设计值 $M = 120\text{kN} \cdot \text{m}$, 剪力设计值 $V = 78\text{kN}$, 扭矩设计值 $T = 29\text{kN} \cdot \text{m}$。试设计该截面。

第 7 章 预应力混凝土构件

学习目标

1. 掌握预应力的各种损失及预应力损失值的组合。
2. 掌握后张法预应力轴心受拉构件各阶段的应力分析,能进行后张法预应力轴心受拉构件的计算。
3. 了解预应力混凝土受弯构件各阶段的应力分析,对其使用阶段正截面受弯承载力计算,施工阶段抗裂度验算及构件变形验算等也有所了解。
4. 掌握预应力混凝土构件的主要构造要求。

7.1 概　　述

预应力技术从 20 世纪 20 年代进入土木工程的实际应用以来,已经成为土木工程领域最重要的技术之一,尤其是在桥梁结构与大跨度房屋结构中,更是首选的技术。

预应力混凝土结构是由普通钢筋混凝土结构发展而来的,法国工程师弗来西奈在 1928 年研制成功了预应力混凝土,指出预应力混凝土必须采用高强钢材和高强混凝土,为预应力混凝土结构的发展奠定了基础。第二次世界大战结束后,为了适应大规模建设的需要,在国外预应力技术开始得到大量应用,20 世纪 60 年代,我国林同炎提出的用于预应力结构分析的荷载平衡法极大地促进了预应力技术的普及。我国预应力技术的起步始于 20 世纪 50 年代初,在新中国成立后,需要大量建设工业厂房和民用建筑,但由于国内钢材奇缺,迫切需要研究利用高强度的钢材来满足经济建设的需要,由此开始了我国预应力技术的研究与应用。由于条件受限,当时我国预应力技术发展走的是低强钢材预应力的道路,预应力钢材主要采用冷拉钢筋或冷拔钢丝,预应力技术主要应用于预制混凝土构件,典型构件有工业厂房中的预应力屋架、屋面梁、吊车梁等,还有民用建筑中的先张法预应力空心板等。

20 世纪 80 年代中期,我国预应力技术的应用,其主要目的仍然是通过对高强钢筋施加预应力使得高强钢筋能够充分地发挥其作用,以减少钢材用量,同时克服混凝土抗拉强度低、容易开裂的缺点,应用的领域基本上以预制构件为主。

自 20 世纪 80 年代中后期开始,预应力技术得到了广泛的应用。近 20 年来,建筑业推广应用的十项新技术中均列入了高效预应力技术,在建筑业"十二五"推广应用的十项新技术中,预应力技术仍是其重要的组成部分。在混凝土结构中,预应力技术由于采用了高强钢材和高强混凝土,可减少 30%~60% 的钢筋用量和减少 20%~40% 的混凝土用量,并且由于预应力的作用,可以控制结构开裂、变形等不利影响,提高混凝土结构的耐久性。

20 余年来,预应力技术已不仅被应用于混凝土构件,其应用的目的也不仅仅是为了发挥高强钢筋作用或提高混凝土的抗拉能力,预应力混凝土结构相比于传统的全预应力混凝土结构有了进一步的发展,逐渐应用于钢—混凝土组合结构、空间钢结构等领域,预应力技术的发展进入了新的历史时期。

7.1.1 预应力混凝土的基本概念

虽然预应力混凝土在 20 世纪 50 年代才进入实用阶段,但是,预应力的基本原理在古代就已经有许多方面的应用。铁箍木桶就是一个很好的例子,如图 7-1 所示,铁箍给松散的木桶楔块施加一定的压力,使其形成木桶并能够承受足够的侧向水压力,这就是早先的预应力原理。

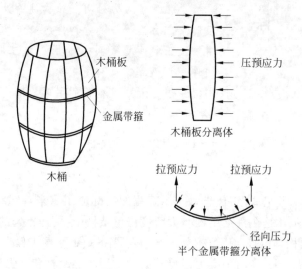

图 7-1 预应力原理

1. 预应力混凝土梁的工作原理

预应力在混凝土构件中的应用主要是克服混凝土受拉强度低的弱点以及充分利用高强钢材。对于钢筋混凝土受拉与受弯构件,由于混凝土的抗拉强度很低,一般其极限抗拉强度约为其抗压强度的 1/10,因此,在正常使用状态时,混凝土构件通常是带裂缝工作的;对于不允许开裂的构件,其受拉钢筋的应力仅达到 20~30MPa。而对于允许开裂的构件,通常当受拉钢筋应力达到 250MPa 时,裂缝宽度已达到 0.2~0.3mm,此时构件的耐久性已有所降低,同时也不宜用于高湿度或具有腐蚀性的工作环境。为了满足变形和裂缝控制的要求,则需增大构件的截面尺寸和用钢量,这将导致自重过大,使钢筋混凝土结构用于大跨度或承受动力荷载的结构成为不可能或很不经济。如果采用高强度钢筋,在使用荷载作用下,其应力可达 500~1000N/mm^2,但此时的裂缝宽度将很大,无法满足使用要求。因而,钢筋混凝土结构中采用高强度钢筋是不能充分发挥其作用的。而提高混凝土强度等级对提高构件的抗裂性能和控制裂缝宽度的作用也不大。

为了避免钢筋混凝土结构的裂缝过早出现、充分利用高强度钢筋及高强度混凝土,可以设法在结构构件受荷载作用前,通过预加外力,使它受到预压应力来减小或抵消荷载所引起的混凝土拉应力,从而使结构构件截面的拉应力不大,甚至处于受压状态,以达到控制受拉混凝土不过早开裂的目的。在构件承受荷载以前预先对混凝土施加压应力的方法有多种,有配置预应力筋,再通过张拉或其他方法建立预加应力的;也有在离心制管中采用膨胀混凝土生产的自应力混凝土等。本章所讨论的预应力混凝土构件是指常用的张拉预应力筋的预应力混凝土构件。

预应力混凝土梁的工作原理可由图 7-2 予以说明。

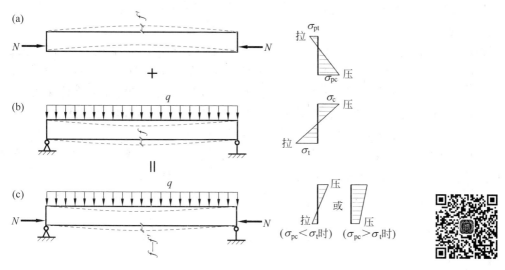

图 7-2 预应力混凝土简支梁
(a) 预压力作用下;(b) 外荷载作用下;(c) 预压力与外荷载共同作用下

如图 7-2 所示的预应力混凝土简支梁,在荷载作用之前,预先在梁的受拉区施加的偏心压力 N,使梁下边缘混凝土产生预压应力为 σ_{pc},梁上边缘产生不大的预拉应力 σ_{pt},如图 7-2(a)所示。当荷载 q(包括梁自重)作用时,梁跨中截面下边缘产生拉应力 σ_t,梁上边缘产生压应力 σ_c,如图 7-2(b)所示。这样,在预压力 N 和荷载 q 共同作用下,梁的下边缘拉应力将减至 $\sigma_t - \sigma_{pc}$,梁上边缘应力一般为压应力,但也有可能为较小的拉应力,如图 7-2(c)所示。如果施加的预加力 N 比较大,则在荷载作用下梁的下边缘就不会出现拉应力。由此可见,预应力混凝土构件可延缓混凝土构件的开裂,提高构件的抗裂度和刚度,同时可节约钢筋,减轻构件自重,克服钢筋混凝土的缺点。

2. 预应力混凝土结构的优点

预应力混凝土结构具有以下的优点。

(1) 预应力混凝土由于有效利用了高强度的钢筋和混凝土,所以其可做成比普通钢筋混凝土跨度大而自重小的细长承重结构。

(2) 预应力可以改善混凝土结构的使用性能,从而可以防止混凝土开裂,或者至少可以把裂缝宽度限制到无害的程度,这就提高了结构的耐久性。

(3) 在使用荷载作用下即使是部分预应力,也可将结构的变形控制在很小的状态。

(4) 预应力混凝土结构具有很高的抗疲劳性能,即使采用部分预应力技术,钢筋应力的变化幅度也较小。

(5) 预应力混凝土构件中,只要钢筋应变在 0.01% 以下,超载引起的裂缝在卸除荷载后就可能重新闭合。

7.1.2 预应力的方法

根据预应力技术应用的特点,通常可将预应力技术分为三大类型,即张拉预应力筋的方法主要有先张法、后张法和体外预应力三种,此处仅介绍前两种方法。

1. 先张法

先张法是指在构件的混凝土浇筑之前将预应力筋张拉到设计控制应力,待混凝土强度达到规定值时(达到强度设计值的 75% 以上),将预应力筋切断,钢筋回缩挤压混凝土,使得预应力施加到混凝土构件上,预应力是靠预应力筋与混凝土之间的黏结力来传递的。制作先张法预应力构件一般都需要台座、拉伸机、传力架和夹具等设备,其工序见图 7-3。当构件尺寸不大时,可不用台座,而在钢模上直接进行张拉。

先张法通常用于在工厂生产的中小型构件,由于先张法工艺不需要在构件中留设孔道,也不需要使用永久性的锚夹具,因此与预应力相关的成本较低。

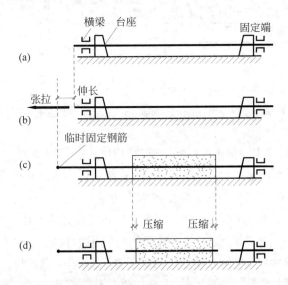

图 7-3　先张法主要工序示意图

(a) 预应力筋就位;(b) 张拉预应力筋;(c) 临时固定预应力筋,浇灌混凝土并养护;
(d) 放松预应力筋,预应力筋回缩挤压混凝土,混凝土获得预压应力

2. 后张法

先浇筑混凝土,待混凝土硬化后,在构件上直接张拉预应力钢筋的方法称为后张法。

张拉工序(图 7-4):在构件的混凝土浇筑之前,在预应力筋相应的位置上预先埋设孔道或埋设无黏结(缓黏结)预应力筋,待混凝土强度达到设计强度的 75% 后,将预应力筋张拉到设计张拉应力,并利用专用锚具将预应力筋固定在混凝土构件端部,预应力主要是靠预应力筋端部的锚具来传递的。有黏结预应力筋需要在预留孔道中灌入灌浆材料使预应力筋与混凝土黏结成整体,也可不灌浆形成无黏结预应力混凝土结构。

体外预应力在严格意义上仍属于后张法的范畴,但由于其应用的目的、范围及设计分析方法与传统的后张法有很大的不同,因此,通常将其单独划分为一类。体外预应力技术是指预应力筋位于构件的外部，或者说结构构件是由预应力筋与由其他材料的构件共同组成。应用的目的可以是调整结构内力分布、控制结构变形、增加构件或结构承载能力等，应用范围覆盖了结构加固、预应力钢结构等。

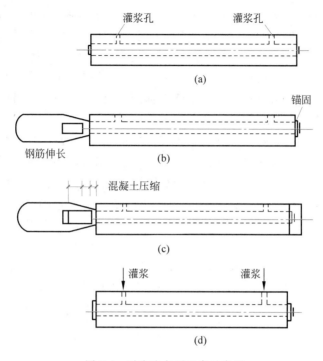

图 7-4 后张法主要工序示意图

(a) 制作构件，预留孔道，穿入预应力筋；(b) 安装千斤顶；
(c) 张拉预应力筋；(d) 锚固预应力筋，拆除千斤顶，孔道压力灌浆

7.1.3 预应力混凝土的材料

1. 混凝土

预应力混凝土结构对混凝土的要求如下。

高强度 《混凝土结构设计规范》规定，预应力混凝土结构的混凝土强度等级不宜低于C40，且不应低于C30。

收缩、徐变小 这样可减小由于混凝土收缩与徐变产生的预应力损失，同时也可以有效控制预应力混凝土结构的徐变变形。

耐久性优良 可保证预应力混凝土结构耐久性。

快硬、早强 在先张法构件中采用快硬早强的混凝土可提高设备的周转率，从而降低造价、加快施工进度。

2. 预应力筋

预应力筋宜采用消除应力钢丝和钢绞线、中强度预应力钢丝、预应力螺纹钢筋，预应力混凝土结构对预应力筋的要求如下。

高强度与低松弛 采用高强度、低松弛材料可减小预应力损失，建立较高的有效预应力。

良好的塑性性能　预应力筋在保证高强度的同时,应具有一定的塑性性能(伸长率和弯折次数),以防止发生脆性破坏。当构件处于低温或受到冲击荷载作用时,还应具有一定的抗冲击性。

良好的黏结性能　在先张法预应力构件中,预应力的传递是靠预应力筋和混凝土之间的黏结力来完成的,因此预应力钢筋和混凝土之间必须要有良好的黏结强度。采用光面高强度钢丝时,表面应"刻痕"或"压波"处理。后张法有黏结预应力结构,预应力筋与孔道后灌水泥浆之间应有可靠的黏结性能,以使预应力筋与周围的混凝土形成一个整体来共同承受荷载作用。无黏结筋和体外预应力束完全依靠锚固系统来建立和保持预应力,为减少摩擦损失,要求预应力筋表面光滑即可。

防腐蚀等耐久性能　预应力钢材腐蚀造成的后果比普通钢材要严重得多,主要原因是强度等级高的钢材对腐蚀更灵敏,同时预应力筋的直径相对较小。未经保护的预应力筋如暴露在室外环境中,经过一段时间将可能导致抗拉性能和疲劳强度下降。预应力钢材通常对两种类型的锈蚀是敏感的,即电化学腐蚀和应力腐蚀。在电化学腐蚀中,必须有水溶液存在,还需要空气(氧);应力腐蚀是在一定的应力和环境条件下共同作用,引起钢材脆化的腐蚀。

为了防止预应力钢材腐蚀,先张法由混凝土黏结保护,后张法有黏结预应力采用水泥灌浆保护;特殊环境条件下,采用预应力钢材镀锌、环氧涂层或外包防腐材料等综合措施来保证预应力筋的耐久性。

7.1.4　锚具

锚具和夹具是在制作预应力结构或构件时锚固预应力筋的工具。

锚具　是指在后张法结构或构件中,为保持预应力筋的拉力并将其传递到混凝土内部的永久性锚固装置。

夹具　是指在先张法构件施工时,为保持预应力筋的拉力并将其固定在生产台座(或设备)上的临时性锚固装置;在后张法结构或构件施工时,在张拉千斤顶或设备上夹持预应力筋的临时性装置(又称工具锚)。

锚具、夹具和连接器应具有可靠的锚固性能、足够的承载能力和良好的适用性,以保持充分发挥预应力筋的强度,安全地实现预应力张拉作业,避免锈蚀、沾污、遭受机械损伤或散失。

1. 预应力筋锚固体系

预应力筋锚固体系由张拉端锚具、固定端锚具和连接器组成。根据锚固形式的不同有夹片式、支承式、锥塞式和握裹式四种锚具形式。

1) 固定端锚具

安装在预应力筋端部,通常埋在混凝土中,不用以张拉的锚具。常用的锚具形式有P 型[图 7-5(a)]和 H 型[图 7-5(b)]。

P 型锚具　是用挤压机将挤压套压结在钢绞线上的一种握裹式挤压锚具,适用于构件端部设计应力大或群锚构件端部空间受到限制的情况。

H 型锚具　是将钢绞线一端用压花机压梨状后,固定在支架上,可排列成长方形或正方形,适用于钢绞线数量较少、梁的断面比较小的情况。

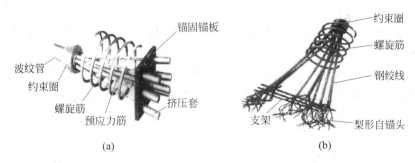

图 7-5 固定端握裹式锚具

(a) P 型挤压锚具；(b) H 型压花锚具

以上两种锚具属握裹式形式,均是预先埋在混凝土内,待混凝土凝固到设计强度后,再进行张拉。利用握裹力将预应力传递给混凝土。

2)张拉端锚具

安装在预应力筋张拉端端部、可以在预应力筋的张拉过程中始终对预应力筋保持锚固状态的锚固工具。

2. 常用张拉端锚具

1)夹片式锚具

圆柱体夹片式锚具　圆柱体夹片式锚具由夹片、锚环、锚垫板以及螺旋筋四部分组成。夹片是锚固体系的关键零件,用优质合金钢制造。圆柱体夹片式锚具有单孔[图 7-6(a)]和多孔[图 7-6(b)]两种形式。锚固性能稳定、可靠,适用范围广泛,并具有良好的放张自锚性能,施工操作简便,适用的钢绞线根数可从 1 根至 55 根。

长方体扁形锚具[图 7-6(c)]　长方体扁形锚具由扁锚板、工作夹片、扁锚垫板等组成。当预应力钢绞线配置在板式结构内时,如空心板、低高度箱梁等,为避免因配索而增大板厚。可采取扁形锚具将预应力钢绞线布置成扁平放射状。使应力分布更加均匀合理,进一步减薄结构厚度。

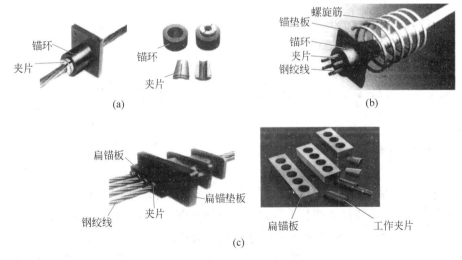

图 7-6 圆柱体夹片式锚具

(a) 圆形单孔锚具；(b) 圆形多孔锚具；(c) 长方体扁形锚具

2) 支承式锚具

镦头锚具(图 7-7)　镦头锚具可用于张拉端,也可用于固定端。张拉端采用锚环,固定端采用锚板。

镦头锚具由锚板(或锚环)和带镦头的预应力筋组成。先将钢丝穿过固定端锚板及张拉端锚环中圆孔,然后利用镦头器对钢丝两端进行镦粗,形成镦头,通过承压板或疏筋板锚固预应力钢丝,可锚固极限强度标准值为 1570MPa 和 1670MPa 的高强钢丝束。

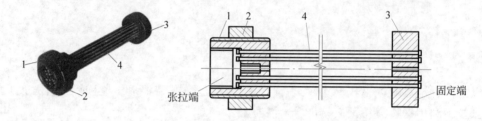

图 7-7　镦头锚具

1—锚环；2—螺母；3—固定端锚板；4—钢丝束

螺母锚具(图 7-8)　用于锚固高强精轧螺纹钢筋的锚具,由螺母、垫板、连接器组成,具有性能可靠、回缩损失小、操作方便的特点。

3) 锥塞式锚具

锥塞式锚具之一的钢质锥塞式锚具(图 7-9),主要由锚环、锚塞组成。其工作原理是通过张拉预应力钢丝顶压锚塞,把钢丝束楔紧在锚环与锚塞之间,借助摩擦力传递张拉力。同时利用钢丝回缩力带动锚塞向锚环内滑进,使钢丝进一步楔紧。

图 7-8　螺母锚具　　　　　　　图 7-9　钢质锥塞式锚具

7.2　张拉控制应力与预应力损失

7.2.1　张拉控制应力 σ_{con}

张拉控制应力是指预应力筋在进行张拉时控制达到的最大应力值。其值为张拉设备(如千斤顶油压表)所指示的总张拉力除以预应力筋截面面积而得的应力值,以 σ_{con} 表示。

张拉控制应力的取值,直接影响预应力混凝土的使用效果,如果张拉控制应力取值过低,则预应力筋经过各种损失后,对混凝土产生的预压力过小,不能有效地提高预应力混凝土构件的抗裂度和刚度。如果张拉控制应力取值过高,则可能引起以下问题。

（1）在施工阶段会使构件的某些部位受到拉力（称为预拉力）甚至开裂，对后张法构件可能造成端部混凝土局压破坏。

（2）构件出现裂缝时的荷载值与极限荷载值很接近，使构件在破坏前无明显的预兆，构件的延性较差。

（3）为了减少预应力损失，有时需进行超张拉，有可能在超张拉过程中使个别预应力筋的应力超过它的实际屈服强度，使预应力筋产生较大塑性变形或脆断。

张拉控制应力值大小的确定，还与预应力的钢种有关。由于预应力混凝土采用的都为高强度钢筋，其塑性较差，故控制应力不能取得太高。

《混凝土结构设计规范》规定，在一般情况下，张拉控制应力不宜超过表 7-1 的限值。

表 7-1　张拉控制应力 σ_{con} 限值

钢 筋 种 类	σ_{con}
消除应力钢丝、钢绞线	$\leqslant 0.75 f_{ptk}$
中强度预应力钢丝	$\leqslant 0.70 f_{ptk}$
预应力螺纹钢筋	$\leqslant 0.85 f_{pyk}$

注：① 表中消除应力钢丝、钢绞线、中强度预应力钢丝的张拉控制应力值不应小于 $0.4 f_{ptk}$。
② 预应力螺纹钢筋的张拉控制应力值不宜小于 $0.5 f_{pyk}$。

符合下列情况之一时，表 7-1 中的张拉控制应力限值可提高 $0.05 f_{ptk}$ 或 $0.05 f_{pyk}$。

（1）要求提高构件在施工阶段的抗裂性能而在使用阶段受压区内设置的预应力筋。

（2）要求部分抵消由于应力松弛、摩擦、钢筋分批张拉以及预应力筋与张拉台座之间的温差等因素产生的预应力损失。

7.2.2　预应力损失

在预应力混凝土构件施工及使用过程中，由于混凝土和钢材的性质以及制作方法上的原因，预应力筋的张拉力值是在不断降低的，称为预应力损失。引起预应力损失的因素很多，一般认为预应力混凝土构件的总预应力损失值，可采用各种因素产生的预应力损失值进行叠加的办法求得。下面讲述六种预应力损失。

1. 直线预应力筋由于锚具变形和预应力筋内缩引起的预应力损失值 σ_{l1}

直线预应力筋当张拉到 σ_{con} 后，锚固在台座或构件上时，由于锚具各零件之间（例如锚具、垫板与构件之间的缝隙被挤紧）以及由于预应力筋锚具之间的相对位移和局部塑性变形（图 7-10），使得被拉紧的预应力筋内缩（变松）引起的预应力损失值 σ_{l1}（N/mm²），按下式计算：

$$\sigma_{l1} = \frac{\alpha}{l} E_s \tag{7-1}$$

式中：α——张拉端锚具变形和预应力筋内缩值（mm），按表 7-2 取用；

l——张拉端至锚固端之间的距离，mm；

E_s——预应力筋的弹性模量，N/mm²。

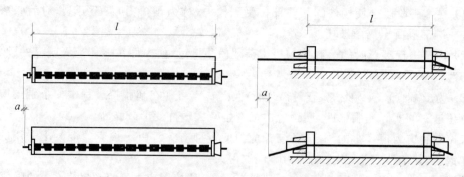

图 7-10　锚具变形和钢筋内缩松动引起的预应力损失

表 7-2　锚具变形和预应力筋内缩值 α　（单位：mm）

锚 具 类 别		α
支承式锚具（钢丝束镦头锚具等）	螺帽缝隙	1
	每块后加垫板的缝隙	1
夹片式锚具	有顶压时	5
	无顶压时	6～8

注：① 表中的锚具变形和预应力筋内缩值也可根据实测数值确定。
　　② 其他类型的锚具变形和钢筋内缩值应根据实测数据确定。

锚具损失只考虑张拉端，固定端因在张拉过程中已被挤紧，故不考虑其所引起的应力损失。

对于块体拼成的结构，其预应力损失尚应考虑块体间填缝的预压变形。当采用混凝土或砂浆填缝材料时，每条填缝的预压变形值可取 1mm。

减少 σ_{l1} 的措施如下。

（1）选择锚具变形小或使预应力筋内缩小的锚具、夹具，并尽量少用垫板，因每增加一块垫板，α 值就增加 1mm。

（2）增加台座长度。因 σ_{l1} 值与台座长度成反比，采用先张法生产的构件，当台座长度为 100m 以上时，σ_{l1} 可忽略不计。

后张法构件曲线预应力筋或折线预应力筋，由于锚具变形和预应力内缩引起的预应力损失值 σ_{l1}，应根据曲线预应力筋或折线预应力筋与孔道壁之间反向摩擦影响长度 l_f 范围内的预应力筋变形值等于锚具变形和预应力筋内缩值的条件确定。σ_{l1} 可按《混凝土结构设计规范》附录 J 进行计算。

2. 预应力筋与孔道壁之间的摩擦引起的预应力损失值 σ_{l2}

采用后张法张拉预应力筋时，由于预应力筋在张拉过程中与混凝土孔壁或套管接触而产生摩擦阻力。这种摩擦阻力距离预应力张拉端越远，影响越大，使构件各截面上的实际预应力有所减少，见图 7-11，称为摩擦损失，以 σ_{l2} 表示。

σ_{l2} 可按下式进行计算。

$$\sigma_{l2} = \sigma_{con}\left(1 - \frac{1}{e^{kx+\mu\theta}}\right) \tag{7-2}$$

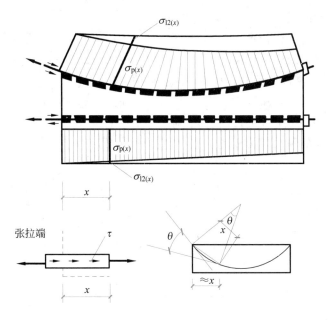

图 7-11 摩擦引起的预应力损失

当 $kx + \mu\theta \leqslant 0.3$ 时。σ_{l2} 可按下列近似公式计算：

$$\sigma_{l2} = (kx + \mu\theta)\sigma_{con} \tag{7-3}$$

式中：k ——考虑孔道每米长度局部偏差的摩擦系数，按表 7-3 取用；

$\quad x$ ——从张拉端至计算截面的孔道长度(m)，可近似取该段孔道在纵轴上的投影长度

（图 7-13）；

$\quad \mu$ ——预应力筋与孔道壁之间的摩擦系数，按表 7-3 取用；

$\quad \theta$ ——从张拉端至计算截面曲线孔道各部分切线的夹角之和（以弧度计）。

 注意

当采用夹片式群锚体系时，在 σ_{con} 中宜扣除锚口摩擦损失。锚口摩擦损失按实测值
或厂家提供数据确定。

表 7-3　摩擦系数

孔道成型方式	k	u	
		钢绞线、钢丝束	预应力螺纹钢筋
预埋金属波纹管	0.0015	0.25	0.5
预埋塑料波纹管	0.0015	0.15	—
预埋钢管	0.0010	0.30	—
抽芯成型	0.0014	0.55	0.60
无黏结预应力筋	0.0040	0.09	—

注：摩擦系数也可根据实测数据确定。

减少 σ_{l2} 的措施如下。

（1）采用两端张拉。比较图 7-12(a)和图 7-12(b)可以看出，两端张拉可减小一半损失。

（2）采用超张拉，如图 7-12(c)所示，张拉程序为：$0\rightarrow 1.1\sigma_{con}$（持续 2min）$\rightarrow 0.85\sigma_{con}$（停 2min）$\rightarrow \sigma_{con}$。当张拉端 A 超张拉 10%时，预应力筋中的预拉应力将沿 EHD 分布。当张拉端的张拉力降低至 $0.85\sigma_{con}$ 时，由于孔道与预应力筋之间产生反向摩擦，预拉应力将沿 $FGHD$ 分布。当张拉端 A 再次张拉至 σ_{con} 时，则预应力筋中的应力将沿 $CGHD$ 分布，显然比图 7-12(c)所建立的预拉应力要均匀些，预应力损失要小一些。

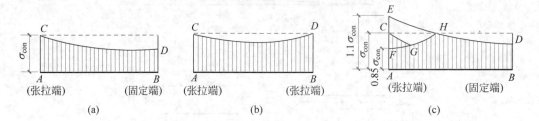

图 7-12　一端张拉、两端张拉及超张拉对减少摩擦损失的影响

3. 混凝土加热养护时预应力筋与承受拉力的设备之间温差引起的预应力损失值 σ_{l3}

对于先张法构件，为缩短生产周期，浇灌混凝土后常采用蒸汽养护的办法加速混凝土的硬结。升温时，预应力筋受热自由膨胀，新浇筑的混凝土尚未结硬，还未与钢筋黏结成整体，由于钢筋与台座间存在温差，被固定在台座上的钢筋的伸长值将大于台座的伸长值。因此，钢筋变松，即张拉应力降低，产生预应力损失。降温时，混凝土已与钢筋黏结成整体而一起回缩，所以产生的预应力将无法恢复。

设混凝土加热养护时，预应力筋与承受拉力的设备（台座）之间的温差为 $\Delta t(\text{℃})$，预应力筋的温度线膨胀系数 $\alpha = 0.000\,01/\text{℃}$，则 σ_{l3} 可按下式计算：

$$\sigma_{l3} = E_s\varepsilon_s = \frac{\Delta l}{l}E_s = \frac{\alpha l\Delta t}{l}E_s = \alpha E_s\Delta t$$
$$= 0.000\,01 \times 2.0 \times 10^5\Delta t = 2\Delta t(\text{N/mm}^2) \tag{7-4}$$

减少 σ_{l3} 的措施如下。

（1）采用两次升温养护。先在常温下养护，待混凝土达到 C7.5～C10 时，再逐渐升温至规定的养护温度，这时可认为预应力筋与混凝土已结成整体，能够一起胀缩而不引起应力损失。

（2）在钢模上张拉预应力筋。由于预应力筋是锚固在钢模上的，升温时两者温度相同，可以不考虑此项损失。

4. 预应力筋应力松弛引起的预应力损失值 σ_{l4}

预应力筋在高应力长期作用下其塑性变形具有随时间而增长的性质，在预应力筋长度保持不变的条件下预应力筋的应力会随时间的增长而逐渐降低，这种现象称为预应力筋的应力松弛。另一方面，在预应力筋应力保持不变的条件下，其应变会随时间的增长而逐渐增大，这种现象称为预应力筋的徐变。预应力筋的松弛和徐变均将引起预应力筋中的应力损失，这种损失统称为预应力筋应力松弛损失 σ_{l4}。

《混凝土结构设计规范》σ_{l4} 计算公式如下。

普通松弛：

$$\sigma_{l4} = 0.4\left(\frac{\sigma_{con}}{f_{ptk}} - 0.5\right)\sigma_{con} \tag{7-5}$$

低松弛:

当 $\sigma_{con} \leqslant 0.7 f_{ptk}$ 时,

$$\sigma_{l4} = 0.125\left(\frac{\sigma_{con}}{f_{ptk}} - 0.5\right)\sigma_{con} \tag{7-6}$$

当 $0.7 f_{ptk} < \sigma_{con} \leqslant 0.8 f_{ptk}$ 时,

$$\sigma_{l4} = 0.2\left(\frac{\sigma_{con}}{f_{ptk}} - 0.575\right)\sigma_{con} \tag{7-7}$$

中强度预应力钢丝:

$$\sigma_{l4} = 0.08\sigma_{con} \tag{7-8}$$

预应力螺纹钢筋:

$$\sigma_{l4} = 0.03\sigma_{con} \tag{7-9}$$

当 $\dfrac{\sigma_{con}}{f_{ptk}} \leqslant 0.5$ 时, σ_{l4} 可取为零。

试验表明,预应力筋应力松弛与下列因素有关。

(1) 时间。开始阶段发展较快,第一小时松弛损失可达全部松弛损失的 50% 左右,24h 后可达 80% 左右,以后发展缓慢。

(2) 钢材的初始应力和极限强度。当初应力小于 $0.7 f_{ptk}$ 时,松弛与初应力呈线性关系,初应力高于 $0.7 f_{ptk}$ 时,松弛显著增大。

(3) 张拉控制应力。张拉控制应力值高,应力松弛大;反之,则小。

 小知识: 减少 σ_{l4} 的措施

进行超张拉,先控制张拉应力达 $1.05\sigma_{con} \sim 1.1\sigma_{con}$,持荷 $2 \sim 5min$,然后卸荷,再施加张拉应力至 σ_{con},这样可以减少松弛引起的预应力损失。

5. 混凝土收缩、徐变引起受拉区和受压区纵向预应力筋的损失值 σ_{l5}、σ'_{l5}

混凝土在一般温度条件下结硬时体积会发生收缩,而在预应力作用下,沿压力方向混凝土发生徐变。两者均使构件的长度缩短,预应力筋也随之内缩(变松),造成预应力损失。收缩与徐变虽是两种性质完全不同的现象,但它们的影响因素、变化规律较为相似,故《混凝土结构设计规范》将这两项预应力损失合在一起考虑。

混凝土收缩、徐变引起受拉区纵向预应力筋的预应力损失 σ_{l5} 和受压区纵向预应力筋的预应力损失 σ'_{l5}。可按下列公式计算。

1) 一般情况

先张法构件:

$$\sigma_{l5} = \frac{60 + 340\dfrac{\sigma_{pc}}{f'_{cu}}}{1 + 15\rho} \tag{7-10}$$

$$\sigma'_{l5} = \frac{60 + 340\dfrac{\sigma'_{pc}}{f'_{cu}}}{1 + 15\rho'} \tag{7-11}$$

后张法构件：

$$\sigma_{l5} = \frac{55 + 300\dfrac{\sigma_{pc}}{f'_{cu}}}{1 + 15\rho} \tag{7-12}$$

$$\sigma'_{l5} = \frac{55 + 300\dfrac{\sigma_{pc}}{f'_{cu}}}{1 + 15\rho'} \tag{7-13}$$

式中：σ_{pc}、σ'_{pc}——受拉区、受压区预应力筋在各自合力点处混凝土法向压应力，此时，预应力损失值仅考虑混凝土预压前(第一批)的损失，其普通钢筋中的应力 σ_{l5}、σ'_{l5} 值应取等于零；σ_{pc}、σ'_{pc} 值不得大于 $0.5f'_{cu}$；当 σ'_{pc} 为拉应力时，则公式(7-11)、公式(7-13)中的 σ'_{pc} 应取等于零；计算混凝土法向应力 σ_{pc}、σ'_{pc} 时可根据构件制作情况考虑自重的影响；

f'_{cu}——施加预应力时的混凝土立方体抗压强度；

对先张法构件：

$$\rho = \frac{A_p + A_s}{A_0}, \quad \rho' = \frac{A'_p + A'_s}{A_0} \tag{7-14}$$

对后张法构件：

$$\rho = \frac{A_p + A_s}{A_n}, \quad \rho' = \frac{A'_p + A'_s}{A_n} \tag{7-15}$$

式中：A_0——混凝土换算截面面积；

A_n——混凝土净截面面积。

ρ、ρ'——受拉区、受压区预应力钢筋和普通钢筋的配筋率。

对于对称配置预应力筋和普通钢筋的构件，配筋率 ρ、ρ' 应分别按钢筋总截面面积的一半计算。

当结构处于年平均相对湿度低于 40% 的环境下，σ_{l5} 和 σ'_{l5} 应增加 30%。

2) 对重要的结构构件

当需要考虑与时间相关的混凝土收缩、徐变及预应力筋应力松弛预应力损失值时，可按《混凝土结构设计规范》附录 K 进行计算。

 小知识：减少 σ_{l5} 的措施

(1) 采用高强度等级水泥，减少水泥用量，降低水灰比，采用干硬性混凝土；

(2) 采用级配较好的骨料，加强振捣，提高混凝土的密实性；

(3) 加强养护，以减少混凝土的收缩。

6. 用螺旋式预应力筋作配筋的环形构件，由混凝土的局部挤压引起的预应力损失 σ_{l6}

采用螺旋式预应力筋作配筋的环形构件，由于预应力筋对混凝土的局部挤压，使环形构件的直径有所减小，预应力筋中的拉应力就会降低，从而引起预应力钢筋的应力损失 σ_{l6}。

σ_{l6} 的大小与环形构件的直径 d 成反比，直径越小，损失越大，故《混凝土结构设计规范》规定：

当 $d \leqslant 3$m 时，$\qquad \sigma_{l6} = 30\text{N/mm}^2 \qquad$ (7-16)

当 $d > 3$m 时，$\qquad \sigma_{l6} = 0 \qquad$ (7-17)

小知识：减少 σ_{l6} 的措施

搞好骨料颗粒级配、加强振捣、加强养护以提高混凝土的密实性。

除上述六项损失外，当后张法构件的预应力筋采用分批张拉时，应考虑后批张拉预应力筋所产生的混凝土弹性压缩（或伸长）对先批张拉预应力筋的影响，可将先批张拉预应力筋的张拉控制应力值 σ_{con} 增加（或减少）$\alpha_E \sigma_{pci}$，此处 σ_{pci} 为后批张拉预应力筋在先批张拉预应力筋重心处产生的混凝土法向应力。

7.2.3 预应力损失值的组合

上述六项预应力损失，有的只发生在先张法构件中，有的只发生在后张法构件中，有的两种构件均有，而且是分批产生的。为了便于分析和计算，《混凝土结构设计规范》规定，预应力构件在各阶段的预应力损失值宜按表 7-4 的规定进行组合。

表 7-4　各阶段预应力损失值的组合

预应力损失值的组合	先张法构件	后张法构件
混凝土预压前（第一批）的损失 $\sigma_{l\,\mathrm{I}}$	$\sigma_{l1} + \sigma_{l2} + \sigma_{l3} + \sigma_{l4}$	$\sigma_{l1} + \sigma_{l2}$
混凝土预压后（第二批）的损失 $\sigma_{l\,\mathrm{II}}$	σ_{l5}	$\sigma_{l4} + \sigma_{l5} + \sigma_{l6}$

注：先张法构件由于预应力筋应力松弛引起的损失值 σ_{l4} 在第一批和第二批损失中所占的比例，如需区分，可根据实际情况确定。

特别提示

考虑到各项预应力损失值的离散性，实际损失值有可能比按《混凝土结构设计规范》的计算值高，所以当计算求得的预应力总损失值 σ_l 小于下列数值时，应按下列数值取用。

先张法构件：100N/mm^2；

后张法构件：80N/mm^2。

7.3　预应力混凝土轴心受拉构件

7.3.1　轴心受拉构件各阶段的应力分析

预应力混凝土轴心受拉构件从张拉预应力筋开始直到构件破坏，截面中混凝土和预应力筋应力的变化可以分为两个阶段：施工阶段和使用阶段。每个阶段又包括若干个特征受力过程,因此,在设计预应力混凝土构件时,除应进行荷载作用下的承载力、抗裂度或裂缝宽度计算外,还要对各个特征受力过程的承载力和抗裂度进行验算。

1. 先张法构件

先张法构件各阶段钢筋和混凝土的应力变化过程见表 7-5。

表 7-5　先张法预应力混凝土轴心受拉构件各阶段应力变化

应力阶段		简　图	钢筋应力 σ_{pc}	混凝土应力 σ_{pc}	说　明
施工阶段	张拉钢筋浇筑混凝土		$\sigma_{con} - \sigma_{l1}$	0	张拉力由台座承担,预应力筋已出现第一批应力损失,构件混凝土不受力
	切断预应力钢筋		$\sigma_{con} - \sigma_{l1} - \alpha_E \sigma_{pcI}$	$\sigma_{pcI} = \dfrac{(\sigma_{con} - \sigma_{l1})A_p}{A_0}$	预应力筋回缩使混凝土受到压应力 σ_{pcI},混凝土受压而缩短,钢筋压力减少 $\alpha_E \sigma_{pcI}$
	完成第二批应力损失后		$\sigma_{con} - \sigma_l - \alpha_E \sigma_{pcII}$	$\sigma_{pcII} = \dfrac{(\sigma_{con} - \sigma_l)A_p}{A_0}$	预应力筋和混凝土进一步缩短,混凝土压力降低到 σ_{pcII},而钢筋应力增长 $\alpha_E(\sigma_{pcI} - \sigma_{pcII})$
使用阶段	在外力 N_0 作用下,使 $\sigma_{pc}=0$		$\sigma_{con} - \sigma_l$	0	在外力 N_0 作用下混凝土应力增加 σ_{pcII},钢筋应力增加 $\alpha_E \sigma_{pcII}$
	外力增加至 N_{cr} 使裂缝即将出现		$(\sigma_{con} - \sigma_l) + \alpha_E f_{tk}$	f_{tk}	在外力 N_{cr} 作用下,混凝土应力再增加 f_{tk},而钢筋应力则增长 $\alpha_E f_{tk}$
	在外力 N_u 作用下,构件破坏		f_{py}	0	混凝土开裂后退出工作,全部外力由钢筋承担,当外力达到 N_u 时,钢筋应力达到 f_{py} 构件破坏

1) 施工阶段

(1) 张拉预应力筋。在台座上张拉截面面积为 A_p 的预应力筋至张拉控制应力 σ_{con}，这时预应力筋的总拉力为 $\sigma_{con}A_p$。普通钢筋不承担任何应力。

(2) 在混凝土受到预压应力之前，完成第一批损失。张拉预应力筋完毕，将预应力筋锚固在台座上，浇灌混凝土，蒸汽养护构件。因锚具变形、温差和部分预应力筋松弛而产生第一批预应力损失值 σ_{lI}。预应力筋的拉应力由 σ_{con} 降低到 $\sigma_{pe}=\sigma_{con}-\sigma_{lI}$。此时，由于预应力筋尚未放松，混凝土应力 $\sigma_{pc}=0$，普通钢筋应力 $\sigma_s=0$。

(3) 放松预应力筋。当混凝土达到75%以上的强度设计值后，放松预应力筋，预应力筋回缩，依靠预应力筋与混凝土之间的黏结力使混凝土受压缩，预应力筋也将随之缩短，拉应力减小。设放松预应力筋时混凝土所获得的预压应力为 σ_{pcI}，由于预应力筋与混凝土两者的变形协调，则预应力筋的拉应力相应减小了 $\alpha_E\sigma_{pcI}$。即

$$\sigma_{peI}=\sigma_{con}-\sigma_{lI}-\alpha_E\sigma_{pcI} \tag{7-18}$$

同时，普通钢筋也得到预压应力

$$\sigma_{sI}=\alpha_E\sigma_{pcI} \tag{7-19}$$

式中：α_E——预应力筋或普通钢筋的弹性模量与混凝土弹性模量之比，

$$\alpha_E=\frac{E_s}{E_c}$$

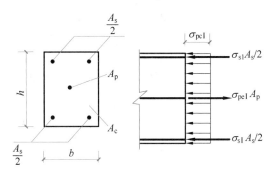

图 7-13　混凝土获得的预压应力为 σ_{pcI}

由力的平衡条件求得(图 7-13)

$$\sigma_{peI}A_p=\sigma_{pcI}A_c+\sigma_{sI}A_s$$
$$\sigma_{pcI}=\frac{(\sigma_{con}-\sigma_{lI})A_p}{A_c+\alpha_E A_s+\alpha_E A_p}=\frac{N_{pI}}{A_n+\alpha_E A_p}=\frac{N_{pI}}{A_0} \tag{7-20}$$

式中：A_c——扣除预应力筋和普通钢筋截面面积后的混凝土截面面积；

　　　A_0——构件换算截面面积(混凝土截面面积 A，以及全部纵向预应力筋和普通钢筋截面面积换算成混凝土的截面面积)，即 $A_0=A_c+\alpha_E A_s+\alpha_E A_p$，对由不同强度等级混凝土组成的截面，应根据混凝土弹性模量比值换算成同一强度等级混凝土的截面面积；

　　　A_n——构件净截面面积(换算截面面积减去全部纵向预应力筋截面面积换算成混凝土的截面面积，即 $A_n=A_0-\alpha_E A_p$)；

　　　N_{pI}——完成第一批损失后预应力筋的总预拉力，$N_{pI}=(\sigma_{con}-\sigma_{lI})A_p$。

(4) 完成第二批损失。随着时间的增长，因预应力筋进一步松弛，混凝土发生收缩、徐变

而产生第二批预应力损失值 $\sigma_{l\mathrm{II}}$。这时,混凝土和钢筋将进一步缩短,混凝土压应力由 $\sigma_{pc\mathrm{I}}$ 降低至 $\sigma_{pc\mathrm{II}}$,预应力钢筋的拉应力也由 $\sigma_{pe\mathrm{I}}$ 降低至 $\sigma_{pe\mathrm{II}}$,普通钢筋的压应力降至 $\sigma_{s\mathrm{II}}$,于是

$$
\begin{aligned}
\sigma_{pe\mathrm{II}} &= (\sigma_{con} - \sigma_{l\mathrm{I}} - \alpha_E \sigma_{pc\mathrm{I}}) - \sigma_{l\mathrm{II}} + \alpha_E(\sigma_{pc\mathrm{I}} - \sigma_{pc\mathrm{II}}) \\
&= \sigma_{con} - \sigma_{l\mathrm{I}} - \sigma_{l\mathrm{II}} - \alpha_E \sigma_{pc\mathrm{II}} \\
&= \sigma_{con} - \sigma_l - \alpha_E \sigma_{pc\mathrm{II}}
\end{aligned} \tag{7-21}
$$

式中:$\alpha_E(\sigma_{pc\mathrm{I}} - \sigma_{pc\mathrm{II}})$——由于混凝土压应力减小,构件的弹性压缩有所恢复,其差额值所引起的预应力筋中拉应力的增加值。

此时,普通钢筋所得到的压应力 $\sigma_{s\mathrm{II}}$ 除有 $\alpha_E \sigma_{pc\mathrm{II}}$ 外,考虑到因混凝土收缩、徐变而在普通钢筋中产生的压应力 σ_{l5},所以

$$
\sigma_{s\mathrm{II}} = -\alpha_E \sigma_{pc\mathrm{II}} - \sigma_{l5} \tag{7-22}
$$

由力的平衡条件求得(图 7-14)

$$
\sigma_{pe\mathrm{II}} A_p = \sigma_{pc\mathrm{II}} A_c + \sigma_{s\mathrm{II}} A_s
$$

将 $\sigma_{pe\mathrm{II}}$ 和 $\sigma_{s\mathrm{II}}$ 的表达式代入上式,便可得

$$
\sigma_{pc\mathrm{II}} = \frac{(\sigma_{con} - \sigma_l)A_p - \sigma_{l5}A_s}{A_c + \alpha_E A_s + \alpha_E A_p} = \frac{N_{p\mathrm{II}}}{A_0} \tag{7-23}
$$

式中:$\sigma_{pc\mathrm{II}}$——预应力混凝土中所建立的"有效预压应力";

σ_{l5}——普通钢筋由于混凝土收缩、徐变引起的应力;

$N_{p\mathrm{II}}$——完成全部损失后预应力筋的总预拉力,$N_{p\mathrm{II}} = (\sigma_{con} - \sigma_l)A_p - \sigma_{l5}A_s$。

2)使用阶段

(1)加载至混凝土应力为零。由轴向拉力 N_{p0} 产生的混凝土拉应力恰好全部抵消混凝土的有效预压应力 $\sigma_{pc\mathrm{II}}$,使截面处于消压状态,即 $\sigma_{pc} = 0$。这时,预应力筋的拉应力 σ_{p0} 是在 $\sigma_{pc\mathrm{II}}$ 的基础上增加 $\alpha_E \sigma_{pc\mathrm{II}}$,即

$$
\sigma_{p0} = \sigma_{con} - \sigma_l - \alpha_E \sigma_{pc\mathrm{II}} + \alpha_E \sigma_{pc\mathrm{II}} = \sigma_{con} - \sigma_l \tag{7-24}
$$

普通钢筋的压应力 σ_s 由原来压应力 $\sigma_{s\mathrm{II}}$ 的基础上,增加了一个拉应力 $\alpha_E \sigma_{pc\mathrm{II}}$,因此

$$
\sigma_{s\mathrm{II}} = -\alpha_E \sigma_{pc\mathrm{II}} - \sigma_{l5} + \alpha_E \sigma_{pc\mathrm{II}} = -\sigma_{l5}
$$

由上式得知此阶段普通钢筋仍为压应力,其值等于 σ_{l5}。

轴向拉力 N_{p0} 可由力的平衡条件求得(图 7-15),即

$$
\begin{aligned}
N_{p0} &= \sigma_{p0} A_p - \sigma_{l5} A_s = (\sigma_{con} - \sigma_l)A_p - \sigma_{l5} A_s \\
&= N_{p\mathrm{II}} \\
&= \sigma_{pc\mathrm{II}} A_0 \\
N_{p0} &= \sigma_{pc\mathrm{II}} A_0
\end{aligned} \tag{7-25}
$$

式中:N_{p0}——混凝土应力为零时的轴向拉力。

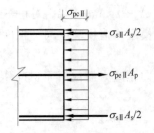

图 7-14　混凝土获得的预压应力为 $\sigma_{pc\mathrm{II}}$

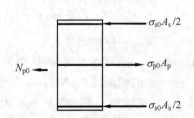

图 7-15　预应力构件在 N_{p0} 作用下的平衡

（2）加载至裂缝即将出现时。当轴向拉力超过 N_{p0} 后，混凝土开始受拉，随着荷载的增加，其拉应力也不断增长，当荷载加至 N_{cr}，即混凝土拉应力达到混凝土轴心抗拉强度标准值 f_{tk} 时，混凝土即将出现裂缝，这时预应力筋的拉应力 σ_{pcr} 是在 σ_{p0} 的基础上再增加 $\alpha_E f_{tk}$，即

$$\sigma_{pcr} = \sigma_{p0} + \alpha_E f_{tk} = \sigma_{con} - \sigma_l + \alpha_E f_{tk}$$

普通钢筋的应力 σ_s 由压应力 σ_{l5} 转为拉应力，其值为

$$\sigma_s = \alpha_E f_{tk} - \sigma_{l5}$$

轴向拉力 N_{cr} 可由力的平衡条件求得（图 7-16）

$$N_{cr} = \sigma_{pcr} A_p + \sigma_s A_s + f_{tk} A_c$$
$$= (\sigma_{pc\,II} + f_{tk}) A_0 \tag{7-26}$$

可见，由于预压应力 $\sigma_{pc\,II}$ 的作用（$\sigma_{pc\,II}$ 比 f_{tk} 大得多），使预应力混凝土轴心受拉构件的 N_{cr} 值比钢筋混凝土轴心受拉构件大很多，这就是预应力混凝土构件抗裂度高的原因所在。

（3）加载至破坏。当轴向拉力超过 N_{cr} 后，混凝土开裂，在裂缝截面上，混凝土不再承受拉力，拉力全部由预应力筋和普通钢筋承担，破坏时，预应力筋及普通钢筋的应力分别达到抗拉强度设计值 f_{py} 和 f_y。

轴向拉力 N_u 可由力的平衡条件求得（图 7-17）

$$N_u = f_{py} A_p + f_y A_s \tag{7-27}$$

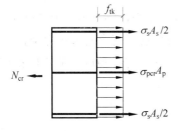

图 7-16　预应力构件在混凝土即将开裂时的平衡

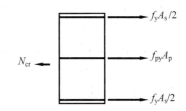

图 7-17　预应力轴心受拉构件计算简图

2. 后张法构件

后张法构件各阶段钢筋和混凝土的应力变化过程见表 7-6。

表 7-6　后张法预应力混凝土轴心受拉构件各阶段应力变化

应力阶段		简　图	钢筋应力 σ_{pe}	混凝土应力 σ_{pc}	说　明
施工阶段	穿预应力钢筋并进行张拉	σ_{pc}	$\sigma_{con} - \sigma_{l2}$	$\sigma_{pc} = \dfrac{(\sigma_{con} - \sigma_{l2}) A_p}{A_n}$	钢筋被拉长，混凝土受压缩短，摩擦损失同时产生，钢筋应力为 $\sigma_{con} - \sigma_{l2}$，混凝土应力为 σ_{pc}
	完成第一批应力损失	$\sigma_{pc\,I}$　弹性压缩	$\sigma_{con} - \sigma_{l\,I}$	$\sigma_{pc\,I} = \dfrac{(\sigma_{con} - \sigma_{l\,I}) A_p}{A_n}$	钢筋应力减小 $\sigma_{l\,I}$，混凝土压应力降低为 $\sigma_{l\,I}$
	完成第二批应力损失	$\sigma_{pc\,II}$　收缩徐变 弹性回弹	$\sigma_{con} - \sigma_l$	$\sigma_{pc\,II} = \dfrac{(\sigma_{con} - \sigma_l) A_p}{A_n}$	钢筋应力降低为 $\sigma_{con} - \sigma_l$，混凝土压应力减小为 $\sigma_{pc\,II}$

续表

应力阶段		简　图	钢筋应力 σ_{pe}	混凝土应力 σ_{pc}	说　明
使用阶段	在外力 N_0 作用下，使 $\sigma_{pc\,II}=0$		$(\sigma_{con}-\sigma_l)+\alpha_E\sigma_{pcII}$	0	与先张法构件相同
	外力增加至 N_{cr} 使裂缝即将出现		$(\sigma_{con}-\sigma_l+\alpha_E\sigma_{pcII})+\alpha_E f_{tk}$	f_{tk}	与先张法构件相同
	在外力 N_u 作用下，构件破坏		f_{py}	0	与先张法构件相同

1）施工阶段

（1）浇灌混凝土后，养护直至预应力筋张拉前，可以认为截面中不产生任何应力。

（2）张拉预应力筋。张拉预应力筋的同时，千斤顶的反作用力通过传力架传给混凝土，使混凝土受到弹性压缩，并在张拉过程中产生摩擦损失 σ_{l2}，这时预应力筋中的拉应力 $\sigma_{pe}=\sigma_{con}-\sigma_{l2}$。普通钢筋中的压应力为 $\sigma_s=\alpha_E\sigma_{pc}$。

混凝土预压应力 σ_{pc} 可由力的平衡条件求得

$$\sigma_{pe}A_p=\sigma_{pc}A_c+\sigma_s A_s$$

将 σ_{pc}、σ_s 的表达式代入上式，可得

$$(\sigma_{con}-\sigma_{l2})A_p=\sigma_{pc}A_c+\alpha_E\sigma_{pc}A_s$$

$$\sigma_{pc}=\frac{(\sigma_{con}-\sigma_{l2})A_p}{A_c+\alpha_E A_s}=\frac{(\sigma_{con}-\sigma_{l2})A_p}{A_n}$$

式中：A_c——扣除普通钢筋截面面积以及预留孔道后的混凝土截面面积。

（3）混凝土受到预压应力之前，完成第一批损失。张拉预应力钢筋后，锚具变形和钢筋回缩引起的应力损失为 σ_{l1}，此时预应力筋的拉应力由 $\sigma_{con}-\sigma_{l2}$ 降低至 $\sigma_{con}-\sigma_{l2}-\sigma_{l1}$，故

$$\sigma_{peI}=\sigma_{con}-\sigma_{l2}-\sigma_{l1}\doteq\sigma_{con}-\sigma_{lI} \tag{7-28}$$

普通钢筋中的压应力为 $\sigma_{sI}=\alpha_E\sigma_{pcI}$。

混凝土压应力 σ_{pcI} 由力的平衡条件求得（图 7-18）

$$\sigma_{peI}A_p=\sigma_{pcI}A_c+\sigma_{sI}A_s$$

将 σ_{pcI}、σ_{sI} 的表达式代入上式，可得

$$(\sigma_{con}-\sigma_{lI})A_p=\sigma_{pcI}A_c+\alpha_E\sigma_{pcI}A_s$$

$$\sigma_{pcI}=\frac{(\sigma_{con}-\sigma_{lI})A_p}{A_c+\alpha_E A_s}=\frac{N_{pI}}{A_n} \tag{7-29}$$

（4）混凝土受到预压应力之后，完成第二批损失。由于预应力筋松弛、混凝土收缩和徐变（对于环形构件还有挤压变形）引起的应力损失 σ_{l4}、σ_{l5} 以及 σ_{l6}，使预应力筋的拉应力由 $\sigma_{pe\,I}$ 降低至 $\sigma_{pe\,II}$，即 $\sigma_{pe\,II}=\sigma_{con}-\sigma_{l\,I}-\sigma_{l\,II}=\sigma_{con}-\sigma_{l}$。

普通钢筋中的压应力为 $\sigma_{s\,II}=\alpha_{E}\sigma_{pc\,II}+\sigma_{l5}$。

混凝土压应力 $\sigma_{pc\,II}$ 由力的平衡条件求得（图 7-19）

$$\sigma_{pe\,II}A_{p}=\sigma_{pc\,II}A_{c}+\sigma_{s\,II}A_{s}$$

将 $\sigma_{pc\,II}$、$\sigma_{s\,II}$ 的表达式代入上式，可得

$$(\sigma_{con}-\sigma_{l})A_{p}=\sigma_{pc\,II}A_{c}+(\alpha_{E}\sigma_{pc\,II}+\sigma_{l5})A_{s}$$

$$\sigma_{pc\,II}=\frac{(\sigma_{con}-\sigma_{l})A_{p}-\sigma_{l5}A_{s}}{A_{c}+\alpha_{E}A_{s}}=\frac{N_{p\,II}}{A_{n}} \tag{7-30}$$

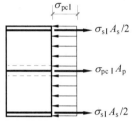
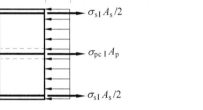

图 7-18　混凝土获得的预压应力为 $\sigma_{pc\,I}$　　　　图 7-19　混凝土获得的预压应力为 $\sigma_{pc\,II}$

2）使用阶段

（1）加载至混凝土应力为零。由轴向拉力 N_{0} 产生的混凝土拉应力恰好全部抵消混凝土的有效预压应力 $\sigma_{pc\,II}$，使截面处于消压状态，即 $\sigma_{pc}=0$。这时，预应力筋的拉应力 σ_{p0} 是在 $\sigma_{pe\,II}$ 的基础上增加 $\alpha_{E}\sigma_{pc\,II}$，即

$$\sigma_{p0}=\sigma_{pe\,II}+\alpha_{E}\sigma_{pe\,II}=\sigma_{con}-\sigma_{l}+\alpha_{E}\sigma_{pe\,II}$$

普通钢筋的应力 σ_{s} 由原来的压应力 $\alpha_{E}\sigma_{pc\,II}+\sigma_{l5}$ 的基础上，增加了一个拉应力 $\alpha_{E}\sigma_{pc\,II}$，因此

$$\sigma_{s}=\sigma_{s\,II}-\alpha_{E}\sigma_{pc\,II}=\alpha_{E}\sigma_{pc\,II}-\sigma_{l5}-\alpha_{E}\sigma_{pc\,II}=-\sigma_{l5}$$

轴向拉力 N_{0} 可由力的平衡条件求得（图 7-20）

$$\begin{aligned}N_{p0}&=\sigma_{p0}A_{p}-\sigma_{s}A_{s}=(\sigma_{con}-\sigma_{l}+\alpha_{E}\sigma_{pc\,II})A_{p}-\sigma_{l5}A_{s}\\&=(\sigma_{con}-\sigma_{l})A_{p}-\sigma_{l5}A_{s}+\alpha_{E}\sigma_{pc\,II}A_{p}\\&=\sigma_{pc\,II}(A_{n}+\alpha_{E}A_{p})\end{aligned}$$

因此

$$N_{p0}=\sigma_{pc\,II}A_{0} \tag{7-31}$$

（2）加载至裂缝即将出现。混凝土受拉，直至拉应力达到 f_{tk}，预应力筋的拉应力 σ_{pe} 是在 σ_{p0} 的基础上再增加 $\alpha_{E}f_{tk}$，即

$$\sigma_{pe}=\sigma_{p0}+\alpha_{E}f_{tk}=(\sigma_{con}-\sigma_{l}+\alpha_{E}\sigma_{pc\,II})+\alpha_{E}f_{tk}$$

普通钢筋的应力 σ_{s} 由压应力 σ_{l5} 转为拉应力，其值为

$$\sigma_{s}=\alpha_{E}f_{tk}-\sigma_{l5}$$

轴向拉力 N_{cr} 可由力的平衡条件求得（图 7-21）

$$N_{cr} = (\sigma_{con} - \sigma_l + \alpha_E\sigma_{pc\,\mathrm{II}} + \alpha_E f_{tk})A_p + (\alpha_E f_{tk} - \sigma_{l5})A_s + f_{tk}A_c$$
$$= (\sigma_{con} - \sigma_l + \alpha_E\sigma_{pc\,\mathrm{II}})A_p - \sigma_{l5}A_s + f_{tk}(A_c + \alpha_E A_s + \alpha_E A_p)$$
$$N_{cr} = N_0 + f_{tk}A_0 = \sigma_{pc\,\mathrm{II}}A_0 + f_{tk}A_0 = (\sigma_{pc\,\mathrm{II}} + f_{tk})A_0 \tag{7-32}$$

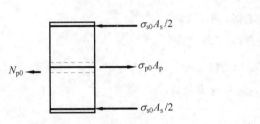

图 7-20　混凝土在消压状态下的平衡

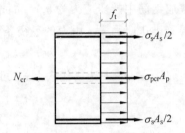

图 7-21　加载至混凝土即将开裂

（3）加载至破坏，和先张法相同，破坏时预应力筋和普通钢筋的拉应力分别达到 f_{py} 和 f_y，由力的平衡条件，可得

$$N_u = f_{py}A_p + f_y A_s \tag{7-33}$$

至此，已经叙述了预应力混凝土轴心受力构件在各个阶段的预应力筋和混凝土的应力变化，以及荷载 N_0、N_{cr} 和 N_u 的计算。先张法和后张法有下列受力特点：

（1）在施工阶段，$\sigma_{pc\,\mathrm{II}}$ 的计算公式，先张法与后张法的形式基本相同，只是 σ_l 的具体计算值不同，同时先张法构件用换算截面面积 A_0，而后张法构件用净截面面积 A_n。如果采用相同的 σ_{con}、相同的材料强度等级、相同的混凝土截面尺寸、相同的预应力筋及截面面积，由于 $A_0 > A_n$，则后张法构件的有效预压应力值 $\sigma_{pc\,\mathrm{II}}$ 要高些。

（2）使用阶段 N_0、N_{cr}、N_u 的三个计算公式，不论先张法还是后张法，公式形式都相同，但计算 N_0 和 N_{cr} 时的两种方法的 $\sigma_{pc\,\mathrm{II}}$ 是不相同的。

为了进一步了解预应力混凝土和普通混凝土构件的特点与它们的区别，我们将预应力混凝土构件和普通混凝土构件在各受力阶段钢筋和混凝土的应力变化绘成曲线图（图 7-22），由图可以看出：

（1）预应力筋从张拉直至构件破坏，始终处于高拉应力状态，而混凝土则在轴向拉力达到 N_0 值以前始终处于受压状态。

（2）预应力混凝土构件出现裂缝比钢筋混凝土构件出现裂缝迟得多，故构件抗裂度大为提高，但出现裂缝时的荷载值与破坏荷载值比较接近，故延性较差。

（3）当材料强度等级和截面尺寸相同时，预应力混凝土轴心受拉构件与钢筋混凝土受拉构件的承载力相同。

7.3.2　使用阶段的验算

预应力混凝土轴心受拉构件，除了进行使用阶段承载力计算、抗裂度验算或裂缝宽度验算以外，还要进行施工阶段张拉（或放松）预应力筋时构件的承载力验算，及对采用锚具的后张法构件进行端部锚固区局部受压的验算。

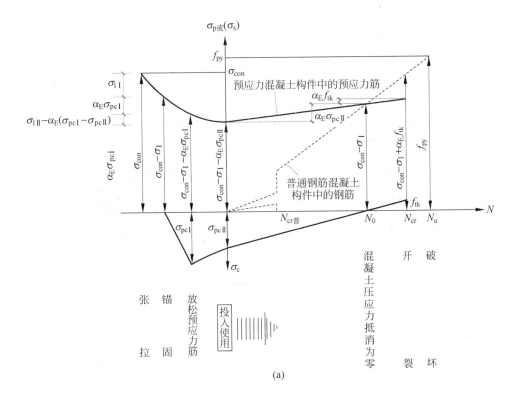

(a)

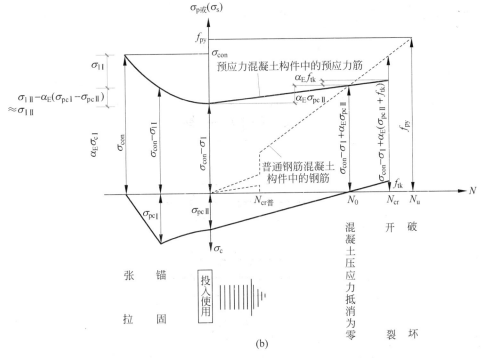

(b)

图 7-22 先张法预应力轴心受拉构件各阶段的应力变化关系曲线

（a）先张法构件；（b）后张法构件

1. 使用阶段承载力计算

截面的计算简图如图 7-23 所示，构件正截面受拉承载力按下式计算：

$$N \leqslant N_u = f_{py}A_p + f_yA_s \tag{7-34}$$

式中：N ——轴向拉力设计值；

f_{py} 和 f_y ——预应力筋及普通钢筋抗拉强度设计值；

A_p、A_s ——纵向预应力筋及普通钢筋的全部截面面积。

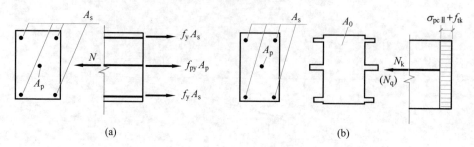

(a)　　　　　　　　　　　　　　(b)

图 7-23　预应力构件轴心受拉使用阶段承载力计算图式

（a）预应力轴心受拉构件的承载力计算图式；（b）预应力轴心受拉构件的抗裂度验算图式

2. 抗裂度验算及裂缝宽度验算

由式(7-26)和式(7-32)可以看出，如果轴向拉力值 N 不超过 N_{cr}，则构件不会开裂（图 7-24）。

$$N \leqslant N_{cr} = (\sigma_{pc\,II} + f_{tk})A_0 \tag{7-35}$$

此公式用应力形式表达，则可写成：

$$\frac{N}{A_0} \leqslant \sigma_{pc\,II} + f_{tk}$$

$$\sigma_c - \sigma_{pc\,II} \leqslant f_{tk} \tag{7-36}$$

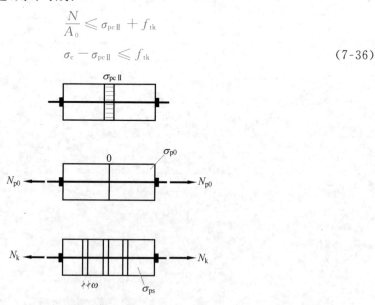

图 7-24　预应力混凝土构件消压至开裂的应力状态

预应力构件按所处环境类别和使用要求，应有不同的抗裂安全储备。《混凝土结构设计规范》将预应力混凝土构件正截面的受力裂缝控制等级分为三级，等级划分及要求应符合下列规定。

1) 一级——严格要求不出现裂缝的构件

按荷载标准组合计算时,构件受拉边缘混凝土不应产生拉应力:

$$\sigma_{ck} - \sigma_{pcII} \leqslant 0 \tag{7-37}$$

2) 二级——一般要求不出现裂缝的构件

按荷载标准组合计算时,构件受拉边缘混凝土拉应力不应大于混凝土抗拉强度的标准值:

$$\sigma_{ck} - \sigma_{pcII} \leqslant f_{tk} \tag{7-38}$$

式中:σ_{ck}——荷载标准组合下抗裂验算边缘的混凝土法向应力;

σ_{pcII}——扣除全部预应力损失后,在抗裂验算边缘的混凝土的预压应力,按式(7-23)和式(7-30)计算;

f_{tk}——混凝土的轴心抗拉强度标准值。

荷载标准组合下抗裂验算边缘的混凝土法向应力应按下列公式计算:

$$\sigma_{ck} = \frac{N_k}{A_0} \tag{7-39}$$

式中:N_k——按荷载标准组合计算的轴向力值;

A_0——换算截面面积,$A_0 = A_c + \alpha_E A_p + \alpha_E A_s$。

3) 三级——允许出现裂缝的构件

按荷载标准组合并考虑长期作用的影响计算的最大裂缝宽度,应符合下列规定:

$$\omega_{max} = \alpha_{cr}\psi\frac{\sigma_s}{E_s}\left(1.9c + 0.08\frac{d_{eq}}{\rho_{te}}\right) \leqslant \omega_{lim} \tag{7-40}$$

$$\psi = 1.1 - 0.65\frac{f_{tk}}{\rho_{te}\sigma_{sk}} \tag{7-41}$$

$$\rho_{te} = \frac{A_s + A_p}{A_{te}} \geqslant 0.01 \tag{7-42}$$

$$\sigma_{sk} = \frac{N_k - N_{p0}}{A_p + A_s} \tag{7-43}$$

$$d_{eq} = \frac{\sum n_i d_i^2}{\sum n_i \gamma_i d_i} \tag{7-44}$$

式中:α_{cr}——构件受力特征系数,对轴心受拉构件,取 $\alpha_{cr} = 2.2$;

ψ——裂缝间纵向受拉钢筋应变不均匀系数,当 $\psi < 0.2$ 时,取 $\psi = 0.2$,当 $\psi > 1.0$ 时,取 $\psi = 1.0$,对直接承受重复荷载的构件取 $\psi = 1.0$;

ρ_{te}——按有效受拉混凝土截面面积计算的纵向受拉钢筋配筋率,当 $\rho_{te} < 0.01$ 时,取 $\rho_{te} = 0.01$;

A_{te}——有效受拉混凝土截面面积,即 $A_{te} = bh$;

σ_{sk}——按荷载标准组合计算的预应力混凝土构件纵向受拉钢筋的等效应力;

N_{p0}——计算截面上混凝土法向预应力等于零时的预加力;

c——最外层纵向钢筋保护层厚度(mm)。当 $c < 20$mm 时,取 $c = 20$mm;当 $c > 65$mm 时,取 $c = 65$mm;

A_p、A_s——受拉区纵向预应力筋、普通钢筋的截面面积;

d_{eq}——受拉区纵向钢筋的等效直径(mm)。对于有黏结预应力钢绞线束的直径取单根钢绞线的公称直径d_{p1};

d_i——受拉区第i种纵向钢筋的公称直径(mm)。对于有黏结预应力钢绞线束的直径取为d_{p1},其中d_{p1}为单根钢绞线的公称直径,n_1为单束钢绞线根数;

n_i——受拉区第i种纵向钢筋的根数;对于有黏结预应力钢绞线,取钢绞线束数;

γ_i——受拉区第i种纵向钢筋的相对黏结特性系数,可按表7-7取用。

ω_{lim}——最大裂缝宽度限值,取$\omega_{lim}=0.2mm$。

表 7-7　钢筋的相对黏结特性系数

钢筋类别	钢筋		先张法预应力筋			后张法预应力筋		
	光圆钢筋	带肋钢筋	带肋钢筋	螺旋肋钢筋	钢绞线	带肋钢筋	钢绞线	光面钢丝
γ_i	0.7	1.0	1.0	0.8	0.6	0.8	0.5	0.4

注:对环氧树脂涂层带肋钢筋,其相对黏结特性系数应取表中系数的0.8倍。

7.3.3　轴心受拉构件施工阶段的验算

预应力混凝土结构施工阶段验算一般包括锚固区局部受压的验算和施工阶段预拉区的裂缝控制验算。

预应力施加时,在锚固区(包括张拉端和固定端)会施加较大的集中力,构件端部锚固区和构件端面在施工张拉后常出现两类裂缝:其一是局部承压区承压垫板后面的纵向劈裂裂缝(第一类裂缝);其二是当预应力束在构件端部偏心布置,且偏心距较大时,在构件端面附近会产生较高的沿竖向的拉应力,故产生位于截面高度中部的纵向水平端面裂缝(第二类裂缝)。所以须对端部锚固区进行局部承压计算,包括构件端部局部受压区的截面尺寸计算和配置的间接钢筋的计算。

1. 关于第一类裂缝

1) 构件局部受压区截面尺寸

构件端部局部受压区的截面尺寸应符合《混凝土结构设计规范》第6.6.1条给出的式(7-45)和式(7-46)的要求。

$$F_l \leqslant 1.35\beta_c\beta_l f_c A_{ln} \tag{7-45}$$

$$\beta_l = \sqrt{\frac{A_b}{A_l}} \tag{7-46}$$

式中:F_l——局部受压面上作用的局部荷载或局部压力设计值。对有黏结预应力混凝土构件中的锚头局压区,应取$F_l=1.2\sigma_{con}A_p$;

f_c——混凝土轴心抗压强度设计值。在后张法预应力混凝土构件的张拉阶段验算中,可根据相应阶段的混凝土立方体抗压强度f'_{cu}的值,按表3-5线性内插法取用;

β_c——混凝土强度影响系数。当混凝土强度等级不超过C50时,取$\beta_c=1.0$;当混凝土强度等级等于C80时,取$\beta_c=0.8$,其间按线性内插法取用;

β_l——混凝土局部受压时的强度提高系数(图 7-25);

A_{ln}——混凝土局部受压净面积,对后张法构件,应在混凝土局部受压面积中扣除孔道、凹槽部分的面积;

A_b——局部受压的计算底面积,可根据局部受压面积与计算底面积按同心、对称的原则确定,对常用情况可按图 7-26 取用;

A_l——混凝土的局部受压面积;当有垫板时可考虑预压力沿垫板的刚性扩散角 45°扩散后传至混凝土的受压面积,见图 7-27。

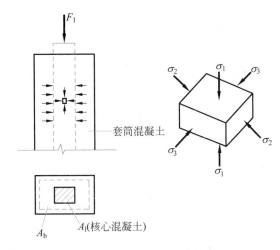

图 7-25　局部承压受力特征

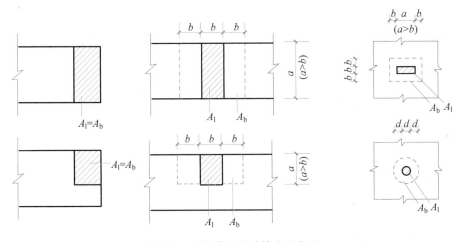

图 7-26　局部受压的计算底面积 A_b

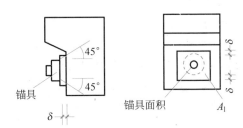

图 7-27　有垫板时预应力传至混凝土的受压面积

当不满足式(7-45)时,应加大端部锚固区的截面尺寸、调整锚具位置或提高混凝土强度等级。

2) 局部受压承载力计算

在锚固区段配置间接钢筋(焊接钢筋网或螺旋式钢筋)可以有效地提高锚固区段的局部受压强度,防止局部受压破坏。当配置方格网式或螺旋式间接钢筋,且其核心面积 $A_{cor} \geqslant A_l$ 时(图 7-27),局部受压承载力应按下列公式计算:

$$F_l \leqslant 0.9(\beta_c \beta_l f_c + 2\alpha \rho_v \beta_{cor} f_{yv}) A_{ln} \tag{7-47}$$

$$\beta_{cor} = \sqrt{\frac{A_{cor}}{A_l}} \tag{7-48}$$

式中:β_{cor}——配置间接钢筋的局部受压承载力提高系数;当 A_{cor} 大于 A_b 时,取 $A_{cor} = A_b$;当 A_{cor} 不大于混凝土局部受压面积 A_l 的 1.25 倍时,$\beta_{cor} = 1.0$;

$\qquad$ α——间接钢筋对混凝土约束的折减系数。当混凝土强度等级不超过 C50 时,取 $\alpha = 1.0$;当混凝土强度等级为 C80 时,取 $\alpha = 0.85$;当混凝土强度等级为 C50 与 C80 之间时,按线性内插法确定;

$\qquad$ A_{cor}——配置方格网或螺旋式间接钢筋内表面范围内的混凝土核心截面面积(不扣除孔道面积),应大于混凝土局部受压面积 A_R,其重心应与 A_l 的重心重合,计算中按同心对称的原则取值;

$\qquad$ f_{yv}——间接钢筋的抗拉强度设计值;

$\qquad$ ρ_v——间接钢筋的体积配筋率(核心面积 A_{cor} 范围内的单位混凝土体积所含间接钢筋的体积),且要求 $\rho_v \geqslant 0.5\%$。

当为方格网式配筋时[图 7-28(a)]

$$\rho_v = \frac{n_1 A_{s1} l_1 + n_2 A_{s2} l_2}{A_{cor} s} \tag{7-49}$$

式中:n_1、A_{s1}——方格网沿 l_1 方向的钢筋根数、单根钢筋的截面面积;

$\qquad$ n_2、A_{s2}——方格网沿 l_2 方向的钢筋根数、单根钢筋的截面面积;

$\qquad$ s——方格网式或螺旋式间接钢筋的间距,宜取 30～80mm。

此时,钢筋网两个方向上单位长度内钢筋截面面积的比值不宜大于 15 倍。

当为螺旋式配筋时[图 7-28(b)]

$$\rho_v = \frac{4 A_{sv1}}{d_{cor} s} \tag{7-50}$$

式中:A_{sv1}——单根螺旋式间接钢筋的截面面积;

$\qquad$ d_{cor}——螺旋式间接钢筋内表面范围内的混凝土截面直径。

按式(7-47)计算的间接钢筋应配置在高度 h 范围内,对方格网式钢筋,不应少于 4 片;对螺旋式钢筋,不应少于 4 圈。对柱接头,h 尚不应小于 $15d$,d 为柱的纵向钢筋直径。

从上面的公式可以看出,关于局部受压,我国现行规范《混凝土结构设计规范》(GB 50010—2010)(2015 版)给出了与原规范 GB 50010—2002 表达式完全一样的公式,但是公式的内涵却又有不同之处,区别如下:

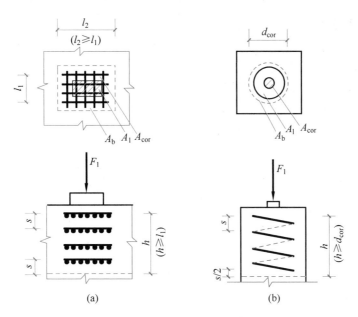

图 7-28　局部受压区的间接钢筋

(a) 方格网式配筋；(b) 螺旋式配筋

（1）GB 50010—2010 规定，当采用普通垫板时，垫板的刚性扩散角应取 45°。这里，GB 50010—2010 明确了局部受压区在垫板内的扩散面积。

（2）当采用整体铸造的带有二次翼缘的垫板时，不再适用上述局部受压公式，需通过专门的试验确认其传力性能，所以应选用按有关规范标准进行验证的产品，并配置规定的加强钢筋。

（3）关于配置间接钢筋的局部受压承载力提高系数 β_{cor}，GB 50010—2010 规定了当 $A_{cor} \leqslant 1.25 A_1$ 时，不再提高，即取 $\beta_{cor} = 1.0$。

如验算不能满足式(7-47)时，对于方格式钢筋网，应增加钢筋根数，加大钢筋直径，减小钢筋网的间距；对于螺旋钢筋，应加大直径，减小螺距。

2. 关于第二类裂缝

为防止第二类剥裂裂缝的产生，应当合理布置预应力筋，尽量使锚具能沿构件端部均匀布置，以减少横向拉力。当难以做到均匀布置时，为防止端面出现宽度过大的裂缝，根据理论分析和试验结果，GB 50010—2010 第 10.3.8 条提出了限制这类裂缝的竖向附加钢筋截面面积的计算公式以及相应的构造措施(图 7-29)。

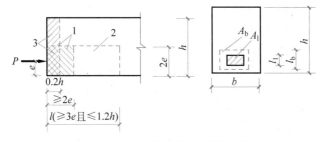

图 7-29　防止端部裂缝的配筋范围

1—局部受压间接钢筋配置区；2—附加防劈裂配筋区；3—附加防端面裂缝配筋区

1) 附加防劈裂箍筋或网片

在局部受压间接钢筋配置区以外，在构件端部长度 l 不小于截面预应力筋的合力点至邻近边缘（上部或下部）的距离 e 的 3 倍，但不大于构件端部截面高度 h 的 1.2 倍，高度为 $2e$ 的附加配筋区范围内，应均匀配置附加防劈裂箍筋或网片，配筋面积可按下列公式计算，且其体积配筋率不应小于 0.5%。

$$A_{sb} \geqslant 0.18 \times \left(1 - \frac{l_1}{l_b}\right)\frac{P}{f_{yv}} \tag{7-51}$$

式中：P——作用在构件端部截面重心线上部或下部预应力筋的合力，应乘以预应力分项系数 1.2；

l_1、l_b——分别为沿构件高度方向 A_1、A_b 的边长或直径。

2) 附加竖向防剥裂构造钢筋

当构件端部预应力筋需集中布置在截面下部或集中布置在上部和下部时，应在构件端部 $0.2h$ 范围内设置附加竖向防剥裂构造钢筋，其截面面积应符合下列公式要求：

$$A_{sv} \geqslant \frac{T_s}{f_{yv}} \tag{7-52}$$

$$T_s = \left(0.25 - \frac{e}{h}\right)P \tag{7-53}$$

式中：T_s——锚固端端面拉力；

P——作用在构件端部截面重心线上部或下部预应力筋的合力设计值，对有黏结预应力混凝土可取 1.2 倍张拉控制力；

e——截面重心线上部或下部预应力筋的合力点至截面近边缘的距离；

f_{yv}——附加钢筋的抗拉强度设计值；

h——构件端部截面高度。

当 $e > 0.2h$ 时，可根据实际情况适当配置构造钢筋。竖向防剥裂钢筋宜靠近端面配置，可采用焊接钢筋网、封闭式箍筋或其他的形式，且宜采用带肋钢筋。

 特别提示

局部承压验算中需要注意的问题如下。

(1) 关于 F_1、P 的取值。

《混凝土结构设计规范》(GB 50010—2010)(2015 版)规定 F_1、P 取 1.2 倍张拉控制力，相当于是把张拉控制力作为永久荷载标准值，并考虑 1.2 的分项系数后得到的局部压力设计值，这在局压区只有一束预应力筋时或所有预应力筋同时张拉时是合适的，但局压区有多束预应力筋先后张拉时则是不合适的。因为张拉后束时，先张拉的预应力束已结束张拉，张拉端由于锚具内缩损失 σ_{l1} 已经完成，固定端则由于摩擦损失 σ_{l2} 已经完成，此时先张拉束的局部压力显然小于张拉控制力，通常在框架结构中，张拉端的锚具内缩损失和固定端的摩擦损失 σ_{l2} 约为 $0.2\sigma_{con}$，故此时先张拉束的局部压力约为张拉控制力的 80%，所以多束预应力筋先后张拉时，局部压力设计值可取为 1.0 倍张拉控制力。

（2）当预应力框架梁张拉端或锚固端在柱边或边梁上时，通常不需专门配置防止第二类剥裂裂缝的钢筋，只需要配置局部受压间接钢筋即可。

目前国内锚具生产企业一般均配套提供预应力端部局部承压部件，该类部件的承载能力通过实体的荷载试验确定，因此，设计时仅需按照产品的使用条件选用定型产品即可。

7.4 预应力混凝土构件的构造要求

预应力混凝土构件的构造要求，除应满足钢筋混凝土结构的有关规定外，还应根据预应力张拉工艺、锚固措施及预应力筋种类的不同，满足有关的构造要求。

1. 截面形式和尺寸

预应力轴心受拉构件通常采用正方形或矩形截面。预应力受弯构件可采用 T 形、L 形及箱形等截面。

为了便于布置预应力筋以及预压区在施工阶段有足够的抗压能力，可设计成上、下翼缘不对称的 L 形截面，其下部受拉翼缘的宽度可比上翼缘窄些，但高度比上翼缘大。

截面形式沿构件纵轴也可以变化，如跨中为 L 形，近支座处为了承受较大的剪力并能有足够位置布置锚具，在两端往往做成矩形。

由于预应力构件的抗裂度和刚度较大，其截面尺寸可比钢筋混凝土构件小。对预应力混凝土受弯构件，其截面高度 $h=L/20\sim L/14$，最小可为 $L/35$（L 为跨度），大致可取钢筋混凝土梁高的 70％左右。翼缘宽度一般可取 $h/3\sim h/2$，翼缘厚度可取 $h/10\sim h/6$，腹板宽度尽可能小些，可取 $h/15\sim h/8$。

2. 预应力纵向钢筋及端部附加竖向钢筋的布置

直线布置　当荷载和跨度不大时，直线布置最为简单，见图 7-30（a）。施工时用先张法或后张法均可。

曲线布置、折线布置　当荷载和跨度较大时，可布置成曲线形[图 7-30（b）]或折线形[图 7-30（c）]，施工时一般用后张法，如预应力混凝土屋面梁、吊车梁等构件。为了承受支座附近区段的主拉应力及防止由于施加预应力而在预拉区产生裂缝和在构件端部产生沿截面中部的纵向水平裂缝，在靠近支座部位，宜将一部分预应力筋弯起，弯起的预应力筋宜沿构件端部均匀布置。

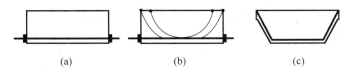

(a)　　　　　　(b)　　　　　　(c)

图 7-30　预应力钢筋的布置

(a) 直线形；(b) 曲线形；(c) 折线形

当构件端部的预应力筋需集中布置在截面的下部或集中布置在上部和下部时，应在构件端部 $0.2h$（h 为构件端部的截面高度）范围内设置防端面裂缝的附加竖向焊接钢筋网、封闭式箍筋或其他形式的构造钢筋,且宜采用带肋钢筋,其截面面积应符合式(7-52)和式(7-53)的规定。

当端部截面上部和下部均有预应力筋时,附加竖向钢筋的总截面面积应采用上部和下部分别计算的预应力合力的较大值。

在构件端面横向也应按上述方法计算抗端面裂缝钢筋,并与上述竖向钢筋形成网片筋配置。

3. 普通纵向钢筋的布置

在预应力构件中,除配置预应力筋外,为了防止施工阶段因混凝土收缩、温差及预加力过程中引起预拉区裂缝以及防止构件在制作、堆放、运输、吊装时出现裂缝或减小裂缝宽度,可在构件截面(即预拉区)设置足够的普通钢筋。

在后张法预应力混凝土构件的预拉区和预压区,宜设置纵向普通构造钢筋;在预应力筋弯折处,应加密箍筋或沿弯折处内侧布置普通钢筋网片,以加强在钢筋弯折区段的混凝土。

对预应力筋在构件端部全部弯起的受弯构件或直线配筋的先张法构件,当构件端部与下部支承结构焊接时,应考虑混凝土的收缩、徐变及温度变化所产生的不利影响,宜在构件端部可能产生裂缝的部位,设置足够的普通纵向构造钢筋。

4. 钢丝、钢绞线净间距

先张法预应力筋之间的净间距应根据浇筑混凝土、施加预应力及钢筋锚固要求确定。预应力筋之间的净间距不宜小于其公称直径的 2.5 倍和混凝土粗骨料最大粒径的 1.25 倍,且应符合下列规定:

(1) 对预应力钢丝不应小于 15mm;

(2) 对三股钢绞线不应小于 20mm;

(3) 对七股钢绞线不应小于 25mm。

5. 后张预应力筋的预留孔道

(1) 对预制构件中预留孔道之间的水平净间距不应小于 50mm,且不宜小于粗骨料粒径的 1.25 倍,孔道至构件边缘的净间距不宜小于 30mm,且不宜小于孔道直径的一半。

(2) 在现浇混凝土梁中预留孔道在竖直方向的净间距不宜小于孔道外径,水平方向的净间距不宜小于孔道外径的 1.5 倍,且不应小于粗骨料粒径的 1.25 倍;从孔道外壁至构件边缘的净间距:梁底不宜小于 50mm,梁侧不宜小于 40mm,裂缝控制等级为三级的梁,梁底、梁侧分别不宜小于 60mm 和 50mm。

(3) 预留孔道的内径宜比预应力束外径及需穿过孔道的连接器外径大 6~15mm,且孔道的截面积宜为穿入预应力束截面积的 3.0~4.0 倍。

(4) 在构件两端及跨中应设置灌浆孔或排气孔,其孔距不宜大于 12m。

(5) 凡制作时需要起拱的构件,预留孔道宜随构件同时起拱。

6. 锚具

后张法预应力筋的锚固应选用可靠的锚具,其制作方法和质量要求应符合国家现行有关标准的规定。

7. 端部混凝土的局部加强

对先张法预应力混凝土构件单根配置的预应力筋,其端部宜设置螺旋筋;分散布置的多根预应力筋,在构件端部 $10d$(d 为预应力筋的公称直径),且不小于 100mm 的长度范围内,宜设置 3～5 片与预应力筋垂直的钢筋网片。

后张法构件端部尺寸,应考虑锚具的布置、张拉设备的尺寸和局部受压的要求,必要时应适当加大。

在预应力筋锚具下及张拉设备的支承处,应设置预埋钢垫板及构造横向钢筋网片或螺旋式钢筋等局部以加强措施。

对外露金属锚具应采取可靠的防腐及防火措施。

后张法预应力混凝土构件的曲线预应力钢丝束、钢绞线束的曲率半径不宜小于 4m。

对折线配筋的构件,在预应力筋弯折处的曲率半径可适当减小。

在局部受压间接钢筋配置区以外,在构件端部长度 L 不小于 $3e$(e 为截面重心线上部或下部预应力筋的合力点至邻近边缘的距离),但不大于 $1.2h$(h 为构件端部截面高度),高度为 $2e$ 的附加配筋区范围内,应均匀配置附加防劈裂箍筋或网片。

本 章 小 结

1. 普通钢筋混凝土结构构件的受拉区一方面由于混凝土抗拉强度低,容易开裂,使构件刚度降低变形加大,影响结构的正常使用;另一方面高强度钢筋得不到充分利用,因为在普通钢筋混凝土结构中,即使采用高强度钢筋,但由于与混凝土受压强度不协调,在破坏时高强度钢筋的强度还没有被充分利用,构件就可能因受压混凝土强度不足而被破坏。

预应力混凝土结构是指在结构构件承受外荷载作用前,预先对构件的受拉区施加预压力,这样当外荷载作用时,就要先抵消掉受拉区的预压力,混凝土才能受拉,从而延缓了裂缝的出现,减少了裂缝宽度,同时高强度钢材也能得到充分的利用。

2. 施加预应力的方法有先张法和后张法两种,先张法靠黏结力传送预应力,后张法靠锚具传送预应力。

3. 张拉控制应力是指预应力筋在进行张拉时控制达到的最大应力值。其值不能太低也不能太高,太低则在混凝土中建立的预压力达不到预期的效果,太高则有可能在张拉钢筋时将其拉屈服。

4. 预应力损失是指预应力钢筋的张拉力由于材料性能及张拉工艺等原因而不断降低的现象,从而导致混凝土获得的预压力降低,设计中要加以控制。

5. 预应力混凝土轴心受拉构件的计算,分为使用阶段和施工阶段两个阶段,主要包括承载力、抗裂度、裂缝宽度以及局部受压承载力验算。

6. 预应力混凝土构件的构造要求,是保证构件正常使用的重要措施,在设计和施工中要严格执行。

习　　题

7.1　为什么要对构件施加预应力? 预应力混凝土结构的优缺点是什么?

7.2　为什么预应力混凝土构件所选用的材料都要求有较高的强度?

7.3　什么是张拉控制应力？为何不能取太高,也不能取太低？

7.4　预应力损失有哪些？分别是由什么原因产生的？如何减少各项预应力的损失值？

7.5　预应力损失值为什么要分第一批和第二批损失？先张法和后张法各项预应力损失是怎样组合的？

7.6　试述先张法、后张法预应力轴心受拉构件在施工阶段、使用阶段各自的应力变化过程及相应应力值的计算公式。

7.7　预应力混凝土构件主要构造要求有哪些？

第8章 钢筋混凝土楼盖

学习目标	1. 了解钢筋混凝土楼盖的分类和构造特点。
	2. 熟练掌握单向板肋形楼盖的计算方法、构件截面设计特点及配筋构造要求。
	3. 掌握双向板的弹性计算方法及配筋构造要求。
	4. 熟悉装配式楼盖、楼梯及雨篷受力特点、应用范围及其配筋构造要求。

8.1 现浇钢筋混凝土肋梁楼盖

钢筋混凝土楼盖是由梁、板和柱(或板和柱)组成的结构体系,主要承受各种作用产生的弯矩和剪力,在土木工程中应用十分广泛。钢筋混凝土楼盖是建筑结构的主要组成部分,对于 6～12 层的框架结构,楼盖用钢量占全部结构用钢量的 50% 左右;对于混合结构,其用钢量主要在楼盖中。因此,楼盖结构选型和布置的合理性以及计算和构造的正确性,对建筑的安全使用和技术经济指标有着非常重要的意义。

钢筋混凝土楼盖按其施工方法可分为现浇整体式、装配式和装配整体式三种。

1. 现浇整体式钢筋混凝土楼盖

特点　所有构件采用现场支模板,现场浇筑混凝土,现场养护。

优点　整体性好,刚度大,抗震性和防水性能好,对不规则平面的适应性强,开洞容易。

缺点　模板用量多且周转较慢,施工作业量较大,工期较长。

适用范围　适用于布置上有特殊要求的各种楼面,有抗震设防要求结构的楼(屋)面,公共建筑的门厅部分,平面布置不规则的局部楼面(如剧院的耳光室),防水要求高的楼面(如卫生间、厨房等),高层建筑的楼(屋)面等。

2. 装配式钢筋混凝土楼盖

特点　构件在工厂或预制场先制作好,然后在施工现场进行安装。

优点　可以节省模板,改善制作时的施工条件,提高劳动生产率,加快施工进度。

缺点　整体性、刚度、抗震性能差。

适用范围　楼板采用预制构件,便于工业化生产,在多层民用建筑和多层工业厂房中得到广泛应用,此种楼面因其整体性、抗震性及防水性能较差,而且不便于开设孔洞,故对高层建筑及有防水要求和开孔洞的楼盖不宜采用。若在多层抗震设防的房屋使用,要按抗震规范采取加强措施。

3. 装配整体式钢筋混凝土楼盖

特点 装配整体式又叫装配式,即将预制板、梁等构件吊装就位后,在其上或者与其他部位相接处浇筑钢筋混凝土连接成整体,这样就形成了装配整体式。

优点 这种楼盖兼有现浇整体式楼盖整体性好和装配式楼盖节省模板与支撑的优点。

缺点 需要进行混凝土二次浇筑,有时还需增加焊接工作量。

适用范围 其整体性较装配式好,又较现浇式节省支模。但这种楼盖要进行混凝土二次浇筑,有时还需增加焊接工作量,故对施工进度和造价会有不利影响。因此仅适用于荷载较大的多层工业厂房、高层民用建筑及有抗震设防要求的建筑。

根据受力及支承条件,现浇钢筋混凝土楼盖可分为肋形楼盖、井式楼盖和无梁楼盖(图 8-1)等。

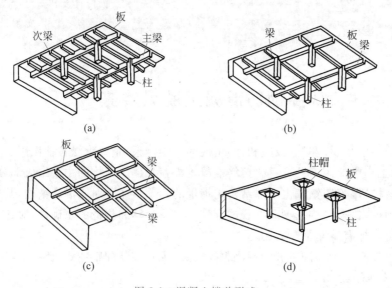

图 8-1 混凝土楼盖形式

(a) 单向板肋形楼盖;(b) 双向板肋形楼盖;(c) 井式楼盖;(d) 无梁楼盖

现浇肋形楼盖的板的四边支撑在梁或墙上,并将板上的荷载传给梁或墙(图 8-2)。

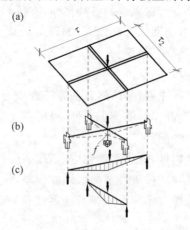

图 8-2 四边支承板受力分析

当板的长边与短边之比 $\frac{l_2}{l_1} \geq 3$ 时,板沿长边方向所承受的弯矩将很小,可忽略不计,这时荷载主要沿短边方向传递,工程上将 $\frac{l_2}{l_1} \geq 3$ 的板称为单向板。当板的长边与短边之比 $\frac{l_2}{l_1} \leq 2$ 时,板沿长边方向承受的弯矩不能忽略,这时板上的荷载将沿两个方向传递给梁或墙,这种板称为双向板;工程上,当 $2 < \frac{l_2}{l_1} < 3$ 时,宜按双向板计算,也可按单向板计算,但需沿板的长边方向布置足够数量的构造钢筋。

8.1.1 单向板肋梁楼盖

由单向板及其支撑梁组成的现浇楼盖,称为整体式单向板肋梁楼盖。单向板肋梁楼盖设计的主要内容有:结构平面布置、确定结构计算简图、构件荷载计算、构件内力计算、构件截面设计及绘制楼盖结构施工图等。

1. 结构平面布置

结构平面布置主要是确定主、次梁的位置及荷载传递路径,单向板肋梁楼盖荷载的传递路线是:板→次梁→主梁→柱(或墙)。平面布置方式主要有主梁沿横向布置和沿纵向布置两种(图 8-3)。主梁沿横向布置时[图 8-3(a)],房屋横向刚度大,采光好;主梁沿纵向布置时[图 8-3(b)],房屋净空高度可充分利用,但房屋横向刚度差,次梁有可能支承在窗洞上方,限制窗洞高度。

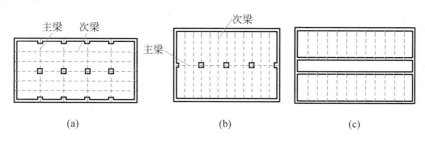

图 8-3 单向板肋梁楼盖结构布置

(a) 主梁横向布置;(b) 主梁纵向布置;(c) 只布置次梁

结构平面布置时,应考虑房屋的使用要求,梁格布置应力求简单、规整、统一、荷载传递直接、节约材料,降低造价。单向板的经济跨度为 $1.7 \sim 2.7\text{m}$;次梁的经济跨度为 $4 \sim 6\text{m}$;主梁的经济跨度为 $5 \sim 8\text{m}$。

2. 确定结构计算简图

结构计算简图是对实际结构的合理简化,包括构件的简化、支座的简化、构件计算跨数及计算跨度的确定等。

1)构件的简化

通常单向板肋梁楼盖中的板、次梁及主梁都可以看作是等截面的直杆,确定计算简图时均可将构件用其轴线表示。

2)支座的简化

板支承在次梁或墙体上 为简化计算,将次梁或墙体作为板的不动铰支座。

次梁支承在主梁(柱)或墙体上　将主梁(柱)或墙体作为次梁的不动铰支座。

主梁支承在柱或墙体上　当主梁支承在墙体上时,将墙体作为主梁的不动铰支座。主梁支承在柱子上时,当梁和柱的线刚度之比(节点两侧梁的线刚度之和与节点上下柱的线刚度之和的比值)大于 3 时,将柱作为主梁的不动铰支座。否则,应按框架进行内力分析。

3) 构件计算跨数的确定

对于多跨连续梁(板),当跨度相等或者相差不超过 10％时,若实际跨数超过五跨,可按五跨计算。此时,除连续梁(板)两边的第一、第二跨外,其余的中间各跨跨中及中间支座的内力值均按五跨连续梁的中间跨跨中和中间支座采用(图 8-4)。当多跨连续梁、板各跨跨度相差超过 10％时,应按实际跨数进行内力分析。

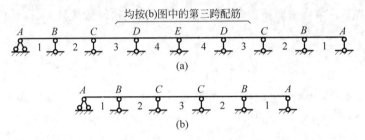

图 8-4　连续梁、板计算跨数的确定

4) 计算跨度的确定

连续板和连续梁各跨的计算跨度与支座形式、支座宽度、构件的截面尺寸以及内力计算方法有关,通常可按表 8-1 采用。计算弯矩时采用计算跨度,计算剪力时采用净跨。板、次梁和主梁截面尺寸可参照表 8-2 确定。

表 8-1　板和梁的计算跨度

跨数	支座情形		计算跨度		符号意义
			板	梁	
单跨	两端简支		$l_0 = l_n + h$	$l_0 = l_n + a \leqslant 1.05 l_n$	l_n 为支座间净距; l_c 为支座中心间的距离; h 为板的厚度; a 为边支座宽度; b 为中间支座宽度
	一端简支、一端与梁整体连接		$l_0 = l_n + 0.5h$		
	两端与梁整体连接		$l_0 = l_n$		
多跨	两端简支		当 $a \leqslant 0.1 l_c$ 时, $l_0 = l_c$	当 $a \leqslant 0.05 l_c$ 时, $l_0 = l_c$	
			当 $a > 0.1 l_c$ 时, $l_0 = 1.1 l_c$	当 $a > 0.1 l_c$ 时, $l_0 = 1.05 l_c$	
	一端入墙内,另一端与梁整体连接	按塑性计算	$l_0 = l_n + 0.5h$	$l_0 = l_n + 0.5a \leqslant 1.025 l_n$	
		按弹性计算	$l_0 = l_n + 0.5(h + b)$	$l_0 = l_c \leqslant 1.025 l_n + 0.5b$	
	两端均整体与梁连接	按塑性计算	$l_0 = l_n$	$l_a = l_n$	
		按弹性计算	$l_0 = l_n$	$l_a = l_c$	

表 8-2　混凝土梁、板结构的常规尺寸

构件种类		高跨比(h/l_0)	备注
单向板	简支 两端连续	$\geqslant 1/35$ $\geqslant 1/40$	最小板厚： 屋面板　　　　　　　$h \geqslant 60mm$ 民用建筑楼板　　　　$h \geqslant 60mm$ 工业建筑楼板　　　　$h \geqslant 70mm$ 行车道下的楼板　　　$h \geqslant 80mm$
双向板	单跨简支 多跨连续	$\geqslant 1/45$ $\geqslant 1/50$ （按短向跨度）	最小板厚：$h \geqslant 80mm$
悬臂板		$\geqslant 1/12$	最小板厚： 板的悬臂长度$\leqslant 500mm$，$h \geqslant 60mm$ 板的悬臂长度$> 500mm$，$h \geqslant 80mm$
多跨连续次梁 多跨连续主梁 单跨简支梁 悬臂梁		$1/18 \sim 1/12$ $1/14 \sim 1/8$ $1/14 \sim 1/8$ $1/8 \sim 1/6$	最小梁高： 　次梁　$h \geqslant l/25$ 　主梁　$h \geqslant l/15$ 宽高比(b/h)：一般为 $1/3 \sim 1/2$，并以 50mm 为模数

注：表中 l_0 为梁、板的计算跨度，通常可按表 8-1 采用。

3. 构件荷载计算

1）荷载计算单元

板承受的荷载主要有板的自重（包括面层及粉刷等）及板上的均布活荷载。当楼面板承受均布荷载时通常取宽度为 1m 的板带作为荷载计算单元，如图 8-5 所示。

在确定板传递给次梁的荷载和次梁传递给主梁的荷载时，一般均忽略结构的连续性，按简支进行计算。

次梁的荷载计算单元可取相邻板跨中线所分割出来的面积。如图 8-5 所示。次梁承受的荷载包括次梁自重及其计算单元面积范围内板传来的荷载。

主梁承受的荷载包括主梁自重及由次梁传来的集中荷载。由于主梁自重与次梁传来的荷载相比往往较小，为了简化计算，一般可将主梁均布自重简化为若干集中荷载，与次梁传来的集中荷载一起计算。次梁传给主梁的集中荷载负荷面积如图 8-5(a)所示。

板、次梁和主梁的荷载计算单元及计算简图如图 8-5(b)所示。

2）折算荷载

如前所述，在确定计算简图时，将板（或梁）整体连接的支承视为铰支承的假定，对于等跨连续板（或梁），当活荷载沿各跨均匀布置时，是可行的。因为此时板或梁在中间支座发生的转角很小，按铰支简图计算与实际情况相差不大。但是，当活荷载隔跨布置时，情况则不相同（图 8-6），当板受荷发生弯曲转动时，将带动作为其支座的次梁产生扭转，次梁的扭转将部分地阻止板的自由转动，可见，板的支座与理想的铰支座不同，此时板支座截面转角 $\theta' < \theta$，相当于降低了板跨中的弯矩值。类似情况也发生在次梁与主梁之间，主梁与柱之间。

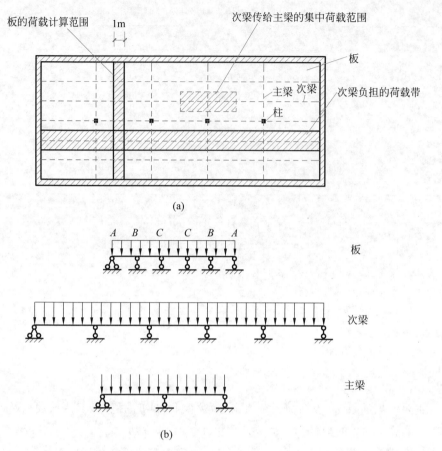

图 8-5　单向板楼盖板、梁的计算简图

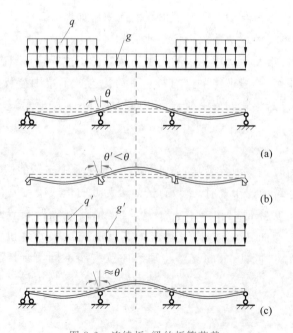

图 8-6　连续板、梁的折算荷载

设计中,一般用增大恒载、减小活载的办法来考虑次梁对板的弹性约束[图8-6(c)],即用调整后的折算恒载 g' 和折算活载 q' 代替实际的 g、q。折算荷载的取值如下。

板:

$$g' = g + \frac{q}{2}, \quad q' = \frac{q}{2} \tag{8-1}$$

次梁:

$$g' = g + \frac{q}{4}, \quad q' = \frac{3}{4}q \tag{8-2}$$

式中:g'、q'——折算永久荷载和折算可变荷载;

g、q——实际永久荷载和实际可变荷载。

当板、次梁内力按弹性计算时,需按上述要求作调整;当板、次梁按塑性计算时,则不作调整;主梁均不进行荷载的折算。当板、梁搁置在砖墙或钢梁上时,不得作此调整,应按实际荷载计算。

4. 构件内力计算

构件内力计算时应根据构件的重要程度、所受荷载情况及使用条件不同分别采用弹性内力计算方法和塑性内力计算方法。一般单向板肋梁楼盖中的板和次梁通常采用塑性内力计算方法,主梁采用弹性内力计算方法。

1) 弹性内力计算方法

弹性内力计算方法是假定梁板均为理想弹性体系的计算方法。要考虑活荷载的最不利布置,内力采用查表法直接进行计算,而不需按力学方法进行计算。

(1) 活荷载的最不利布置。梁、板承受的荷载有恒荷载和活荷载。恒荷载是永远存在的,满布于各跨,任何一种内力组合必须包括恒荷载引起的内力;活荷载是变化的,需找出其最不利布置,然后与恒荷载组合,求出最大内力去配置钢筋,这样结构才是安全的。图8-7为五跨连续梁在不同跨活荷载作用下的弯矩分布情况。

 特别提示

活荷载最不利布置原则如下。

① 当求跨中最大正弯矩时,应在该跨布置活荷载,然后隔一跨布置活荷载。

② 当求跨中最小弯矩时,应在该跨的相邻两跨布置活荷载,然后隔一跨布置活荷载。

③ 当求支座最大(绝对值)负弯矩时,应在该支座左右相邻两跨布置活荷载,然后隔一跨布置活荷载。

④ 当求支座(左右)最大剪力时,应在该支座左右相邻两跨布置活荷载,然后隔一跨布置活荷载。

(2) 应用查表法计算内力。活荷载的最不利位置确定后,对于等跨(包括跨度差不大于10%)的连续梁,可直接应用附录4查得恒荷载和各种活荷载在最不利位置下的内力系数,并按下列公式求出连续梁各控制截面的弯矩 M 和剪力 V。

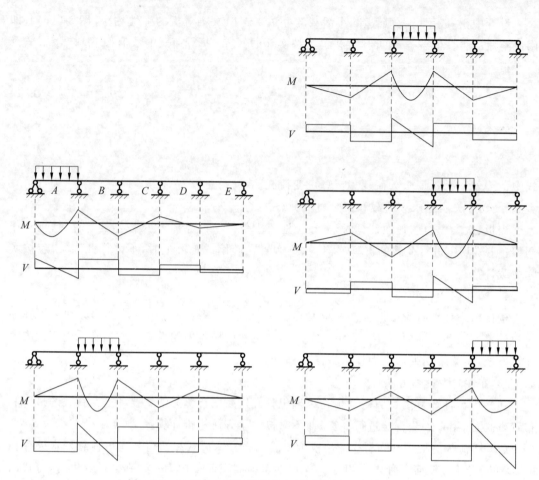

图 8-7　连续梁在不同活荷载作用下的弯矩图、剪力图

当均布荷载作用时：

$$M = K_1 g l_0^2 + K_2 q l_0^2 \tag{8-3}$$

$$V = K_3 g l_0 + K_4 q l_0 \tag{8-4}$$

式中：g、q——单位长度上的均布恒荷载与均布活荷载；

当集中荷载作用时：

$$M = K_1 G l_0 + K_2 Q l_0 \tag{8-5}$$

$$V = K_3 G + K_4 Q \tag{8-6}$$

式中：G、Q——集中恒荷载和活荷载；

　　　$K_1 \sim K_4$——内力系数，按附表 4-1 查用；

　　　l_0——梁的计算跨度，按表 8-1 规定采用。若相邻两跨跨度不相等（不超过 10%），在计算支座弯矩时，取相邻两跨的平均值；而在计算跨中弯矩及剪力时，仍用该跨的计算跨度。

（3）内力包络图。内力包络图包括弯矩包络图和剪力包络图。它是指恒载与各种最不利活载组合后的内力图画在同一图上，其外包线所围成的图形称为内力包络图。利用弯矩包络图可计算构件正截面配筋，并合理地确定纵向受力钢筋弯起和切断位置。利用剪力包络图可计算构件斜截面的配筋,并合理地布置腹筋。

【例 8-1】 图 8-8 所示为两跨等跨连续梁,跨度 $l_0 = 6.0\text{m}$,在各跨三分点处作用有集中荷载,其中恒荷载 $G = 50\text{kN}$,活荷载 $Q = 100\text{kN}$。对于两跨连续梁,最不利活荷载的布置方式有三种,分别为仅在 AB 跨布置活荷载(可求得 AB 跨最大弯矩和 A 支座的最大剪力)、仅在 BC 跨布置活荷载(可求得 BC 跨最大弯矩和 C 支座的最大剪力)以及两跨同时布置活荷载(可求得支座 B 的最大负弯矩及最大剪力)。根据式(8-5)和式(8-6)进行内力计算,图 8-8(a)所示为仅在 AB 跨布置活荷载时,在恒荷载与活荷载的共同作用下的弯矩图和剪力图,图中 AB 跨的弯矩 $233.4\text{kN} \cdot \text{m}$ 是各种荷载布置情况下 AB 跨的最大弯矩,A 支座的剪力 117kN 是各种荷载布置情况下 A 支座的最大剪力。图 8-8(b)所示为仅在 BC 跨布置活荷载时,在恒荷载与活荷载共同作用下的弯矩图和剪力图,图中 BC 跨的弯矩 $233.4\text{kN} \cdot \text{m}$ 是各种荷载布置情况下 BC 跨的最大弯矩,C 支座的剪力 117kN 是各种荷载布置情况下 C 支座的最大剪力。图 8-8(c)所示为两跨均布置活荷载时,在恒荷载与活荷载共同作用下的弯矩图和剪力图,图中 B 支座的弯矩 $299.7\text{kN} \cdot \text{m}$ 是各种荷载布置情况下 B 支座的最大负弯矩(即绝对值最大),B 支座的剪力 200kN 也是各种荷载布置情况下 B 支座的最大剪力。图 8-8(d)所示为此两跨连续梁的弯矩包络图和剪力包络图。

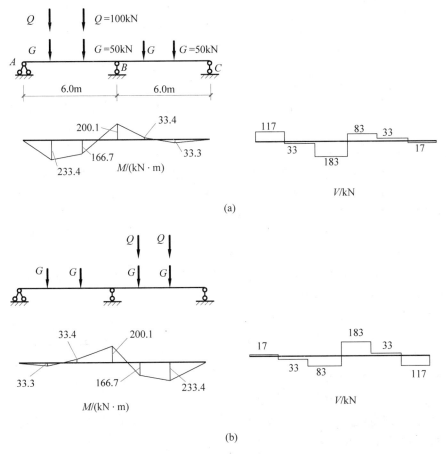

图 8-8 两等跨连续梁最不利内力组合与内力包络图

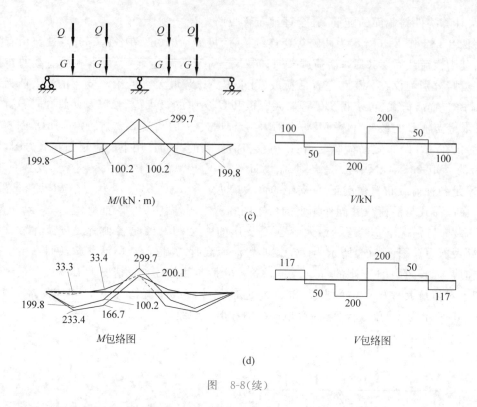

图 8-8（续）

按弹性理论计算结构内力存在三个问题。

（1）钢筋混凝土结构是弹塑性体，如果内力按弹性计算，而配筋按塑性计算，则二者不协调；

（2）内力取包络图的最大值计算不合理，因为各跨跨中和各支座截面的最大内力实际上并不可能同时出现，这样整个结构的各截面的材料就不能充分利用；

（3）支座弯矩总是远大于跨中弯矩，这将使支座配筋拥挤、构造复杂、施工不便。

弹性计算方法适用于直接承受动力荷载和重复荷载的结构，在使用阶段不允许出现裂缝或对裂缝控制有严格要求的结构构件，处于重要部位的构件，如肋梁楼盖中的主梁。

2）塑性内力计算法

（1）塑性铰与塑性内力重分布的概念。如图 8-9 所示的一钢筋混凝土简支梁，当梁的工作进入破坏阶段时跨中受拉钢筋首先屈服，随着荷载增加，变形急剧增大，裂缝扩展，截面绕中和轴转动，但此时截面所承受的弯矩则维持不变。从钢筋屈服到受压区混凝土被压坏，裂缝处截面绕中和轴转动，就好像梁中出现了一个铰，这个铰实际上是梁中塑性变形集中出现的区域，称为塑

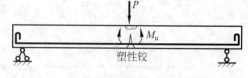

图 8-9　简支梁出现塑性铰的破坏原理

性铰。塑性铰与理想铰的区别在于：前者能承受一定的弯矩，并只能沿弯矩作用方向做微小的转动；后者则不能承受弯矩，但可以自由转动。

简支梁是静定结构，当某个截面出现塑性铰后，即成为几何可变体系，将失去承载能力。钢筋混凝土多跨连续梁是超静定结构，存在着多余约束，在某个截面出现塑性铰后，相当于

减少了一个多余约束,结构仍是几何不变体系,还能继续承担后续的荷载。但此时梁的内力不再按原来的规律分布,将出现内力的重分布。

如图 8-10 所示的两跨连续梁,承受均布荷载 q,按弹性理论计算得到的支座最大弯矩为 M_B,跨中最大弯矩为 M_1。设计时,若支座截面按弯矩 M_B'($M_B'<M_B$)配筋,这样可使支座截面配筋减少,方便施工,这种做法称为弯矩调幅法。梁在荷载作用下,当支座弯矩达到 M_B 时,支座截面便产生较大塑性变形而形成塑性铰,随着荷载继续增加,因中间支座已形成塑性铰,只能转动,所承受的弯矩 M_B 将保持不变,但两边跨的跨内弯矩将随荷载的增加而增大,当全部荷载 q 作用时,跨中最大弯矩达到 M_1'($M_1'>M_1$)。这种在多跨连续梁中,由于某个截面出现塑性铰,使该塑性铰截面的内力向其他截面(如本例的跨内截面)转移的现象,称为塑性内力重分布。钢筋混凝土超静定结构,均具有塑性内力重分布的性质。

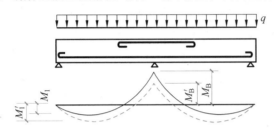

图 8-10 两跨连续梁的内力塑性重分布

因此,如果按弯矩包络图配筋,支座的最大负弯矩与跨中的最大正弯矩并不是在同一荷载作用下产生的,所以当下调支座负弯矩时,在这一组荷载作用下增大后的跨中正弯矩,实际上并不大于包络图上外包线的弯矩,因此跨中截面并不会因此而增加配筋。可见,利用塑性内力重分布,可调整连续梁的支座弯矩和跨中弯矩,既方便了施工,又能取得经济的配筋,也更符合构件的实际工作情况。

 特别提示

钢筋混凝土连续梁塑性内力重分布的基本规律如下。

① 钢筋混凝土连续梁达到承载能力极限状态的标志,不是某一截面达到了极限弯矩,而是必须出现足够的塑性铰,使整个结构形成几何可变体系;

② 塑性铰出现以前,连续梁弯矩服从于弹性内力分布规律;塑性铰出现以后,结构计算简图发生改变,各截面的弯矩增长率发生了变化;

③ 按弹性理论计算,连续梁的内力与外力既符合平衡条件,同时也满足变形协调关系。按塑性内力重分布法计算,内力与外力符合平衡条件,但转角相等的变形协调关系也不再成立;

④ 通过控制支座截面和跨中截面的配筋比,可人为控制连续梁中塑性铰出现的早晚和位置,即控制调幅的大小和方向。

(2) 按塑性理论计算的基本原则如下。

① 必须保证塑性铰具有足够的转动能力,使整个结构或局部形成机动可变体系才丧失承载力。按照弯矩调幅法设计的结构,受力钢筋宜采用 HRB335 级、HRB400 级热轧钢筋;

混凝土强度等级宜在 C20~C45 范围内；截面的相对受压区高度 ξ 不应超过 0.35，也不宜小于 0.10。

② 为了避免塑性铰出现过早、转动幅度过大，致使梁的裂缝宽度及变形过大，应控制支座截面的弯矩调整幅度，以不超过 20% 为宜。

③ 构件的跨中截面弯矩值应取弹性分析所得的最不利弯矩值和按下式计算值中之较大值：

$$M = 1.02M_0 - \frac{M_L + M_R}{2} \tag{8-7}$$

式中：M_0——按简支梁计算的跨中弯矩设计值；

　　M_L、M_R——梁左、右支座截面弯矩调幅后的设计值。

④ 调幅后支座及跨中控制截面的弯矩值应不小于 M_0 的 1/3。

⑤ 各控制截面的剪力设计值按荷载最不利布置和调幅后的支座弯矩由静力平衡条件计算确定。

（3）等跨连续板、梁的内力值。对单向板肋梁楼盖中的连续板及连续次梁，当考虑塑性内力重分布而分析结构内力时，采用弯矩调幅法。即在按照弹性方法计算所得的弯矩包络图的基础上，对首先出现塑性铰截面的弯矩值进行调幅，将调幅后的弯矩值加在相应的塑性铰截面，再用一般力学方法分析对结构其他部分内力的影响；经过综合分析研究选取连续梁中各截面的内力值，然后进行配筋计算。

为计算方便，对工程中常见的承受均布荷载的等跨连续梁、板的控制截面内力，可按下列公式计算：

$$M = \alpha_M(g + q)l_0^2 \tag{8-8}$$
$$V = \beta_V(g + q)l_n \tag{8-9}$$

式中：α_M——考虑塑性内力重分布的弯矩系数，按表 8-3 取值；

　　β_V——考虑塑性内力重分布的剪力系数，按表 8-4 取值；

　　g、q——均布永久荷载与可变荷载的设计值；

　　l_0——计算跨度，按塑性理论方法计算时的计算跨度见表 8-1；

　　l_n——净跨。

表 8-3　单向板和连续梁的弯矩计算系数

支承情况		截 面 位 置				
		端支座	边跨跨中	离端第二支座	中间跨跨中	中间支座
梁、板搁在墙上		0	$\frac{1}{11}$	两跨连续：$-\frac{1}{10}$ 三跨及三跨以上连续：$-\frac{1}{11}$	$\frac{1}{16}$	$-\frac{1}{14}$
板	与梁整浇连接	$-\frac{1}{16}$	$\frac{1}{14}$			
梁		$-\frac{1}{24}$				
梁与柱整浇连接		$-\frac{1}{16}$	$\frac{1}{14}$			

表 8-4 连续梁的剪力计算系数

支承情况	截面位置				
	端支座内侧	离端第二支座		中间支座	
		外侧	内侧	外侧	内侧
搁在墙上	0.45	0.60	0.55	0.55	0.55
与梁或柱整浇连接	0.50	0.55			

5. 板的计算要点与构造要求

1) 板的计算要点

连续板弯矩的折减 对于四周与梁整体连接的连续板,其支座截面负弯矩会使板上部开裂,跨中正弯矩会使板下部开裂,这将导致板的实际轴线形成拱形。在板面荷载作用下,板对次梁产生主动水平推力,次梁对板产生被动水平推力(图 8-11),该推力可减少板中各计算截面的弯矩,此现象称为"拱的卸荷作用"。因此,对于四周与梁整体连接的单向板,中间跨的跨中截面及中间支座截面的计算弯矩可以减少 20%,边跨跨中及第一内支座截面弯矩不减少。

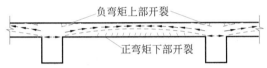

图 8-11 拱推力示意图

板的承载力计算 板按塑性计算,取 1m 宽作为板的计算单元宽,这样 $b \times h = 1000 \times h_{板厚}$,当求出各截面的弯矩后,按单筋计算求出各截面配筋。单向板的斜截面承载力一般能满足要求,不需进行受剪承载力计算。

2) 板的构造要求

(1) 受力筋的配筋方式。连续板受力筋的配筋方式有分离式配筋和弯起式配筋两种(图 8-12)。弯起式配筋整体性较好、锚固较好、节约钢筋,但施工较为复杂。分离式配筋锚固较差,钢筋用量较大,但施工简单方便。目前,工程中大多采用分离式配筋。

分离式配筋是将跨中全部正弯矩钢筋伸入支座,支座上部负弯矩钢筋另外单独设置[图 8-12(a)]。

弯起式配筋是将跨中一部分正弯矩钢筋在支座附近适当位置向上弯起,在支座上方抵抗支座负弯矩。如数量不足,需另加直钢筋[图 8-12(b)、(c)],剩余的伸入支座的正弯矩钢筋间距不得大于 400mm,截面面积不应小于跨中全部钢筋截面面积的 1/3。一般采用隔一弯一或隔一弯二的方式。弯起式配筋应注意相邻跨跨中与支座钢筋间距的协调。通常情况下,为了施工方便,一种板尽量采用同一种间距。可通过调整钢筋直径来满足不同截面钢筋面积的要求。

连续板下部纵向受力钢筋伸入支座的锚固长度不应小于钢筋直径的 5 倍,且宜伸过支座中心线。

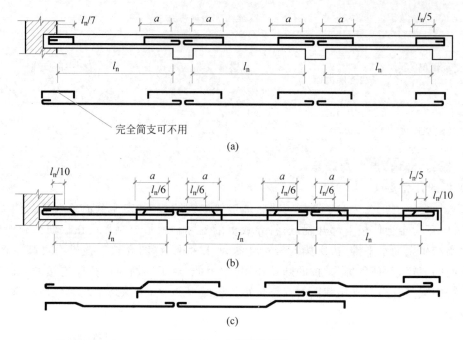

图 8-12　连续板的配筋

连续板支座负弯矩钢筋向跨内延伸的长度应根据负弯矩图确定,并满足钢筋锚固的要求。对于等跨(包括跨度差不大于 10%)连续板支座处的负弯矩钢筋,可在距支座边缘不小于 a 的位置处切断:

$$\text{当 } q/g \leqslant 3 \text{ 时}, a = l_n/4; \qquad \text{当 } q/g > 3 \text{ 时}, a = l_n/3$$

式中:g、q——恒荷载设计值和活荷载设计值;

　　　l_n——板的净跨。

(2)构造钢筋主要有如下两种。

分布钢筋　分布钢筋在单向板的长边方向,单位宽度上的配筋不宜小于单位宽度上的受力钢筋的 15%,且配筋率不宜小于 0.15%;分布钢筋的直径不宜小于 6mm,间距不宜大于 250mm;当集中荷载较大时,分布钢筋的配筋面积应适当增加,且间距不宜大于 200mm。

板中垂直于主梁的构造钢筋　单向板上的荷载主要沿短边方向传到次梁上,但由于板和主梁整体连接,在靠近主梁两侧一定宽度范围内,板内仍将产生一定大小与主梁方向垂直的负弯矩。为此,应在跨越主梁的板上部配置与主梁垂直的构造钢筋,其单位宽度内的配筋面积不宜小于板中受力钢筋截面面积的 1/3,且直径不宜小于 8mm,间距不宜大于 200mm,伸出主梁边缘的长度不宜小于板计算跨度 l_0 的 1/4,如图 8-13 所示。

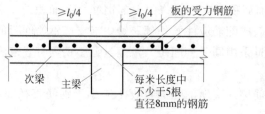

图 8-13　与主梁垂直的构造钢筋

　　嵌固在承重墙内板上部的构造钢筋　嵌固在承重墙内的板端，计算简图是按简支考虑的，而实际上由于墙的约束而产生负弯矩。因此《混凝土结构设计规范》规定，对嵌固在承重砖墙内的现浇板，应在板的上部设置板面构造钢筋。钢筋直径不宜小于 8mm，间距不宜大于 200mm，其伸入墙边的长度不宜小于板计算跨度 l_0 的 1/7。

　　对两边均嵌固在墙内的板角部分，应在板的上部沿两个方向双向配置上部构造钢筋，其伸出墙边的长度不宜小于 $l_0/4$，如图 8-14 所示。沿非受力方向配置的上部构造钢筋，可根据经验适当减少。

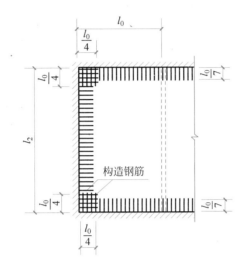

图 8-14　嵌固在承重墙内板顶的构造钢筋

6. 次梁的配筋计算要点与构造要求

1）次梁的配筋计算要点

　　次梁内力按塑性应根据求得的内力进行正截面和斜截面配筋计算。次梁正截面承载力计算中，板与次梁整体浇注，因此跨中按 T 形截面计算，支座按矩形截面计算。斜截面计算时一般不设弯起钢筋，仅采用箍筋。但当跨度较大，或楼面有震动荷载时，可在支座附近设置适量的弯起钢筋。

2）次梁的构造要求

　　梁的截面尺寸、支承长度及配筋的构造规定前面已介绍过，现补充连续梁配筋的构造规定。等跨连续次梁的纵筋布置方式有弯起式和分离式两种，建筑工程技术中通常采用分离式。

　　次梁中纵向受力钢筋的弯起与截断，原则上应按弯矩包络图确定。但对于相邻跨度相差不超过 20%，承受均布荷载且活荷载与恒荷载之比 $q/g \leqslant 3$ 的连续次梁，钢筋可按图 8-15 所示构造弯起和截断。

　　次梁的纵向受力钢筋伸入支座的锚固长度　连续梁的上部纵向钢筋应贯穿其中间支座或中间节点范围。

　　连续梁下部纵向受力钢筋伸入中间支座的锚固长度　当计算中不利用其强度时，其伸

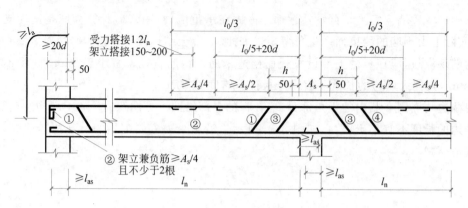

图 8-15　次梁配筋的构造要求

入长度与简支梁在 $V>0.7f_tbh_0$ 时的规定相同;当计算中充分利用钢筋的抗拉强度时,其伸入支座的锚固长度不应小于受拉钢筋的最小锚固长度 l_a;当计算中充分利用钢筋的抗压强度时,其锚固长度不应小于 $0.7l_a$。

连续梁下部纵向受力钢筋伸入边支座内的锚固长度 l_{as}　当 $V \leqslant 0.7f_tbh_0$ 时,$l_{as} \geqslant 5d$;当 $V>0.7f_tbh_0$ 时,带肋钢筋 $l_{as} \geqslant 12d$,光面钢筋 $l_{as} \geqslant 15d$,d 为纵向受力钢筋的直径。纵向受拉钢筋不宜在受拉区截断,通常均应伸到梁端,如伸到梁端尚不满足上述锚固长度的要求,则应用专门的锚固措施,例如,在钢筋上加焊横向锚固钢筋、锚固钢板,或将钢筋端部焊接在梁端的预埋件上等。

7. 主梁的计算要点与构造要求

1) 主梁的配筋计算要点

主梁内力按弹性计算,承载能力计算包括正截面和斜截面承载力计算。在正截面承载力计算时,跨中截面按 T 形截面计算,支座截面按矩形截面计算。当按构造要求选择梁的截面尺寸和钢筋直径时,一般可以不作挠度和裂缝宽度验算。

由于支座处主、次梁钢筋垂直交错,且主梁钢筋位于次梁内测(图 8-16),故主梁截面有效高度 h_0 减小,此时主梁截面有效高度 h_0 应取:

当受力钢筋一排布置时,$h_0 = h - (60 \sim 70)$ mm;

当受力钢筋二排布置时,$h_0 = h - (80 \sim 90)$ mm,h 为主梁截面高度。

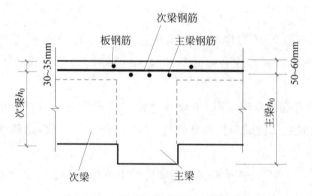

图 8-16　主梁支座处截面的有效高度

由于主梁一般按弹性方法计算内力,计算跨度是取支座中心线之间的距离,因此按弹性法计算所得的支座弯矩是支座中心处的弯矩值,而此处因与柱整体连接,梁的截面高度显著增大,故支座中心处并不是最危险的截面。支座最危险的截面应在支座边缘,如图 8-17 所示。支座边缘的弯矩值 M'_b 可近似按下式计算:

$$M'_b = M_b - V_0 \times \frac{b}{2} \tag{8-10}$$

式中:M'_b——支座边缘处的弯矩;

$\quad\ M_b$——支座中心处的弯矩;

$\quad\ V_0$——将该跨按简支梁计算时支座的剪力;

$\quad\ b$——支座宽度。

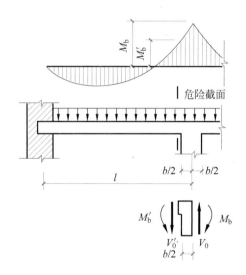

图 8-17　支座中心与柱边缘的弯矩

2) 主梁的构造要求

主梁纵向受力钢筋的弯起和截断应根据弯矩包络图进行。

主梁主要承受集中荷载,剪力图呈矩形。如果在斜截面抗剪承载力计算中利用弯起钢筋抵抗部分剪力,则跨中应有足够的钢筋可供弯起,使抗剪承载力抵抗图完全覆盖剪力包络图。若跨中可供弯起的钢筋不够,则应在支座设置专门抗剪的鸭筋。

在次梁与主梁相交处,次梁顶部在负弯矩作用下会产生裂缝。次梁的集中荷载将通过剪压区传至主梁截面高度中下部,使其下部混凝土产生斜裂缝。如图 8-18(a)所示。为了防止发生斜裂缝而引起局部破坏,应在主梁内的次梁两侧设置附加横向钢筋。附加横向钢筋的形式有附加箍筋和附加吊筋两种,一般宜优先采用附加箍筋。附加横向钢筋的用量可按下式确定:

$$F \leqslant mA_{sv}f_{yv} + 2A_{sb}f_y\sin\alpha \tag{8-11}$$

式中:F——次梁传给主梁的集中荷载设计值;

$\quad\ m$——在如图 8-18 所示宽度 s 范围内的附加箍筋数量;

$\quad\ A_{sv}$——每道附加箍筋的截面面积;

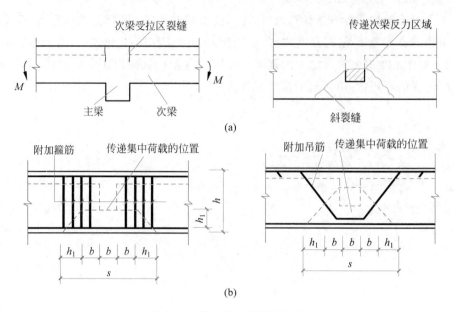

图 8-18　附加横向钢筋的布置

A_{sb}——附加吊筋的截面面积；

f_y——附加吊筋的抗拉强度设计值；

α——附加吊筋与梁轴线的夹角，一般为 45°，当梁高大于 800mm 时为 60°。

附加钢筋应布置在如图 8-18(b)所示的 $s=3b+2h_1$ 的范围内。

8. 单向板肋梁楼盖设计实例

【例 8-2】　试设计某多层工业厂房现浇钢筋混凝土单向板肋形楼盖(图 8-19)。楼面为 20mm 厚水泥砂浆面层，15mm 厚板底及梁侧抹灰。可变荷载标准值为 7.0kN/m²。混凝土强度等级 C20($f_c=9.6$N/mm²，$f_t=1.10$N/mm²)，梁中主筋采用 HRB335 级钢筋($f_y=300$N/mm²)，其余钢筋为 HPB300 级钢筋($f_y=f_{yv}=270$N/mm²)，柱截面为 300mm × 300mm，外墙主梁下壁柱为 370mm×490mm。

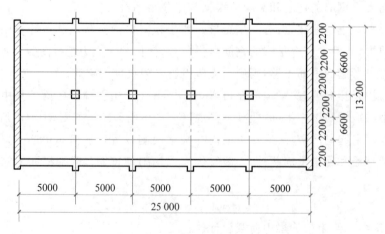

图 8-19　某厂房楼盖结构平面布置图

【解】 （1）确定板、次梁、主梁截面尺寸。

① 板厚：考虑刚度要求，$h \geqslant (1/35 \sim 1/40) \times 2200 = 63 \sim 55 (\text{mm})$，工业建筑楼盖最小板厚为 80mm，取板厚 $h = 80$mm（图 8-20）。

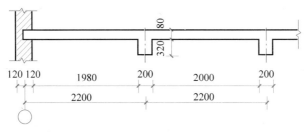

图 8-20　板的实际结构图

② 次梁：截面高度 $h = (1/18 \sim 1/12) l_0 = (1/18 \sim 1/12) \times 5000 = 278 \sim 417 (\text{mm})$，取 $h = 400$mm，截面宽度 $b = 200$mm。

③ 主梁：截面高度 $h = (1/14 \sim 1/8) l_0 = (1/14 \sim 1/8) \times 6600 = 471 \sim 825 (\text{m})$，取 $b \times h = 250\text{mm} \times 600\text{mm}$。

（2）板的设计。

① 荷载的计算步骤如下。永久荷载标准值

20mm 厚水泥砂浆面层	$0.02 \times 20 = 0.40 (\text{kN/m}^2)$
80mm 厚钢筋混凝土板	$0.08 \times 25 = 2.00 (\text{kN/m}^2)$
15mm 厚板底抹灰	$0.015 \times 17 = 0.255 (\text{kN/m}^2)$
	$g_k = 2.655 (\text{kN/m}^2)$

 注意

取永久荷载分项系数为 1.2，因楼面活荷载标准值大于 4.0kN/m^2，取活荷载分项系数为 1.3。

永久荷载设计值	$g = 1.2 \times 2.655 = 3.19 (\text{kN/m}^2)$
活荷载设计值	$q = 1.3 \times 7.0 = 9.1 (\text{kN/m}^2)$
合计	$g + q = 12.29 (\text{kN/m}^2)$
取 1m 宽板带为计算单元，则每米板宽	$g + q = 12.29 (\text{kN/m})$

② 内力的计算步骤如下。

计算跨度：

边跨

$$l_1 = l_n + \frac{h}{2} = 2.2 - \frac{0.2}{2} - \frac{0.24}{2} + \frac{0.08}{2} = 2.02 (\text{m})$$

中间跨

$$l_2 = l_3 = l_n = 2.2 - 0.2 = 2.0 (\text{m})$$

跨度差 $\dfrac{2.02 - 2}{2.0} \times 100\% = 1.0\% < 10\%$，可采用等跨连续梁的内力系数计算。

板的计算简图见图 8-21。

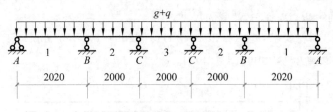

图 8-21 板的计算简图

各截面的弯矩计算见表 8-5。

表 8-5 连续板各截面弯矩的计算

截　面	边跨中	支座 B	中间跨中	中间支座
弯矩系数 α	1/11	$-1/11$	1/16	$-1/14$
$M=\alpha(g+q)l_0^2$ /(kN·m)	$(1/11)\times 12.29\times 2.02^2=4.56$	$(-1/11)\times 12.29\times 2.02^2=-4.56$	$(1/16)\times 12.29\times 2.0^2=3.07$	$(-1/14)\times 12.29\times 2.0^2=-3.51$

③ 正截面承载力计算。$b=1000\text{mm}$，$h=80\text{mm}$，$h_0=80-25=55\text{mm}$，$\xi\leqslant 0.35$，各截面的配筋计算见表 8-6。

表 8-6 板的各截面配筋计算

截　面	1	B	2		C	
			Ⅰ—Ⅰ板带	Ⅱ—Ⅱ板带	Ⅰ—Ⅰ板带	Ⅱ—Ⅱ板带
弯矩 $M/\text{N·mm}$	4.56×10^6	-4.56×10^6	3.07×10^6	$0.8\times 3.07 \times 10^6$	-3.51×10^6	$-0.8\times 3.51 \times 10^6$
$\alpha_s=\dfrac{M}{\alpha_1 f_c bh_0^2}$	0.157	0.157	0.106	0.085	0.121	0.097
$\xi=1-\sqrt{1-2\alpha_s}$	0.172	0.172<0.35	0.112	0.089	0.129<0.35	0.102<0.35
$A_s=\xi bh_0\dfrac{\alpha_1 f_c}{f_y}$	336	336	219	174	252	200
选用钢筋 /mm² Ⅰ—Ⅰ板带	$\phi 8@150$, $A_s=335$	$\phi 8@150$, $A_s=335$	$\phi 6@130$, $A_s=218$		$\phi 6/8@150$, $A_s=262$	
Ⅱ—Ⅱ板带	$\phi 8@150$, $A_s=335$	$\phi 8@150$, $A_s=335$	$\phi 6/8@190$, $A_s=207$			$\phi 6/8@190$, $A_s=207$

注：① Ⅰ—Ⅰ板带指板的边带，Ⅱ—Ⅱ板带指板的中带。
② Ⅱ—Ⅱ板带的中间跨及中间支座，由于板四周与梁整体连接，因此该处弯矩可减少 20%（乘以 0.8）。

配筋率验算：$\rho=\dfrac{A_s}{bh_0}=\dfrac{207}{1000\times 55}=0.376\%>\rho_{\min}=0.2\%$ 满足要求。

④ 板的配筋图。在板的配筋图中（图 8-22），除按计算配置受力钢筋外，尚应设置下列构造钢筋：按规定选用 $\phi 6@250$ 的分布钢筋，沿板面均布；按规定选用 $\phi 8@200$ 的板边构造钢筋，设置于板周边的上部，并双向配置于板四角的上部；按规定选用 $\phi 8@200$ 的垂直于主梁的板面构造钢筋。

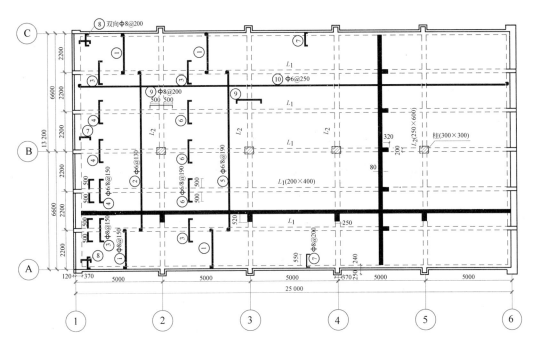

图 8-22 楼盖平面布置及板的配筋图

注:轴线⑤~⑥配筋与轴线①~②相同,轴线③~④配筋与轴线②~③相同

(3) 次梁的设计。次梁跨度及支承情况见图 8-23。

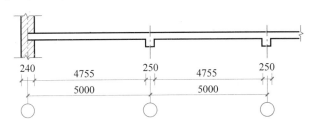

图 8-23 次梁设计的尺寸及支承情况

① 荷载的计算步骤如下。

永久荷载设计值

由板传来 $3.19 \times 2.2 = 7.02(\text{kN/m})$

梁自重 $1.2 \times 0.2 \times (0.4-0.08) \times 25 = 1.92(\text{kN/m})$

梁侧抹灰 $\underline{1.2 \times 0.015 \times (0.4-0.08) \times 2 \times 17 = 0.196(\text{kN/m})}$

$g = 9.14(\text{kN/m})$

活荷载设计值

由板传来 $q = 1.3 \times 7.0 \times 2.2 = 20.02(\text{kN/m})$

合计 $g+q = 29.16(\text{kN/m})$

② 内力的计算步骤如下。

计算跨度: $l_{01} = l_{n1} + \dfrac{h}{2} = 5.0 - \dfrac{0.25}{2} - \dfrac{0.24}{2} + \dfrac{0.24}{2} = 4.88(\text{m})$

边跨 $$l_{01} = 1.025l_{n1} = 1.025 \times 4.755 = 4.87(\text{m})$$

取二者中较小值，$l_1 = 4.87\text{m}$，则

中间跨 $$l_{02} = l_{03} = l_{n2} = 5.0 - 0.25 = 4.75(\text{m})$$

跨度差 $\dfrac{4.870 - 4.75}{4.75} \times 100\% = 2.53\% < 10\%$ 采用等跨连续梁的内力系数计算。

计算简图如图 8-24 所示。

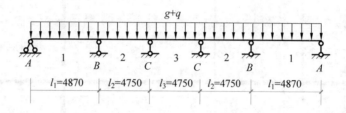

图 8-24 次梁的计算简图

次梁内力计算见表 8-7 和表 8-8。

表 8-7 次梁弯矩计算表

截面	边跨中	B 支座	中间跨中	中间支座
弯矩系数 α	1/11	$-1/11$	1/16	$-1/14$
$M = \alpha(g+q)l_0^2$ /(kN·m)	$(1/11) \times 29.16 \times 4.87^2 = 62.87$	$(-1/11) \times 29.16 \times 4.87^2 = -62.87$	$(1/16) \times 29.16 \times 4.75^2 = 41.12$	$(-1/16) \times 29.16 \times 4.75^2 = -47$

表 8-8 次梁剪力计算表

截面	边支座	B 支座	B 支座(右)	中间支座
剪力系数 β	0.45	0.6	0.55	0.55
$V = \beta(g+q)l_n$ /kN	$0.45 \times 29.16 \times 4.755 = 62.4$	$0.6 \times 29.16 \times 4.755 = 83.19$	$0.55 \times 29.16 \times 4.755 = 76.26$	76.26

③ 截面承载力计算。次梁跨中按 T 形截面计算，其翼缘宽度为

边跨
$$b'_f = \frac{l_0}{3} = \frac{1}{3} \times 4870 = 1623\text{mm} < (b + s_0) = 200 + 2000 = 2200(\text{mm})$$

取 $b'_f = 1623\text{mm}$。

中间跨 $$b'_f = \frac{1}{3} \times 4750 = 1583(\text{mm})$$

梁高 $$h = 400\text{mm}, \quad h_0 = 400 - 40 = 360(\text{mm})$$

翼缘厚 $$h'_f = 80\text{mm}$$

判别 T 形截面的类型

$$\alpha_1 f_c b'_f h'_f \left(h_0 - \frac{h'_f}{2}\right) = 1.0 \times 9.6 \times 1583 \times 80 \times \left(360 - \frac{80}{2}\right) = 389 \times 10^6(\text{N·mm})$$

$$= 389\text{kN·m} > 62.87\text{kN·m}(\text{边跨中}) \text{ 和 } 42.12\text{kN·m}(\text{中间跨中})$$

故各跨中截面属于第一类 T 形截面。

支座截面按矩形截面计算,第一内支座按布置两排纵向钢筋考虑,取 $h_0 = 400 - 60 = 340(\text{mm})$,其他中间支座按布置一排纵向钢筋考虑,取 $h_0 = 360\text{mm}$,$f_c = 9.6\text{N/mm}^2$,$f_t = 1.1\text{N/mm}^2$,$f_y = f_{yv} = 270\text{N/mm}^2$。

次梁正截面及斜截面承载力计算分别见表 8-9 和表 8-10。

表 8-9　次梁正截面承载力计算

截　　面	1	B	2 和 3	C
弯矩 $M/(\text{N}\cdot\text{mm})$	62.87×10^6	-62.87×10^6	41.12×10^6	-47×10^6
b_f' 或 b	1623	200	1583	200
$\alpha_s = \dfrac{M}{\alpha_1 f_c b h_0^2}$	0.031	0.283	0.021	0.189
$\xi = 1 - \sqrt{1 - 2\alpha_s}$	0.0315	0.342	0.0212	0.211
$A_s = \xi b h_0 \dfrac{\alpha_1 f_c}{f_y}$	654	826	430	540
选用钢筋	$2\phi16 + 2\phi14$	$2\phi16$ $3\phi14$	$3\phi14$	$2\phi16 + 1\phi14$
实配钢筋截面面积 A_s/mm^2	710	863	461	556

表 8-10　次梁斜截面承载力计算

截　　面	边支座	B 支座(左)	B 支座(右)	中间支座
V/kN	62.4	83.19	76.26	72.26
$0.25\beta_c f_c h_0/\text{kN}$	172.8>V	163.2>V	163.2>V	172.8>V
$V_c = 0.7 f_c b h_0/\text{kN}$	55.4<V	52.4<V	52.4<V	55.4<V
选用箍筋	$2\phi6$	$2\phi6$	$2\phi6$	$2\phi6$
$A_{sv} = n A_{sv1}/\text{mm}^2$	56.6	56.6	56.6	56.6
$s = \dfrac{1.25 f_{yv} A_{sv} h_0}{V - 0.7 f_t b h_0}/\text{mm}$	按构造设置	210	272	409
实配箍筋间距 s/mm	200	200,不足用 A_{sb} 补充	200	200
$V_{cs} = V_c + \dfrac{1.25 f_{yv} A_{sv} h_0}{s}/\text{N}$	89 785>V	84 874>V	84 874>V	89 785>V

次梁配筋详图如图 8-25 所示。

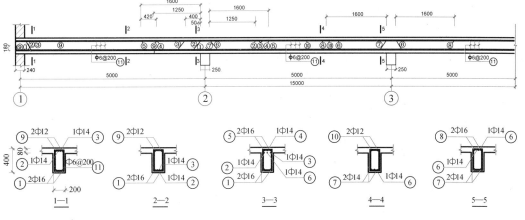

图 8-25　次梁的配筋详图

（4）主梁的设计。

① 荷载的计算步骤如下。

永久载设计值

由次梁传来的集中荷载 $\qquad 1.2 \times 9.14 \times 4.75 = 43.42(kN)$

主梁自重（折算为集中荷载）

$$1.2 \times 0.25 \times 0.6 \times 2.2 \times 25 = 9.9(kN)$$

梁侧抹灰（折算为集中荷载） $\qquad 1.2 \times 0.015 \times (0.6 - 0.08) \times 2.2 \times 2 \times 17 = 0.7(kN)$

$$G = 54.02(kN)$$

活载设计值 $\qquad P = 1.3 \times 7.0 \times 2.2 \times 5 = 100(kN)$

合计 $\qquad G + P = 154.02(kN)$

② 内力的计算步骤如下。

计算跨度

$$l_0 = 6.6 - 0.12 + \frac{0.37}{2} = 6.67(m)$$

$$l_0 = 1.025 \times \left(6.6 - \frac{0.12 \times 0.3}{2}\right) + \frac{0.3}{2} = 6.64(m)$$

取上述二者中的较小者，$l_0 = 6.64m$。主梁的计算简图见图 8-26。

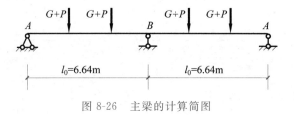

图 8-26　主梁的计算简图

在不同的分布荷载作用下的内力计算可采用等跨连续梁的内力系数进行，跨中和支座截面最大弯矩及剪力可按下式计算：$M = K_1 G l_0 + K_2 P l_0$，$V = K_3 G + K_4 P$，式中的系数 K 由等截面等跨连续梁在常用荷载作用下的内力系数表查得（附表 4-1），具体计算结果及最不利内力组合见表 8-11 和表 8-12。

表 8-11　主梁弯矩计算表　　　　　　　　　　　　（单位：kN·m）

序号	荷载简图	跨中弯矩 $\dfrac{K}{M_1}$	支座弯矩 $\dfrac{K}{M_B}$
①		$\dfrac{0.222}{80}$	$\dfrac{-0.333}{-119.4}$
②		$\dfrac{0.222}{147}$	$\dfrac{-0.333}{-221}$
③		$\dfrac{0.278}{184}$	$\dfrac{-0.167}{-111}$
最不利内力组合	①+②	227	-340.4
	①+③	264	-230.4

表 8-12 主梁剪力计算表　　　　　　　　　　　　　　（单位：kN）

序号	荷 载 简 图	边支座 $\dfrac{K}{V_A}$	中间支座 $\dfrac{K}{V_左}$	$\dfrac{K}{V_右}$
④		$\dfrac{0.667}{36}$	$\dfrac{-1.333}{-72}$	$\dfrac{1.333}{72}$
⑤		$\dfrac{0.667}{66.7}$	$\dfrac{-1.333}{-133.3}$	$\dfrac{1.333}{133.3}$
⑥	l_0　　　l_0	$\dfrac{0.833}{83.3}$	$\dfrac{-1.167}{-116.7}$	$\dfrac{1.167}{116.7}$
最不利	②+②	102.7	−205.3	205.3
内力组合	②+③	119.3	−188.7	188.7

③ 截面承载力计算。主梁跨中截面按 T 形截面计算，其翼缘计算宽度为：$b'_f = \dfrac{l}{3} = 2200(\text{mm}) < (b + s_0) = 5000(\text{mm})$，$b'_f = 2200\text{mm}$，并取 $h_0 = 560\text{mm}$，$\xi_b h_0 = 0.55 \times 560 = 308(\text{mm})$。

判别 T 形截面类型

$$\alpha_1 f_c b'_f h'_f \left(h_0 - \frac{h'_f}{2} \right) = 1.0 \times 9.6 \times 2200 \times 80 \times \left(560 - \frac{80}{2} \right)$$
$$= 912.4 \times 10^6 (\text{N} \cdot \text{mm}) = 912.4 (\text{kN} \cdot \text{m}) > M_1$$
$$= 262\text{kN} \cdot \text{m}$$

属于第一类 T 形截面。

支座截面按矩形截面计算，考虑布置两排主筋，取 $h_0 = 600 - 80 = 520(\text{mm})$，$\xi_b h_0 = 0.55 \times 520 = 286(\text{mm})$；$V_b = G + P = 152.02(\text{kN} \cdot \text{m})$。

主梁正截面及斜截面承载力计算见表 8-13 和表 8-14。

表 8-13 主梁正截面承载力计算

截　　　面	跨　　中	支　　座
$M/(\text{kN} \cdot \text{m})$	264	−340.4
$\dfrac{V_b b}{2}/(\text{kN} \cdot \text{m})$	0	$154.02 \times \dfrac{0.3}{2} = 23.1$
$M_b = M - \dfrac{V_b b}{2}/(\text{kN} \cdot \text{m})$	0	317.3
b'_f 或 b	2200	250
$\alpha_s = \dfrac{M}{\alpha_1 f_c b h_0^2}$	0.04	0.5245
$\xi = 1 - \sqrt{1 - 2\alpha_s}$	0.41	$0.779 < \xi_b = 0.55$，按双筋设计
$A_s = \xi b h_0 \dfrac{\alpha_1 f_c}{f_y}$	1610	受压：$A'_s = 252$，受拉：$A_s = 2628$
选配钢筋	2 ⏀ 25 + 2 ⏀ 20	受压：2 ⏀ 20， 受拉：3 ⏀ 25 + 4 ⏀ 20
实配钢筋截面面积/mm²	$A_s = 1610$	$A'_s = 628$，$A_s = 2729$

表 8-14 主梁斜截面承载力计算

截 面	边 支 座	支 座 B
V/kN	119.3	205.3
$0.25\beta_c f_c b h_0/\text{N}$	31 200 > V	31 200 > V
$V_c = 0.7 f_t b h_0/\text{N}$	100 000 < V	100 000 < V
选用箍筋	2 Φ 6	2 Φ 6
$A_{sv} = n A_{sv1}/\text{mm}^2$	56.6	56.6
$s = \dfrac{1.25 f_{yv} A_{sv} h_0}{V - 0.7 f_t b h_0}/\text{mm}$	517	—
实配箍筋间距 s/mm	200	200
$V_{cs} = V_c + \dfrac{1.25 f_{yv} A_{sv} h_0}{s}/\text{N}$	149 666 > V	149 666 < V
$A_{sb} = \dfrac{V - V_{cs}}{0.8 f_y \sin\alpha}/\text{mm}^2$		328
选配钢筋		2 Φ 20
实配钢筋截面面积 A_s/mm^2		628

④ 附加横向钢筋。主梁承受的集中荷载 $F = G + P = 54.02 + 100 = 154.02(\text{kN})$。

设次梁两侧各配 3 Φ 6 附加箍筋,则在 $s = 2h_1 + 3b = 2 \times (565 - 400) + 3 \times 200 = 930(\text{mm})$。范围内共设有 6 个 Φ 6 双肢箍,其截面面积 $A_{sv} = 6 \times 28.3 \times 2 = 340(\text{mm}^2)$。

附加箍筋可以承受集中荷载

$$F_1 = A_{sv} f_{yv} = 340 \times 210 = 71\,400(\text{N}) = 71.4(\text{kN}) < G + P = 154.02(\text{kN})$$

因此,尚需设置附加吊筋,每边需吊筋截面面积为

$$A_{sb} = \frac{F - F_1}{2 f_{yv} \sin 45°} = \frac{152\,800 - 71\,400}{2 \times 300 \times 0.707} = 191(\text{mm}^2)$$

在距梁端的第一个集中荷载下,附加吊筋选用 1 Φ 16($A_{sb} = 201\text{mm}^2 > 195\text{mm}^2$)即可满足要求。

⑤ 其他构造钢筋。架立钢筋,选用 2 Φ 12。板与主梁连接的构造钢筋,按规定选用 Φ 8@200,与梁肋垂直布置于梁顶部。

主梁的配筋详图如图 8-27 所示。

8.1.2 双向板肋梁楼盖

在肋梁楼盖中,由双向板和支承梁组成的楼盖称为双向板肋梁楼盖。双向板肋梁楼盖与单向板肋梁楼盖的主要区别是双向板上的荷载是沿两个方向传递的,除了传给次梁,还有一部分直接传给主梁,板在两个方向均产生弯曲和内力,因此在两个方向均应配置受力钢筋。常用于工业建筑楼盖、公共建筑门厅部分以及办公楼等民用建筑。

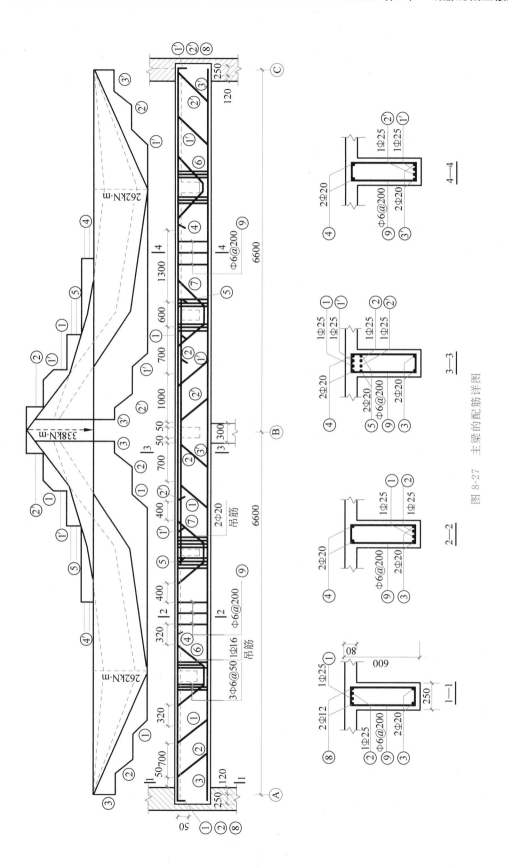

图 8-27 主梁的配筋详图

1. 双向板的破坏特征

对于均布荷载作用下的四边简支正方形板,破坏特征是第一批裂缝出现在板底的中央部分,随着荷载的增加,裂缝沿对角线方向向四角延伸。当荷载增加到板接近破坏时,板面的四角附近也出现垂直于对角线方向且大体呈环状的裂缝。最后跨中钢筋屈服,整个板即告破坏(图 8-28)。

对于均布荷载作用下四边简支矩形板,破坏特征是第一批裂缝出现在板底中间平行于长边方向,随着荷载的增加,这些裂缝逐渐延伸,并沿 45°角向四角扩展,在板面的四角也出现环状裂缝,最后整个板破坏(图 8-28)。

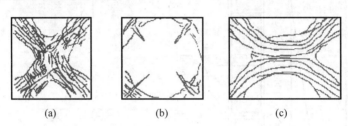

图 8-28 双向板破坏时的裂缝分布图

(a)正方形板板底裂缝;(b)正方形板板面裂缝;(c)矩形板板底裂缝

2. 双向板的弹性内力计算法

双向板的内力计算方法有弹性计算方法和塑性计算方法两种,这里只介绍弹性计算方法。弹性计算方法是假定板为均质弹性板,按弹性薄板理论为依据而进行计算的一种方法,在荷载作用下,板在两个方向的内力分配与板的支承条件和板两个方向的比值有关,为简化计算,通常采用按弹性薄板理论编制的弯矩系数表(附表 4-2)进行计算。

1) 单跨双向板的弯矩计算

单跨双向板的支撑情况有六种(图 8-29):四边简支[图 8-29(a)];一边固定三边简支[图 8-29(b)];两对边固定、两对边简支[图 8-29(c)];两邻边固定、两邻边简支[图 8-29(d)];三边固定、一边简支[图 8-29(e)];四边固定[图 8-29(f)]。

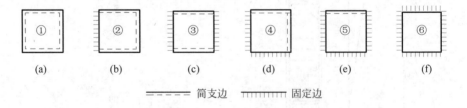

图 8-29 单跨双向板的六种支撑情况

根据不同支承情况,单跨双向板的跨中弯矩和支座弯矩可由附表 4-2 查得弯矩系数,按公式计算求得相应弯矩。

2) 多跨连续双向板的弯矩计算

多跨连续双向板按弹性理论计算时,假定板在梁上可以自由转动,并略去梁的垂直变形,将梁视为板的不动铰支座,这样多跨连续双向板可简化成单跨双向板进行计算,从而使计算简化。

　　计算多跨连续双向板的最大弯矩时,与多跨连续单向板一样,也需考虑活荷载的最不利布置。

　　求跨中最大弯矩　活荷载布置与单向板类似,即本跨布置活荷载,然后隔跨布置,对双向板来说是棋盘式布置[图 8-30(a)]。

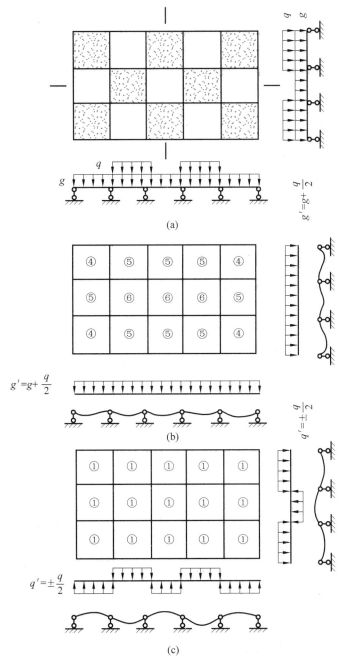

图 8-30　多跨连续双向板计算简图

（a）恒载的分布及活荷载的不利布置；（b）正对称荷载分布；（c）反对称荷载分布

　　为便于利用单跨双向板计算表格,可将图 8-30(a)所示的计算简图上的荷载(恒荷载 g 和活荷载 g)分解为满布于各跨的 $g+q/2$ 和隔跨交替布置的 $\pm q/2$ 两个部分[图 8-30(b)、(c)]。

　　当各区格满布 $g+q/2$ 时[图 8-30(b)],由于区格板支座两边结构对称,且荷载对称,可将各支座视为不转动,于是可近似地将区格板看成四边固定的双向板;对边区格,当外支座为简支时,则边区格为三边固定、一边简支的支承;而角区格为两邻边固定,另外两邻边简支;分别利用附表 4-2,求出相应跨中弯矩。

　　当所求区格作用有 $+q/2$,相邻区格作用有 $-q/2$,其余区格均间隔布置时[图 8-30(c)],可近似作为承受反对称荷载 $\pm q/2$ 的连续板,此时中间支座的弯矩为零或很小,故内区格的跨中弯矩近似地按四边简支的双向板计算。

　　最后,将以上这两种荷载作用下的跨中弯矩叠加,即求得该区格的跨中最大正弯矩。

　　支座最大负弯矩　求支座最大负弯矩时,应将活荷载布置在支座的左右区格,然后隔跨布置。为简化计算,可近似假定当板面上全部满布恒荷载及活荷载时,支座弯矩最大;所以对所有中间区格均可按四边固定的单跨双向板计算支座弯矩。对边区格按板实际支承情况计算其支座弯矩。

　　3. 双向板配筋计算及构造要求

　　1)双向板的配筋计算

　　双向板内两个方向的钢筋均为受力钢筋,其中沿短向的受力钢筋应配置在长向受力钢筋外侧。计算时跨中截面的有效高度在短跨方向按一般板取用,$h_{0x}=h-20\text{mm}$,在长跨方向再减去板中受力钢筋的直径,通常取 $h_{0y}=h-30\text{mm}$。

　　对于四边与梁整体连接的板,分析内力时应考虑周边支承梁的被动水平推力对板承载能力的有利影响。其计算弯矩可按双向板区格位置分别予以折减。

　　中间区格　中间跨的跨中截面及中间支座截面,计算弯矩可减少 20%。

　　边区格　对边跨的跨中截面及楼板边缘算起的第二支座截面,当 $l_{0y}/l_{0x}<1.5$ 时,减少 20%,当 $1.5 \leqslant l_{0y}/l_{0x} \leqslant 2$ 时,减少 10%(l_{0x} 为垂直于楼板边缘方向的计算跨度;l_{0y} 为沿楼板边缘方向的计算跨度)。

　　角区格　对于楼板的角区格不应减少。

　　2)双向板的构造要求

　　板厚　双向板的板厚 h 一般为 $80 \sim 160\text{mm}$。为满足刚度要求,对单跨四边简支双向板 $h \geqslant l_0/45$;对连续双向板 $h \geqslant l_0/50$;式中 l_0 为板短跨方向的计算跨度。

　　配筋　与单向板一样,双向板的配筋形式也有弯起式和分离式两种。当采用弹性理论方法计算时,按跨中弯矩所求得的钢筋数量为板宽中部所需的量,而靠近板的两边,其弯矩已减少,所以配筋也应减少。因此,当 $l_1 \geqslant 2500\text{mm}$($l_1$ 为短边跨度)时,可将整块板按纵横两个方向划分成两个各宽 $l_1/4$ 的边板带和一个宽 $l_1/2$ 的中间板带,边板带的配筋量为相应中间板带的 $1/2$(图 8-31),但每米不得少于 3 根。连续板支座上的配筋则按支座最大负弯矩求得,沿整个支座均匀布置,不在边带中减少。当 $l_1<2500\text{mm}$ 时,则不分板带,全部按计算配筋。

　　按塑性理论计算时,为了方便施工,跨中及支座钢筋一般采用均匀配置而不分带。当双向板与混凝土梁、墙整体浇筑或嵌固在砌体墙内时,其板面构造钢筋与单向板相同。

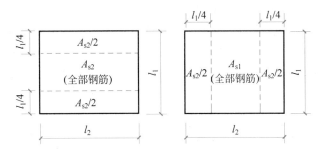

图 8-31　双向板的分板带配筋示意图

4. 双向板支承梁的计算

多跨连续双向板传给周边支撑梁的荷载如图 8-32 所示。支撑梁承受三角形或梯形荷载,其内力可采用等效均布荷载的方法计算(图 8-33)。其方法是:首先按支座弯矩相等的条件把它们换算成等效均布荷载,在求得连续梁的支座弯矩后,再按实际的荷载分布(三角形或梯形),以支座弯矩作为梁端弯矩,按单跨简支梁求出各跨跨中弯矩和支座剪力。

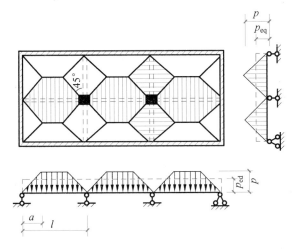

图 8-32　双向板支撑梁的荷载

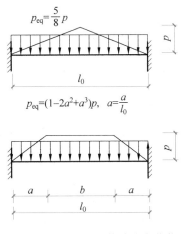

图 8-33　双向板的等效均布荷载

【例 8-3】 某办公楼建筑的楼盖平面布置如图 8-34 所示。楼板厚度为 120mm,两个方向梁肋宽度均为 250mm,纵、横向梁截面高度分别为 700mm,楼盖恒荷载(包括楼板、楼板面面层及吊顶抹灰等)为 6kN/m²,楼面活荷载为 2.0kN/m²。混凝土强度等级 C25(f_c=11.9N/mm²),钢筋采用 HPB300(f_y=270N/mm²)。要求按弹性理论计算楼板内力并配置钢筋。

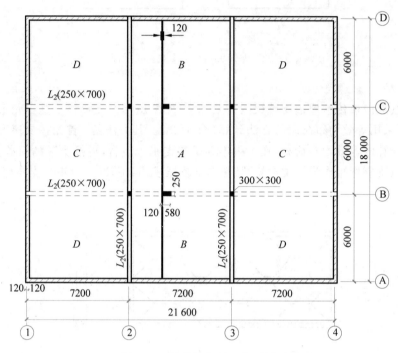

图 8-34 楼盖结构平面布置图

【解】 ① 荷载计算步骤如下。

恒荷载设计值 $g = 6 \times 1.2 = 7.2(\text{kN/m}^2)$

活荷载设计值 $q = 2 \times 1.4 = 2.8(\text{kN/m}^2)$

合计 $p = g + q = 10(\text{kN/m}^2)$

② 按弹性理论计算各区格板的弯矩。将楼盖划分为 A、B、C、D 四种区格,求各区格板跨内正弯矩时,按恒荷载满布及活荷载棋盘布置计算,取荷载

$$g' = g + q/2 = 7.2 + 2.8/2 = 8.6(\text{kN/m}^2)$$

$$q' = q/2 = 2.8/2 = 1.4(\text{kN/m}^2)$$

在 g' 的作用下,各内支座均为固定支座,边支座为简支支座;在 q' 的作用下,各区格板四边支座均为简支支座。跨内最大正弯矩为 g' 和 q' 两种荷载作用下计算的跨内弯矩之和。

在求各中间支座最大负弯矩时,按恒荷载及活荷载均满布各区格板计算。取荷载

$$p = g + q = 10(\text{kN/m}^2)$$

在 p 的作用下,各内支座均为固定边支座,边支座为简支支座。

假设柱的截面尺寸为 300mm×300mm,则两个方向边跨和中间跨的计算跨度如下。

边跨:

$$l_{0x} = l_n + a/2 + b/2 = (6000 - 120 - 150) + 120/2 + 300/2 = 5940(\text{mm})$$
$$l_{0x} < 1.025\,l_n + b/2 = 6023(\text{mm}), \quad 取\ l_{0x} = 5940\text{mm}$$
$$l_{0y} = l_n + a/2 + b/2 = (7200 - 120 - 150) + 120/2 + 300/2 = 7140(\text{mm})$$
$$l_{0y} < 1.025\,l_n + b/2 = 7250(\text{mm}), \quad 取\ l_{0x} = 7140\text{mm}$$

中间跨：
$$l_{0x} = 6000\text{mm}$$
$$l_{0y} = 7200\text{mm}$$

查附表 4-2 进行内力计算，计算结果见表 8-15。由相邻区格板计算的同一支座弯矩不平衡时，取其相邻区格板支座弯矩的平均值。

表 8-15　弯矩计算表

区格	l_x/l_y	跨　中	支　座
A（中间区格板）	6/7.2 = 0.833	$M_x = 系数(6)g'l_x^2 + 系数(1)q'l_x^2$ $= (0.028 \times 8.6 + 0.0582 \times 1.4) \times 6^2$ $= 11.6$ $M_y = 系数(6)g'l_y^2 + 系数(1)q'l_y^2$ $= (0.0194 \times 8.6 + 0.0431 \times 1.4) \times 6^2$ $= 8.178$	$M_x^0 = 系数(6)pl_x^2$ $= -0.0639 \times 10 \times 6^2$ $= -23$ $M_y^0 = 系数(6)pl_x^2$ $= -0.0554 \times 10 \times 6^2$ $= -19.944$
B（边区格板）	5.94/7.2 = 0.825	$M_x = 系数(5)g'l_x^2 + 系数(1)q'l_x^2$ $= (0.033 \times 8.6 + 0.0591 \times 1.4) \times 5.94^2$ $= 12.933$ $M_y = 系数(5)g'l_y^2 + 系数(1)q'l_x^2$ $= (0.0272 \times 8.6 + 0.0431 \times 1.4) \times 5.94^2$ $= 10.383$	$M_x^0 = 系数(5)pl_x^2$ $= -0.0742 \times 10 \times 5.94^2$ $= -26.18$ $M_y^0 = 系数(5)pl_x^2$ $= -0.0695 \times 10 \times 5.94^2$ $= -24.522$
C（边区格板）	6/7.14 = 0.84	$M_x = 系数(5)g'l_x^2 + 系数(1)q'l_x^2$ $= (0.0323 \times 8.6 + 0.0575 \times 1.4) \times 6^2$ $= 12.9$ $M_y = 系数(5)g'l_y^2 + 系数(1)q'l_x^2$ $= (0.0203 \times 8.6 + 0.0431 \times 1.4) \times 6^2$ $= 8.457$	$M_x^0 = 系数(5)pl_x^2$ $= -0.0699 \times 10 \times 6^2$ $= -25.164$ $M_y^0 = 系数(5)pl_x^2$ $= -0.0567 \times 10 \times 6^2$ $= -20.412$
D（边区格板）	5.94/7.14 = 0.832	$M_x = 系数(4)g'l_x^2 + 系数(1)q'l_x^2$ $= (0.0378 \times 8.6 + 0.0585 \times 1.4) \times 5.94^2$ $= 14.36$ $M_y = 系数(4)g'l_x^2 + 系数(1)q'l_x^2$ $= (0.0281 \times 8.6 + 0.0430 \times 1.4) \times 5.94^2$ $= 10.651$	$M_x^0 = 系数(4)pl_x^2$ $= -0.0851 \times 10 \times 5.94^2$ $= -30.026$ $M_y^0 = 系数(4)pl_x^2$ $= -0.0739 \times 10 \times 5.94^2$ $= -26.075$

注：表中弯矩系数按附表 4-2 采用线性插入法取值。例如：A 区格跨中 M_x 系数(6) $= 0.0295 - \dfrac{0.0295 - 0.0272}{0.85 - 0.80} \times (0.833 - 0.80) = 0.028$。

③ 截面配筋计算。确定截面有效高度：短跨方向的跨中及支座截面，$h_{0x} = 120 - 20 = 100(\text{mm})$，长跨方向的跨中及支座截面 $h_{0y} = 120 - 30 = 90(\text{mm})$。

截面的弯矩设计值按前述的折减原则进行折减,然后按 $A_s = \dfrac{M}{0.95h_0f_y}$ 进行受拉钢筋计算,其计算结果见表 8-16,板的配筋见图 8-35。

表 8-16 截面配筋计算表

截面			h_0/mm	$M/(\text{kN} \cdot \text{m})$	A_s/mm^2	配筋	实配/mm^2
跨中	A 区格(LB1)	短向	100	$0.8 \times 11.6 = 9.28$	362	$\phi 8@130$	387
		长向	90	$0.8 \times 8.178 = 6.542$	283	$\phi 8@170$	295
	B 区格(LB2)	短向	100	$0.8 \times 12.933 = 10.364$	404	$\phi 8@120$	419
		长向	90	$0.8 \times 10.383 = 8.31$	360	$\phi 8@130$	387
	C 区格(LB3)	短向	100	$0.8 \times 12.9 = 10.32$	402	$\phi 8@120$	419
		长向	90	$0.8 \times 8.457 = 6.766$	293	$\phi 8@170$	295
	D 区格(LB4)	短向	100	$1.0 \times 14.36 = 14.36$	560	$\phi 10@140$	561
		长向	90	$1.0 \times 10.651 = 10.651$	461	$\phi 8@100$	503
支座	$A—B$		100	$0.8 \times 24.59 = 19.672$	767	$\phi 12@130$	870
	$A—C$		90	$0.8 \times 20.178 = 16.142$	699	$\phi 12@160$	707
	$B—D$		90	$1.0 \times 25.3 = 25.3$	1096	$\phi 12@100$	1131
	$C—D$		100	$1.0 \times 27.6 = 27.6$	1076	$\phi 12@100$	1131

注:支座弯矩取平均值,如 $M_{AB} = -(23+26.18)/2 = 24.59\text{kN} \cdot \text{m}$。

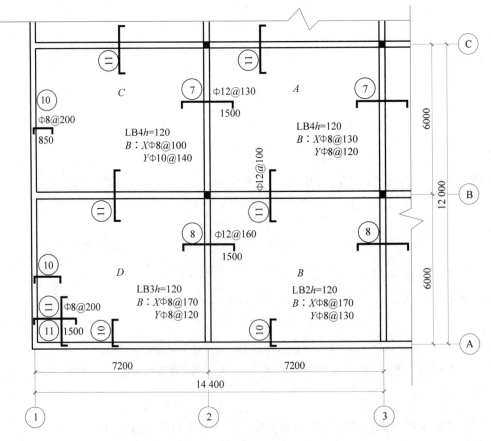

图 8-35　双向板配筋图

8.2　装配式楼盖

装配式建筑是国家大力推广的结构形式。装配式混凝土楼盖主要由搁置在承重墙或梁上的预制混凝土铺板组成,故又称为装配式铺板楼盖。

8.2.1　装配式楼盖的构件类型

1. 板

如图 8-36 所示,装配式楼盖中板的主要类型有实心板、空心板、槽形板、T 形板等,按是否施加预应力,又可分为预应力板和非预应力板。

1) 实心板

实心板表面平整、构造简单、施工方便,但自重大,刚度小。常用于房屋中的走道板、管沟盖板、楼梯平台板。板的跨度一般为 1.2～2.4m,如采用预应力板时,其最大跨度也不宜超过 2.7m,板宽一般为(500～800)m,板厚 $h \geqslant l/30$,一般为(50～80)mm。

实心板的形式如图 8-36(a)所示,考虑到板与板之间灌浆及施工时方便安装,板的实际尺寸比设计尺寸小些,一般板底宽要小于 10mm,板面宽至少要小于(20～30)mm。

2) 空心板

空心板刚度大、自重轻、受力性能好、隔声隔热效果好、施工简便,但板面不能任意开洞。在一般民用建筑的楼(屋)盖中最为常用。

空心板的孔洞有单孔、双孔和多孔几种[图 8-36(b)]。其孔洞形状有圆形孔、方形孔、矩形孔和椭圆形孔等,为便于制作,多采用圆形孔。孔洞数量视板宽而定。空心板的长度有2.7m、3.0m、3.3m……5.7m、6.0m,一般按 300mm 晋级,其中非预应力空心板长度在4.8m 以内,预应力空心板长度可达 7.5m。空心板的宽度有 500mm、600mm、900mm、1200mm,应根据制作、运输、吊装条件确定。空心板的常用厚度有 120mm、180mm、240mm 等。

3) 槽形板

槽形板由面板、纵肋和横肋组成[图 8-36(c)],横肋除在板的两端必须设置外,在板的中部附近也要设置 2～3 道,以提高板的整体刚度。面板厚度一般不小于 25mm。

槽形板用于民用建筑楼面时,板高一般为 120mm 或 180mm;用于工业建筑楼面时,板高一般为 180mm。肋宽为 100mm 左右。

4) T 形板

T 形板分为单 T 板、双 T 形板两种[图 8-36(d)]。T 形板的翼缘宽度为 1500～2100mm,截面高度为 300～500mm。这类板受力性能良好,布置灵活,能跨越较大空间,开洞自由,但整体刚度不如其他板。双 T 形板的整体刚度比单 T 形板好,但自重较大,对吊装有较高要求。T 形板适用于板跨在 12m 以内的楼盖和屋盖结构。

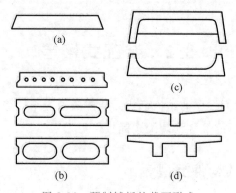

图 8-36　预制铺板的截面形式

（a）实心板；（b）空心板；（c）槽形板；（d）T 形板

2. 梁

　　装配式楼盖中的梁，可分为预制或现浇两种，视梁的尺寸和吊装能力而定。梁的截面形式有矩形、T 形、倒 T 形、十字形或花篮形等。矩形梁外形简单，施工方便，应用最为广泛。当梁高较大时，为保证房屋净空高度，可采用倒 T 形梁、十字形或花篮梁。梁的截面尺寸和配筋，可根据计算和构造确定，图 8-37 是几种复杂截面梁的构造配筋，预制梁也有定形通用标准图集，设计时可直接根据需要选用。

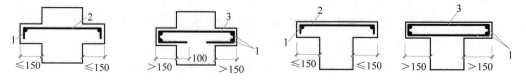

1号钢筋≥Φ8; 2号钢筋≥Φ6，间距同肋箍筋，且不大于200；
3号钢筋≥Φ6，间距同肋箍筋，且不大于200

(a)

1号钢筋≥Φ8; 2号钢筋≥Φ6，间距同肋箍筋，且不大于200；
3号钢筋≥Φ6，间距同肋箍筋，且不大于200

(b)

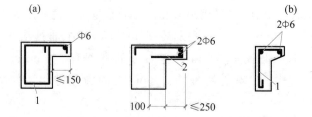

1号钢筋≥Φ6，间距不大于200；2号钢筋≥Φ6，间距等于梁内箍筋间距，且不大于200

(c)

图 8-37　几种复杂截面梁的构造配筋

8.2.2　结构平面布置方案

　　装配式铺板楼盖按铺板方向不同，可分为横向布置方案、纵向布置方案和纵横向布置方案，分别指预制楼板沿房屋横向布置、纵向布置和纵横向布置（图 8-38）。

　　横向布置方案房屋的整体性好，抗震性能好，且纵墙上可以开设较大窗洞。住宅或集体宿舍等建筑常采用此种方案。

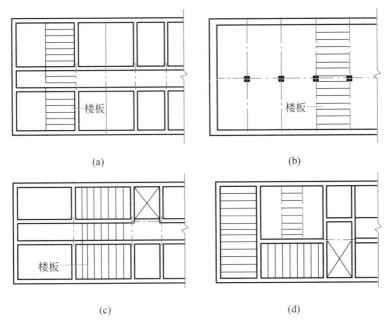

图 8-38 铺板式楼盖结构平面布置方案

（a）横向布置方案；（b）、（c）纵向布置方案；（d）纵横向布置方案

纵向布置方案房屋整体性较差,抗震性能不如横墙承重方案,在纵墙上开窗洞受到一定限制。教学楼、办公楼、食堂等建筑常采用此种方案。

纵横向布置方案集中了横墙承重方案和纵墙承重方案的优点,其整体性介于横墙承重方案和纵墙承重方案之间。带内走廊的教学楼等建筑常采用此种方案。

8.2.3 构件计算要点

装配式楼盖梁板构件的计算包括使用阶段的计算、施工阶段的验算和吊环计算。其使用阶段的承载力、变形和裂缝宽度验算与现浇结构构件相同。

1. 施工阶段的验算

装配式楼盖梁板构件,在施工阶段(堆放、运输、吊装)的受力状态与使用阶段不同,特别是预应力混凝土构件在预应力筋张拉(后张法构件)和放松(先张法构件)时,承载力和抗裂度与使用阶段要求也不相同,故还应对其进行施工阶段的验算。

预制构件施工阶段验算要点如下。

（1）按构件实际堆放支点情况和吊点位置确定计算简图,堆放支点和吊点常视为铰接点(图 8-39);

（2）考虑运输、吊装时的动力作用,构件自重应乘以 1.5 的动力系数后计算内力;

（3）对于屋面板、檩条、预制小梁、挑檐和雨篷等构件,应分别按 0.8kN 和 1kN 施工或检修集中荷载出现在最不利位置进行验算,但此集中荷载与使用可变荷载不同时考虑;

（4）在进行施工阶段的承载力验算时,结构的重要性系数应较使用阶段的承载力计算降低一个安全等级,但不得低于三级。

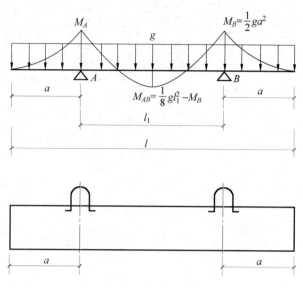

图 8-39　预制构件施工阶段验算受力图

2. 吊环计算

预制构件的吊环应采用 HPB300 钢筋制作,严禁使用冷加工钢筋,吊环埋入构件的深度不应小于 $30d$,并应焊接或绑扎在钢筋骨架上。在吊装过程中,每个吊环可考虑两个截面受力,故吊环截面面积可按式(8-12)计算:

$$A_s = \frac{G}{2m[\sigma_s]} \tag{8-12}$$

式中:G——构件自重(不考虑动力系数)标准值;

m——受力吊环数(当一个构件上有四个吊环时,计算中最多只能考虑其中三个同时发挥作用,取 $m=3$);

$[\sigma_s]$——吊环钢筋的允许设计应力,按经验可取 $[\sigma_s]=50\mathrm{N/mm^2}$。

8.2.4　装配式楼盖的连接构造

装配式楼盖由单个预制构件装配而成。构件间的连接,对于保证楼盖的整体工作以及楼盖与其他构件间的共同工作至关重要。装配式楼盖的连接包括板与板之间、板与墙(梁)之间以及梁与墙之间的连接,其连接构造应按施工图或选用的构件标准图集采用。下面仅介绍连接构造的一般要求。

1. 板与板的连接

板与板之间连接的一般做法是灌缝。当板缝宽大于 20mm 时,宜采用不低于 C15 的细石混凝土灌筑;当缝宽小于或等于 20mm 时,宜采用不低于 M15 的水泥砂浆灌筑。如板缝宽大于或等于 50mm 时,则应按板缝上作用有楼面荷载的现浇板带计算配筋(图 8-40),并用比构件混凝土强度等级提高二级的细石混凝土灌筑。

当楼面有振动荷载作用,对板缝开裂和楼盖整体性有较高要求时,可在板缝内加短钢筋后,再用细石混凝土灌筑(图 8-40)。

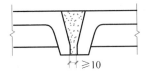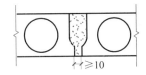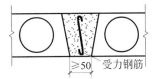

图 8-40 板与板的连接

当对楼面整体性要求更高时,可在预制板面设置厚度为 40~50mm 的 C20 细石混凝土整浇层,并于整浇层内配置 φ6@250 的双向钢筋网。

2. 板与支承墙或梁的连接

一般情况下,在板端支承处的墙或梁上,用 20mm 厚水泥砂浆找平坐浆后,预制板即可直接搁置在墙或梁上。预制板的支承长度,支承在墙上时不宜小于 100mm,支承在梁上时不宜小于 80mm。当空心板端头上部要砌筑砖墙时,为防止端部被压坏,需将空心板端头孔洞用堵头堵实。

对于整体性要求高的楼盖,板与支承墙或梁的连接构造如图 8-41 所示。

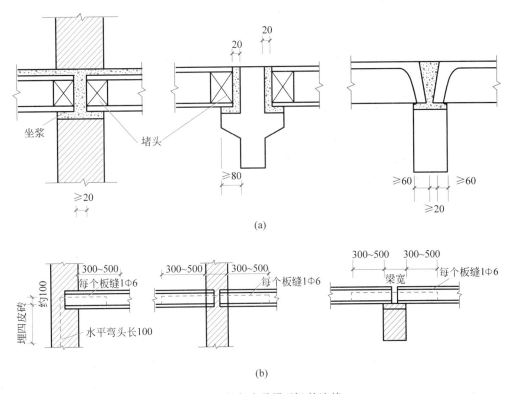

图 8-41 板与支承梁(墙)的连接

3. 板与非支承墙的连接

板与非支承墙的连接,一般采用细石混凝土灌缝[图 8-42(a)]。当板长≥5m,应配置锚拉筋,以加强其与墙的连接[图 8-42(b)];若横墙上有圈梁,则可将灌缝部分与圈梁连成整体,其整体性更好[图 8-42(c)]。

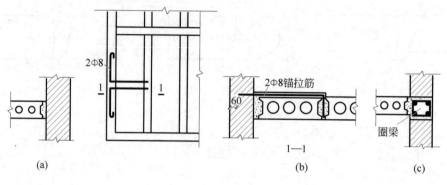

图 8-42　板与非支承墙的连接

4. 梁与承重墙的连接

梁搁置在砖墙上时,其支承端底部应用 20mm 水泥砂浆坐浆找平,梁端支承长度应不小于 180mm。在对楼盖整体性要求较高的情况下,在预制梁端应设置与墙体的拉结筋。

8.3　钢筋混凝土楼梯

8.3.1　钢筋混凝土楼梯的类型

楼梯是房屋的竖向通道,一般楼梯由梯段、平台、栏杆(或栏板)几部分组成,其平面布置和梯段踏步尺寸等由建筑设计确定。

按照施工方法不同,钢筋混凝土楼梯可分为现浇式和装配式两类。现浇楼梯的结构设计较灵活,整体性好;装配式楼梯的工业化程度高,施工速度快。根据结构形式和受力特点不同,现浇楼梯可分为板式楼梯、梁式楼梯及一些特种楼梯(如螺旋板式楼梯和悬挑板式楼梯等),如图 8-43 所示。其中板式楼梯和梁式楼梯是最常用的现浇楼梯。

1. 板式楼梯

板式楼梯由踏步板、平台板和平台梁组成。梯段斜板两端支承在平台梁上。

板式楼梯荷载的传递途径是:斜板→平台梁→楼梯间墙(或柱)。

板式楼梯的最大特点是梯段的下表面平整,因而施工支模方便,外观也较轻巧,但当跨度较大时,斜板较厚,材料用量较多。一般用于跨度在 3m 以内的小跨度楼梯或美观要求较高的公共建筑楼梯。

2. 梁式楼梯

梁式楼梯由斜梁、踏步板、平台板和平台梁组成。斜梁可在斜板两侧或中间设置,也可只在靠楼梯井一侧设置斜梁,将踏步板一端支承于斜梁上,另一侧直接支承于楼梯间墙上。但踏步板直接支承于楼梯间墙上时,砌墙时需预留槽口,施工不便,且对墙身截面也有削弱,在地震区不宜采用。

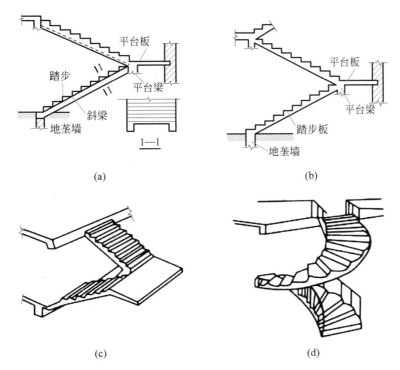

图 8-43 现浇楼梯的常见形式

（a）梁式楼梯；（b）板式楼梯；（c）悬挑板式楼梯；（d）螺旋板式楼梯

梁式楼梯荷载的传递途径：踏步板→斜梁→平台梁（或楼层梁）→楼梯间墙（或柱）。

梁式楼梯的特点是受力性能好，当梯段较长时较为经济，但其施工不便，且看起来笨重。

3. 悬挑板式和螺旋式楼梯

悬挑板式和螺旋式楼梯均属于特种楼梯。其优点是外形轻巧、美观。但其受力复杂，尤其是螺旋式楼梯，施工也比较困难，材料用量多，造价较高。

8.3.2 现浇板式楼梯的计算与构造

1. 梯段板

梯段板厚度的选取，应保证刚度要求，一般可取梯段水平投影跨度的 1/30 左右，常取 80～120mm。

梯段板的荷载计算，应考虑斜板、踏步、粉刷层等恒荷载和活荷载。活荷载沿水平方向分布，恒荷载沿梯段板倾斜方向分布，为计算方便，一般将恒荷载换算成沿水平方向分布。

计算梯段板时，可取出 1m 宽板带或整个梯段板作为计算单元，内力计算时，可以简化为简支斜板。

由结构力学可知，在荷载相同且水平跨度也相同的情况下，简支斜梁（板）与相应的简支

水平梁(板)的最大弯矩相等(图 8-44),即

$$M_{斜\max} = M_{水平\max} = \frac{1}{8}(g+q)l^2 \tag{8-13}$$

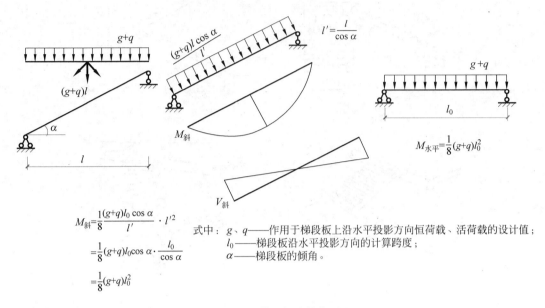

$$M_{斜} = \frac{1}{8}\frac{(g+q)l_0 \cos\alpha}{l'} \cdot l'^2$$
$$= \frac{1}{8}(g+q)l_0\cos\alpha \cdot \frac{l_0}{\cos\alpha}$$
$$= \frac{1}{8}(g+q)l_0^2$$

式中: g、q——作用于梯段板上沿水平投影方向恒荷载、活荷载的设计值;
　　　 l_0——梯段板沿水平投影方向的计算跨度;
　　　 α——梯段板的倾角。

图 8-44　梯段板计算简图

简支斜梁(板)与相应的简支水平的最大剪力有如下关系:

$$V_{斜\max} = V_{水平\max}\cos\alpha = \frac{1}{2}(g+q)l_n\cos\alpha \tag{8-14}$$

由于梯段板与平台梁整体连接,考虑平台梁对梯段板的弹性约束作用,内力计算时,梯段板的跨中最大弯矩可按下式计算:

$$M_{\max} = \frac{1}{10}(g+q)l^2 \tag{8-15}$$

同一般板一样,梯段斜板不进行斜截面承载力计算。

竖向荷载在梯段板产生的轴向力,对结构影响很小,设计中不作考虑。

梯段板中的受力钢筋按跨中最大弯矩进行计算。支座处截面负弯矩钢筋的用量不再计算,一般取与跨中钢筋相同。梯段板中配筋可以采用弯起式或分离式。采用弯起式时,采用隔一弯一配置,弯起点位置如图 8-45(a)所示;采用分离式时,支座负钢筋的切断点位置如图 8-45(b)所示。在垂直于受力钢筋方向按构造配置分布钢筋。

平台板一般均为单向板,内力计算可根据支承情况进行,当平台板一端与平台板梁整体连接,另一端支承在墙体上时,如图 8-46(a)所示,跨中弯矩可近似按 $M=\frac{1}{8}(g+q)l^2$ 计算;当平台板的两端均与梁整体连接时,如图 8-46(b)所示,考虑梁的弹性约束作用,跨中弯矩按 $M=\frac{1}{10}(g+q)l^2$ 计算,l_0 为平台板的计算跨度。

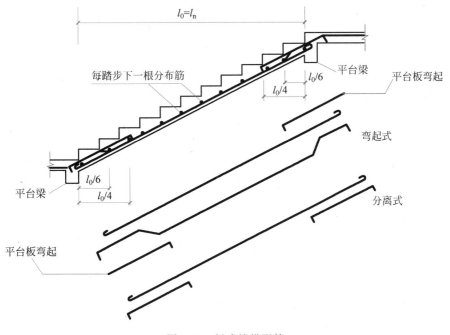

图 8-45　板式楼梯配筋

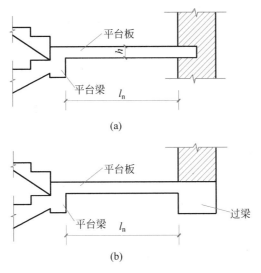

图 8-46　平台板支承情况

平台板与平台梁整体连接时,支座处有一定的负弯矩作用,应按梁板要求配置构造负筋,数量一般取与平台板跨中钢筋相同。当平台板的跨度比梯段板的水平跨度小时,平台板跨度内可能全部出现负弯矩,这时,应按计算通常布置负弯矩钢筋。

2. 平台梁

板式楼梯的平台梁,一般支承在楼梯间两侧的横墙上。截面高度一般取 $h \geqslant \dfrac{l_0}{12}$($l_0$ 为平台梁计算跨度)。平台梁承受梯段板、平台板传来的均布荷载和平台梁的自重,忽略上、下梯段之间的间隙,按荷载满布于全跨的简支梁计算。由于平台梁与平台板整体连接,配筋按倒 L 形截面计算。考虑到平台梁两侧荷载不一致引起的扭矩,宜酌量增加纵筋和箍筋的用量。

8.3.3 现浇梁式楼梯的计算与构造

1. 踏步板

踏步板是一块单向板,每个踏步的受力情况相同,计算时取一个踏步作为计算单元,其跨中弯矩可取 $M = \dfrac{1}{10}(g+q)l^2$ 计算,l_0 为踏步板计算跨度。踏步板为梯形截面,可按面积相等的原则折算为矩形截面进行承载力计算,如图 8-47 所示。矩形截面的宽度为踏步宽 b,高度为折算高度 h_1。

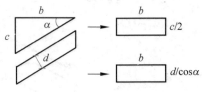

图 8-47 踏步板换算截面

$$h_1 = \frac{c}{2} + \frac{d}{\cos \alpha} \tag{8-16}$$

现浇踏步板的最小厚度 $d=40\text{mm}$,每阶踏步的配筋不少于 $2\phi6$,整个梯段内布置间距不大于 250mm 的 $\phi6$ 分布筋。

2. 梯段斜梁

梯段斜梁承受踏步传来的荷载和斜梁自重。内力计算与板式楼梯的梯段斜板相同。

梯段梁按倒 L 形截面梁计算,踏步板下斜板为其受压翼缘,梯段梁的截面高度一般取 $h_0 = \dfrac{l_0}{20}$(l_0 为斜梁水平投影计算跨度),梯段梁的配筋同一般梁。

3. 平台板与平台梁

梁式楼梯平台板的计算与板式楼梯完全相同。梁式楼梯平台梁的计算除梁上荷载形式不同,设计方法与板式楼梯相同。板式楼梯中平台梁除承受自重外,还承受平台板和梯段板传来的均布荷载,而梁式楼梯的平台梁除自重外,承受的是平台板传来的均布荷载和斜梁传来的集中荷载(图 8-48)。

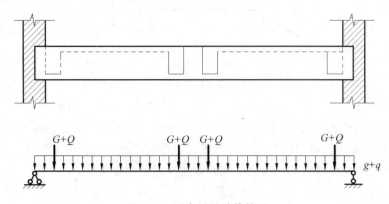

图 8-48 平台梁的计算简图

8.3.4 折线形楼梯简介

折线形楼梯斜梁(板)的计算与普通梁(板)式楼梯一样,一般将斜梯段上的荷载化为沿水平长度方向分布的荷载,然后再按简支梁计算 M_{max} 及 V_{max} 的值(图 8-49)。由于折线形楼梯在梁(板)曲折处形成内折角,在配筋时,若钢筋沿内折角连续配置,则此处受拉钢筋将产生较大的向外的合力,可能使该处混凝土保护层剥落,钢筋被拉出而失去作用。因此,在内折角处,配筋时应采取将钢筋断开并分别予以锚固的措施,如图 8-50 所示。在梁的内折角处,箍筋应适当加密。

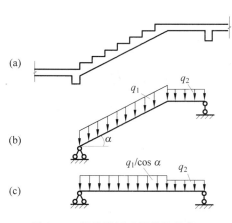

图 8-49 折线形板式楼梯的荷载

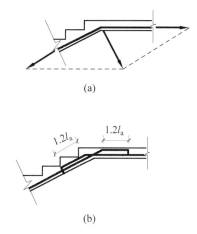

图 8-50 折线楼梯板配筋

8.3.5 装配式楼梯的类型与构造

为加快施工进度,降低造价,有的民用建筑采用预制装配式钢筋混凝土楼梯。根据预制构件划分的不同,装配式楼梯可分为小型构件装配式楼梯和大中型构件装配式楼梯两种类型。

小型构件装配式楼梯是将踏步、斜梁、平台梁、平台板分别预制,然后进行组装,其主要优点是构件小而轻,制作、运输和吊装方便,缺点是施工烦琐,进度较慢,适用于施工条件较差的地区;常见的小型构件装配式楼梯有墙承式、梁承式和悬臂式三种(图 8-51)。悬臂式楼梯由预制踏步板和平台板组成,平台板可采用预制空心板,踏步板预制成单块 L 形(或倒 L 形),将其一端砌固在砖墙内即可[图 8-51(a)]。居住建筑砌入墙内不宜小于 180mm,公共建筑不宜小于 240mm。由于此种楼梯对砖墙有所削弱,所以对有抗震设防要求的房屋不宜采用。

大、中型构件装配式楼梯[图 8-52(a)]是将若干个构件合并预制成一个构件,如将整个梯段和平台分别预制成大型构件,甚至将梯段与平台合并为一个构件,其主要优点是构件少,可简化施工过程,提高施工速度,但构件制作较困难,且需要较大起重设备,在混合结构民用房屋中应用较少。常见的大、中型构件装配式楼梯有板式和梁板式两种。

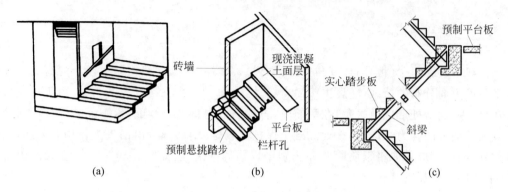

图 8-51　中型构件装配式楼梯

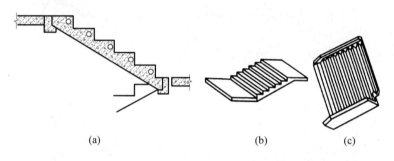

图 8-52　中型构件装配式楼梯

【例 8-4】　某教学楼现浇梁式楼梯结构平面布置及剖面图如图 8-53 所示。踏步面层为 30mm 厚的水磨石地面,底面为 20mm 厚的混合砂浆抹底。混凝土为 C25,梁内受力筋采用 HRB335 级钢筋,其余采用 HPB300 级钢筋,采用金属栏杆。楼梯活荷载标准值为 2.5kN/m²。试设计此楼梯。

【解】　(1) 踏步板 TB1 的计算。

根据结构平面布置,踏步板尺寸为 150mm×300mm,底板厚 $\delta = 40$mm,取一个踏步为计算单元(图 8-54)。

① 荷载的计算步骤如下。

踏步板自重　　$\dfrac{0.195 + 0.045}{2} \times 0.3 \times 25 = 0.900\,(\text{kN/m})$

水磨石面层重　　$(0.3 + 0.15) \times 0.65 = 0.293\,(\text{kN/m})$

踏步板底抹灰重　　$0.335 \times 0.02 \times 17 = 0.114\,(\text{kN/m})$

恒荷载标准值　　$1.307\,(\text{kN/m})$

活荷载标准值　　$2.5 \times 0.3 = 0.75\,(\text{kN/m})$

总荷载设计值　　$1.2 \times 1.307 + 1.4 \times 0.75 = 2.618\,(\text{kN/m})$

② 内力的计算步骤如下。

斜梁截面尺寸取 150mm×350mm,则踏步板的计算跨度为

$$l_0 = l_n + b = 1350 + 150 = 1500\,(\text{mm}) = 1.5\,(\text{m})$$

或 $l_0 = 1.05 l_n = 1.05 \times 1350 = 1418\,(\text{mm}) \approx 1.42\,(\text{m})$,取小值即 $l_0 = 1.42$m。

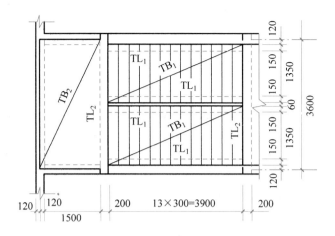

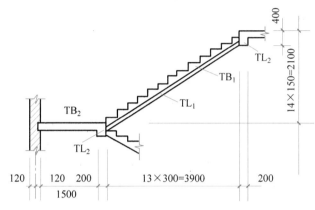

图 8-53　楼梯平面图、剖面图

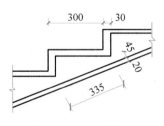

图 8-54　踏步板构造

踏步板的跨中弯矩

$$M_{\max} = \frac{1}{10}(g+q)l_0^2 = \frac{1}{10} \times 2.618 \times 1.42^2 = 0.53(\text{kN/m})$$

③ 承载力的计算步骤如下。

折算厚度为

$$h = \frac{c}{2} + \frac{\delta}{\cos \alpha} = 0.12(\text{m})$$

截面有效高度为

$$h_0 = h - 20 = 120 - 20 = 100(\text{mm})$$

$$\alpha_s = \frac{M}{\alpha_1 f_c b h_0^2} = \frac{0.53 \times 10^6}{11.9 \times 300 \times 100^2} = 0.0148$$

$$\xi = 1 - \sqrt{1 - 2\alpha_s} = 1 - \sqrt{1 - 2 \times 0.0148} = 0.0149$$

$$A_s = \frac{\alpha_1 f_c b h_0 \xi}{f_y} = \frac{11.9 \times 300 \times 100 \times 0.0149}{270} = 19.7 (\text{mm}^2)$$

按构造要求,梁式楼梯踏步板配筋不应少于 2 根,现选取 $2\phi8$($A_s = 101\text{mm}^2$)

$$\rho = \frac{A_s}{bh_0} = \frac{101}{300 \times 100} = 0.34\% > \rho_{\min} = 0.21\% (\text{满足要求})$$

分布筋选 $\phi6@250$。

(2) 楼梯斜梁 TL1 的计算。如前所述斜梁截面尺寸取 150mm×350mm。

① 荷载的计算。

踏步板传来的荷载 $\qquad 2.618 \times \left(\frac{1.35}{2} + 0.15\right) \times \frac{1}{0.3} = 7.2 (\text{kN/m})$

梯段斜梁自重 $\qquad 1.2 \times (0.35 - 0.04) \times 0.15 \times 25 \times \frac{355}{300} = 1.558 (\text{kN/m})$

梯段斜梁侧面抹灰重 $\qquad 1.2 \times (0.35 - 0.04) \times 2 \times 0.02 \times 17 \times \frac{335}{300} = 0.282 (\text{kN/m})$

楼梯栏杆重 $\qquad \underline{1.2 \times 0.1 = 0.12 (\text{kN/m})}$

$\qquad\qquad\qquad\qquad\qquad\qquad\qquad\qquad\qquad\qquad\qquad\qquad 9.16\text{kN/m}$

② 内力跨度的计算。该斜梁的两端简支于平台梁上,平台梁的截面尺寸为 200mm× 400mm,斜梁的水平方向计算跨度为

$$l_0 = l_n + b = 3.9 + 0.2 = 4.1 (\text{m})$$

或 $\qquad\qquad l_0 = 1.05 l_n = 1.05 \times 3.9 = 4.095 \approx 4.1 (\text{m})$

即斜梁的水平方向计算跨度为 4.1m。

相应的水平简支梁的内力为

$$M_{\max} = \frac{1}{8} \times 9.16 \times 4.1^2 = 19.25 (\text{kN} \cdot \text{m})$$

$$V_{\max} = \frac{1}{2}(g + q) l_0 \cos\alpha = \frac{1}{2} \times 9.16 \times 4.1 \times \frac{300}{335} = 16.81 (\text{kN})$$

③ 截面承载力的计算。斜梁截面的有效高度为

$$h_0 = h - 35 = 350 - 35 = 315 (\text{mm})$$

斜梁按倒 L 形截面计算,其翼缘宽度 b_f' 的值为

$$b_f' = \frac{1}{6} l_0 = \frac{1}{6} \times 4100 = 683 (\text{mm})$$

$$b_f' = 150 + \frac{1350}{2} = 825 (\text{mm})$$

按翼缘厚度考虑:由于 $h_f'/h_0 = \frac{40}{315} = 0.127 > 0.1$,故不考虑这种情况。

因此,翼缘宽度取较小值

$$b_f' = 0.683\text{m} = 683\text{mm}$$

判别类型:

$$\alpha_1 f_c b_f' h_f' \left(h_0 - \frac{h_f'}{2} \right) = 11.9 \times 683 \times 40 \times \left(315 - \frac{40}{2} \right) = 95.95 \times 10^6 (\text{N} \cdot \text{mm})$$

$$> M = 19.25 \times 10^6 (\text{N} \cdot \text{mm})$$

因此该截面属于第一种类型的截面。

$$\alpha_s = \frac{M}{\alpha_1 f_c b_f' h_0^2} = \frac{19.25 \times 10^6}{11.9 \times 683 \times 315^2} = 0.024$$

$$\xi = 1 - \sqrt{1 - 2\alpha_s} = 1 - \sqrt{1 - 2 \times 0.024} = 0.0243$$

$$A_s = \frac{\alpha_1 f_c b_f' h_0 \xi}{f_y} = \frac{11.9 \times 683 \times 315 \times 0.0243}{300} = 207 (\text{mm}^2)$$

选用 $2 \oplus 12$,$A_s = 226\text{mm}^2$。

最小配筋率验算:$\rho = \frac{A_s}{bh_0} = \frac{226}{150 \times 315} = 0.48\% > \rho_{\min} = 0.2\%$,满足要求。

因为 $0.7 f_t bh_0 = 0.7 \times 1.27 \times 150 \times 315 = 42\text{kN} > V = 16.81\text{kN}$,因此只需按构造要求配箍筋即可,选用双肢 $\phi 6@200$。

$$\rho_{sv} = \frac{A_s}{b_s} = \frac{2 \times 28.3}{150 \times 200} = 0.19\% > \rho_{sv,\min} = 0.24 \frac{f_t}{f_{yv}} = 0.24 \times \frac{1.27}{270} = 0.13\%,满足要求。$$

(3) 楼梯平台板 TB2 的计算。平台板板厚取 80mm。按单向板计算,计算单元取 1m 宽的板带。

① 荷载的计算如下。

水磨石面层	$0.65 \times 1 = 0.65 (\text{kN/m})$
平台板自重	$0.08\text{m} \times 25 \times 1 = 2.0 (\text{kN/m})$
平台板底抹灰	$0.02\text{m} \times 17 \times 1 = 0.34 (\text{kN/m})$
合计恒荷载标准值为	$2.99 (\text{kN/m})$
活荷载标准值为	$2.5 \times 1 = 2.5 (\text{kN/m})$
荷载设计值为	$g + q = 1.2 \times 2.99 + 1.4 \times 2.5 = 7.088 (\text{kN/m})$

② 内力的计算如下。

计算跨度: $l_0 = l_n + 0.5h = 1500 + 0.5 \times 80 = 1540 (\text{mm})$

跨中弯矩: $M = \frac{1}{8} \times (g + q) l_0^2 = \frac{1}{8} \times 7.088 \times 1.54^2 = 2.1 (\text{kN} \cdot \text{m})$

③ 截面承载力的计算如下。

$$h_0 = h - 25 = 80 - 25 = 55 (\text{mm})$$

$$\alpha_s = \frac{M}{\alpha_1 f_c bh_0^2} = \frac{2.1 \times 10^6}{11.9 \times 1000 \times 55^2} = 0.0583$$

$$\xi = 1 - \sqrt{1 - 2\alpha_s} = 1 - \sqrt{1 - 2 \times 0.0583} = 0.0601$$

$$A_s = \frac{\alpha_1 f_c bh_0 \xi}{f_y} = \frac{11.9 \times 1000 \times 55 \times 0.0601}{270} = 145.7 (\text{mm}^2)$$

选用 $\phi 6@150$,$A_s = 189\text{mm}^2$,$\rho = \frac{A_s}{bh} = \frac{189}{1000 \times 80} = 0.236\% > \rho_{\min} = 0.2\%$,满足要求。

（4）平台梁 TL2 的计算。平台梁的截面选为 $200\text{mm}\times400\text{mm}$。

① 荷载的计算如下。

由梯段梁传来的集中荷载设计值 $\qquad G+Q=9.16+\dfrac{3.9}{2}=17.862(\text{kN})$

由平台板传来的荷载设计值 $\qquad\qquad\qquad\qquad\qquad 7.088(\text{kN/m})$

平台梁自重 $\qquad\qquad\qquad 1.2\times0.2\times(0.4-0.08)\times25=1.92(\text{kN/m})$

平台梁侧面抹灰重 $\qquad 1.2\times2\times(0.4-0.08)\times0.02\times17=0.261(\text{kN/m})$

合计 $\qquad\qquad\qquad\qquad\qquad\qquad\qquad g+q=9.269(\text{kN/m})$

② 内力的计算如下。

平台梁计算简图如图 8-55 所示。

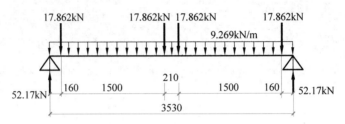

图 8-55 平台梁计算简图

计算跨度： $\qquad l_0=l_n+a=(1.650\text{m}\times2+0.06)+0.24=3.6(\text{m})$

$\qquad\qquad\qquad 1.05l_n=1.05(1.650\text{m}\times2+0.06)=3.53(\text{m})$

因此取 $l_0=3.53\text{m}$。

同一梯段的两根斜梁中心的间距为 1.5m。

支座反力： $R=\dfrac{1}{2}\times9.269\times3.53+2\times17.862=50.08(\text{kN})$

跨中弯矩： $M=52.08\times\dfrac{3.53}{2}-\dfrac{1}{8}\times9.269\times3.53^2-17.862\times\left(1.5+\dfrac{0.21}{2}\right)=48.82(\text{kN}\cdot\text{m})$

平台梁梁端剪力为

$$V=\dfrac{1}{2}\times9.269\times(3.6-0.24)+2\times17.862=51.3(\text{kN})$$

由于靠近楼梯间的墙的梯段斜梁距支座过近，剪跨过小，故其荷载将直接传给支座，所以计算斜截面宜取在斜梁内侧，此处剪力为

$$V_1=\dfrac{1}{2}\times9.269\times(3.6-0.24-0.3)+17.862=32.04(\text{kN})$$

③ 正截面承载力的计算如下。

考虑布置一排钢筋，$h_0=h-35=365\text{mm}$。

平台梁是倒 L 形截面，其翼缘宽度 b_f' 为

$$b_f'=\dfrac{1}{6}\times3530=588\text{mm}$$

$$b_f'=b+\dfrac{s_n}{2}=200+\dfrac{1500}{2}=950(\text{mm})$$

按翼缘厚度考虑：由于 $h_f'/h_0=\dfrac{80}{365}=0.22>0.1$，故不考虑这种情况。

因此，翼缘宽度取较小值，即 $b'_f = 588\text{mm}$。

判别类型：

$$\alpha_1 f_c b'_f h'_f (h_0 - 0.5 h'_f) = 11.9 \times 588 \times 80 \times (365 - 0.5 \times 80) = 181.927 (\text{kN} \cdot \text{m})$$
$$> M = 48.82 \text{kN} \cdot \text{m}$$

因此属于第一类 T 形截面。

$$\alpha_s = \frac{M}{\alpha_1 f_c b'_f h_0^2} = \frac{48.82 \times 10^6}{11.9 \times 588 \times 365^2} = 0.0524$$

$$\xi = 1 - \sqrt{1 - 2\alpha_s} = 1 - \sqrt{1 - 2 \times 0.0524} = 0.0538$$

$$A_s = \frac{\alpha_1 f_c b'_f h_0 \xi}{f_y} = \frac{11.9 \times 588 \times 365 \times 0.0538}{300} = 458 (\text{mm}^2)$$

选用 $2 \, \Phi \, 18 (A_s = 509\text{mm}^2)$，$\rho = \dfrac{A_s}{b h_0} = \dfrac{509}{200 \times 365} = 0.7\% > \rho_{\min} = 0.2\%$。

④ 斜截面承载力的计算如下。

$$0.7 f_t b h_0 = 0.7 \times 1.27 \times 200 \times 365 = 64.9 (\text{kN}) > V_1 = 32.04 \text{kN}$$

因此只需按构造要求配置箍筋即可。选用双肢 $\Phi 6@250$，梯段斜梁与平台梁连接处箍筋加密。

楼梯配筋示意图如图 8-56 所示。

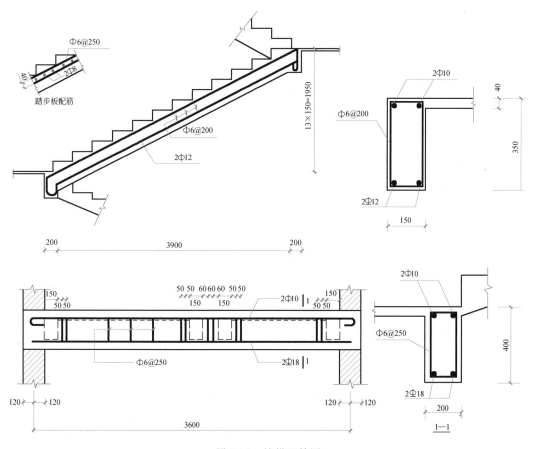

图 8-56　楼梯配筋图

8.4 钢筋混凝土雨篷

雨篷是房屋结构中最常见的悬挑构件。根据悬挑的大小,有两种基本的结构布置方案:当悬挑较长时,在雨篷中布置悬挑边梁来支承雨篷板,这种方案可按梁板结构计算其内力;当悬挑较小时,则布置雨篷梁来支承悬挑的雨篷板。一般当悬挑长度不大于1.5m时,常采用整体板式雨篷。当悬挑长度在1.5～3.0m时,常采用带有悬臂梁的梁板式雨篷。当悬挑长度大于3m时,常采用设有外柱的梁板式雨篷。由于雨篷是一种悬挑构件,故除需要进行构件本身雨篷梁、板的承载能力计算外,还应进行结构整体的抗倾覆验算。下面介绍整体板式雨篷的计算和构造。

整体板式雨篷一般由雨篷板和雨篷梁组成,如图8-57所示,雨篷板的挑出长度为0.6～1.5m,现浇雨篷板常做成变截面的,其根部厚度一般为悬挑长度的1/10,端部厚度不小于50mm。当悬挑长度不大于500mm时,其根部厚度应不小于60mm;悬挑长度为1200mm时,其根部厚度应不小于100mm。雨篷梁的宽度一般与墙厚相同,截面高度按承载力要求确定,一般取计算跨度的1/10。两端支承于墙体内的长度不宜小于240mm。雨篷梁除支承雨篷板外,还兼有门窗洞口过梁的作用。

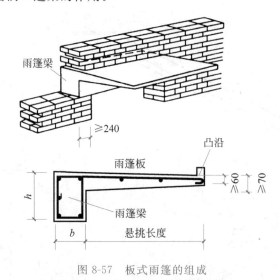

图 8-57 板式雨篷的组成

在荷载作用下,雨篷板受弯矩和剪力作用,雨篷梁受弯矩、剪力和扭矩作用,雨篷整体受倾覆力矩作用。因此,雨篷计算包含三方面内容:雨篷板正截面承载力计算、雨篷梁弯剪承载力计算和雨篷整体抗倾覆验算。

1. 雨篷板设计

作用于雨篷板上的荷载除板自重和抹灰等恒荷载外,一般还有均布活荷载、雪荷载及施工集中荷载。施工集中荷载按最不利位置考虑,即作用于雨篷板端部。《建筑结构荷载规范》规定:施工集中荷载应取1.0kN,雨篷板承载力计算时,应沿板宽每隔1m取一个集中荷载;在雨篷整体抗倾覆验算时,应沿板宽每隔2.5～3.0m取一个集中荷载。三个活荷载中,均布活荷载与雪荷载不同时考虑,取二者中的较大值。施工集中荷载与均布活荷载不同时考虑,按其不利情况进行计算。

雨篷板按悬臂板进行内力计算。按其根部弯矩值进行正截面承载力计算,受力钢筋应配置在板的上部,伸入雨篷梁的锚固长度应满足受拉钢筋的锚固长度要求。雨篷板一般不进行斜截面承载力计算。

2. 雨篷梁设计

雨篷梁承受的荷载有自重、抹灰荷载、梁上砌体自重、可能计入的楼盖传来荷载以及雨篷板传来荷载。其中雨篷梁上砌体自重和可能计入的楼盖传来的荷载计算应按砌体结构设计规范的规定进行。雨篷板传来荷载可以简化为竖向均布线荷载和均布线扭矩。当雨篷板上作用有均布荷载 $g+q$ 时,则雨篷梁的线扭矩为 $m_T = (g+q) \cdot l(l/2+b/2)$,如图 8-58 所示。

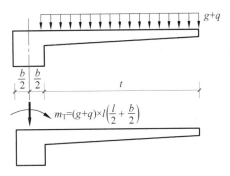

雨篷梁在竖向荷载作用下,一般简化为简支梁,按简支梁计算弯矩和剪力。在线扭矩作用下,简化为两端固定单跨梁,截面扭矩分布规律与均布荷载作用下简支梁截面剪力分布规律一致,最大扭矩出现在支座截面,数值为 $T_{max} = \dfrac{m_T l_0}{2}$,如图 8-59 所示。

图 8-58　雨篷梁的荷载简图

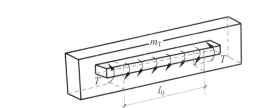

(a)

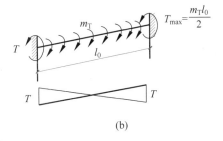

(b)

图 8-59　梁的扭矩图

雨篷梁在竖向荷载和线扭矩作用下,产生弯矩、剪力和扭矩,所以雨篷梁为弯剪扭构件。

3. 雨篷抗倾覆验算

雨篷板上的荷载除在雨篷板和雨篷梁中引起内力外,还会使整体结构绕雨篷梁底靠近外边缘的 O 点发生转动,产生倾覆力矩 M_{Ov},使雨篷整体结构作为刚体丧失平衡,O 点离开梁边缘的距离为 $0.13b$(图 8-60),而雨篷梁上部的一些荷载会产生抵抗倾覆作用,这些荷载会对 O 点产生与倾覆力矩反向的力矩,这部分荷载称为抗倾覆荷载,产生的力矩称为抗倾覆力矩 M_r。

为保证结构整体不丧失平衡,结构抗倾覆验算应满足以下条件:
$$M_{Ov} \leqslant M_r \tag{8-17}$$

式中:M_{Ov}——按雨篷板上最不利荷载组合计算的结构绕 O 点的倾覆力矩设计值;

M_r——按抗倾覆荷载计算的结构绕 O 点的抗倾覆力矩设计值:
$$M_r = 0.8G_r(b/2 - 0.13b) \tag{8-18}$$

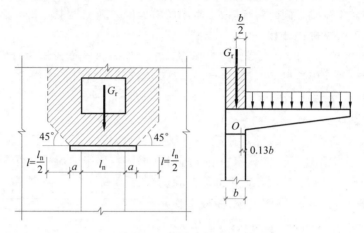

图 8-60　雨篷的倾覆及抗倾覆荷载

式中：0.8——抗倾覆验算时的永久荷载分项系数；

　　　　G_r——雨篷的抗倾覆荷载，按图 8-60 阴影部分所示范围内墙体与楼、屋面永久荷载标准值之和。值得注意的是 G_r 不应考虑楼屋面中那些非永久性恒荷载（如楼面上的非承重隔墙、屋面保温和防水层等）。

当式(8-17)不满足时，可适当增加雨篷梁的支承长度或采取其他拉结措施。

本 章 小 结

1. 《混凝土结构设计规范》规定：对于四边支承的板，当长边与短边长度比 $l_2/l_1 \geqslant 3$ 时，宜按沿短边方向受力的单向板计算，并应沿长边方向布置结构钢筋；当 $3 > l_2/l_1 \geqslant 2$ 时，宜按双向板计算；当 $l_2/l_1 \leqslant 2$ 时，应按双向板计算。

2. 整体式单向板肋梁楼盖计算方法有弹性内力计算方法和塑性内力计算方法两种。一般单向板和次梁采用塑性内力计算法，主梁采用弹性内力计算法。当连续梁、板各跨计算跨度相差不超过10％时，可按等跨梁、板计算，当跨数超过五跨时可按五跨计算。塑性法计算时，对等跨连续梁板可按各跨满布活荷载考虑，并直接查取内力系数计算各个截面内力。弹性法计算时，应考虑活荷载的最不利布置，对跨数不超过五跨的等跨连续梁，在各种常用荷载下的内力，可从现成表格中查出内力系数进行计算，并应绘制内力包络图。

3. 整体式单向板肋梁楼盖中次梁和主梁承载力计算时，跨中截面按 T 形截面计算，支座截面按矩形截面计算。

4. 连续板的配筋方式有弯起式和分离式两种。板和次梁不必按内力包络图确定钢筋弯起和截断的位置，一般可以按构造规定确定。主梁纵向钢筋的弯起与截断，应通过绘制弯矩包络图确定。次梁与主梁的相交处，应在主梁内设置附加箍筋或附加吊筋。

5. 双向板在两个方向均需配置受力钢筋。双向板按弹性理论方法的计算可直接利用内力系数表，计算多跨连续双向板的跨中弯矩时，活荷载的最不利位置采用棋盘式布置。计算支座弯矩时，活荷载的最不利布置采用满布。双向板支承梁上的荷载形式有梯形和三角形两种。

6. 装配式楼盖由预制板、梁组成，除应按使用阶段计算外，尚应进行施工阶段验算及吊环计算,以保证运输、堆放、吊装中的安全。装配式楼盖构造中的重要问题就是它的整体性,因此要注意构件与墙体以及构件之间的连接。

7. 现浇楼梯主要有板式楼梯与梁式楼梯两种。一般当楼梯使用荷载不大,且楼段的水平投影长度不超过 3m 时,通常采用板式楼梯;当使用荷载较大,且楼段水平投影大于 3m时,则常采用梁式楼梯。板式楼梯的主要组成构件有斜板、平台板和平台梁。梁式楼梯的主要组成构件有斜梁、踏步板、平台板和平台梁。

8. 整体板式雨篷的计算包括:雨篷板抗弯承载力计算、雨篷梁弯剪扭承载力计算及雨篷整体抗倾覆验算。整体板式雨篷中,雨篷板的受力钢筋应配置在板的上部。

习 题

8.1 什么是单向板?什么是双向板?

8.2 试述钢筋混凝土梁板结构设计的一般步骤。

8.3 如何确定单向板肋梁楼盖中板、次梁和主梁的计算简图?

8.4 如何绘制主梁的弯矩包络图?

8.5 什么是"塑性铰"?钢筋混凝土中的"塑性铰"与结构力学中的"理想铰"有何异同?

8.6 如何理解塑性内力重分布?为什么塑性内力重分布只适用于超静定结构?

8.7 按弹性理论进行连续双向板跨中弯矩计算时,荷载应如何布置?如何计算跨中弯矩?

8.8 双向板支承梁上的荷载如何计算?支承梁上的梯形荷载或三角荷载折算为均布荷载的原则是什么?其跨中弯矩如何计算?

8.9 板、次梁、主梁中有哪些构造钢筋?这些钢筋在构件中各起什么作用?有哪些具体要求?

8.10 板式楼梯与梁式楼梯有何区别?各适用于何种情况?

8.11 板式楼梯与梁式楼梯的组成构件、计算简图和荷载传递路线分别是什么?

8.12 整体板式雨篷的计算主要包括哪几方面?

8.13 整体板式雨篷中,雨篷梁的受力有何特点?雨篷梁的最大扭矩如何计算?如何进行雨篷整体抗倾覆验算?

8.14 双向板楼盖平面尺寸如图 8-61 所示,板厚为 80mm,板面为 20mm 厚水泥砂浆抹面。天棚抹灰采用 15mm 厚混合砂浆,楼面活荷载标准值为 $2.5kN/m^2$,混凝土采用 C25,钢筋采用 HPB300 级。试按弹性内力计算方法计算 B_1、B_2 和 L_1。

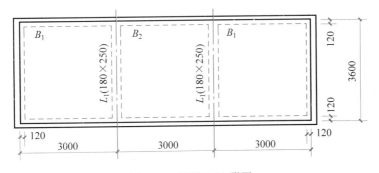

图 8-61 习题 8.14 附图

8.15 某教学楼现浇板式楼梯平、剖面尺寸如图 8-62 所示,采用 C25 混凝土,HRB335 级钢筋。踏步面层为 20mm 厚水泥砂浆,板底为 15mm 厚混合砂浆抹灰,采用金属栏杆。试设计此楼梯。

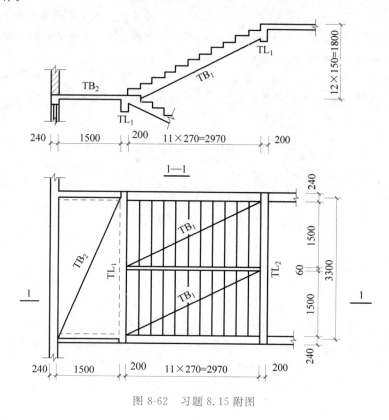

图 8-62 习题 8.15 附图

实训项目:某单向板肋梁楼盖设计任务书

一、设计题目

设计一多层工业厂房中间层楼面:采用现浇钢筋混凝土单向板肋梁楼面。

二、设计内容

1. 结构布置:确定柱网尺寸,主梁、次梁布置,构件截面尺寸,绘制楼盖平面结构布置图。

2. 板的设计:按考虑塑性内力重分布的方法计算板的内力,计算板的正截面承载力,绘制板的配筋图。

3. 次梁设计:按考虑塑性内力重分布的方法计算次梁的内力,计算次梁的正截面、斜截面承载能力,绘制次梁的配筋图。

4. 主梁设计:按弹性方法计算主梁的内力,绘制主梁的弯矩、剪力包络图,根据包络图计算主梁正截面、斜截面的承载力,并绘制主梁的抵抗弯矩图及配筋图。

三、设计资料

1. 建筑平面尺寸(图 8-63)。

主梁下附墙垛尺寸为 370mm×490mm,下设柔性垫层为 200mm 厚,中间混凝土柱尺寸为 350mm×350mm。

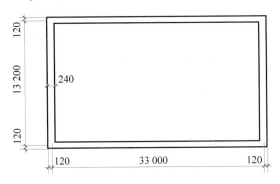

图 8-63 习训附图

2. 每位同学的题目对应参数表(表 8-17 和表 8-18),需根据学号对应取不同参数进行楼盖设计。

表 8-17

房屋宽度 $B=13.2m$	房屋长度 L					混凝土强度
	30	35	40	45	50	
学号	1	2	3	4	5	C20
	6	7	8	9	10	C25
	11	12	13	14	15	C30
	16	17	18	19	20	C35
	21	22	23	24	25	C20
	26	27	28	29	30	C25
活载	4.0	3.5	3.0	2.5	2.0	—

灰色:做地砖楼面(地砖加找平层厚为 40~50mm,容重为 17.8kN/m³);

褐色:做水磨石地面为 0.65kN/m²。

表 8-18

房屋宽度 $B=18m$	房屋长度 L					混凝土强度
	33	36	39	42	45	
学号	31	32	33	34	35	C20
	36	37	38	39	40	C25
	41	42	43	44	45	C30
	46	47	48	49	50	C35
	51	52	53	54	55	C40
	56	57	58	59	60	C45
活载	2.5	3.0	3.5	4.0	4.5	—

灰色：做地砖楼面（地砖加找平层厚为 40～50mm，容重为 17.8kN/m³）。

褐色：做水磨石地面为 0.65kN/m²。

3. 其他（共同）。

（1）钢筋混凝土楼盖自重 γ＝25kN/m³

（2）吊顶及梁粉刷：15mm 厚 M5 混合砂浆粉刷 γ＝17kN/m³，包括白石膏、喷白二度。

（3）钢筋：主、次梁的主筋采用 HRB335 级钢筋，其他部位采用 HPB300 级钢筋。

4. 有关支承情况见图 8-64。

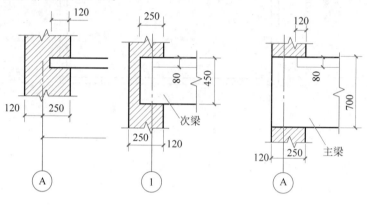

图 8-64　习训附图 2

四、结构布置

墙、柱、梁位置要求按建筑物使用要求来决定。本设计在使用上无特殊要求，故结构布置要按照实用经济的原则进行，并符合下列要求：

1. 柱网可布置成长方形或正方形；

2. 板跨度：一般在 1.7～2.7m，由于实际上不易得到完全相同的计算跨度，故一般将边跨布置得小些，但跨差不宜超过 10%；

3. 次梁跨度：一般在 4.0～6.0m，较为合理的是五跨，中间各跨可布置成等跨，若边跨不能与中间各跨相等，可布置略小些，但跨差不宜超过 10%；

4. 主梁跨度：一般在 5.0～8.0m，同时宜为板跨的 2～3 倍，各跨度值的设计与次梁相同。

五、设计完成后提交的文件和图纸

1. 计算书

包括：封面、目录、正文、参考文献等。设计中结构计算理论、方法、步骤、数据、表格要正确、完整。

2. 图纸部分

（1）楼盖结构平面布置及板的配筋图（标注墙、柱的定位轴线编号，定位尺寸线及构件编号、楼板结构标高）；

（2）次梁配筋图（标注次梁的截面尺寸，梁底标高，钢筋直径、级别、根数，钢筋编号等）；

（3）主梁配筋图（绘制主梁的弯矩包络图，主梁的截面尺寸及梁底标高，钢筋直径、级别、根数，钢筋编号等）。

六、其他

1. 计算书格式及书写步骤参阅本章单向板肋梁楼盖设计例题。

2. 计算书要求字迹端正、清晰，要有必要的计算图形。

3. 施工图要求图面匀称美观、线条清楚、字体端正，尺寸详细，符合施工图要求。

第9章 多层及高层钢筋混凝土结构

> **学习目标**
>
> 1. 掌握多层及高层钢筋混凝土结构的类型。
> 2. 掌握框架结构的组成、分类、结构布置及设计与计算要点。
> 3. 了解剪力墙结构、框架—剪力墙结构的基本概念及构造要求。
> 4. 掌握建筑结构平法标注规则,能识读建筑结构施工图。

我国《高层建筑混凝土结构技术规程》(JGJ 3—2010)规定:10层及10层以上或房屋高度大于28m的建筑物为高层建筑;2层以上10层以下为多层房屋。

钢筋混凝土多层及高层房屋有框架结构、框架—剪力墙结构、剪力墙结构和筒体结构四种主要的结构体系。本章重点介绍框架结构体系,其他做概念性介绍。

9.1 框 架 结 构

9.1.1 框架结构的组成与分类

框架结构房屋(图9-1)是由梁、柱、节点及基础组成的承重体系,这时内外墙仅起围护和分隔的作用。

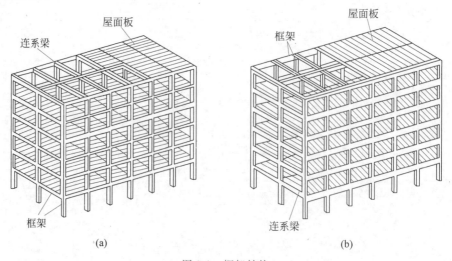

图 9-1 框架结构

(a) 横向承重框架体系;(b) 纵向承重框架体系

　　框架结构的优点是能够提供较大的室内空间,平面布置灵活,因而适用于各种多层工业厂房和仓库。在民用建筑中,适用于多层和高层办公楼、旅馆、医院、学校、商场及住宅等内部有较大空间要求的房屋。

　　框架结构在水平荷载下表现出抗侧移刚度小,水平位移大的特点,属于柔性结构,故随着房屋层数的增加,水平荷载逐渐增大,将因侧移过大而不能满足要求;或形成肥梁胖柱而不经济。因此,框架结构房屋一般不超过15层。

 小知识:框架结构的形式

　　框架结构按施工方法可分为全现浇式框架、半现浇式框架、装配式框架和装配整体式框架四种形式。

　　(1) 全现浇式框架,即梁、柱、楼盖均为现浇钢筋混凝土。

　　(2) 半现浇式框架是指梁、柱为现浇,楼板为预制,或柱为现浇,梁板为预制的结构。

　　(3) 装配式框架是指梁、柱、楼板均为预制,然后通过焊接拼装连接成整体的框架结构。

　　(4) 装配整体式框架是将预制梁、柱和板在现场安装就位后,在梁的上部及梁、柱节点处再后浇混凝土使之形成整体,故它兼有现浇式和装配式框架两者的优点,应用较为广泛;缺点是增加了现场浇筑混凝土量,且装配整体式框架的梁是二次受力的叠合构件——叠合梁,其计算较复杂。

9.1.2　框架结构的布置

1. 柱网及层高

　　框架结构布置主要是确定柱网尺寸,即平面框架的跨度(进深)及其间距(开间)。框架结构的柱网尺寸和层高应根据房屋的生产工艺、使用要求、建筑材料和施工条件等因素综合确定,并应符合一定的模数要求,力求做到平面形状规整统一,均匀对称,体形简单,最大限度减少构件的种类、规格,以简化设计,方便施工。

　　民用建筑柱网和层高一般以300mm为模数。如住宅、旅馆的框架设计,开间可采用6.3m、6.6m和6.9m三种,进深可采用4.8m、5.0m、6.0m、6.6m和6.9m五种,层高可采用3.0m、3.3m、3.6m、3.9m和4.2m五种。但由于民用建筑种类繁多,功能要求各有不同,因此柱网和层高的变化也大,特别是高层建筑,柱网较难定型,灵活性大。

2. 承重框架布置方案

　　根据承重框架布置方向的不同,框架的结构布置方案可划分为以下三种。

1) 横向框架承重

　　横向框架承重布置方案是板、连系梁沿房屋纵向布置,框架承重梁沿横向布置(图9-2)。由于房屋纵向刚度较富裕,而横向刚度较弱,采用横向框架承重布置方案有利于增加房屋横向刚度。缺点是由于主梁截面尺寸较大,当房屋需要较大空间时,其净空较小。

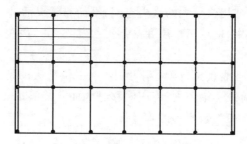

图 9-2　横向框架承重体系

2）纵向框架承重

纵向框架承重布置方案是板、连系梁沿房屋横向布置,框架承重梁沿纵向布置(图 9-3)。

这种布置的优点是通风、采光好,有利于楼层净高的有效利用,可设置较多的架空管道,故适用于某些工业厂房,但因其横向刚度较差,在民用建筑中一般采用较少。

3）纵、横向框架混合承重

纵、横向框架混合承重布置方案是沿房屋的纵、横向布置承重框架(图 9-4)。纵、横向框架共同承担竖向荷载与水平荷载。当柱网平面尺寸为正方形或接近正方形时,或当楼面活荷载较大时,则常采用这种布置方案。

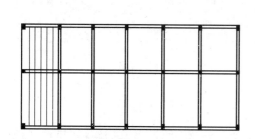

图 9-3　纵向框架承重体系

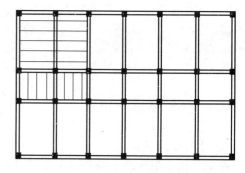

图 9-4　纵、横向框架承重体系

9.1.3　框架结构的设计与计算

1. 梁柱截面形状及尺寸

1）梁

对于框架梁,截面形状一般有矩形、T 形、工字形等。

框架结构的主梁截面高度可按 $h=\left(\dfrac{1}{18}\sim\dfrac{1}{10}\right)l$ 确定(l 为主梁的计算跨度),且不宜大于 $\dfrac{1}{4}$ 净跨;当楼面荷载较大时,取 $h=\left(\dfrac{1}{10}\sim\dfrac{1}{7}\right)l$。主梁截面的宽度 $b=\left(\dfrac{1}{3}\sim\dfrac{1}{2}\right)h$,且不宜小于 200mm。当梁宽 b 和梁高 h 在 200mm 以上时取 50mm 的模数。

2）柱

对于框架柱,截面形状一般有矩形、T 形、工字形、圆形等。

框架矩形截面柱的边长,不宜小于250mm,圆柱直径不宜小于350mm,截面高度与宽度的边长比不宜大于3,可按下述方法进行初步估算。

(1) 承受以轴力为主的框架柱,可按轴心受压验算。考虑到弯矩的影响,适当将轴向力乘以1.2～1.4的增大系数。

(2) 当风荷载的影响较大时,由风荷载引起的弯矩可粗略地按下式估算:

$$M = \frac{H}{2n} \sum F \tag{9-1}$$

式中:$\sum F$ ——风荷载设计值的总和;

n ——同一层中柱子概数;

H ——柱子高度(层高)。

然后将M与$1.2N$(N为轴向力设计值)一起作用,按偏心受压构件验算。上述的轴向力N也可按竖向恒荷载标准为$(10\sim12)kN/m^2$加上楼屋面活载值估算。

框架柱常用截面尺寸有400mm×400mm、450mm×450mm、500mm×500mm、550mm×550mm、600mm×600mm等。

3) 框架构件的抗弯刚度

框架结构是超静定结构,必须先知道各杆件的抗弯刚度才能计算结构的内力和变形。在初步确定梁、柱截面尺寸后,可按材料力学的方法计算截面惯性矩。但由于楼板参加梁的工作,在使用阶段梁又可能带裂缝工作,因而很难精确确定梁截面的抗弯刚度。为了简化计算,作如下规定:

(1) 在计算框架的水平位移时,对整个框架的各个构件引入一个统一的刚度折减系数β,以$\beta_c E_c I$作为该构件的抗弯刚度。在风荷载作用下,对现浇框架,β_c取0.85;对装配式框架,β_c可取$0.7\sim0.8$。

(2) 对于现浇楼盖结构的中部框架,其梁的惯性矩I可用$2I_0$;对于现浇楼盖结构的边框架,其梁的惯性矩I可用$1.5I_0$。其中I_0为矩形截面梁的惯性矩。

(3) 对于装配式楼盖,梁截面惯性矩按梁本身截面计算。

(4) 对于做整浇层的装配式整体楼盖,中间框架梁可按1.5倍梁的惯性矩取用,边框架梁可按1.2倍梁惯性矩取用。但若楼板开洞过多,仍宜按梁本身的惯性矩取用。

框架柱截面的惯性矩按实际截面尺寸进行计算。

2. 材料强度等级

现浇框架的混凝土强度等级不应低于C20,梁、柱混凝土强度等级相差不宜大于5MPa,如超过5MPa,梁、柱节点区施工时应作专门处理,使节点区混凝土强度等级与柱相同。

纵向钢筋宜采用HRB400和HRB335级钢筋。

3. 计算简图

框架结构房屋是由横向框架和纵向框架组成的空间结构[图9-5(a)],为简化计算,一般在进行作用效应计算时,我们忽略结构纵向与横向之间的空间作用,将纵向框架和横向框架分别按平面框架进行分析计算[图9-5(c)、(d)]。

横向平面框架可以选取一个有代表性的典型区段作为计算单元。纵向平面框架的计算单元常有中列柱和边列柱的区别,中列柱纵向框架的计算宽度可取为两侧跨距的一半,边列柱纵向框架的计算宽度可取为一侧跨距的一半。

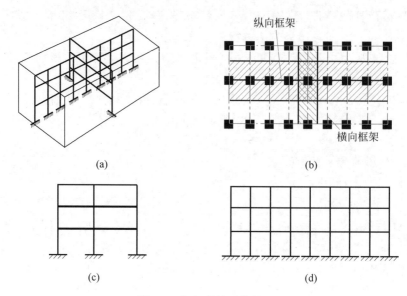

图 9-5　框架结构计算简图

在计算简图中,框架梁、柱以其轴线表示,梁柱连接区以节点表示,如图 9-5(c)、(d)所示。梁的跨度取其节点间的长度。柱高,首层取基础顶面至一层梁顶之间的高度,一般层取层高。

4. 荷载

多层框架结构一般受到竖向荷载和水平荷载的作用。竖向荷载包括竖向恒荷载和竖向活荷载,水平荷载(包括风荷载)和地震作用。低层建筑中,水平力作用下构件产生的内力和变形很小,结构设计以竖向荷载产生的内力为主,对于多层建筑二者均需考虑。

1) 竖向荷载

(1) 恒荷载:构件的自重及相应材料重。

(2) 活荷载:活荷载按《建筑结构荷载规范》、附录 1 选用,当有特殊要求时,应按实际考虑。在设计楼面梁、墙、柱及基础时,由于活荷载不可能同时在各层满布,故在下列情况下应乘以规定的折减系数。

① 设计楼面梁时,对于楼面活荷载标准值为 1.5kN/m²,且楼面梁从属面积超过 25m²;楼面活荷载标准值大于 2.0kN/m²,且楼面梁从属面积超过 50m² 时,取楼面荷载折减系数为 0.9。

② 设计墙、柱和基础时,对于楼面活荷载标准值为 1.5kN/m² 的建筑,按附表 1-3 选取折减系数。对于楼面活荷载标准值大于 2.0kN/m² 的建筑,采用与其楼面梁相同的折减系数。

③ 屋面均布活荷载。当采用不上人屋面时,屋面活荷载标准值取 0.7kN/m²,上人屋面活荷载取 1.5kN/m²。当上人屋面兼作其他用途时,按相应楼面活荷载采用;不上人屋面,当施工荷载较大时,应按实际情况采用。

根据设计经验,民用建筑多层框架结构的竖向荷载标准值(恒十活)平均为 14kN/m²,对于住宅(轻质墙体)一般为 14~15kN/m²,墙体较少的其他民用建筑一般为 13~14kN/m²,这些经验数据,可作为初步设计阶段估算墙、柱及基础荷载,初定构件截面尺寸的依据。

一般民用建筑,如住宅楼、办公楼等,其楼面活荷载标准值较小(1.5kN/m²),仅占总竖向荷载的 10%～15%。故为简化起见,在设计中往往不考虑活荷载的折减,偏安全地取满载分析计算。

工业建筑楼面活荷载在生产使用或安装检修时,由设备、管道、运输工具及可能拆移的隔墙产生的局部荷载,均应按实际情况考虑,可采用等效均布活荷载代替。

2) 风荷载

这里的风荷载是风在建筑物表面上产生的压力或吸力。垂直于建筑物表面上单位面积上的风荷载标准值 ω_k 可按下式计算

$$\omega_k = \beta_z \mu_z \mu_s \omega_0 \tag{9-2}$$

式中:ω_0——基本风压值(按《建筑结构荷载规范》查用),kN/m^2;

β_z、μ_z、μ_s——高度处的风振系数、z 高度处的风压高度变化系数、风载体型系数。

荷载效应组合见第 2 章。

5. 框架内力近似计算方法

1) 框架在竖向荷载作用下的简化计算方法

(1) 弯矩二次分配法。在竖向荷载作用下,多层多跨框架侧移较小,因此,可忽略侧移,按无侧移框架计算。弯矩二次分配法,则只进行两轮弯矩分配,具体步骤如下:

① 计算各跨梁在竖向荷载作用下的固端弯矩和不平衡力矩;

② 计算框架各节点的分配系数值;

③ 将各节点的不平衡力矩同时进行分配,并向远端传递后,再在各节点处分配一次,即结束。

这种简化计算方法计算简单,容易掌握,计算精度可满足工程要求。

(2) 分层法。框架在竖向荷载作用下,各层荷载对其他层杆件的内力影响较小,因此,可忽略本层上的荷载对其他各层梁内力的影响,将多层框架简化为单层框架,即分层作力矩分配计算。具体步骤如下:

① 将多层框架分层,以每层梁与上、下柱组成的单层框架作为计算单元,柱远端假定为固端;

② 用力矩分配法分别计算各计算单元的内力,由于除底层柱底是固定端外,其他各层柱均为相互间弹性连接,为减少误差,除底层柱外,其他各层柱的线刚度均乘以 0.9 的折减系数,相应的传递系数也改为 1/3,底层柱仍为 1/2;

③ 分层计算所得的梁端弯矩即为最后弯矩。由于每根柱分别属于上、下两个计算单元,所以柱端弯矩要进行叠加。此时节点上的弯矩可能不平衡,但一般误差不大,如需要进一步调整时,可将节点不平衡弯矩再进行一次分配,但不再传递。

对侧移较大的框架及不规则的框架不宜采用分层法。

2) 框架在水平荷载作用下的近似计算方法

(1) 反弯点法。框架在水平荷载作用下,因无节间荷载,梁、柱的弯矩图都是直线形,都有一个反弯点,在反弯点处弯矩为零,只有剪力。因此,若能求出反弯点的位置及其剪力,则各梁、柱的内力就很容易求得。

底层柱的反弯点位于距柱下端 2/3 高度处,其余各层柱反弯点在柱高的中点处。

按柱的抗侧刚度将总水平荷载直接分配到柱,得到各柱剪力以后,可根据反弯点的位置,求得柱端弯矩。再由节点平衡可求出梁端弯矩和剪力。

反弯点法对梁柱线刚度之比超过 3 的层数不多的规则框架,计算误差不大。

(2) 改进的反弯点法(D 值法)。对于多高层框架,用反弯点法计算的内力误差较大。为此,改进的反弯点法用修正柱的抗侧移刚度和调整反弯点高度的方法计算水平荷载作用下框架的内力。修正后的柱抗侧移刚度用 D 表示,故又称为 D 值法。该方法的计算步骤与反弯点法相同,具体可参考相关书籍,这里不再讲述。

6. 框架侧移近似计算及限值

1) 框架侧移近似计算

抗侧刚度 D 的物理意义是单位层间侧移所需的层剪力(该层间侧移是梁柱弯曲变形引起的)。当已知框架结构第 j 层所有柱的 D 值($\sum D_{ij}$)及层剪力 V_j 后,则可得近似计算层间侧移 Δ_j 的公式:

$$\Delta_j = \frac{V_j}{\sum D_{ij}} \tag{9-3}$$

框架顶点的总侧移自然应为其下各层框架层间侧移的和,即

$$\Delta_n = \sum_{j=1}^{n} \Delta_j \tag{9-4}$$

式中：n——框架的总层数。

以上算出的层间侧移和顶点的总侧移是梁柱弯曲变形引起的。事实上,框架的总变形应由梁柱弯曲变形和柱轴向变形两部分组成。在层数不多的框架中,柱轴向变形引起的侧移很小,常常可以忽略。在近似计算中,只需计算由梁柱弯曲引起的变形。

2) 框架结构层间位移的限值

框架结构层间位移 Δ_n 应满足以下要求:

$$\frac{\Delta_n}{h} \leqslant \left[\frac{\Delta_n}{h}\right] \tag{9-5}$$

式中：Δ_n——按弹性方法计算的最大楼层层间位移;

h——层高。

$\left[\dfrac{\Delta_n}{h}\right]$——楼层层间最大位移与层高之比的限值,对高度不大于 150m 的框架结构,不宜大于 1/550;高度等于或大于 250m 的框架结构,不宜大于 1/500;高度在 150～250m 的按上述两限值线性插入取用。

7. 控制截面及其内力最不利组合

框架结构承受的荷载有恒荷载、楼(屋)面活荷载、风荷载和地震力(抗震设计时需考虑)。对于框架梁,由这些荷载产生的水平力和竖向力的共同作用下,剪力沿梁轴线是线性变化的(在竖向均布荷载作用下),弯矩则呈抛物线形变化,一般取两梁端和跨间最大弯矩处截面为控制截面。对于柱来说,通常无柱间荷载,轴力和剪力沿柱高是线性变化的,因此取各层柱上、下两端为控制截面。

内力不利组合就是使得所分析杆件的控制截面产生不利的内力组合,通常是指对截面配筋起控制作用的内力组合。对于框架结构,针对控制截面的不利内力组合的类型如下。

梁端截面：$+M_{max}$,$-M_{max}$,V_{max};

梁跨中截面：$+M_{max}$,M_{min};

柱端截面：$+|M|_{max}$ 及相应的 N、V,N_{max} 及相应的 M、V,N_{min} 及相应的 M、V。

8. 竖向活荷载不利布置及其内力塑性调幅

竖向活荷载不利布置的方法有逐跨施荷组合法、最不利荷载位置法和满布活载法。前两种方法计算工作量较大,在此只介绍计算工作量相对少些的满布活载法。

满布活载法把竖向活荷载同时作用在框架的所有的梁上,即不考虑竖向活荷载的不利分布,计算工作量大大简化。这样求得的内力在支座处与按最不利荷载位置法求得的内力很接近,可以直接进行内力组合。但跨中弯矩却比最不利荷载位置法计算结果明显偏低,用此法时常对跨中弯矩乘以 $1.1\sim1.2$ 的调整系数予以提高。经验表明,对楼(屋)面活荷载标准值不超过 $5.0\mathrm{kN/m^2}$ 的一般工业与民用多层及高层框架结构,此法的计算精度可以满足工程设计要求。

在竖向荷载作用下可以考虑梁端塑性变形内力重分布而对梁端负弯矩进行调幅。装配整体式框架调幅系数为 $0.7\sim0.8$;现浇框架调幅系数为 $0.8\sim0.9$。梁端负弯矩减小后,应按平衡条件计算调幅后的跨中弯矩(与调幅前的跨中弯矩相比有所增加)。截面设计时,梁跨中正弯矩至少应取按简支梁计算的跨中弯矩之半。竖向荷载产生的梁的弯矩应先进行调幅,再与风荷载和水平地震作用产生的弯矩进行组合。

9. 框架配筋计算及构造

1) 配筋计算

(1) 框架梁。框架梁纵向钢筋及腹筋的配置,分别由受弯构件正截面承载力和斜截面承载力计算确定,并满足变形和裂缝宽度要求,同时满足构造规定。

(2) 框架柱。框架柱为偏心受压构件,其配筋按偏心受压构件计算。通常,中间轴线上的柱可按单向偏心受压考虑,位于边轴线上的角柱,应按双向偏心受压考虑。

2) 配筋构造要求

(1) 框架梁。纵向受拉钢筋的最小配筋百分率不应小于 0.20% 和 $45\dfrac{f_\mathrm{t}}{f_\mathrm{y}}$ 二者的较大值;沿梁全长顶面和底面应至少各配置两根纵向钢筋,钢筋直径不应小于 $12\mathrm{mm}$。框架梁的箍筋应沿梁全长设置。截面高度大于 $800\mathrm{mm}$ 的梁,其箍筋直径不宜小于 $8\mathrm{mm}$;其余截面高度的梁不应小于 $6\mathrm{mm}$。在受力钢筋搭接长度范围内,箍筋直径不应小于搭接钢筋最大直径的 0.25 倍。箍筋间距不应大于表 9-1 的规定;在纵向受拉钢筋的搭接长度范围内,箍筋间距尚不应大于搭接钢筋较小直径的 5 倍,且不应大于 $100\mathrm{mm}$;在纵向受压钢筋的搭接长度范围内,箍筋间距尚不应大于搭接钢筋较小直径的 10 倍,且不应大于 $200\mathrm{mm}$。

表 9-1　非抗震设计梁箍筋的最大间距　　　　　　　　　(单位:mm)

h_b ＼ V	$V>0.7f_\mathrm{t}bh_0$	$V\leqslant0.7f_\mathrm{t}bh_0$
$h_\mathrm{b}\leqslant300$	150	200
$300<h_\mathrm{b}\leqslant500$	200	300
$500<h_\mathrm{b}\leqslant800$	250	350
$h_\mathrm{b}>800$	300	500

(2) 框架柱。柱纵向钢筋的最小配筋百分率对于中柱、边柱和角柱不应小于 0.60%,同时每一侧配筋率不应小于 0.20%;柱全部纵向钢筋的配筋百分率不宜大于 5%。柱纵向钢

筋宜对称配置。柱纵向钢筋间距不应大于350mm,截面尺寸大于400mm的柱,纵向钢筋间距不宜大于200mm;柱纵向钢筋净距均不应小于50mm。柱的纵向钢筋不应与箍筋、拉筋及预埋件等焊接;柱纵向钢筋的绑扎接头应避开柱的箍筋加密区。框架柱的周边箍筋应为封闭式。箍筋间距不应大于400mm,且不应大于构件截面的短边尺寸和最小纵向受力钢筋直径的15倍。箍筋直径不应小于最大纵向钢筋直径的1/4,且不应小于6mm。当柱中全部纵向受力钢筋的配筋率超过3%时,箍筋直径不应小于8mm,箍筋间距不应大于最小纵向钢筋直径的10倍,且不应大于200mm;箍筋末端应做成135°弯钩且弯钩末端平直段长度不应小于10倍箍筋直径。当柱每边纵筋多于3根时,应设置复合箍筋(可采用拉筋)。

实际工程中,多层框架结构的内力和位移,目前多采用计算软件(如PKPM)进行计算,具体操作可学习相关软件操作说明书或相关书籍,这里不再讲述。

10. 现浇框架节点构造

现浇框架的节点构造主要是为了保证梁和柱的连接质量。框架梁、柱的纵向钢筋在框架节点区的锚固和搭接应符合图9-6的要求。

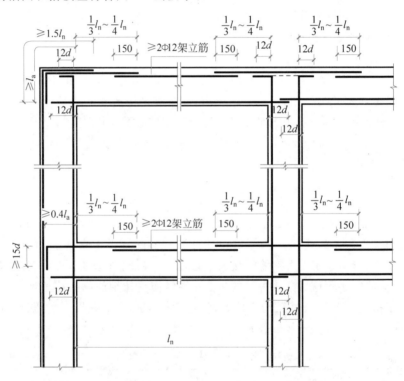

图 9-6　非抗震设计框架梁纵向钢筋在节点内的锚固与搭接

抗震设计的框架梁柱构造要求可参见《建筑抗震设计规范》(GB 50011—2010)(2016年版)。

9.2　剪力墙结构简介

框架结构随着层数的增加,其抗侧刚度小,水平位移大,将不满足框架侧移限值的要求,这时可在框架的横向增加钢筋混凝土墙,简称剪力墙,形成框架剪力墙结构,提高结构的抗侧刚度。当全部由剪力墙替代框架承担竖向荷载和水平荷载时,称为剪力墙结构。

9.2.1　剪力墙结构的受力特点

剪力墙承受竖向荷载时,竖向荷载通过楼板传递到墙体上,在墙肢内产生轴向压力,其值大小可根据各片墙承受竖向荷载的负荷面积而简单地加以确定。但当剪力墙承受水平荷载作用时,其受力特点与墙上的洞口大小及分布有关。根据墙上开洞情况的不同可将剪力墙分为整体墙、小开口整体墙、联肢墙(双肢墙或多肢墙)和壁式框架四种。每一类型的剪力墙有它自己相应的受力特点(图 9-7)。

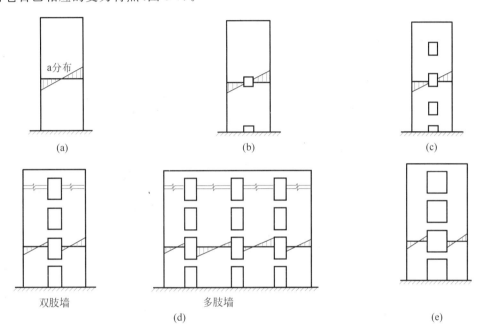

图 9-7　剪力墙的受力特点
(a) 无洞整体墙;(b) 开洞很小的整体墙;(c) 小开口整体墙;(d) 联肢墙;(e) 壁式框架

1. 整体墙

整体墙是指墙面上不开洞或开洞很小(洞口面积不超过墙面面积的 15% 且孔洞净距及孔洞边至墙边距离大于孔洞长边尺寸)的实体墙。其在水平荷载作用下的工作状态与悬臂梁类似,弯曲变形符合平截面假定,正应力按直线规律分布[图 9-7(a)],对于开有很小洞口的剪力墙,对截面的整体工作不产生影响,通过洞口的横截面上的正应力分布,除洞口范围没有应力外,横截面上所有点的正应力分布仍在一条直线上[图 9-7(b)]。

2. 小开口整体墙

对于开有洞口的剪力墙,上下洞口之间的墙在结构上相当于连系梁,通过它将洞口左右的墙肢联系起来。小开口整体墙是整体墙与联肢墙之间的过渡形式,其墙肢内力和变形也介于二者之间。与开洞很小的整体墙不同,洞口稍大一些时,通过洞口的横截面上的正应力分布,已不成一直线,而是在洞口两侧的部分横截面上,其正应力分布各自成一直线[图 9-7(c)]。这说明除了整个截面产生整体弯矩外,每个墙肢还出现了局部弯矩,因为实际正应力分布,相当于沿整个截面直线分布的应力叠加上局部弯曲应力。但由于洞口不是很大,局部应力不超过水平荷载的悬臂弯矩的15%。因此,可以认为剪力墙截面变形大体上仍符合平截面假定,且大部分楼层上墙肢没有反弯点,其受力变形特征比较接近于整体墙。

3. 联肢墙

洞口开得比较大时,截面的整体性已经破坏,此时墙肢的线刚度比同列两孔间所形成的连系梁的线刚度大得多,每根连系梁中部有反弯点,各墙肢单独弯曲作用较为显著,但仅在个别或少数层内,墙肢出现反弯点[图 9-7(d)]。

4. 壁式框架

洞口开得比联肢墙更宽,以致墙肢的宽度更小,墙肢和连系梁的线刚度相差不大,墙肢明显出现局部弯矩,在许多楼层内墙肢有反弯点。这时,剪力墙的内力分布和形态,已经趋近于框架,故称为壁式框架[图 9-7(e)]。它与一般框架的主要不同之处在于梁柱节点刚度很大,靠近节点部分的梁和柱可以近似认为有一个不变形的刚性区段,称其为"刚域"。在计算结构的内力和变形时,应考虑其影响而对梁、柱的抗弯、抗剪刚度进行相应的修正。

9.2.2 剪力墙的构造要求

(1) 剪力墙结构混凝土强度等级要求。剪力墙结构混凝土强度等级不应低于C20;带有筒体和短肢剪力墙的剪力墙结构的混凝土强度等级不应低于C25。

(2) 剪力墙的截面尺寸要求。非抗震设计的剪力墙,其截面厚度不应小于层高或剪力墙无肢长度的1/25,且不应小于160mm。

(3) 剪力墙竖向、横向分布钢筋的配筋,应符合下列要求:①非抗震设计的剪力墙的竖向和横向分布钢筋最小配筋率均不应小于0.20%;②一般剪力墙竖向和横向分布钢筋最大间距不应大于300mm,最小直径不应小于8mm;③剪力墙竖向、横向分布钢筋的钢筋直径不宜大于墙厚的1/10;④高层建筑剪力墙中竖向和水平分布钢筋,不应采用单排配筋。当剪力墙截面厚度 $b_w \leqslant 400$mm 时,可采用双排配筋;当 400mm$< b_w < 700$mm 时,宜采用三排配筋;当 $b_w \geqslant 700$mm 时,宜采用四排配筋。受力钢筋可均匀分布成数排。各排分布钢筋之间的拉接筋间距不应大于600mm,直径不应小于6mm,在底部加强部位,约束边缘构件以外的拉接筋间距应适当加密。

(4) 剪力墙钢筋锚固和连接要求:①非抗震设计时,剪力墙纵向钢筋最小锚固长度应取 l_a;②剪力墙竖向及横向分布钢筋的搭接连接(图 9-8),一、二级抗震等级剪力墙的加强部位,接头位置应错开,每次连接的钢筋数量不宜超过总数量的50%,错开净距不宜小于500mm;其他情况剪力墙的钢筋可在同一部位连接。非抗震设计时,分布钢筋的搭接长度不应小于 $1.2l_a$。

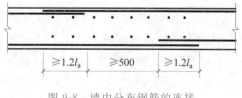

图 9-8 墙内分布钢筋的连接

（5）剪力墙的墙肢长度不大于墙厚的 3 倍时,应按柱的要求进行设计,箍筋应沿全高加密。

（6）连系梁配筋要求（图 9-9）：①连系梁顶面、底面纵向受力钢筋伸入墙内的锚固长度,非抗震设计时不应小于 l_a,且不应小于 600mm；②非抗震设计时,沿连系梁全长箍筋直径不应小于 6mm,间距不应大于 150mm；③顶层连系梁纵向钢筋伸入墙体的长度范围内,应配置间距不大于 150mm 的构造钢筋,箍筋直径应与连系梁的箍筋直径相同；④墙体水平分布钢筋应作为连系梁的腰筋在连系梁范围内拉通连续配置。当连系梁截面高度大于 700mm 时,其两侧面沿梁高范围设置的纵向构造钢筋（腰筋）的直径不应小于 10mm,间距不应大于 200mm；对跨高比不大于 2.5 的连系梁,梁两侧的纵向构造钢筋（腰筋）的面积配筋率不应小于 0.30%。

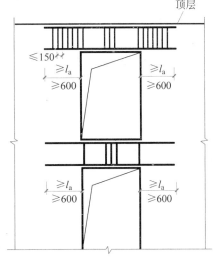

图 9-9 连系梁配筋构造示意图

（7）剪力墙开洞和连系梁开洞时,应符合下列要求：①当剪力墙墙面开有非连续小洞口（其各边长度小于 800mm）,且在整体计算中不考虑其影响时,应将洞口处被截断的分布钢筋量分别集中配置在洞口上、下和左、右边［图 9-10(a)］,且钢筋直径不应小于 12mm；②穿过连系梁的管道宜预埋套管,洞口上、下的有效高度不宜小于梁高的 1/3,且不宜小于 200mm,洞口处宜配置补强钢筋,被洞口削弱的截面应进行承载力验算［图 9-10(b)］。

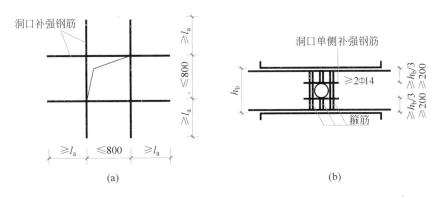

图 9-10 洞口补强配筋示意图

（a）剪力墙洞口补强；（b）连系梁洞口补强

9.3 框架—剪力墙结构简介

框架—剪力墙结构,主要由框架梁柱形成自由灵活的空间,容易满足建筑功能的要求,同时又有一定数量的剪力墙,使得它具有很强的抗震能力,并减少了在水平荷载作用下结构的侧移。所以,地震区要采用高层框架结构时,宜优先选用框架—剪力墙结构。

9.3.1 框架—剪力墙结构的受力特点

在采用框架—剪力墙结构体系的高层建筑中,竖向荷载按垂直构件各自的负荷面积而确定,受力分析比较简单。而水平荷载是分配给框架和剪力墙共同承担,显然这要比纯框架或纯剪力墙体系时复杂得多。纯框架在水平荷载作用下的变形曲线为剪切型,其层间侧移自上而下逐层增大;纯剪力墙在受到墙体平面内的水平荷载时,其变形曲线属于弯曲型,层间侧移自上而下逐层减小,与纯框架体系层间侧移的增长方向正好相反;对于框架—剪力墙结构单元,既有框架,又有剪力墙,它们之间通过平面内刚性无限大的楼板连接在一起,各自不再自由变形,而必须在同一楼层上保持位移相等,因此,框架—剪力墙结构的变形曲线是介于二者之间的弯剪型——一条反 S 形的曲线(图 9-11)。在下部楼层,剪力墙位移小,它拉着框架按弯曲型曲线变形,剪力墙承担大部分水平荷载,在上部楼层,剪力墙外倒,框架内收,框架拉着剪力墙按剪切型曲线变形,剪力墙出现负剪力,框架除了负担水平荷载外,还要把剪力墙拉回来,承担附加的水平力,因此即使水平外荷载产生的顶层剪力很小,框架承受的总水平力也很大,它与纯框架的受力情况完全不同。

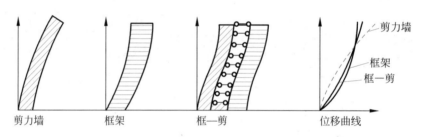

图 9-11 框架—剪力墙结构受力特点

9.3.2 框架—剪力墙的构造要求

在框架—剪力墙结构中的剪力墙除了应符合一般剪力墙的构造要求外,还要注意以下要求。

(1) 剪力墙的竖向和横向分布钢筋的配筋率,非抗震设计时均不应小于 0.20%,并应双排布置。各排分布钢筋之间应设置拉筋,拉筋间距不应大于 600mm,直径不应小于 6mm。

(2) 剪力墙的周边应设置梁(或暗梁)和端柱组成的边框;端柱截面宜与同层框架柱相同,并应满足规范中对框架柱的要求;剪力墙底部加强部位的端柱和紧靠抗震墙洞口的端柱宜按柱箍筋加密区的要求沿全高加密箍筋。

(3) 带边框剪力墙的构造要求:①剪力墙的厚度不应小于 160mm 且不应小于层高的 1/20;②剪力墙的水平钢筋应全部锚入边框柱内,锚固长度不应小于 l_a。

9.4 建筑结构平面标注法

　　绘制结构梁、柱、剪力墙施工图,传统的方法是将构件(梁、柱、剪力墙)从结构平面布置图中索引出来,再逐个绘制配筋详图,使得绘图烦琐且工作量庞大。结构施工图平面整体设计方法(平法)对传统的方法做了重大改革。目前,平法作为结构施工图的新型设计表示方法,已广为采用。

　　平法的表达形式,概括来讲,是把结构构件的尺寸和配筋等,按照平面整体表示法制图规则,整体直接表达在各类构件的结构平面布置图上,再与标准构造详图相结合,即构成一套新型完整的结构施工图。相应的标准图集是《混凝土结构施工图平面整体表示方法制图规则和构造详图》(03G101—1),它是设计者完成柱、墙、梁平法施工图的依据。

　　在平面布置图上表示各构件尺寸和配筋的方式有三种:平面注写方式、列表注写方式和截面注写方式。无论按哪种方式绘制结构施工图时,都应将所有梁、柱、剪力墙构件进行编号,编号中含有类型代号和序号。类型代号在标准图集中有明确的定义(表 9-2),必须按标准图集中的定义对构件编号,其作用是指明所选用的标准构造详图(因为在标准构造详图上已经按图集所定义的构件类型注明代号了)。另外,还应在各类构件的平法施工图中注明各结构层的楼面标高、结构层高及相应的结构层号,且结构层楼面标高和结构层高在单项工程中必须统一。

表 9-2 构件代号

构　　件		代号	构　　件		代号
柱	框架柱	KZ	墙柱	约束边缘端柱	YDZ
	框支柱	KZZ		约束边缘暗柱	YAZ
	芯柱	XZ		约束边缘翼墙柱	YYZ
	梁上柱	LZ		约束边缘转角墙柱	YJZ
	剪力墙上柱	QZ		构造边缘端柱	GDZ
梁	楼层框架梁	KL		构造边缘暗柱	GAZ
	屋面框架梁	WKL		构造边缘翼墙柱	GYZ
	框支梁	KZL		构造边缘转角墙柱	GJZ
	非框架梁	L		非边缘端柱	AZ
	悬挑梁	XL		扶壁柱	FBZ
	井字梁	JZL	墙梁	连系梁(无交叉暗撑、钢筋)	LL
剪力墙	墙身	剪力墙墙身	Q		连系梁(有交叉暗撑)	LL(JA)
					连系梁(有交叉钢筋)	LL(JG)
	墙洞	矩形洞口	JD		暗梁	AL
		圆形洞口	YD		边框梁	BKL

特别提示

为了确保施工人员准确无误地按平法施工图进行施工,在具体工程的结构设计总说明中必须写明以下与平法施工图密切相关的内容。

(1) 注明所选用平法标准图的图集号,以免图集升版后在施工中用错版本。

(2) 写明混凝土结构的使用年限。

(3) 注明抗震设防烈度及结构抗震等级,以明确选用相应抗震等级的标准构造详图。

(4) 写明各类构件(梁、柱、剪力墙)在其所在部位所选用的混凝土的强度等级和钢筋级别,以确定相应纵向受拉钢筋的最小锚固长度及最小搭接长度等。

(5) 写明柱(包括墙柱)纵筋、墙身分布筋、梁上部贯通筋等在具体工程中需接长时所采用的接头形式及有关要求。

(6) 当具体工程中有特殊要求时,应在施工图中另加说明。

9.4.1 梁平法施工图制图规则

梁平法施工图在平面布置图上采用平面注写方式或截面注写方式表达。

1. 平面注写方式

平面注写方式(图 9-12)是在梁平面布置图上,分别在不同编号的梁中各选一根梁,在其上注写截面尺寸和配筋具体数值的方式来表达梁平法施工图。平面注写包括集中标注与原位标注,集中标注表达梁的通用数值,原位标注表达梁的特殊数值。当集中标注中的某项数值不适用于梁的某部位时,则将该数值原位标注,施工时,原位标注取值优先。

图 9-12 中四个梁截面采用传统表示方法绘制,用于对比按平面注写方式表达的同样内容。实际采用平面注写方式表达时,不需绘制梁截面配筋图和图 9-12 中相应的截面号。

(1) 梁编号。梁编号由梁类型代号、序号、跨数及有无悬挑代号几项按顺序排列组成。例如,KL7(5A)表示 7 号框架梁,5 跨,一端有悬挑,其中(××A)表示梁一端有悬挑,(××B)表示梁两端有悬挑,悬挑不计入跨数。

(2) 集中标注。梁集中标注的内容有以下六项,其中前五项为必注值,最后一项为选注值(集中标注可以从梁的任意一跨引出),具体规定如下。

① 梁编号,按(1)项规定编号。

② 梁截面尺寸,当为等截面梁时,用 $b \times h$ 表示(b 为梁截面宽度,h 为梁截面高度);当有悬挑梁且根部和端部的高度不同时,用斜线分隔根部与端部的高度值,即为 $b \times h_1 / h_2$(h_1 为悬挑梁根部的截面高度,h_2 为悬挑梁端部的截面高度)。

③ 梁箍筋,包括钢筋级别、直径、加密区与非加密区间距及肢数。箍筋加密区与非加密区的不同间距及肢数需用斜线"/"分隔;当梁箍筋为同一种间距及肢数时,则不需用斜线;当加密区与非加密区的箍筋肢数相同时,则将肢数注写一次;箍筋肢数应写在括号内。加密区范围见相应抗震级别的标准构造详图。

例如,φ10@100/200(4),表示箍筋为 I 级钢筋,直径为 10mm,加密区间距为 100mm,非加密区间距为 200mm,均为四肢箍。

④ 梁上部通长筋或架立筋配置,当同排纵筋中既有通长筋又有架立筋时,应用加号

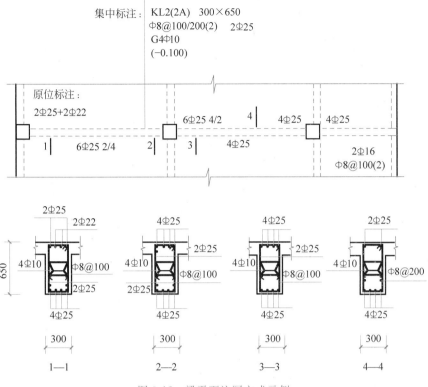

图 9-12　梁平面注写方式示例

"+"将通长筋和架立筋相连。注写时须将角部纵筋写在加号的前面,架立筋写在加号后面的括号内,以示不同直径与通长筋的区别。当全部采用架立筋时,则将其写入括号内。

例如,2 Φ 22 用于双肢箍;2 Φ 22+(4 Φ 12)用于六肢箍,其中 2 Φ 22 为通长筋,4 Φ 12 为架立筋。

当梁的上部纵筋和下部纵筋均为通长筋,且多数跨配筋相同时,此项可加注下部纵筋的配筋值,用分号";"将上部与下部纵筋的配筋值分隔开来。

例如 3 Φ 22 表示梁的上部配置 3 Φ 22 的通长筋,梁的下部配置 3 Φ 22 的通长筋。

⑤ 梁侧面纵向构造钢筋或受扭钢筋配置,当梁腹板高度大于 450mm 时,梁侧面须配置纵向构造钢筋,用大写字母 G 打头,接续注明总的配筋值。同样,梁侧面须配置受扭钢筋时,用大写字母 N 打头,连续注明总的配筋值。

例如,G4 Φ 22,表示梁的两个侧面共配置 4 Φ 22 的纵向构造钢筋。

⑥ 梁顶面标高高差,当某梁的顶面高于所在结构层的楼面标高时,其标高高差为正值;反之为负值,高差值必须写入括号内。

(3)原位标注。集中标注中的梁支座上部纵筋和梁下部纵筋数值不适用于梁的该部位时,则将该数值原位标注。梁支座上部纵筋,该部位含通长筋在内的所有纵筋,对其标注的规定如下。

① 当上部纵筋多于一排时,用斜线"/"将各排纵筋自上而下分开。

例如,梁支座上部纵筋注写为 6 Φ 25 4/2,则表示上一排纵筋为 4 Φ 25,下一排纵筋为 2 Φ 25。

② 当同排纵筋有两种直径时,用加号将两种直径的纵筋相连,注写时将角部纵筋写在前面。

例如,梁支座上部有四根纵筋,2 $\underline{\Phi}$ 25 放在角部,2 $\underline{\Phi}$ 22 放在中部,在梁支座上部应注写为 2 $\underline{\Phi}$ 25+2 $\underline{\Phi}$ 22。

③ 当梁中间支座两边的上部纵筋不同时,必须在支座两边分别标注;当梁中间支座两边的上部纵筋相同时,可仅在支座的一边标注配筋值,另一边省去不注。

当梁下部纵筋多于一排或同排纵筋有两种直径时,标注规则同梁支座上部纵筋。另外,当梁下部纵筋不全部伸入支座时,将梁支座下部纵筋减少的数量写在括号内。

对于附加箍筋或吊筋,将其直径画在平面图中的主梁上,用线引注总配筋值(附加箍筋的肢数注在括号内),如图 9-13 所示。

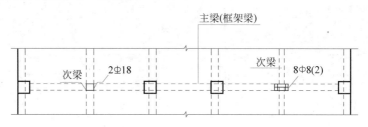

图 9-13 附加箍筋或吊筋的画法示例

2. 截面注写方式

截面注写方式(图 9-14)是在分标准层绘制的梁平面布置图上,分别在不同编号的梁上选择一根梁用剖面号引出配筋图,并在其上注写截面尺寸和配筋具体数值的方式来表达梁平法施工图。具体规定如下。

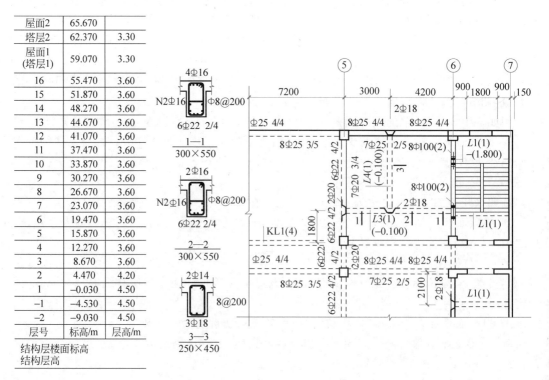

层号	标高/m	层高/m
屋面2	65.670	
塔层2	62.370	3.30
屋面1 (塔层1)	59.070	3.30
16	55.470	3.60
15	51.870	3.60
14	48.270	3.60
13	44.670	3.60
12	41.070	3.60
11	37.470	3.60
10	33.870	3.60
9	30.270	3.60
8	26.670	3.60
7	23.070	3.60
6	19.470	3.60
5	15.870	3.60
4	12.270	3.60
3	8.670	3.60
2	4.470	4.20
1	−0.030	4.50
−1	−4.530	4.50
−2	−9.030	4.50

结构层楼面标高
结构层高

图 9-14 梁截面注写方式示例

（1）对梁进行编号，从相同编号的梁中选择一根梁，先将"单边截面号"画在该梁上，再将截面配筋详图画在本图或其他图上。当某梁的顶面标高与结构层的楼面标高不同时，应在梁编号后注写梁顶面标高高差（注写规定同平面注写方式）。

（2）在截面配筋详图上要注明截面尺寸、上部筋、下部筋、侧面构造筋或受扭筋及箍筋的具体数值，其表达方式与平面注写方式相同。

截面注写方式既可单独使用，也可与平面注写方式结合使用。

9.4.2 柱平法施工图制图规则

柱平法施工图在平面布置图上采用列表注写方式或截面注写方式表达。

1. 列表注写方式

列表注写方式（图 9-15）就是在柱平面布置图上，分别在同一编号的柱中选择一个截面标注几何参数代号，然后在柱表中注写柱号、柱段起止标高、几何尺寸与配筋的具体数值，并配以各种柱截面形状及箍筋类型图的方式，来表达柱平法施工图。

（1）柱表中注写内容及相应的规定如下。

柱编号 由类型代号和序号组成。

各段柱的起止标高 自柱根部往上以变截面位置或截面未变但配筋改变处为界分段注写。框架柱和框支柱的根部标高是指基础顶面标高；芯柱的根部标高是指根据结构实际需要而定的起始位置标高；梁上柱的根部标高是指梁顶面标高；剪力墙的根部标高分两种：当柱纵筋锚固在墙顶部时，其根部标高为墙顶面标高；当柱与剪力墙重叠一层时，其根部标高为墙顶面往下一层的结构层楼面标高。

几何尺寸 不仅要标明柱截面尺寸，而且还要说明柱截面对轴线的偏心情况。

柱纵筋 当柱纵筋直径相同，各边根数也相同时，将柱纵筋注写在"全部纵筋"一栏中，除此之外，柱纵筋分角筋、截面 b 边中部筋和 h 边中部筋三项分别注写（对称配筋的矩形截面柱，可仅注写一侧中部筋）。

箍筋类型号和箍筋肢数 选择对应的箍筋类型号（在此之前要对绘制的箍筋分类图编号），在类型号后续注写箍筋肢数（注写在括号内）。

柱箍筋 包括钢筋级别、直径与间距，其表达方式与梁箍筋注写方式相同。

（2）箍筋类型图以及箍筋复合的具体方式，需要画在柱表的上部或图中的适当位置，并在其上标注与柱表中相对应的截面尺寸并编上类型号。

2. 截面注写方式

柱截面注写方式，是在分标准层绘制的柱平面布置图的柱截面上，分别在同一编号的柱中选择一个截面，直接在该截面上注写截面尺寸和配筋具体数值。具体做法如下。

对所有柱编号，从相同编号的柱中选择一个截面，按另一种比例原位放大绘制柱截面配筋图，并在配筋图上依次注明编号、截面尺寸、角筋或全部纵筋（当纵筋采用一种直径且能够图示清楚时）及箍筋的具体数值（与梁箍筋注写方式相同）。当纵筋采用两种直径时，必须再注写截面各边中部筋的具体数值（对称配筋的矩形截面柱可仅注写一侧中部筋）。

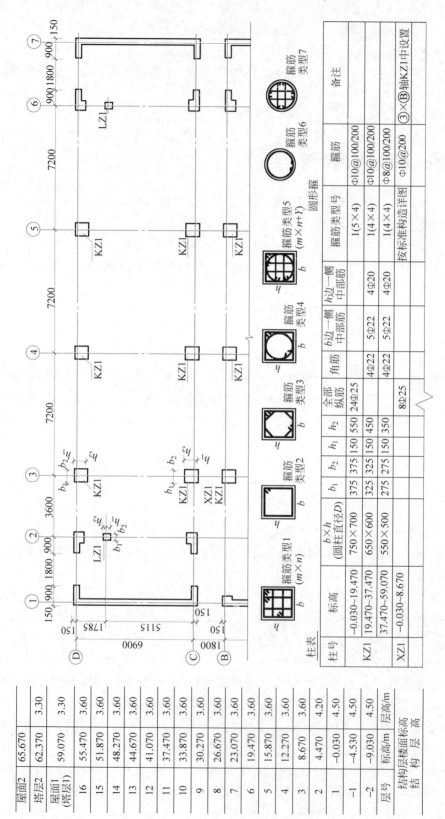

图 9-15 柱列表注写方式示例

柱表

柱号	标高	$b \times h$（圆柱直径D）	b_1	b_2	h_1	h_2	全部纵筋	角筋	b边一侧中部筋	h边一侧中部筋	箍筋类型号	箍筋	备注
KZ1	−0.030~19.470	750×700	375	375	150	550	24Φ25				1(5×4)	Φ10@100/200	
	19.470~37.470	650×600	325	325	150	450		4Φ22	5Φ22	4Φ20	1(4×4)	Φ10@100/200	
	37.470~59.070	550×500	275	275	150	350		4Φ22	5Φ22	4Φ20	1(4×4)	Φ8@100/200	
XZ1	−0.030~8.670						8Φ25				按标准构造详图	Φ10@200	③×⑧轴KZ1中设置

层号	标高/m	层高/m
屋面2	65.670	
塔层2	62.370	3.30
屋面1（塔层1）	59.070	3.30
16	55.470	3.60
15	51.870	3.60
14	48.270	3.60
13	44.670	3.60
12	41.070	3.60
11	37.470	3.60
10	33.870	3.60
9	30.270	3.60
8	26.670	3.60
7	23.070	3.60
6	19.470	3.60
5	15.870	3.60
4	12.270	3.60
3	8.670	3.60
2	4.470	4.20
1	−0.030	4.50
−1	−4.530	4.50
−2	−9.030	4.50
层号	结构层楼面标高／m	结构层高／m

特别提示

（1）如果采用非对称配筋，需在柱表中增加相应栏目分别表示各边的中部筋；

（2）抗震设计箍筋对纵筋至少隔一拉一；

（3）类型1的箍筋肢数可有多种组合，图9-15示例为5×4的维修组合，其余类型为固定形式，在表中只注类型号即可。

9.4.3 剪力墙平法施工图制图规则

剪力墙平法施工图在平面布置图上采用列表注写方式或截面注写方式表达。剪力墙平面布置可采用适当比例单独绘制，也可与柱或梁平面布置图合并绘制。当剪力墙平面布置图较复杂或采用截面注写方式时，应按标准层分别绘制剪力墙平面布置图。

1. 列表注写方式

剪力墙由剪力墙柱、剪力墙身和剪力墙梁三类构件构成。

列表注写方式，即分别在剪力墙柱表、剪力墙身表和剪力墙梁表中，对应于剪力墙平面布置图上的编号，用绘制截面配筋图并注写几何尺寸与配筋具体数值的方式来表达剪力墙平法施工图。

剪力墙柱和剪力墙梁的编号都是由构件代号和序号组成，剪力墙身除了构件代号和序号外，还要注写墙身所配置的水平与竖向分布钢筋的排数（接序号后续注写在括号内）。表达形式为：Q××（×排）。

剪力墙柱表中包含的内容有截面几何尺寸、编号、标高、纵筋和箍筋具体数值（图9-16）。

剪力墙身表中包含的内容有编号、标高、墙厚、水平分布筋、垂直分布筋和拉筋。

剪力墙梁表中包含的内容有编号、所在楼层号、梁顶相对标高高差、梁截面尺寸、上部纵筋、下部纵筋和箍筋具体数值。

2. 截面注写方式

与柱截面注写方式相同，在分标准层绘制的剪力墙平面布置图上，直接在剪力墙柱、剪力墙身和剪力墙梁上原位标注截面尺寸和配筋具体数值。

3. 剪力墙洞口的表示方法

无论采用列表注写方式还是截面注写方式，剪力墙上的洞口均可在剪力墙平面布置图上原位表达。

洞口的具体表示方法见图9-17。

（1）在剪力墙平面布置图上绘制洞口示意，并标注洞口中心的平面定位尺寸。

（2）在洞口中心位置引注：①洞口编号；②洞口几何尺寸；③洞口中心相对标高；④洞口每边补强钢筋。

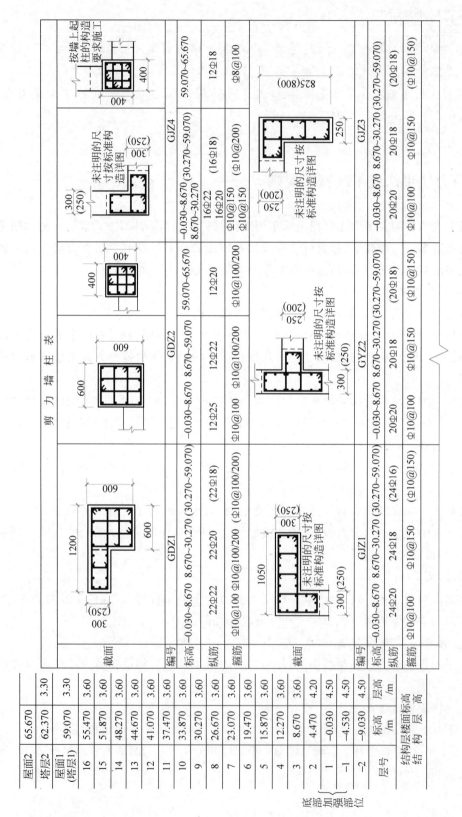

图9-16 剪力墙柱表

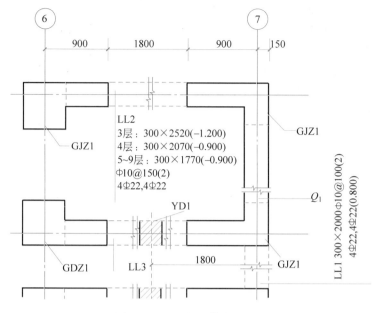

图 9-17　洞口的具体表示方法

本 章 小 结

1. 钢筋混凝土多层及高层房屋有框架结构、框架—剪力墙结构、剪力墙结构和筒体结构四种主要的结构体系。

2. 框架结构房屋是由梁、柱、节点及基础组成的承重体系。按施工方法可分为全现浇式框架、半现浇式框架、装配式框架和装配整体式框架四种形式。

3. 框架结构的结构布置方案有横向框架承重、纵向框架承重、纵横向框架承重三种。

4. 框架结构的设计与计算内容有：截面及材料强度确定、计算简图、荷载计算、内力计算、侧移计算、控制截面及其内力计算、配筋计算及构造。

5. 钢筋混凝土结构施工图平面整体表示方法（平法）的表达方式，概括地讲，就是把结构构件的尺寸和配筋等，按照平面整体表示方法制图规则，整体直接表达在各类构件的结构平面布置图上，再与标准构造详图相配合，使之构成一套新型完整的结构施工图。

习 　 题

9.1　多、高层房屋的结构体系有哪几类？各有什么特点？

9.2　框架结构按施工方法分为哪几类？

9.3　多层框架房屋结构布置方案有几类？

9.4　如何确定框架结构的计算简图？

9.5　如何计算框架在水平荷载作用下的侧移？

9.6 如何确定框架梁和框架柱的截面尺寸?

9.7 现浇框架结构的节点连接和锚固应注意的构造要求有哪些?

9.8 剪力墙结构和框架—剪力墙结构有什么不同的受力特点?

9.9 试讨论剪力墙结构和框架—剪力墙结构在构造要求方面的异同点。

9.10 简述梁平面注写方式和截面注写方式的内容。

9.11 简述柱表中包含的内容。

9.12 剪力墙平法施工图包含哪些内容?

第10章 砌体结构

学习目标

1. 掌握砌体结构的基本概念、常见的砌体材料及其特点。
2. 了解主要砌体材料的力学性能。
3. 掌握砌体结构强度、承载力计算及墙柱高厚比验算。
4. 掌握刚性房屋静力计算方案。
5. 了解砌体结构房屋构造要求及混合结构房屋的构造要求。

砌体结构是块材(砖、石、砌块)和砂浆砌筑而成的结构。在多层建筑中主要应用于房屋的墙、柱等主要承重构件,在高层建筑中则主要应用于填充墙等非承重构件。主要包括砖砌体、砌块砌体、石砌体、配筋砌体等。

在砌体结构的发展史上,我国有举世闻名的万里长城,这是2000多年前用"秦砖汉瓦"建造的世界上最伟大的砌体工程;春秋战国时期有李冰父子修建的都江堰水利工程;1400年前有河北赵县安济桥,这是世界上最早的敞肩式拱桥,该桥被美国土木工程学会选入世界第12个土木工程里程碑。国外有埃及金字塔、罗马大斗兽场、圣索菲亚教堂等世界闻名的砌体结构建筑。图10-1为砌体结构在各类建筑中的应用。

20世纪60年代以来,我国黏土空心砖(多孔砖)的生产和应用有了较大的发展,已从过去建造低矮的民用建筑,发展到大量建造多层民用建筑和工业建筑,如住宅、办公楼、单层工业厂房等。但由于黏土砖与农田争土地,国家发展和改革委员会于2012年8月1日发文《国家发展改革委办公厅关于开展"十二五"城市城区限制使用黏土制品 县城禁止使用实心黏土砖工作的通知》(发改办环资[2012]2313号),我国在"十二五"期间在上海等数百个城市和相关县城逐步限制使用黏土制品或禁用实心黏土砖,这使得混凝土、轻骨料混凝土、加气混凝土,以及利用河沙、工业废料、粉煤灰、煤干石等材料制成的无热料水泥煤渣混凝土砌块、蒸压灰砂砖、粉煤灰硅酸盐砖、砌块等材料在我国建设行业有了较大的发展空间。

砌体结构未来的主要发展方向是提高块材的轻质高强性能,提高砂浆等黏结材料的强度。在墙体内适当配置纵向钢筋形成配筋砌体,减小构件截面尺寸、减轻自重、加快建造速度。相应地研究设计理论,改进构件强度计算方法,提高施工机械化程度等,是进一步发展砌体结构的重要方向。我国砌体结构设计理论经历了6个阶段,新中国成立前没有自己的设计理论和规范,使用国外规范;20世纪50年代大量使用苏联规范;20世纪70年代我国有了自己的规范,1973年国家颁布了《砖石结构设计规范》(GBJ3—1973),这是我国第一部砌体结构设计规范;以后经过不断的研究和发展,国家相继颁布了《砌体结构设计规范》(GBJ3—1988)、《砌体结构设计规范》(GB 50003—2001)、《砌体结构设计规范》(GB 50003—2011),设计理论也从容许应力法、安全系数法、极限状态设计法等发展到以概率理论为基础的极限状态设计方法,设计理论更加完善和先进,在国际上处于领先地位。

图 10-1　砌体结构在各类建筑中的应用

(a) 山海关——万里长城东端的重要关隘；(b) 西安大雁塔；(c) 赵州桥；(d) 埃及吉萨的大金字塔群

10.1　砌体材料

10.1.1　块材

砌筑块材通常是指用于砌筑工程的天然石材、砖及砌块，是砌体工程的主要组成部分。主要有砖、砌块和石材料三类。

1. 砖

通常砌墙砖按不同的分类方式有如下几类。

(1) 按所用原材料分为黏土砖、页岩砖、煤矸石砖、粉煤灰砖、灰砂砖和炉渣砖等。

(2) 按生产工艺不同分成烧结砖和非烧结砖，其中非烧结砖又可分为压制砖、蒸养砖和蒸压砖等。

(3) 按有无孔洞可分为普通砖(俗称实心砖)、多孔砖、空心砖。

上述原材料、生产工艺及孔洞形式可结合使用,图 10-2 为目前建筑工程中常用的砖。

烧结普通砖由黏土、页岩、煤矸石或粉煤灰为主要原料,经过焙烧而成的实心或孔洞率不大于规定值且外形尺寸符合规定的砖,通常尺寸为 240mm×115mm×53mm(图 10-3)。

烧结多孔砖是以黏土、页岩或煤矸石为主要原料烧制而成的,孔洞率超过 25%,孔尺寸小而多且为竖向孔,主要用于结构承重和六层以下建筑物的承重墙体。其技术性能应满足国家规范《烧结多孔砖和多孔砌块》(GB/T 13544—2011)的要求。尺寸规格分为 190mm×190mm×90mm(M 型)和 240mm×115mm×90m(P 型),圆孔直径必须≤22mm,非圆孔内切圆直径≤15mm,手抓孔一般为(30~40)mm×(75~85)mm。如图 10-4 所示,M 型砖符合建筑模数,使设计规范化、系列化,提高施工速度,节约砂浆;P 型砖便于与普通砖配套使用。

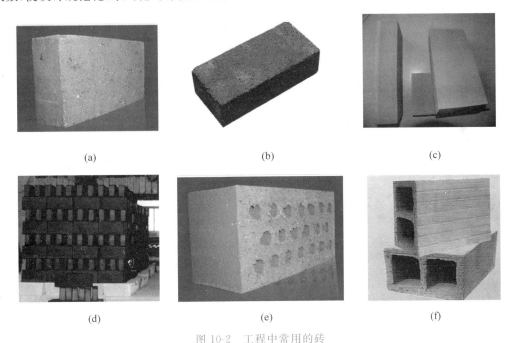

(a)   (b)   (c)

(d)   (e)   (f)

图 10-2 工程中常用的砖

(a)烧结黏土砖;(b)烧结粉煤灰砖;(c)蒸压粉煤灰砖;(d)煤矸石砖;(e)多孔砖;(f)空心砖

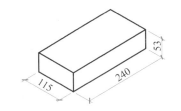

图 10-3 烧结普通砖尺寸(单位:mm)

烧结空心砖是以黏土、页岩或煤矸石为主要原料烧制而成的,孔洞率大于 35%,孔尺寸大而少,且为水平孔,主要用于非承重部位。空心砖的技术性能应满足国家规范《烧结空心砖和空心砌块》的要求。其规格尺寸较多,主要有 290mm×190mm×90mm 和 240mm×180mm×115mm 两种类型,砖的壁厚应大于 10mm,肋厚应大于 7mm。烧结空心砖自重较轻,强度较低,多用于非承重墙,如多层建筑的内隔墙或框架结构的填充墙等。

非烧结砖按产品材质划分有硅酸盐砖和混凝土砖;按成型方法划分有压制法和振动法

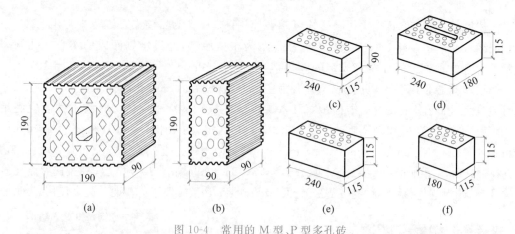

图 10-4　常用的 M 型、P 型多孔砖

(a) KM1 型；(b) KM1 型配砖；(c) KP1 型；(d) KP2 型；(e)、(f) KP2 型配砖

两种；按产品性能形成条件划分有高压蒸汽养护、常压蒸汽养护和大气自养护三种方法。

2. 砌块

砌块是利用混凝土、工业废料(炉渣,粉煤灰等)或地方材料制成的人造块材,外形尺寸比砖大,具有设备简单、砌筑速度快的优点。砌块主要规格的长度、宽度或高度有一项或一项以上分别超过 365mm、240mm 或 115mm,但砌块高度一般不大于长度或宽度的 6 倍,长度不超过高度的 3 倍。按尺寸和质量的大小不同分为小型砌块、中型砌块和大型砌块。砌块系列中主规格的高度 115～380mm 的称作小型砌块、高度为 380～980mm 称为中型砌块、高度大于 980mm 的称为大型砌块。

砌块按外观形状可以分为实心砌块和空心砌块,根据材料不同,常用的砌块有普通混凝土与混凝土小型空心砌块、轻骨料混凝土小型空心砌块、粉煤灰小型空心砌块、蒸压加气混凝土砌块、免蒸加气混凝土砌块(又称环保轻质混凝土砌块)和石膏砌块。吸水率较大的砌块不能用于长期浸水,经常受干湿交替或冻融循环的建筑部位。现行规范标准有《普通混凝土小型空心砌块》(GB/T 8239—2014)、《轻集料混凝土小型空心砌块》(GB/T 15229—2011)、《蒸压加气混凝土砌块》(GB 11968—2006)等,图 10-5 是几种常用的中小型砌块。

3. 石材

石材是古老的土木工程材料之一,分布很广、藏量丰富、坚固耐用,便于就地取材,砌筑石材广泛用于砌墙和造桥。但天然石材加工困难,自重大,开采和运输不够方便。岩石经加工成块状或散粒状则称为石料,砌筑石料按其加工后的外形规则程度分为料石和毛石。

1) 料石

砌筑用料石,按其加工面的平整程度可分为细料石、半细料石、粗料石和毛料石四种。料石外形规则,截面的宽度、高度不小于 200mm,长度不宜大于厚度的 4 倍。料石根据加工程度分别用于建筑物的外部装饰、勒脚、台阶、砌体、石拱等。

2) 毛石

砌体用毛石呈块状,其中部厚度不应小于 200mm。毛石又有乱毛石和平毛石之分,乱毛石是指形状不规则的石块,平毛石是指形状不规则,但有两个平面大致平行的石块。毛石主要用于基础、挡土墙、毛石混凝土等。

选择砌筑石材时要考虑其力学性质(即抗压强度、抗剪强度、冲击韧性等)、耐久性(抗冻性、抗风化性、耐火性、耐酸性等)及放射性。石砌体中的石材应选用无明显风化的天然石材。

图 10-5 几种常用的中小型砌块示例

(a) 轻骨料混凝土小型空心砌块；(b) 粉煤灰陶粒空心砌块；(c) 粉煤灰小型空心砌块；(d) 混凝土复合保温砌块

块体材料的强度等级是由标准试验方法得出的块体极限抗压强度按规定的评定方法确定的，用"MU"表示，后跟数字表示块体的强度大小，单位为 N/mm^2 或 MPa。根据《砌体结构设计规范》(GB 50003—2011)规定砌筑块材的强度等级，应按下列规定采用。

(1) 烧结普通砖、烧结多孔砖等的强度等级：MU30、MU25、MU20、MU15 和 MU10。

(2) 蒸压灰砂砖、蒸压粉煤灰砖的强度等级：MU25、MU20、MU15 和 MU10。

(3) 砌块的强度等级：MU20、MU15、MU10、MU7.5 和 MU5。

(4) 石材的强度等级：MU100、MU80、MU60、MU50、MU40、MU30 和 MU20。

10.1.2 连接材料

1. 砌筑砂浆

砌筑砂浆由水泥、砂、水以及根据需要掺入的掺和料和外加剂等组分，按一定比例，采用机械拌和制成，专门用于块材砌筑的黏结剂，将砖、石、砌块等黏结成为砌体的砂浆称为砌筑砂浆。

按砂浆的组成可分为以下几类。

1) 水泥砂浆

由水泥与砂加水拌和而成的砂浆称为水泥砂浆，这种砂浆具有较高的强度和较好的耐久性，但和易性和保水性较差，适用于砂浆强度要求较高的砌体和潮湿环境中的砌体。

根据需要按一定的比例掺入掺和料和外加剂等组分，专门用于砌筑混凝土砌块的砌筑砂浆称为混凝土砌块砌筑砂浆，简称砌块专用砂浆。

2) 混合砂浆

由水泥、石灰与砂加水拌和而成的砂浆称为混合砂浆。这种砂浆具有一定的强度和耐久性，而且和易性和保水性较好，在一般墙体中广泛应用，但不宜用于潮湿环境中的砌体。

3) 非水泥砂浆

非水泥砂浆指不含水泥的石灰砂浆、石膏砂浆和黏土砂浆。这类砂浆强度不高，有些种类耐久性也较差,所以只用于受力较小或简易建筑中的砌体。

砂浆的强度等级是按标准方法制作的 70.7mm 的立方体试块(一组六块),在标准条件下养护 28d,经抗压试验所测得的抗压强度的平均值来划分的。砌筑砂浆的强度等级分为 M15、M10、M7.5、M5 和 M2.5 五个强度等级。

2. 灌孔混凝土

为提高砌体结构房屋的整体性和抗震性能,在混凝土小型砌块砌筑施工中,通常在砌块竖向孔洞内设置钢筋并浇入灌孔混凝土,使之形成钢筋混凝土芯柱,满足承载需求,简称砌块灌孔混凝土。灌孔混凝土的强度等级用"Cb"表示。为便于施工,灌孔混凝土应具有较大流动性,其坍落度一般应控制在 200～250mm,根据灌孔尺寸大小和灌注高度不同,灌注混凝土又分为粗灌孔混凝土和细灌孔混凝土,为满足施工工艺要求,细灌孔混凝土中一般不加碎石,有时还需加入少量石灰,灌孔过程中要保证钢筋位置正确。

3. 钢筋

按砌筑过程中是否配筋和施加预应力,砌体结构又可分为无筋砌体结构、配筋砌体结构和预应力砌体结构。钢筋防腐是保护配筋砌体耐久性的一个重要问题。在国外,一些经济发达国家,对砌体灰缝中的钢筋一般采用镀锌处理,或采用不锈钢及有色金属材料。我国现行国家标准规定:处于环境类别 2(潮湿的室内或室外环境,包括无侵蚀性土和水接触的环境)的夹心墙的钢筋连接件或钢筋网片、连接钢板、锚固螺栓或钢筋,应采用热镀锌或等效的防护层。

10.2 砌体的力学性能

10.2.1 砌体的种类

按砌筑过程中是否配筋和施加预应力,砌体结构可分为无筋砌体结构、配筋砌体结构和预应力砌体结构。其中,按砌体材料不同分为配筋砖砌体和配筋砌块砌体。

1. 砖砌体(无筋砌体)

仅有块材和砂浆组成的砌体称为无筋砌体,包括:砖砌体、砌块砌体和石砌体,无筋砌体应用范围广但是抗震性能较差。

砖砌体按照所用砖的种类不同,可分为烧结普通砖砌体、烧结多孔砖砌体及各种硅酸盐砖砌体。按砌筑形式不同又分为实心砌体和空心砌体。工程中较常采用实心砌体。

实心砌体组砌形式通常采用一顺一丁、梅花丁和三顺一丁,其中"顺""丁"均指层内砖摆放形式,一层砖也称一皮砖,如图 10-6 所示。标准砌筑的实心墙体厚度常为 240mm(一砖)、370mm(一砖半)、490mm(二砖)、620mm(二砖半)、740mm(三砖)等。

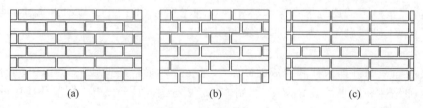

(a) (b) (c)

图 10-6 砖砌体组砌形式

(a) 一顺一丁;(b) 梅花丁;(c) 三顺一丁

2. 配筋砖砌体

配筋砖砌体通常有网状配筋砖砌体、组合砖砌体和砖墙构造柱三种形式。

网状配筋砖砌体(又称横向配筋砖砌体)(图10-7) 是指在承受轴心受压或小偏心受压的砖砌体构件的水平灰缝内部配置钢筋网片的砌体。一般是砌几皮砖,水平放置一层钢筋网;约束压力作用下的横向变形从而提高构件抗压承载力和构件变形能力。

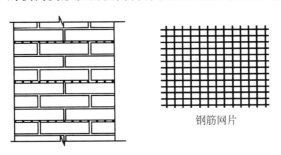

钢筋网片

图10-7 横向配筋砖柱

组合砖砌体(又称外包式砖砌体) 也就是在砖砌体墙或柱外围的某些部位,浇筑钢筋混凝土或钢筋砂浆面层,以提高砌体的抗压、抗拉、抗剪能力。

砖墙构造柱(又称内嵌式砖砌体) 砖砌体和钢筋混凝土构造柱组合墙是一种常见的建筑构造,这种墙体施工时必须先砌墙再浇筑构造柱混凝土,砌体与构造柱接触部位形成马牙槎,保证二者的咬合力,提高共同工作性能。

3. 配筋混凝土空心砌块砌体

在混凝土空心砌块砌体的通道孔洞中设置竖向或横向钢筋并浇筑混凝土,形成的砌体结构称为配筋混凝土空心砌块砌体(简称配筋砌块砌体)。该种结构具有自重轻、抗震能力强、造价低等特点,如图10-8和图10-9所示。

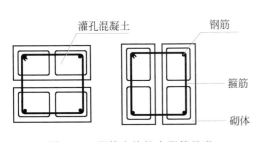

图10-8 配筋砌块柱内配筋示意

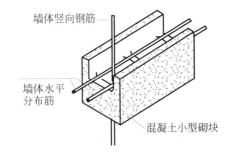

图10-9 配筋砌块墙典型节点示意

4. 预应力砌体

预应力砌体是指在砌块墙体的竖向孔洞中布置预应力钢筋,通过张拉预应力钢筋对墙体施加预压应力的砌体结构。预压应力可以增加墙体的竖向压应力,特别是当沿墙体均匀布置预应力钢筋时,相当于在墙体中产生了一个沿墙体均匀分布的竖向压应力,竖向压应力可以增大块体与砂浆的摩擦黏结力,减小结构的主拉应力,从而提高墙体开裂荷载、抗剪强度,改善结构的抗裂性能以及抗震性能。如果将预应力砌体与配筋砌体联合使用,将使房屋具有更好的受力性能和使用性能。

10.2.2 砌体的强度

在实际工程中,大部分砌体都属于受压构件,因此对砌体的受压性能应有全面正确的了解。不同种类的砌体,受压性能不尽相同,但其受力机理有很多相同之处,下面以普通砖砌体为例,说明砌体的受压性能。

1. 砖砌体的受压破坏特征

1)轴心受压砖柱的破坏过程

根据国内外大量试验研究表明,轴心受压砖砌体从加荷至破坏可分为三个阶段(图 10-10)。

第 I 阶段 由加荷开始至个别砖出现裂缝为第 I 阶段。第一条(批)裂缝出现时的荷载值为破坏荷载的 0.5~0.7 倍,如不继续加载,裂缝不会继续扩展或增加。

第 II 阶段 当荷载继续增加,个别砖裂缝不断扩展,并上下贯通穿过若干皮砖。即使荷载不再增加,裂缝仍继续发展。此时荷载为破坏荷载的 0.8~0.9 倍。

第 III 阶段 当荷载进一步增加,裂缝迅速开展,其中几条主要竖向裂缝将把砌体分割成若干根截面尺寸为半砖左右的小柱体,整个砌体明显向外鼓出。最后此小柱体失稳或压碎,整个砌体即被破坏。

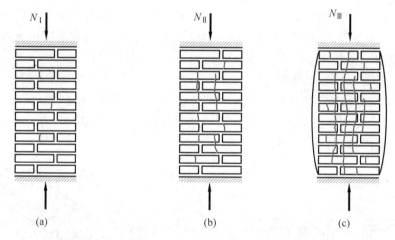

图 10-10 砖砌体受压破坏特征示意

(a)出现单砖裂缝;(b)形成竖向贯通裂缝;(c)极限状态砌体破坏

2)单块砖在砌体中受力特征

(1)由于砖形状不完全规则平整、灰缝的厚度不均匀,单块砖在砌体中并非均匀受压,还处于受弯和受剪状态。

(2)因砖与砂浆的弹性模量及横向变形系数并不同,由于二者的交互作用,使单块砖内产生拉应力,而砂浆由于砖的约束处于三向受力状态。

(3)弹性地基上梁的作用。每块砖可视为作用在弹性地基上的梁,其下面的砌体即为弹性"地基",地基弹性模量越小,砖的弯曲变形越大,砖内发生的弯剪应力越高。

(4)竖向灰缝上的应力集中。砌体的竖向灰缝不饱满、不密实,易在竖向灰缝上产生应力集中,同时竖向灰缝内的砂浆和砌块的黏结力也不能保证砌体的整体性。因此,在竖向灰缝上的单个块体内将产生拉应力和剪应力的集中,从而加快块体的开裂,引起砌体强度的降低。

2. 砌体抗压强度

根据《砌体结构设计规范》(GB 50003—2011)龄期为 28d 的以毛截面计算的砌体抗压强度设计值,当施工质量控制等级为 B 级时,应根据块体和砂浆的强度等级按表 10-1～表 10-7 采用。验算施工阶段的承载力时,强度设计值可按表中砂浆强度为零的情况采用。

表 10-1　烧结普通砖和烧结多孔砖砌体的抗压强度设计值 f　（单位：MPa）

砖强度等级	砂浆强度等级					砂浆强度
	M15	M10	M7.5	M5	M2.5	0
MU30	3.94	3.27	2.93	2.59	2.26	1.15
MU25	3.60	2.98	2.68	2.37	2.06	1.05
MU20	3.22	2.67	2.39	2.12	1.84	0.94
MU15	2.79	2.31	2.07	1.83	1.60	0.82
MU10	—	1.89	1.69	1.50	1.30	0.67

注：当烧结多孔砖的孔洞率大于 30% 时,表中数值应乘以 0.9。

表 10-2　混凝土普通砖和混凝土多孔砖砌体的抗压强度设计值 f　（单位：MPa）

砖强度等级	砂浆强度等级					砂浆强度
	Mb20	Mb15	Mb10	Mb7.5	Mb5	0
MU30	4.61	3.94	3.27	2.93	2.59	1.15
MU25	4.21	3.60	2.98	2.68	2.37	1.05
MU20	3.77	3.22	2.67	2.39	2.12	0.94
MU15	—	2.79	2.31	2.07	1.83	0.82

表 10-3　蒸压灰砂普通砖和蒸压粉煤灰普通砖砌体的抗压强度设计值 f

（单位：MPa）

砖强度等级	砂浆强度等级				砂浆强度
	M15	M10	M7.5	M5	0
MU25	3.60	2.98	2.68	2.37	1.05
MU20	3.22	2.67	2.39	2.12	0.94
MU15	2.79	2.31	2.07	1.83	0.82

注：当采用专用砂浆砌筑时,其抗压强度设计值按表中数值采用。

表 10-4　单排孔混凝土砌块和轻集料混凝土砌块对孔砌筑砌体的抗压强度设计值 f

（单位：MPa）

砖强度等级	砂浆强度等级					砂浆强度
	Mb20	Mb15	Mb10	Mb7.5	Mb5	0
MU20	6.30	5.68	4.95	4.44	3.94	2.33
MU15	—	4.61	4.02	3.61	3.20	1.89
MU10	—	—	2.79	2.50	2.22	1.31
MU7.5	—	—	—	1.93	1.71	1.01
MU5	—	—	—	—	1.19	0.70

注：① 对独立柱或厚度为双排组砌的砌块砌体,应按表中数值乘以 0.7。
　　② 对 T 形截面墙体、柱,应按表中数值乘以 0.85。

表 10-5 双排孔或多排孔轻集料混凝土砌块的抗压强度设计值 f （单位：MPa）

砌体强度等级	砂浆强度等级			砂浆强度
	Mb10	Mb7.5	Mb5	0
MU10	3.08	2.76	2.45	1.44
MU7.5	—	2.13	1.88	1.12
MU5	—	—	1.31	0.78
MU3.5	—	—	0.95	0.56

注：① 表中的砌块为火山渣、浮石的陶粒轻集料混凝土砌块。

② 对厚度方向为双排组砌的轻集料混凝土砌块砌体的抗压强度设计值，应按表中数值乘以 0.8。

表 10-6 毛料石砌体的抗压强度设计值 f （单位：MPa）

毛料石强度等级	砂浆强度等级			砂浆强度
	M7.5	M5	M2.5	0
MU100	5.42	4.80	4.18	2.13
MU80	4.85	4.29	3.73	1.91
MU60	4.20	3.71	3.23	1.65
MU50	3.83	3.39	2.95	1.51
MU40	3.43	3.04	2.64	1.35
MU30	2.97	2.63	2.29	1.17
MU20	2.42	2.15	1.87	0.95

注：对下列各类料石砌体，应按表中数值分别乘以以下系数：细料石砌体为 1.4；粗料石砌体为 1.2；干砌勾缝石砌体为 0.8。

表 10-7 毛石砌体的抗压强度设计值 f （单位：MPa）

毛石强度等级	砂浆强度等级			砂浆强度
	M7.5	M5	M2.5	0
MU100	1.27	1.12	0.98	0.34
MU80	1.13	1.00	0.87	0.30
MU60	0.98	0.87	0.76	0.26
MU50	0.90	0.80	0.69	0.23
MU40	0.80	0.71	0.62	0.21
MU30	0.69	0.61	0.53	0.18
MU20	0.56	0.51	0.44	0.15

3. 砌体的轴心受拉、弯曲受拉、受剪

在实际工程中，砌体除受压力作用之外，有时还承受轴心拉力、弯矩、剪力作用。如圆形水池池壁和谷仓在液体或松散物体的侧向压力作用下将产生轴向拉力；挡土墙在土压力作用下，将产生弯矩、剪力作用；砖砌过梁在自重和楼面荷载作用下受到弯矩、剪力作用等。

1）砌体的抗拉强度

砌体轴心受拉的拉力作用方向平行于水平灰缝时，因块材强度较高，砂浆强度较低，将发生沿齿缝的破坏（图 10-11）。

当弯矩所产生的拉应力与水平灰缝平行时，视块材和砂浆的相对强度高低，可能发生沿齿缝破坏；当弯矩产生的拉应力与通缝垂直时，可能沿通缝发生破坏（图 10-12）。

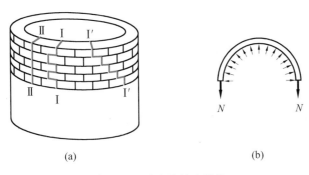

图 10-11 砖砌体轴心受拉

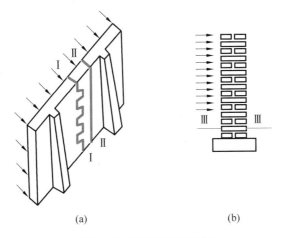

图 10-12 砖砌体弯曲受拉

2）砌体的抗剪强度

砌体的受剪破坏主要有：沿通缝破坏和沿齿缝破坏。龄期为 28d 的以毛截面计算的各类砌体的轴心抗拉强度设计值、弯曲抗拉强度设计值和抗剪强度设计值，应符合下列规定。

（1）当施工质量控制等级为 B 级时，强度设计值应按表 10-8 采用。

表 10-8　沿砌体灰缝截面破坏时砌体的轴心抗拉强度设计值、
弯曲抗拉强度设计值和抗剪强度设计值　　　　（单位：MPa）

强度类别	破坏特征及砌体种类		砂浆强度等级			
			≥M10	M7.5	M5	M2.5
轴心抗拉	沿齿缝	烧结普通砖、烧结多孔砖	0.19	0.16	0.13	0.09
		混凝土普通砖、混凝土多孔砖	0.19	0.16	0.13	—
		蒸压灰砂普通砖、蒸压粉煤灰普通砖	0.12	0.10	0.08	—
		混凝土和轻集料混凝土砌块	0.09	0.08	0.07	—
		毛石	—	0.07	0.06	0.04

续表

强度类别	破坏特征及砌体种类		砂浆强度等级			
			≥M10	M7.5	M5	M2.5
弯曲抗拉	沿齿缝	烧结普通砖、烧结多孔砖	0.33	0.29	0.23	0.17
		混凝土普通砖、混凝土多孔砖	0.33	0.29	0.23	—
		蒸压灰砂普通砖、蒸压粉煤灰普通砖	0.24	0.20	0.16	—
		混凝土和轻集料混凝土砌块	0.11	0.09	0.08	—
		毛石	—	0.11	0.09	0.07
	沿通缝	烧结普通砖、烧结多孔砖	0.17	0.14	0.11	0.08
		混凝土普通砖、混凝土多孔砖	0.17	0.14	0.11	—
		蒸压灰砂普通砖、蒸压粉煤灰普通砖	0.12	0.10	0.08	—
		混凝土和轻集料混凝土砌块	0.08	0.06	0.05	—
抗剪		烧结普通砖、烧结多孔砖	0.17	0.14	0.11	0.08
		混凝土普通砖、混凝土多孔砖	0.17	0.14	0.11	—
		蒸压灰砂普通砖、蒸压粉煤灰普通砖	0.12	0.10	0.08	—
		混凝土和轻集料混凝土砌块	0.09	0.08	0.06	—
		毛石	—	0.19	0.16	0.11

注：① 对于用形状规则的块体砌筑的砌体，当搭接长度与块体高度的比值小于 1 时，其轴心抗拉强度设计值和弯曲抗拉强度设计值应按表中数值乘以搭接长度与块体高度比值后采用。

② 表中数值是依据普通砂浆砌筑的砌体确定，采用经研究性试验且通过技术鉴定的专用砂浆砌筑的蒸压灰砂普通砖、蒸压粉煤灰普通砖砌体，其抗剪强度设计值按相应普通砂浆强度等级砌筑的烧结普通砖砌体采用。

③ 对混凝土普通砖、混凝土多孔砖、混凝土和轻集料混凝土砌块砌体。表中的砂浆强度等级分别为：≥Mb10、Mb7.5 及 Mb5。

（2）单排孔混凝土砌块对孔砌筑时，灌孔砌体的抗剪强度设计值 f_{vg}，应按下式计算：

$$f_{vg} = 0.2 f_g^{0.55} \tag{10-1}$$

式中：f_g——灌孔砌体的抗压强度设计值（MPa）。

3）调整系数 γ_a

下列情况的各类砌体，其砌体强度设计值应乘以调整系数 γ_a。

（1）对无筋砌体构件，其截面面积小于 0.3m^2 时，γ_a 为其截面面积加 0.7；对配筋砌体构件，当其中砌体截面面积小于 0.2m^2 时，γ_a 为其截面面积加 0.8；构件截面面积以"m^2"为单位。

（2）当砌体用强度等级小于 M5 的水泥砂浆砌筑时，表 10-1～表 10-7 中的数值，γ_a 为 0.9；对表 10-8 中的数值，γ_a 为 0.8。

（3）当验算施工中房屋的构件时，γ_a 为 1.1。

4. 砌体的弹性模量 E

《砌体结构设计规范》给出了砌体的弹性模量取值（表 10-9）。

单排孔且对孔砌筑的混凝土砌块灌孔砌体的弹性模量,应按下列公式计算:

$$E = 2000 f_g \qquad (10\text{-}2)$$

式中:f_g——灌孔砌体的抗压强度设计值。

表 10-9　砌体的弹性模量　　　　　　　　（单位:MPa）

砌 体 种 类	砂浆强度等级			
	≥M10	M7.5	M5	M2.5
烧结普通砖、烧结多孔砖砌体	1600f	1600f	1600f	1390f
混凝土普通砖、混凝土多孔砖砌体	1600f	1600f	1600f	—
蒸压灰砂普通砖、蒸压粉煤灰砖砌体	1060f	1060f	1060f	—
非灌孔混凝土砌块砌体	1700f	1600f	1500f	—
粗料石、毛料石、毛石砌体	—	5650	4000	2250
细料石砌体	—	17000	12000	6750

注:① 轻集料混凝土砌块砌体的弹性模量,可按表中混凝土砌块砌体的弹性模量采用。

② 表中砌体抗压强度设计值不调整 γ_a。

③ 表中砂浆为普通砂浆,采用专用砂浆砌筑的砌体的弹性模量也按此表取值。

④ 对混凝土普通砖、混凝土多孔砖、混凝土和轻集料混凝土砌块砌体,表中的砂浆强度等级分别为:≥Mb10、Mb7.5、Mb5。

⑤ 蒸压灰砂普通砖和蒸压粉煤灰普通砖砌体,当采用专用砂浆砌筑时,其强度设计值按表中数值采用。

5. 砌体的线膨胀系数、收缩率、摩擦系数

除荷载作用下砌体产生变形外,温度变化会引起的砌体热胀冷缩变形及该变形受到约束后砌体产生附加应力及裂缝,分析砌体在温度作用下的变形性能,与砌体的线膨胀系数、砌体的收缩和块体的上墙含水率、砌体的施工方法等有密切关系。结合国内已有的试验数据,参考块体的收缩率,经分析确定砌体的收缩率。《砌体结构设计规范》(GB 50003—2011)给出了砌体的线膨胀系数和收缩率,详见表 10-10。

表 10-10　砌体的线膨胀系数和收缩率

砌 体 类 别	线膨胀系数/(10^{-6}/℃)	收缩率/(mm/m)
烧结黏土砖砌体	5	−0.1
蒸压灰砂砖、蒸压粉煤灰砖砌体	8	−0.2
混凝土砌块砌体	10	−0.2
轻骨料混凝土砌块砌体	10	−0.3
料石和毛石砌体	8	—

注:表中的收缩率系由达到收缩允许标准的块体砌筑 28d 的砌体收缩率,当地方有可靠的砌体收缩试验数据时,亦可采用当地的试验数据。

当砌体与其他材料沿接触面产生相对滑动时,在滑动面将产生摩擦力。摩擦力的大小与法向压力和摩擦系数有关,摩擦系数大小与摩擦面的材料及摩擦面的干湿状态有关,《砌体结构设计规范》(GB 50003—2011)给出了砌体的摩擦系数,如表 10-11 所示。

表 10-11　摩擦系数

材料类别	摩擦面情况	
	干燥	潮湿
砌体沿砌体或混凝土滑动	0.70	0.60
砌体沿木材滑动	0.60	0.50
砌体沿钢滑动	0.45	0.35
砌体沿砂或卵石滑动	0.60	0.50
砌体沿粉土滑动	0.55	0.40
砌体沿黏性土滑动	0.50	0.30

10.2.3　影响砌体抗压强度的因素

1. 块材的强度等级和块材的尺寸

块材的强度等级是影响砌体抗压强度的主要因素,块材的强度等级越高,其抗压、弯、拉能力越强、砌体的抗压强度也越高,试验表明,当砖的强度等级提高一倍,砌体的抗压强度可提高 50% 左右。

块材的截面高度对砌体的抗压强度也有较大影响,块材的截面高度越大,其截面的抗弯、剪、拉的能力越强,砌体的抗压强度越大。

2. 砂浆的强度等级和砂浆的和易性、保水性

砂浆的强度等级越高,不但砂浆自身的承载能力提高,而且受压后的横向变形越小,可减小或避免砂浆对砖产生的水平拉力,在一定程度上可提高砌体的抗压强度。试验表明,砂浆的强度等级提高一倍,砌体的抗压强度可提高 20% 左右。由此也可看出,砂浆的强度等级对砌体的抗压强度影响不如块材的影响大,且砂浆强度等级提高,水泥用量增加较大,如砂浆等级由 M5 提高到 M10,水泥用量增加 50%。为节约水泥用量,一般不宜用提高砂浆强度等级的方法来提高构件的承载力。

此外,砂浆的和易性及保水性越好,越容易铺砌均匀,从而减小块材的弯、剪应力,提高砌体的抗压强度。试验表明,纯水泥砂浆的保水性及和易性较差,由它所砌筑砌体的抗压强度降低 5%~15%,但也应注意砂浆的和易性过大,硬化后的受压横向变形较大,因此不能过多使用塑化剂。好的砂浆应既有较好的和易性,又具有较高的密实性。

3. 砌筑质量的影响

砌体的砌筑质量对砌体的抗压强度影响很大。如砂浆层不饱满,则块材受力不均匀;砂浆层过厚,则横向变形过大;砂浆层过薄,不易铺砌均匀;砖的含水率过低,将过多吸收砂浆的水分,影响砌体的抗压强度;若砖的含水率过高,将影响砖与砂浆的黏结力等。此外,砌体的龄期及受荷方式等,也将影响砌体的抗压强度。

考虑到上述因素的影响,《砌体结构设计规范》(GB 50003—2011)引入了施工质量控制等级的概念。《砌体工程施工质量验收规范》(GB 50203—2011)根据施工现场的质量保证体系、砂浆和混凝土强度、砂浆拌和方式、砌筑工人技术等级等方面的综合水平,把砌体施工质量划分成 A、B、C 三个控制等级,与《砌体结构设计规范》中的 A、B、C 三级施工质量控制等级是相对应的。考虑到一些具体的情况,《砌体结构设计规范》只对 B 级和 C 级的施工控制等级做出规定。《砌体结构设计规范》强制规定不允许配筋砌体的施工质量为 C 级。《混凝土结构设计规范》提供了施工质量为 B 级的砌体强度值,当施工质量为 C 级时,砌体强度值予以降低,应乘以调整系数;当采用 A 级施工质量控制等级时,允许将砌体强度设计值提高 5%。施工控制等级的选择应在工程设计图中予以明确。

10.3 砌体结构构件计算

10.3.1 砌体构件承载力计算

混合结构房屋中承受上部传来的竖向荷载和自身重量的窗间墙和砖柱,一般都属于无筋砌体受压构件。本节着重讲解无筋砌体受压构件的承载力计算。

1. 承载力计算表达式

砌体结构采用以概率理论为基础的极限状态设计方法,采用分项系数设计表达进行计算。

砌体结构应按承载能力极限状态设计,并满足正常使用极限状态的要求。砌体结构按承载能力极限状态设计时,由于以永久荷载为主的结构可靠度水平偏低,现行《砌体结构设计规范》给出了应考虑永久荷载效应及可变荷载效应下的荷载效应组合,应按下列公式中最不利组合进行计算:

$$\gamma_0 \left(1.2 S_{Gk} + 1.4 \gamma_L S_{Q1k} + \gamma_L \sum_{i=2}^{n} \gamma_{Qi} \psi_{ci} S_{Qik} \right) \leqslant R(f, a_k \cdots) \tag{10-3}$$

$$\left.
\begin{aligned}
&\gamma_0 \left(1.35 S_{Gk} + 1.4 \gamma_L \sum_{i=1}^{n} \psi_{ci} S_{Qik} \right) \leqslant R(f, a_k \cdots) \\
&f = f_k / \gamma_f \\
&f_k = f_m - 1.645 \sigma_f
\end{aligned}
\right\} \tag{10-4}$$

式中:γ_0——结构重要性系数。对安全等级为一级或设计使用年限为 50 年以上结构构件,不应小于 1.1;对安全等级为二级或设计使用年限为 50 年的结构构件,不应小于 1.0;对安全等级为三级或设计使用年限为 1~5 年的结构构件,不应小于 0.9;

$\quad\quad S_{Gk}$——永久荷载标准值的效应;

$\quad\quad S_{Q1k}$——在基本组合中起控制作用的一个可变荷载标准值的效应;

$\quad\quad \gamma_L$——结构构件的抗力模型不定性系数。对静力设计,考虑结构设计使用年限的荷载调整系数,设计使用年限为 50 年,取 1.0;设计使用年限为 100 年,取 1.1;

$\quad\quad S_{Qik}$——第 i 个可变荷载标准值的效应;

$\quad\quad R(f, a_k \cdots)$——结构构件的抗力函数;

$\quad\quad \gamma_{Qi}$——第 i 个可变荷载的分项系数;

$\quad\quad \psi_{ci}$——第 i 个可变荷载的组合值系数。一般情况下应取 0.7;对书库、档案库、储藏室或通风机房、电梯机房应取 0.9;

$\quad\quad f$——砌体的强度设计值;

$\quad\quad f_k$——砌体的强度标准值;

$\quad\quad \gamma_f$——砌体结构的材料性能分项系数,一般情况下,宜按施工控制等级为 B 级考虑,取 $\gamma_f = 1.6$;当为 C 级时,取 $\gamma_f = 1.8$,当为 A 级时,取 $\gamma_f = 1.5$;

f_m——砌体的强度平均值；

σ_f——砌体强度的标准差；

a_k——几何参数标准值。

当仅有一个可变荷载时，上述荷载效应组合可简化为

$$\gamma_0(1.2S_{Gk} + 1.4\gamma_L S_{Qk}) \tag{10-5}$$

$$\gamma_0(1.35S_{Gk} + 1.0\gamma_L S_{Qk}) \tag{10-6}$$

 注意

对于公式 10-6 中的第二项系数为 $1.4 \times 0.7 = 0.98$，简化可取值为 1.0。

经分析表明，采用两种荷载效应组合模式后，提高了以自重为主的砌体结构可靠度，两个设计表达式的界限荷载效应（可变荷载效应与永久荷载效应之比）ρ 值为 0.376。可得出：

当 $\rho \leqslant 0.376$ 时，结构可靠度由 $\gamma_G = 1.35$，$\gamma_Q = 1.0$ 控制，永久荷载起控制作用；

当 $\rho > 0.376$ 时，结构可靠度由 $\gamma_G = 1.2$，$\gamma_Q = 1.4$ 控制，可变荷载起控制作用。

2. 砌体结构整体稳定性的验算

当砌体结构作为一个刚体，需验算整体稳定性时，例如倾覆、滑移、漂浮等，应按下列公式中最不利组合进行验算：

$$\gamma_0\left(1.2S_{G2K} + 1.4\gamma_L S_{Qik} + \gamma_L \sum_{i=2}^{n} S_{Qik}\right) \leqslant 0.8S_{G1K} \tag{10-7}$$

$$\gamma_0\left(1.35S_{G2K} + 1.4\gamma_L \sum_{i=2}^{n} \psi_{ci} S_{Qik}\right) \leqslant 0.8S_{G1K} \tag{10-8}$$

式中：S_{G1K}——起有利作用的永久荷载标准值的效应；

S_{G2K}——起不利作用的永久荷载标准值的效应。

3. 受压构件的承载力

当压力作用于构件截面重心时，为轴心受压构件；当构件承受的压力作用点与构件的轴心偏离，使构件产生既受压又受弯时，为偏心受压构件。其中，受压短柱的受力情况可不考虑构件纵向弯曲对承载力的影响；受压长柱则必须考虑纵向弯曲的影响。

通过对矩形、T 形、十字形和环形截面构件的大量试验表明，受压构件的承载力可用公式 10-9 表达：

$$N \leqslant \varphi A f \tag{10-9}$$

式中：N——轴向力设计值；

φ——高厚比 β 和轴向力的偏心距 e 对受压构件承载力的影响系数（可查附表 5-1、附表 5-2 及附表 5-3 求得）；

f——砌体的抗压强度设计值；

A——截面面积。

 注意

对矩形截面构件，当轴向力偏心方向的截面边长大于另一方向的边长时，除按偏心受压计算外，还应对较小边长方向，按轴心受压进行验算。

计算影响系数 φ 或查 φ 表时，构件高厚比 β 应按下列公式计算：

矩形截面

$$\beta = \frac{H_0}{h}\gamma_\beta \tag{10-10}$$

T 形截面

$$\beta = \frac{H_0}{h_{\mathrm{T}}}\gamma_\beta \tag{10-11}$$

式中：γ_β——不同砌体材料构件的高厚比修正系数，按表 10-9 采用；

H_0——受压构件的计算高度，按表 10-12 确定；

h——矩形截面轴向力偏心方向的边长，当轴心受压时为截面较小边长；

h_{T}——T 形截面的折算厚度，可近似按 $3.5i$ 计算，i 为截面回转半径，$i = \sqrt{\dfrac{I}{A}}$。

表 10-12 高厚比修正系数 γ_β

砌体材料类别	γ_β
烧结普通砖、烧结多孔砖	1.0
混凝土普通砖、混凝土多孔砖、混凝土及轻集料混凝土砌块	1.1
蒸压灰砂砖、蒸压粉煤灰砖、细料石	1.2
粗料石、毛石	1.5

注：对灌孔混凝土砌块，γ_β 取 1.0。

受压构件的计算高度 H_0，应根据房屋类别和构件支承条件等按表 10-13 采用。表中的构件高度 H 应按下列规定采用。

(1) 在房屋底层，为楼板顶面到构件下端支点的距离。下端支点的位置，可取在基础顶面。当埋置较深且有刚性地坪时，可取室外地面下 500mm 处；

(2) 在房屋其他层次，为楼板或其他水平支点间的距离；

(3) 对于无壁柱的山墙，可取层高加山墙尖高度的 1/2；对于带壁柱的山墙可取壁柱处的山墙高度。

表 10-13 受压构件的计算高度 H_0

房屋类别			柱		带壁柱墙或周边拉结的墙		
			排架方向	垂直排架方向	$s > 2H$	$2H \geqslant s > H$	$s \leqslant H$
有吊车的单层房屋	变截面柱上段	弹性方案	$2.5H_u$	$1.25H_u$	$2.5H_u$		
		刚性、刚弹性方案	$2.0H_u$	$1.25H_u$	$2.0H_u$		
	变截面柱下段		$1.0H_l$	$0.8H_l$	$1.0H_l$		
无吊车的单层和多层房屋	单跨	弹性方案	$1.5H$	$1.0H$	$1.5H$		
		刚弹性方案	$1.2H$	$1.0H$	$1.2H$		
	多跨	弹性方案	$1.25H$	$1.0H$	$1.25H$		
		刚弹性方案	$1.10H$	$1.0H$	$1.1H$		
	刚性方案		$1.0H$	$1.0H$	$1.0H$	$0.4s + 0.2H$	$0.6s$

注：① 表中 H_u 为变截面柱的上段高度；为变截面柱的下段高度。
② 对于上端为自由端的构件，$H_0 = 2H$。
③ 独立砖柱，当无柱间支撑时，柱在垂直排架方向的 H_0 应按表中数值乘以 1.25 后采用。
④ s——房屋横墙间距。
⑤ 自承重墙的计算高度应根据周边支承或拉接条件确定。

(4) 对有吊车的房屋,当不考虑吊车作用时,受截面上段的计算高度可按表 8-18 规定采用;受截面柱下段的计算高度可按下列规定采用:

当 $\dfrac{H_u}{H} \leqslant \dfrac{1}{3}$ 时,取无吊车房屋的 H_0;

当 $\dfrac{1}{3} < \dfrac{H_u}{H} < \dfrac{1}{2}$ 时,取无吊车房屋的 H_0 乘以修正系数 μ

$$\mu = 1.3 - 0.3\frac{I_u}{I_l} \qquad (10\text{-}12)$$

式中: I_u, I_l——变截面柱上、下段截面的惯性矩。

当 $\dfrac{H_u}{H} \geqslant \dfrac{1}{2}$ 时,取无吊车房屋的 H_0。但在确定计算高厚比时,应根据上柱的截面采用验算方向相应的截面尺寸。

上述规定也适用于无吊车房屋的变截面柱。

偏心受压构件的偏心距过大,构件的承载力明显下降,从经济性和合理性角度看都不宜采用;此外,偏心距过大可能会使截面受拉边出现过大的水平裂缝。故此,规范规定轴向力的偏心距 e 按内力设计值计算,并不应超过 $0.6y$。y 为截面重心到轴向力所在偏心方向截面边缘的距离。

【例 10-1】 截面尺寸为 $490\text{mm} \times 620\text{mm}$ 的砖柱,采用 MU10 烧结普通砖及 M2.5 水泥砂浆砌筑(砌体重度按 18kN/m^3 计),计算高度 $H_0 = 5.6\text{m}$,设计使用年限按 50 年考虑,柱顶端承受轴心压力标准值 $N_k = 189.6\text{kN}$(其中永久荷载 135kN,未计砖柱自重,可变荷载为 54.6 kN),试验算该柱承载力。

【解】 由可变荷载控制组合,该柱柱底截面
$$N = 1.2 \times (18 \times 0.49 \times 0.62 \times 5.6 + 135) + 1.4 \times 54.6 = 275.18(\text{kN})$$
由永久荷载控制组合,该柱柱底截面
$$N = 1.35 \times (18 \times 0.49 \times 0.62 \times 5.6 + 135) + 1.0 \times 54.6 = 278.19(\text{kN})$$
故,取该柱底截面上轴向力设计值为 $N = 278.19\text{kN}$。

砖柱高厚比 $\beta = 1.0 \times 5.6/0.49 = 11.43$,查附表 5-2 求得,
$$\varphi = 0.83 - \frac{0.83 - 0.78}{12 - 10} \times (11.43 - 10) = 0.794$$

根据砖和砂浆的强度等级查表 10-1(根据《砌体结构设计规范》)得:

砌体轴心抗压强度 $f = 1.30\text{N/mm}^2$,砂浆采用水泥砂浆,取砌体强度设计值调整系数 γ_a 为 0.9。
$$\gamma_a \varphi A f = 0.9 \times 0.794 \times 1.3 \times 0.49 \times 0.62 \times 10^3 = 282.22(\text{kN}) > 278.9\text{kN}$$
承载力满足要求,结构安全。

4. 砌体局部受压

局部受压是砌体结构常见的受力形式,常发生的情形如:砖柱支承于基础上;梁支承于墙体上等。根据支承点位置及接触方式不同,砌体局部受压形式一般有砌体截面局部均匀受压、梁端砌体局部受压、垫块下砌体局部受压和柔性垫梁下砌体局部受压等几种。下面主要介绍砌体局部均匀受压。

在砌体局部受压面积上的压应力呈均匀分布时,称为砌体局部均匀受压。试验表明,砌体局部抗压强度比砌体抗压强度高。这是由于有局部压力的砌体受到周围未受压力的砌体

部分的侧向约束,使其侧向变形受到限制的缘故。实际上,局部受压砌体是处在竖向和侧向压力共同作用下的三向受力状态柱体(图 10-13)。显然,当局部受压面积周围的砌体越厚,限制柱体侧向变形的作用越强,砌体局部受压强度也就越高。

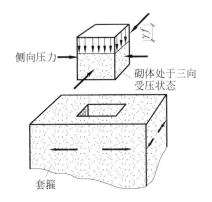

图 10-13 砌体处于三向受压状态

砌体截面受局部均匀压力时的承载力应按公式 10-13 计算:

$$N_1 \leqslant \gamma f A_1 \tag{10-13}$$

$$\gamma = 1 + 0.35 \sqrt{\frac{A_0}{A_1} - 1} \tag{10-14}$$

式中:N_1——局部受压面积上的轴向力设计值;

γ——砌体局部抗压强度提高系数,与局压部位及面积有关;

f——砌体的抗压强度设计值,可不考虑强度调整系数 γ_a 的影响;

A_1——局部受压面积;

A_0——砌体局部抗压强度的计算面积(图 10-14)。

图 10-14 中,(a)图 $\gamma \leqslant 2.5$,(b)图 $\gamma \leqslant 2.0$,(c)图 $\gamma \leqslant 1.5$,(d)图 $\gamma \leqslant 1.25$。

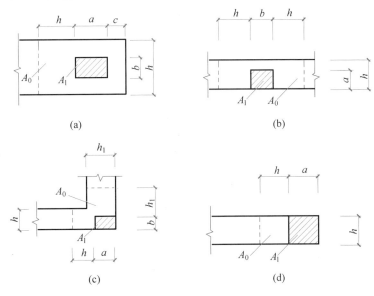

图 10-14 影响局部抗压强度的面积 A_0

5. 轴心受拉构件

轴心受拉构件的承载力计算公式为：

$$N_t \leqslant f_t A \tag{10-15}$$

式中：N_t——轴心拉力设计值；

f_t——砌体的轴心抗拉强度设计值，应按表 10-8 采用。

6. 受弯构件

受弯构件的承载力计算公式为：

$$M \leqslant f_{tm} W \tag{10-16}$$

式中：M——弯矩设计值；

f_{tm}——砌体弯曲抗拉强度设计值，应按表 10-8 采用；

W——截面抵抗矩。

受弯构件的受剪承载力计算公式为：

$$V \leqslant f_v bz \tag{10-17}$$

式中：V——剪力设计值；

f_v——砌体的抗剪强度设计值，应按表 10-8 采用；

b——截面宽度；

z——内力臂，z 等于 I/S，I 为截面惯性矩，S 为截面面积矩，当截面为矩形时取 z 等于 $2h/3$，h 为截面高度。

7. 受剪构件

砌体结构单纯受剪的情况是很难遇到的，一般是在受弯构件中（如砖砌体过梁、挡土墙等）存在受剪情况，再者，墙体在水平地震力或风荷载作用下或无拉杆的拱支座处在水平截面砌体受剪，后几种情况往往同时还伴随竖向荷载使墙体处于复合受力状态。《砌体结构设计规范》给出了沿通缝或沿阶梯截面破坏时受剪构件的承载力计算公式为：

$$V \leqslant (f_v + \alpha\mu\sigma_0) A \tag{10-18}$$

式中：V——截面剪力设计值；

A——水平截面面积。当有孔洞时，取净截面面积；

f_v——砌体抗剪强度设计值，对灌孔的混凝土砌块砌体取 f_{vG}；

α——修正系数；

当 $\gamma_G = 1.2$ 时，砖（含多孔砖）砌体取 0.60，混凝土砌块砌体取 0.64；

当 $\gamma_G = 1.35$ 时，砖（含多孔砖）砌体取 0.64，混凝土砌块砌体取 0.66；

μ——剪压复合受力影响系数，α 与 μ 的乘积可查表 10-14；

σ_0——永久荷载设计值产生的水平截面平均压应力。

当 $\gamma_G = 1.2$ 时，$\mu = 0.26 - 0.082\sigma_0/f$；当 $\gamma_G = 1.35$ 时，$\mu = 0.23 - 0.065\sigma_0/f$。其中 f 为砌体的抗压强度设计值；σ_0/f 为轴压比，且不大于 0.8。

表 10-14　当 $\gamma_G = 1.2$ 及 $\gamma_G = 1.35$ 时 $\alpha\mu$ 值

γ_G	σ_0/f	0.1	0.2	0.3	0.4	0.5	0.6	0.7	0.8
1.2	砖砌体	0.15	0.15	0.14	0.14	0.13	0.13	0.12	0.12
	砌块砌体	0.16	0.16	0.15	0.15	0.14	0.13	0.13	0.12
1.35	砖砌体	0.14	0.14	0.13	0.13	0.13	0.12	0.12	0.11
	砌块砌体	0.15	0.14	0.14	0.13	0.13	0.13	0.12	0.12

10.3.2　墙、柱高厚比验算

高厚比是指墙、柱的计算高度 H_0 与其相应厚度 h 的比值。墙体的高厚比过大时,虽然墙体自身的强度合格,但是在荷载作用下容易产生倾斜、鼓肚或在振动作用下易发生不可预料的危险。墙柱的允许高厚比 $[\beta]$,是从构造上保证受压构件稳定性的重要措施,也是确保墙、柱具有足够刚度的前提。其物理意义类似于受压杆件的容许长细比 $[\lambda]$。但是在受压构件承载力计算时,影响系数 φ 与高厚比及偏心距有关,也就是说,高厚比与构件的抗压强度也有关系。

1. 影响允许高厚比的因素

在工程设计中,影响墙、柱高厚比和允许高厚比的因素主要有:砂浆强度等级、构件类型、砌体种类、支承约束条件、截面形式、墙体开洞情况、承重墙和非承重墙。对上述因素的影响通过相应的修正系数对允许高厚比 $[\beta]$ 予以降低和提高。减少高厚比的有效措施一般有:加大墙厚 h、设壁柱、减小洞口尺寸、设圈梁、构造柱等。

《砌体结构设计规范》给出了墙、柱高厚比的限制——允许高厚比 $[\beta]$,见表 10-15。

表 10-15　墙、柱的允许高厚比 $[\beta]$ 值

砌 体 类 型	砂浆强度等级	墙	柱
无筋砌体	M2.5	22	15
	M5.0 或 Mb5.0、Ms5.0	24	16
	≥M7.5 或 Mb7.5、Ms7.5	26	17
配筋砌块砌体	—	30	21

注:① 毛石墙、柱的允许高厚比应按表中数值降低 20%。

② 带有混凝土或砂浆面层的组合砖砌体构件的允许高厚比,可按表中数值提高 20%,但不得大于 28。

③ 验算施工阶段砂浆尚未硬化的新砌砌体高厚比时,允许高厚比对墙取 14,对柱取 11。

2. 高厚比验算

工程设计中必须验算砌体墙柱的高厚比,其目的如下。

(1)防止墙柱在施工期间出现轴线偏差过大,保证施工安全。

(2)防止墙柱在使用期间出现侧向绕曲变形过大,保证结构具有足够的刚度。

砌体墙柱高厚比应满足下式的要求:

$$\left.\begin{array}{l} \beta = H_0/h \leqslant \mu_1\mu_2[\beta] \\ \mu_2 = 1 - 0.4\, b_s/s \end{array}\right\} \tag{10-19}$$

式中:H_0——墙、柱的计算高度,按表 10-13 确定;

h——墙厚或矩形柱与 H_0 相对应的边长,对带壁柱墙取截面的折算厚度;

μ_1——自承重墙允许高厚比的修正系数;厚度 $h \leqslant 240mm$ 的自承重墙,当 $h=240mm$ 时 $\mu_1=1.2$;当 $h=90mm$ 时 $\mu_1=1.5$;当 $240mm>h>90mm$ 时 μ_1 可按插入法取值。上端为自由端墙的允许高厚比,除按上述规定提高外,可提高 30%;

μ_2——有门窗洞口墙允许高厚比的修正系数,当算得 μ_2 的值小于 0.7 时,应采用0.7。当洞口高度等于或小于墙高的 1/5 时,可取 μ_2 等于 1.0;

b_s——在宽度 s 范围内的门窗洞口总宽度;

s——相邻窗间墙或壁柱之间的距离;

$[\beta]$——墙、柱的允许高厚比,应按表 10-15 采用。

【例 10-2】 某单层食堂(刚性方案 $H_0=H$),外纵墙承重且每 3.3m 开一个 1500mm 宽窗洞,层高 $H=5.5m$,墙厚 240mm,砌筑砂浆强度等级为 M2.5,试验算外纵墙的高厚比。

【解】 根据已知条件查表 10-15,得出,允许高厚比 $[\beta]=22$;承重墙 $\mu_1=1.2$;

有窗洞口 $\mu_2=1-0.4b_s/s=1-0.4\times1500/3300=0.818$

验算高厚比:

$$\mu_1\mu_2[\beta]=1.2\times0.818\times22=21.6$$
$$\beta=H_0/h=5500/240=22.92>21.6$$

故不满足要求。

10.4　刚性方案房屋承载力验算

10.4.1　混合结构房屋的结构布置

房屋中用块体和砂浆砌筑而成的墙、柱等竖向承重构件,屋盖、楼盖等水平承重构件用钢筋混凝土、轻钢或其他材料建造的房屋称为砌体结构,也可称为混合结构。其中,楼板或屋盖的作用是承受各种竖向荷载,同时与墙体形成整体工作的空间受力结构。承重墙的作用是一方面承受楼板或屋盖传来的竖向荷载,一方面作为抗侧力结构承受风、地震等水平荷载。

混合结构房屋中的墙体按受力作用可分为承重墙、自承重墙和隔墙,承重墙承受自重及竖向荷载;自承重墙仅承受墙体自重;隔墙是为建筑平面分割而每层单独设置的墙体,仅起到空间分隔的作用。按墙体所处位置又分为横墙和纵墙,一般横墙是指沿房屋横向(即平面图中短边方向)布置的墙体;纵墙为沿房屋纵向(即长边方向)布置的墙体。

混合结构房屋进行结构设计时按承重墙位置不同,其承重体系可划分为横墙承重方案、纵墙承重方案、纵横墙混合承重方案、内框架承重方案和底部框架承重方案。建筑设计的功能分区要与结构设计的承重方案结合考虑。

1. 墙体承重方案

横墙承重体系当房屋开间不大(一般为3~4.5m),横墙间距较小,将楼(或屋面)板直接搁置在横墙上的结构布置称为横墙承重方案[图 10-15(a)],纵墙仅承受本身自重。横墙承重方案的荷载主要传递路线为:楼(屋)面板→横墙→基础→地基。纵墙门窗开洞受限较少、房屋横向刚度大、对抵抗风荷载、地震作用、调整不均匀沉降较纵墙承重体系好。适用于多层宿舍等居住建筑以及由小开间组成的办公楼。

2. 纵墙承重方案

对于要求有较大空间的房屋(如厂房、仓库)或隔墙位置可能变化的房屋,通常无内横墙或横墙间距很大,因而由纵墙直接承受楼面、屋面荷载的结构布置方案即为纵墙承重方案[图 10-15(b)],其屋盖为预制屋面大梁或屋架和屋面板。这类房屋的屋面荷载(竖向)传递路线为:板→梁(或屋架)→纵墙→基础→地基。纵墙门窗开洞受限、整体性差。适用于单层厂房、仓库、食堂。

3. 纵、横墙承重方案

当建筑物的功能要求房间的大小变化较多时,为了结构布置的合理性,通常采用纵横墙布置方案[图 10-15(c)],纵横墙承重方案,既可保证有灵活布置的房间,又具有较大的空间刚度和整体性,所以适用于教学楼、办公楼、多层住宅等建筑。此类房屋的荷载传递路线为:楼(屋)面板→梁→纵墙、横墙→基础→地基。

4. 内框架承重方案

对于工业厂房的车间、仓库和商店等需要较大空间的建筑,可采用外墙与内柱同时承重的内框架承重方案[图 10-15(d)],该结构布置为楼板铺设在梁上,梁两端支承在外纵墙上,中间支承在柱上。此类房屋的竖向荷载的传递路线为:楼(屋)面板→梁→外纵墙(柱)外→纵墙基础(柱基)→地基。该方案平面布置灵活,横墙较少,抗震性能差。但应充分注意两种不同结构材料所引起的不利影响。即:混凝土柱和砖墙压缩性不同,柱基与墙基础的沉降量不易一致,结构易产生不一致的竖向变形;框架和墙在水平荷载作用下变形性能相差较大,在地震时由于变形不协调而破坏。

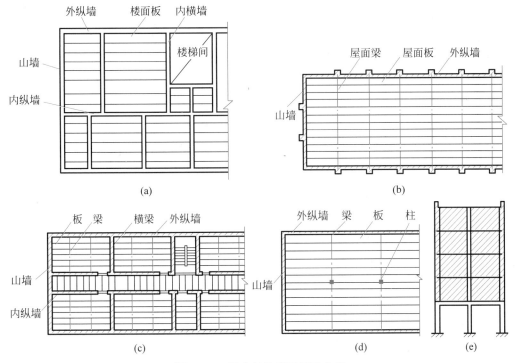

图 10-15 混合结构房屋承重方案

(a) 横墙承重方案;(b) 纵墙承重方案;(c) 纵横墙混合承重方案;(d) 内框架承重方案;(e) 底部框架承重方案

5. 底部框架承重方案

对于底层为商场、展览厅、食堂等需设置大空间,而上部各层为住宅、宿舍、办公室的建筑,可采用底部框架承重方案[图10-15(e)]。该结构底部以柱代替内外墙,下部采用框架结构,上部采用砖混结构,在相关位置设置转换层,墙和柱都为主要承重构件,上刚下柔,刚度在底层和第二层间发生突变。此类房屋的竖向荷载的传递路线为:上部几层梁板荷载→内外墙体→结构转换层→钢筋混凝土梁→柱→基础→地基。底层平面布置灵活、但刚度突变对抗震性不利,需考虑上、下层抗侧移刚度比。

10.4.2 房屋静力计算方案

混合结构房屋的空间工作,砌体结构房屋由屋盖、楼盖、墙、柱、基础等主要承重构件组成空间整体,共同承担作用在房屋上的各种竖向荷载(结构的自重、楼面和屋面的活荷载)、水平风荷载和地震作用。以一单层房屋(外纵墙承重,钢筋混凝土屋盖)为例,分析其在水平风荷载作用下的受力情况。

第一种情况 两端没有设置山墙,房屋的水平风荷载传递路线为:风荷载→纵墙→纵墙基础→地基。取计算单元为单跨平面排架,可将实际的空间房屋结构简化为平面排架结构进行计算,其受力分析及计算简图见图10-16(a)。

第二种情况 两端有山墙,因山墙的约束,风荷载传递途径发生了变化,风荷载 R 分成两部分:一部分风荷载 R_1→屋面结构→山墙→山墙基础;另一部分风荷载 R_2→纵墙平面排架→纵墙基础,其受力分析见图10-16(b)。

可见,由于横墙的存在,改变了水平荷载的传递路线,使房屋有了空间作用,而且,横墙的间距越近,或屋盖的水平刚度越大,房屋的空间作用越大,则水平侧移 u_s 越小。

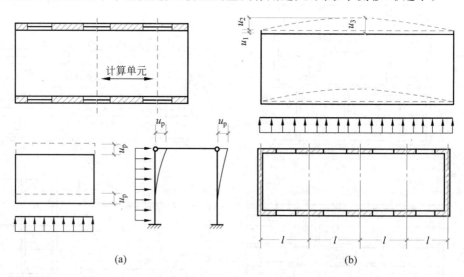

图 10-16 单层房屋的水平风荷载受力情况分析
(a) 第一种情况:没有山墙;(b) 第二种情况:两端有山墙

砌体墙、柱静力计算的支承条件和基本计算方法是根据房屋的空间工作性能确定的。房屋的空间工作性能与屋盖或楼盖类别、横墙间距、房屋的空间刚度等因素有关。根据空间刚度的大小,我国将砌体结构房屋根据其刚度分为三种计算方案:弹性方案、刚性方案和刚弹性方案。

1. 弹性方案

如图 10-16(a)所示,当房屋的空间刚度很小,在水平荷载作用下,结构的空间作用很弱,墙、柱处于平面受力状态。此时,在荷载作用下,墙、柱内力应按有侧移的平面排架或框架计算。单层厂房和仓库等建筑常属于这种方案,其计算简图如图 10-17(a)所示。

2. 刚性方案

当房屋的空间刚度很大,在水平荷载(包括竖向偏心荷载产生的水平力)作用下,由于结构的空间作用,墙、柱处于空间受力状态,顶点位移很小,屋盖和层间楼盖可以视作墙、柱的刚性支座。对于单层房屋,在荷载作用下,墙、柱可按上端不动铰支于屋盖,下端嵌固于基础的竖向构件计算。对于多层房屋,在竖向荷载作用下,墙、柱在每层高度范围内,可近似地按两端铰支的竖向构件计算;在水平荷载作用下,墙、柱可按竖向连续梁计算。此时,横墙间的水平荷载由纵墙承受,并通过屋盖或楼盖传给横墙,横墙可以视作嵌固于基础的竖向悬臂梁,考虑轴向压力的作用按偏心受压和剪切计算,并应满足一定的刚度要求。民用建筑和大多数公共建筑均属于这种方案,其计算简图如图 10-17(b)所示。

3. 刚弹性方案

刚弹性方案如图 10-17(c)所示,当房屋的空间刚度介于刚性方案与弹性方案之间,在水平荷载作用下,屋盖对墙、柱顶点的侧移有一定约束,可以视作墙、柱的弹性支座。此时,在荷载作用下,墙、柱内力可按考虑空间工作的侧移折减后的平面排架或框架计算。单层房屋也常属于这种方案,其计算简图如图 10-17(c)所示。

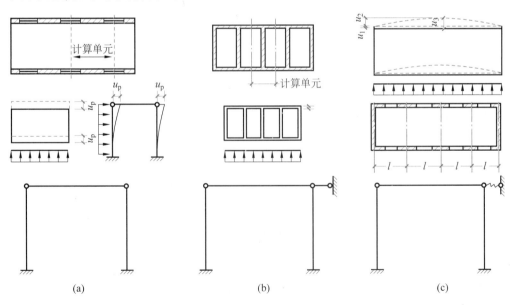

图 10-17　砌体结构房屋计算方案
(a) 弹性方案;(b) 刚性方案;(c) 刚弹性方案

通过比较可知,上述三种方案中刚性方案效果最好,不但能充分发挥构件潜力,还能取得较好房间空间刚度,对工程设计有实际意义。具体静力计算方案按表 10-16 采用。

表 10-16　房屋的静力计算方案

	屋盖或楼盖类别	刚性方案	刚弹性方案	弹性方案
1	整体式、装配整体和装配式无檩体系钢筋混凝土屋盖或钢筋混凝土楼盖	$s<32$	$32{\leqslant}s{\leqslant}72$	$s>72$
2	装配式有檩体系钢筋混凝土屋盖、轻钢屋盖和有密铺望板的木屋盖或木楼盖	$s<20$	$20{\leqslant}s{\leqslant}48$	$s>48$
3	瓦材屋面的木屋盖和轻钢屋盖	$s<16$	$16{\leqslant}s{\leqslant}36$	$s>36$

注：① 表中 s 为房屋横墙间距，其长度单位为 m。

② 当屋盖、楼盖类别不同或横墙间距不同时，可按《砌体结构设计规范》的规定确定房屋的静力计算方案。

③ 对无山墙或伸缩缝处无横墙的房屋，应按弹性方案考虑。

弹性方案房屋的静力计算，可按屋架或大梁与墙（柱）为铰接的、不考虑空间工作的平面排架或框架计算。刚性和刚弹性方案房屋的横墙还应符合下列要求。

（1）横墙中开有洞口时，洞口的水平截面面积不应超过横墙截面面积的 50%。

（2）横墙的厚度不宜小于 180mm。

（3）单层房屋的横墙长度不宜小于其高度，多层房屋的横墙长度不宜小于 $H/2$（H 为横墙总高度）。

10.4.3　墙、柱的设计计算

工程中绝大多数砌体结构房屋都是由纵、横承重墙和楼盖、屋盖组成，具有一定的空间刚度，恰当地利用空间刚度并考虑结构的空间作用，对满足刚性方案条件的房屋按刚性方案的计算简图进行计算，墙体的内力将比按弹性方案的计算结果更加经济实用，从而减少材料用量，降低造价。刚性构造方案房屋结构计算的步骤为：结构布置→确定计算单元→简化计算简图→内力分析→承载力计算→构造要求保证。

1. 单层房屋承重墙的计算

刚性方案的单层房屋，纵墙顶端的水平位移很小，静力分析时可以认为水平位移为零，计算时采用下列假定[图 10-18(a)]。

（1）纵墙、柱下端在基础顶面处固结，上端与屋架（或屋面梁）铰接。

（2）屋盖结构可作为纵墙上端的不动铰支座。

按照上述假定，每片纵墙就可以按上端支承在不动铰支座和下端支承在固定支座上的竖向构件单独进行计算。

1）竖向荷载作用下墙体的内力计算

竖向荷载包括屋面荷载和墙体自重。屋面荷载包括屋盖构件自重和屋面活荷载或雪荷载，这些荷载通过屋架或屋面梁作用于墙体顶部。

作用于纵墙顶端的屋面荷载常由轴心压力 N_1 和弯矩 $M=N_1e_1$ 组成[图 10-18(b)]，墙体自重作用墙体轴线上。

2）风荷载作用下墙体的内力计算

风荷载包括作用于屋面上和墙面上的风荷载。屋面上（包括女儿墙上）的风荷载可简化为作用于墙、柱顶端的集中力 W，并通过屋盖直接传给横墙，经基础传给地基，在纵墙中不引起内力。墙面上的风荷载为均布荷载,应考虑两种风向,迎风面为压力,背风面为吸力。在均布荷载 q 作用下,墙体的内力见图 10-19。

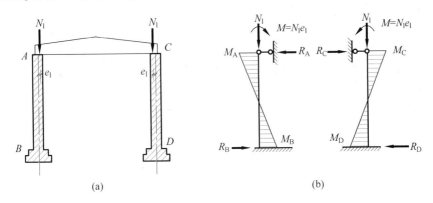

图 10-18 竖向荷载作用下的计算简图

(a)基本假定;(b)竖向荷载组合

2. 多层房屋承重纵墙的计算

1)计算单元的选取

混合结构房屋的承重纵墙一般比较长,设计时可仅取其中有代表性的一段作为计算单元。一般说来,对有门窗的内外纵墙,取一个开间的门间墙或窗间墙为计算单元,如图 10-20 中的 $m—m$ 和 $n—n$ 间的窗间墙,其宽度为 $(l_1+l_2)/2$。

2)竖向荷载作用下墙体的计算

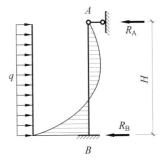

图 10-19 墙体内力图

在竖向荷载作用下,多层房屋的墙体[图 10-21(a)]如竖向连续梁一样地工作。这个连续梁以各层楼盖为支承点,在底部以基础为支承点[图 10-21(b)]。墙体在基础顶面处可假定为铰接,这样墙、柱在每层高度范围内被简化为两端铰支的竖向构件[图 10-21(c)],可单独进行内力计算。计算简图中的构件长度为:底层,取底层层高加上室内地面至基础顶面的距离;以上各层可取相应的层高。现以图 10-22 所示第一层和第二层墙体为例,说明墙体内力的计算方法。

第二层墙[图 10-22(a)]:

上端(Ⅰ—Ⅰ)截面:$N_{u2}=N_{u3}+N_{l3}+N_{w3}$
$$N_{\mathrm{I}}=N_{u2}+N_{l2}$$
$$M_{\mathrm{I}}=N_{l2}e_2$$

下端(Ⅱ—Ⅱ)截面:$N_{\mathrm{II}}=N_{\mathrm{I}}+N_{w2}$
$$M_{\mathrm{II}}=0$$

第一层墙[图 10-22(b)]:

上端(Ⅰ—Ⅰ)截面:$N_{u1}=N_{u2}+N_{l2}+N_{w2}$
$$N_{\mathrm{I}}=N_{u1}+N_{l1}$$
$$M_{\mathrm{I}}=N_{l1}e_1-N_{u1}e_1'$$

下端(Ⅱ—Ⅱ)截面:$N_{\mathrm{II}}=N_{\mathrm{I}}+N_{w1}$
$$M_{\mathrm{II}}=0$$

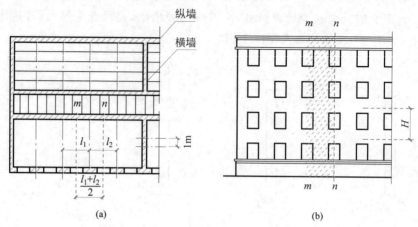

图 10-20 多层刚性方案房屋承重纵墙的计算单元

（a）平面图；（b）立面图

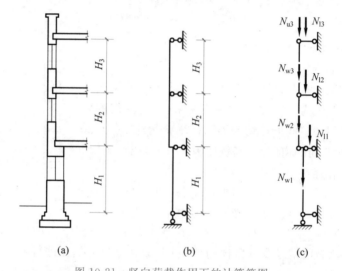

图 10-21 竖向荷载作用下的计算简图

（a）外墙剖面；（b）竖向连续梁计算图；（c）简化后的计算图

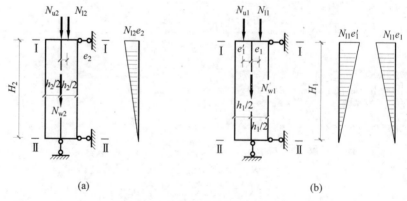

图 10-22 墙体计算简图及受力分析

（a）第二层墙体；（b）第一层墙体

3）水平荷载作用下墙体的计算

在水平风荷载作用下，墙体将产生弯曲，这时墙体可视为一个竖向连续梁（图10-23）。为了简化计算，该连续梁的跨中和支座处的弯矩可近似地按下式计算：

$$M = \pm 1/12qH_i^2$$

《砌体结构设计规范》规定，刚性方案多层房屋只要满足下列条件，可不考虑风荷载对外墙内力的影响。

（1）洞口水平截面面积不超过全截面面积的 2/3。

（2）层高和总高不超过表 10-17 所规定的数值。

（3）屋面自重不小于 0.8kN/m^2。

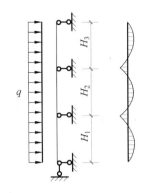

图 10-23 水平荷载作用下的计算简图

表 10-17 外墙不考虑风荷载影响时的最大层高和总高度

基本风压值/(kN/m²)	层高/m	总高/m
0.4	4	28
0.5	4	24
0.6	4	18
0.7	3.5	18

4）竖向荷载作用下的控制截面

在进行墙体承载力验算时，必须确定需要验算的截面。一般选用内力较大、截面尺寸较小的截面作为控制截面。

3. 多层房屋承重横墙的计算

多层刚性方案房屋中，横墙承受两侧楼板直接传来的均布荷载，且很少开设洞口，故可取 1m 宽的墙体为计算单元（图 10-24）。中间横墙承受由两边楼盖传来的竖向荷载 N_1、N_1' [图 10-24(c)]。山墙的计算方法和外纵墙计算方法相同。

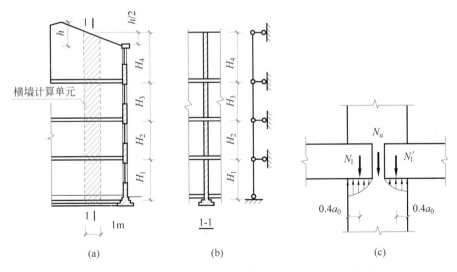

图 10-24 多层刚性方案房屋承重横墙的计算单元和计算简图

【例 10-3】 某三层试验楼,采用装配式钢筋混凝土梁板结构(图 10-25),大梁截面尺寸为 200mm×500mm,梁端伸入墙内 240mm,大梁间距 3.6m。底层墙厚 370mm,二、三层墙厚 240mm,均双面抹灰,采用 MU10 砖和 M2.5 混合砂浆砌筑。基本风压为 0.35kN/m²。试验算承重纵墙的承载力。屋面细部构造自上而下为:油毡防水层(六层作法)、20mm 厚水泥砂浆找平层、50mm 厚泡沫混凝土保温层、120mm 厚空心板(包括灌缝)、20mm 厚板底抹灰;楼面构造自上而下为:30mm 厚细石混凝土面层、120mm 厚空心板(包括灌缝)、20mm 厚板底抹灰。

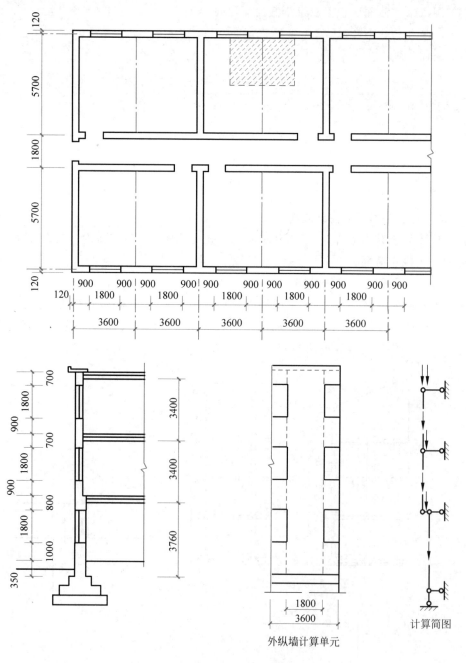

图 10-25 三层试验楼计算简图(例 10-3)

【解】 (1) 确定静力计算方案。

根据表 10-16 规定,由于试验楼为装配式钢筋混凝土楼盖,而横墙间距 $s=7.2\text{m}<20\text{m}$,故为刚性方案房屋。

(2) 墙体的高厚比验算。

$$\beta = H_0/h \leqslant \mu_1\mu_2[\beta] \quad (略)$$

(3) 荷载的计算步骤如下。

① 屋面荷载计算如下:

油毡防水层(六层作法)　0.35kN/m²

20mm 厚水泥砂浆找平层　$0.02\times20=0.40(\text{kN/m}^2)$

50mm 厚泡沫混凝土保温层　$0.05\times5=0.25(\text{kN/m}^2)$

120mm 厚空心板(包括灌缝)　2.20kN/m²

20mm 厚板底抹灰　$0.02\times17=0.34(\text{kN/m}^2)$

屋面恒载标准值　3.54kN/m²

屋面活载标准值　0.50kN/m²

② 楼面荷载计算如下:

30mm 厚细石混凝土面层　0.75kN/m²

120mm 厚空心板(包括灌缝)　2.20kN/m²

20mm 厚板底抹灰　0.34kN/m²

楼面恒载标准值　3.29kN/m²

楼面活载标准值　2.00kN/m²

③ 进深梁自重(包括5.3mm 粉刷)计算如下:

标准值 $0.2\times0.5\times25+0.053\times(2\times0.5+0.2)\times17=3.58\text{kN/m}$

④ 墙体自重及木窗自重计算如下:

双面粉刷的 240mm 厚砖墙自重(按墙面计)标准值　5.24kN/m²

双面粉刷的 370mm 厚砖墙自重(按墙面计)标准值　7.62kN/m²

木窗自重(按窗框面积计)标准值　0.30kN/m²

4. 纵墙承载力验算

由于房屋的总高小于 28m,层高又小于 4m,根据表 10-18 规定可不考虑风荷载作用。

1) 计算单元

取一个开间宽度的外纵墙为计算单元,其受荷面积为 $3.6\times2.85=10.26\text{m}^2$,如图中斜线部分所示。纵墙的承载力由外纵墙控制,内纵墙不起控制作用,可不必计算。

2) 控制截面

每层纵墙取两个控制截面。墙上部取梁底下的砌体截面;墙下部取梁底稍上砌体截面。其计算截面均取窗间墙截面。本例不必计算三层墙体。

第二层墙的计算截面面积　$A_2=1.8\times0.24=0.432(\text{m}^2)$

第一层墙的计算截面面积　$A_1=1.8\times0.37=0.666(\text{m}^2)$

表 10-18 墙体验算计算表

部位	截面	N/kN	$M/(\text{kN}\cdot\text{m})$	e/m			φ	A/mm^2	$f/(\text{N/mm}^2)$	$\varphi f A/\text{kN}$
二层墙体验算	Ⅰ—Ⅰ	220.36	3.46	=0.015	=0.063	=14.2	0.58	432 000	1.3	325.17 $>N_1$
	Ⅱ—Ⅱ	263.54	0	0	0	14.2	0.71	432 000	1.3	398.74 $>N_{\text{II}}$
底层墙体验算	Ⅰ—Ⅰ	363.54	−8.54	=−0.024	=0.065	=9.8	0.69	666 000	1.3	597.4 $>N_1$
	Ⅱ—Ⅱ	458.86	0	0	0	9.8	0.83	666 000	1.3	718.61 $>N_{\text{II}}$

3) 荷载计算

按一个计算单元,作用于纵墙上的集中荷载计算如下。

屋面传来的集中荷载(包括外挑 0.5m 的屋檐和屋面梁)

标准值 $N_{kl3}=59.14\text{kN}$

设计值 $N_{l3}=72.66\text{kN}$

由 MU10 砖和 M2.5 砂浆砌筑的砌体,其抗压强度设计值 $f=1.3\text{N/mm}^2$。

二层楼面荷载作用于墙顶的偏心距

$$e_1=0.109\text{m}$$

第三层 Ⅰ—Ⅰ 截面以上 240mm 厚墙体自重

设计值 $\Delta N_{w3}=14.48\text{kN}$

第三层 Ⅰ—Ⅰ 截面至 Ⅱ—Ⅱ 截面之间 240mm 厚墙体自重

设计值 $N_{w3}=57.76\text{kN}$

第二层 Ⅰ—Ⅰ 截面至 Ⅱ—Ⅱ 截面之间 240mm 厚墙体自重

设计值 $N_{w2}=43.27\text{kN}$

第一层 Ⅰ—Ⅰ 截面至 Ⅱ—Ⅱ 截面之间 370mm 厚墙体自重

设计值 $N_{w1}=95.32\text{kN}$

第一层 Ⅰ—Ⅰ 截面至第二层 Ⅱ—Ⅱ 截面之间 370mm 厚墙体自重

设计值 $\Delta N_{w1}=21.07\text{kN}$

各层纵墙的计算简图如图 10-25 所示。

4) 控制截面的内力计算

(1) 第三层计算步骤如下。

第三层 Ⅰ—Ⅰ 截面处

轴向力设计值

$$N_1=N_{l3}+\Delta N_{w3}=87.14(\text{kN})$$

弯矩设计值(由三层屋面荷载偏心作用产生)

$$M_1=N_{l3}e_3=3.19(\text{kN}\cdot\text{m})$$

第三层 Ⅱ—Ⅱ 截面处

轴向力为上述荷载与本层墙体自重之和。

轴向力设计值

$$N_{\text{II}} = N_{\text{I}} + N_{\text{w3}} = 144.9(\text{kN})$$

弯矩设计值 $M_{\text{II}} = 0$

（2）第二层计算步骤如下。

第二层 Ⅰ—Ⅰ 截面处

轴向力为上述荷载与本层楼盖荷载之和。

轴向力设计值

$$N_{\text{I}} = N_{\text{II}} + N_{\text{l2}} = 223.74(\text{kN})$$

弯矩设计值（由三层楼面荷载偏心作用产生）

$$M_{\text{I}} = N_{\text{l2}}e = 3.46(\text{kN} \cdot \text{m})$$

第二层 Ⅱ—Ⅱ 截面处

轴向力为上述荷载与本身墙体自重之和。

轴向力设计值

$$N_{\text{II}} = N_{\text{I}} + N_{\text{w2}} = 267.01(\text{kN})$$

弯矩设计值 $M_{\text{II}} = 0$

（3）第一层计算步骤如下。

第一层 Ⅰ—Ⅰ 截面处

轴向力为上述荷载、370 墙增厚部分墙体及本层楼盖荷载之和。

轴向力设计值

$$N_{\text{I}} = N_{\text{II}} + \Delta N_{\text{w1}} + N_{\text{l1}} = 366.92(\text{kN})$$

因第一层墙截面形心与第二层墙截面形心不重合，尚应考虑 N_{II} 产生的弯矩，得

$$M_{\text{I}} = -8.76\text{kN} \cdot \text{m}$$

第一层 Ⅱ—Ⅱ 截面处

轴向力为上述荷载与本层墙体自重之和。

轴向力设计值

$$N_{\text{II}} = N_{\text{I}} + N_{\text{w1}} = 462.24(\text{kN})$$

弯矩设计值 $M_{\text{II}} = 0$

5）截面承载力验算

（1）纵向墙体计算高度 H_0 的确定。

第二、三层层高 $H = 3.4\text{m}$，横墙间距 $s = 7.2\text{m} > 2H = 2 \times 3.4 = 6.8\text{m}$，查表得 $H_0 = H = 3.4\text{m}$。第一层层高 3.76m，$3.76\text{m} < s = 7.2\text{m} < 2H = 2 \times 3.76 = 7.52\text{m}$，$H_0 = 0.4s + 0.2H = 0.4 \times 7.2 + 0.2 \times 3.76 = 3.63\text{m}$。

（2）承载力影响系数 φ 的确定。系数 φ 根据高厚比 β 及相对偏心距 e/h 由附表查出并列入表 10-18。

6）纵墙承载力验算

纵墙承载力验算在图 10-26 中进行。验算结果表明，纵墙的承载力均满足要求。

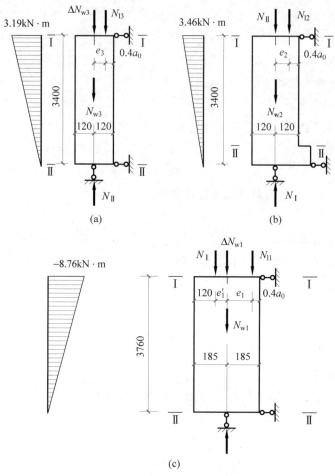

图 10-26　各层墙体的计算简图及弯矩图

（a）第三层；（b）第二层；（c）第一层

10.5　砌体结构房屋构造要求

砌体结构房屋设计中除了进行承载力验算,还应满足构造要求,确保房屋结构整体性和结构安全。墙体的构造措施通常包括高厚比验算,伸缩缝、沉降缝设置,圈梁、构造柱设置等。

10.5.1　一般构造要求

（1）预制钢筋混凝土板在混凝土圈梁上的支承长度不应小于80mm。板端伸出的钢筋应与圈梁可靠连接,且同时浇筑;预制钢筋混凝土板在墙上的支承长度不应小于100mm,并应按下列方法进行连接。

① 板支承于内墙时,板端钢筋伸出长度不应小于70mm,且与支座处沿墙配置的纵筋绑扎,用强度等级不应低于C25的混凝土浇筑成板带。

② 板支承于外墙时,板端钢筋伸出长度不应小于100mm,且与支座处沿墙配置的纵筋

绑扎,并用强度等级不应低于C25的混凝土浇筑成板带。

③ 预制钢筋混凝土板与现浇板对接时,预制板端钢筋应伸入现浇板中进行连接后,再浇筑现浇板。

(2) 墙体转角处和纵横墙交接处应沿竖向每隔400~500mm设拉结钢筋,其数量为每120mm墙厚不少于1根直径6mm的钢筋;或采用焊接钢筋网片,埋入长度从墙的转角或交接处算起,对实心砖墙每边不小于500mm,对多孔砖墙和砌块墙不小于700mm。

(3) 填充墙、隔墙应分别采取措施与周边主体结构构件可靠连接,连接构造和嵌缝材料应能满足传力、变形、耐久和防护要求。

(4) 在砌体中留槽洞及埋设管道时,应遵守下列规定。

① 不应在截面长边小于500mm的承重墙体、独立柱内埋设管线。

② 不宜在墙体中穿行暗线或预留、开凿沟槽,当无法避免时应采取必要的措施或按削弱后的截面验算墙体的承载力。

 注意

对受力较小或未灌孔的砌块砌体。允许在墙体的竖向孔洞中设置管线。

(5) 承重的独立砖柱截面尺寸不应小于240mm×370mm。毛石墙的厚度不宜小于350mm,毛料石柱较小边长不宜小于400mm。

 注意

当有振动荷载时,墙、柱不宜采用毛石砌体。

(6) 支承在墙、柱上的吊车梁、屋架及跨度大于或等于下列数值的预制梁的端部,应采用锚固件与墙、柱上的垫块锚固。

① 对砖砌体为9m。

② 对砌块和料石砌体为7.2m。

(7) 跨度大于6m的屋架和跨度大于下列数值的梁,应在支承处砌体上设置混凝土或钢筋混凝土垫块;当墙中设有圈梁时,垫块与圈梁宜浇成整体。

① 对砖砌体为4.8m。

② 对砌块和料石砌体为4.2m。

③ 对毛石砌体为3.9m。

(8) 当梁跨度大于或等于下列数值时,其支承处宜加设壁柱,或采取其他加强措施。

① 对240mm厚的砖墙为6m;对180mm厚的砖墙为4.8m。

② 对砌块、料石墙为4.8m。

(9) 山墙处的壁柱或构造柱宜砌至山墙顶部,且屋面构件应与山墙可靠拉结。

(10) 砌块砌体应分皮错缝搭砌,上下皮搭砌长度不应小于90mm。当搭砌长度不满足上述要求时,应在水平灰缝内设置不小于2根直径不小于4mm的焊接钢筋网片(横向钢筋的间距不应大于200mm,网片每端应伸出该垂直缝不小于300mm)。

(11) 砌块墙与后砌隔墙交接处,应沿墙高每400mm在水平灰缝内设置不少于2根直径不小于 4mm、横筋间距不应大于 200mm 的焊接钢筋网片(图 10-27)。

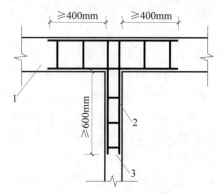

图 10-27　砌块墙与后砌隔墙交接处钢筋网片

1—砌块墙；2—焊接钢筋网片；3—后砌隔墙

(12) 混凝土砌块房屋。宜将纵横墙交接处,距墙中心线每边不小于 300mm 范围内的孔洞。采用不低于 Cb20 混凝土沿全墙高灌实。

(13) 混凝土砌块墙体的下列部位,如未设圈梁或混凝土垫块。应采用不低于 Cb20 混凝土将孔洞灌实。

① 格栅、檩条和钢筋混凝土楼板的支承面下,高度不应小于 200mm 的砌体。

② 屋架、梁等构件的支承面下,长度不应小于 600mm,高度不应小于 600mm 的砌体。

③ 挑梁支承面下,距墙中心线每边不应小于 300mm,高度不应小于 600mm 的砌体。

10.5.2　防止或减轻墙体开裂的主要措施

(1) 为了防止或减轻房屋在正常使用条件下,由温差和砌体干缩引起的墙体竖向裂缝,应在墙体中设置伸缩缝。伸缩缝应设在因温度和收缩变形可能引起应力集中、砌体产生裂缝可能性最大的地方。伸缩缝的间距按《砌体结构设计规范》采用。

(2) 为了防止或减轻房屋顶层墙体的裂缝,可根据情况采取下列措施。

① 屋面应设置保温、隔热层。

② 屋面保温(隔热)层或屋面刚性面层及砂浆找平层应设置分隔缝,分隔缝间距不宜大于 6m,其缝宽不小于 30mm,并与女儿墙隔开。

③ 采用装配式有檩体系钢筋混凝土屋盖和瓦材屋盖。

④ 顶层屋面板下设置现浇钢筋混凝土圈梁,并沿内外墙拉通,房屋两端圈梁下的墙体内宜适当设置水平钢筋。

⑤ 顶层墙体有门窗等洞口时,在过梁上的水平灰缝内设置 2～3 道焊接钢筋网片或 2φ6 钢筋,并应伸入过梁两端墙内不小于 600mm。

⑥ 顶层及女儿墙砂浆强度等级不低于 M7.5(Mb7.5、Ms7.5)。

⑦ 女儿墙应设置构造柱,构造柱间距不宜大于 4m,构造柱应伸至女儿墙顶并与现浇钢筋混凝土压顶整浇在一起。

⑧ 对顶层墙体施加竖向预应力。

(3) 房屋底层墙体,宜根据情况采取下列措施。

① 增大基础圈梁的刚度。

② 在底层的窗台下墙体灰缝内设置 3 道焊接钢筋网片或 2 根直径 6mm 钢筋,并应伸入两边窗间墙内不小于 600mm。

(4) 在每层门、窗过梁上方的水平灰缝内及窗台下第一和第二道水平灰缝内,宜设置焊接钢筋网片或 2 根直径 6mm 钢筋,焊接钢筋网片或钢筋应伸入两边窗间墙内不小于 600mm。当墙长大于 5m 时,宜在每层墙高度中部设置 2~3 道焊接钢筋网片或 3 根直径 6mm 的通长水平钢筋,竖向间距为 500mm。

(5) 房屋两端和底层第一、第二开间门窗洞处,可采取下列措施。

① 在门窗洞口两边墙体的水平灰缝中,设置长度不小于 900mm、竖向间距为 400mm 的 2 根直径 4mm 的焊接钢筋网片。

② 在顶层和底层设置通长钢筋混凝土窗台梁。窗台梁高宜为块材高度的模数,梁内纵筋不少于 4 根,直径不小于 10mm,箍筋直径不小于 6mm,间距不大于 200mm,混凝土强度等级不低于 C20。

③ 在混凝土砌块房屋门窗洞口两侧不少于一个孔洞中设置直径不小于 12mm 的竖向钢筋。竖向钢筋应在楼层圈梁或基础内锚固,孔洞用不低于 Cb20 混凝土灌实。

(6) 填充墙砌体与梁、柱或混凝土墙体结合的界面处(包括内、外墙),宜在粉刷前设置钢丝网片,网片宽度可取 400mm,并沿界面缝两侧各延伸 200mm,或采取其他有效的防裂、盖缝措施。

(7) 当房屋刚度较大时,可在窗台下或窗台角处墙体内、墙体高度或厚度突然变化处设置竖向控制缝。竖向控制缝宽度不宜小于 25mm,缝内填以压缩性能好的填充材料。且外部用密封材料密封,并采用不吸水的、闭孔发泡聚乙烯实心圆棒(背衬)作为密封膏的隔离物(图 10-28)。

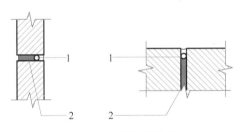

图 10-28　控制缝构造
1—不吸水的、闭孔发泡聚乙烯实心圆棒;2—柔软、可压缩的填充物

(8) 夹心复合墙的外叶墙宜在建筑墙体适当部位设置控制缝,其间距宜为 6~8m。

10.6　圈梁、过梁、墙梁、挑梁构造

10.6.1　圈梁及过梁

(1) 为增强房屋的整体刚度,防止由于地基的不均匀沉降或较大振动荷载等对房屋引起的不利影响,可按本节规定,在墙中设置现浇钢筋混凝土圈梁。

(2) 砖砌体房屋,檐口标高为 5~8m 时,应在檐口标高处设置圈梁一道,檐口标高大于

8m 时,应增加设置数量。砌块及料石砌体结构房屋,檐口标高为 4～5m 时,应在檐口标高处设置圈梁一道,檐口标高大于 5m 时,应增加设置数量。对有吊车或较大振动设备的单层工业房屋,当未采取有效的隔振措施时,除在檐口或窗顶标高处设置现浇钢筋混凝土圈梁外,尚应增加设置数量。

（3）住宅、办公楼等多层砌体民用房屋,且层数为 3～4 层时,应在底层和檐口标高处各设置一道圈梁。当层数超过 4 层时,除应在底层和檐口标高处各设置一道圈梁外,至少应在所有纵、横墙上隔层设置。多层砌体工业房屋,应每层设置现浇钢筋混凝土圈梁。设置墙梁的多层砌体结构房屋,应在托梁、墙梁顶面和檐口标高处设置现浇钢筋混凝土圈梁。

（4）圈梁应符合下列构造要求。

① 圈梁宜连续地设在同一水平面上,并形成封闭状;当圈梁被门窗洞口截断时,应在洞口上部增设相同截面的附加圈梁。附加圈梁与圈梁的搭接长度不应小于其中到中垂直间距的两倍,且不得小于 1m。

② 纵、横墙交接处的圈梁应可靠连接。刚弹性和弹性方案房屋,圈梁应与屋架、大梁等构件可靠连接。

③ 钢筋混凝土圈梁的宽度宜与墙厚相同,当墙厚 $h \geqslant 240\text{mm}$ 时,其宽度不宜小于 $2h/3$。圈梁高度不应小于 120mm。纵向钢筋不应少于 4 根,直径不应小于 10mm,绑扎接头的搭接长度按受拉钢筋考虑,箍筋间距不应大于 300mm。

④ 圈梁兼作过梁时,过梁部分的钢筋应按计算面积另行增配。

（5）采用现浇钢筋混凝土楼（屋）盖的多层砌体结构房屋,当层数超过 5 层时,除在檐口标高处设置一道圈梁外,可隔层设置圈梁,并与楼（层）面板一起现浇。未设置圈梁的楼面板嵌入墙内的长度不应小于 120mm,并沿墙长配置不少于 2 根直径为 10mm 的纵向钢筋。

（6）砖砌过梁的跨度,钢筋砖过梁不超过 1.5m;砖砌平拱不超过 1.2m,对有较大振动荷载或可能产生不均匀沉降的房屋,应采用钢筋混凝土过梁。

（7）砖砌过梁的构造要求应符合下列规定。

① 砖砌过梁截面计算高度内的砂浆不宜低于 M5(Mb5、Ms5)。

② 砖砌平拱用竖砖砌筑部分的高度不应小于 240mm。

③ 钢筋砖过梁底面砂浆层处的钢筋,其直径不应小于 5mm,间距不宜大于 120mm,钢筋伸入支座砌体内的长度不宜小于 240mm,砂浆层的厚度不宜小于 30mm。

10.6.2 墙梁

（1）墙梁包括简支墙梁、连续墙梁和框支墙梁。可划分为承重墙梁和自承重墙梁。

（2）墙梁计算高度范围内每跨允许设置一个洞口,对多层房屋的墙梁,各层洞口宜设置在相同位置,并宜上、下对齐。

（3）墙梁应分别进行托梁使用阶段正截面承载力和斜截面受剪承载力计算、墙体受剪承载力和托梁支座上部砌体局部受压承载力计算,以及施工阶段托梁承载力验算。自承重墙梁可不验算墙体受剪承载力和砌体局部受压承载力。

（4）墙梁的构造应符合下列规定。

① 托梁和框支柱的混凝土强度等级不应低于 C30。

② 承重墙梁的块体强度等级不应低于 MU10,计算高度范围内墙体的砂浆强度等级不应低于 M10(Mb10)。

③ 框支墙梁的上部砌体房屋以及设有承重的简支墙梁或连续墙梁的房屋,应满足刚性方案房屋的要求。

④ 墙梁的计算高度范围内的墙体厚度,对砖砌体不应小于 240mm,对混凝土砌块砌体不应小于 190mm。

⑤ 墙梁洞口上方应设置混凝土过梁,其支承长度不应小于 240mm;洞口范围内不应施加集中荷载。

⑥ 承重墙梁的支座处应设置落地翼墙。翼墙厚度:对砖砌体不应小于 240mm,对混凝土砌块砌体不应小于 190mm。翼墙宽度不应小于墙梁墙体厚度的 3 倍,并与墙梁墙体同时砌筑。当不能设置翼墙时,应设置落地且上、下贯通的混凝土构造柱。

⑦ 当墙梁墙体在靠近支座 1/3 跨度范围内开洞时,支座处应设置落地且上、下贯通的混凝土构造柱,并应与每层圈梁连接。

⑧ 墙梁计算高度范围内的墙体,每天可砌筑高度不应超过 1.5m,否则,应加设临时支撑。

⑨ 托梁两侧各两个开间的楼盖应采用现浇混凝土楼盖,楼板厚度不应小于 120mm,当楼板厚度大于 150mm 时,应采用双层双向钢筋网,楼板上应少开洞。洞口尺寸大于 800mm 时应设洞口边梁。

⑩ 托梁每跨底部的纵向受力钢筋应通长设置,不应在跨中弯起或截断;钢筋连接应采用机械连接或焊接。

⑪ 托梁跨中截面的纵向受力钢筋总配筋率不应小于 0.6%。

⑫ 托梁上部通常布置的纵向钢筋面积与跨中下部纵向钢筋面积之比值不应小于 0.4;连续墙梁或多跨框支墙梁的托梁支座上部附加纵向钢筋从支座边缘算起每边延伸长度不应小于 $l_0/4$。

⑬ 承重墙梁的托梁在砌体墙、柱上的支承长度不应小于 350mm;纵向受力钢筋伸入支座的长度应符合受拉钢筋的锚固要求。

⑭ 当托梁截面高度 h_b 大于等于 450mm 时,应沿梁截面高度设置通长水平腰筋,其直径不应小于 12mm,间距不应大于 200mm。

⑮ 对于洞口偏置的墙梁,其托梁的箍筋加密区范围应延到洞口外,距洞边的距离大于等于托梁截面高度 h_b(图 10-29),箍筋直径不应小于 8mm,间距不应大于 100mm。

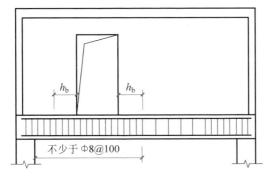

图 10-29 偏开洞时托梁箍筋加密区

10.6.3 挑梁

挑梁设计除应符合现行国家标准《混凝土结构设计规范》的有关规定外,尚应满足下列要求。

(1) 纵向受力钢筋至少应有 $1/2$ 的钢筋面积伸入梁尾端,且不少于 $2\phi12$。其余钢筋伸入支座的长度不应小于 $2l_1/3$。

(2) 挑梁埋入砌体长度 l_1 与挑出长度 l 之比宜大于 1.2;当挑梁上无砌体时,l_1 与 l 之比宜大于 2。

(3) 雨篷等悬挑构件还应进行抗倾覆验算。其抗倾覆荷载 G_r 可按图 10-30 采用,G_r 距墙外边缘的距离为墙厚的 $1/2$,l_3 为门窗洞口净跨的 $1/2$。

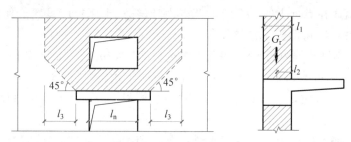

图 10-30　雨篷的抗倾覆荷载

G_r—抗倾覆荷载;l_1—墙厚;l_2—距墙外边缘的距离

本 章 小 结

1. 砌体结构的优点:就地取材;具有良好的耐火性和耐久性;与混凝土结构相比可节约水泥和钢材;保温隔热性能好。

2. 砌体结构的缺点:结构的自重大;劳动强度大;砌体的抗拉、抗弯和抗剪强度较低;抗震性能差;黏土砖占用耕地。

3. 砌体结构主要用做承受压力的构件。

4. 砌筑用砂浆的种类:水泥砂浆、混合砂浆、非水泥砂浆。

5. 块体的种类:块体是砌体的主要组成部分,砌体结构用的块材一般分为天然石材和人工砖石两类。

6. 砌体分为无筋砌体和配筋砌体两大类。根据块体的不同,无筋砌体分为砖砌体、石砌体和砌块砌体。当构件的截面尺寸受到限制时,可采用配筋砌体,配筋砌体的优点是提高了砌体抗震性能和承载力。

7. 砌体受压破坏过程分为三个阶段。

8. 砌体的抗压强度比块体的抗压强度低。原因是砌体内的块体要受弯矩、剪力、拉力和压力的共同作用。由于砂浆层高低不平,砌体内块体的受力如同连续梁,块体的抗拉和抗剪强度比较低,容易开裂出现裂缝,因此砌体的抗压强度比块体的抗压强度低。

9. 影响砌体抗压强度的主要因素:

(1) 块材和砂浆的强度等级。

(2) 砂浆的弹性模量和流动性(和易性)。砂浆的弹性模量越低,砌体的抗压强度越低,原因是砌体内的块体受到的拉力大。砂浆的和易性好,砌体强度高。

(3) 块材高度和块材外形:砌体强度随块材高度增加而增加。块材的外形比较规则、砌体强度相对较高。

(4) 砌筑质量:砌筑质量主要包括灰缝的均匀性和饱满程度。施工时不得采用包心砌法,也不得干砖上墙。

10. 结构受到各种作用(施加在结构上的集中力或分布力,称为荷载——直接作用;引起结构外加变形或约束变形的原因——间接作用),要求结构在设计使用年限内具有能够抵抗这些作用的能力(安全性、适用性、耐久性),也就是结构具有一定的可靠性。

11. 混合结构房屋的承重方案有横墙承重方案、纵墙承重方案、纵横墙混合承重方案、内框架承重方案、底部框架承重方案。

12. 房屋的静力计算方案,根据房屋的空间刚度大小分为刚性方案、刚弹性方案和弹性方案三种静力计算方案。

13. 墙柱高厚比验算的目的:避免在施工阶段因过度的偏差倾斜等因素以及施工和使用过程中出现的偶尔撞击、震动造成砌体丧失稳定,同时考虑到使用阶段在荷载作用下墙柱应具有刚度,不应发生影响正常使用的过大变形。

14. 影响高厚比的因素:砂浆强度等级;横墙间距;构造的支撑条件;砌体截面形式;构件重要性和房屋使用情况。

习　题

10.1　砌体材料中块材和砂浆分为哪些种类? 它们的强度等级如何确定?

10.2　影响砌体抗压强度的主要因素有哪些?

10.3　砌体的抗压强度为什么比单块砖的抗压强度低?

10.4　简述砌体受力过程及破坏特征。

10.5　砌体在局部压力作用下,承载力为什么会提高?

10.6　当梁端支承处砌体局部受压承载力不满足时,可采取哪些措施?

10.7　混合结构房屋的承重体系有哪几种? 它们各有何特点?

10.8　混合结构房屋的静力计算方案有哪几种? 确定静力计算方案的依据是什么?

10.9　什么是墙、柱的高厚比? 为什么混合结构房屋的墙体必须验算高厚比?

10.10　某砖柱截面尺寸为 370mm×490mm,采用强度等级为 MU7.5 的砖及 M5 混合砂浆砌筑,$H_0/H=5m$,柱顶承受轴心压力设计值为 245kN,试验算柱底截面承载力是否满足要求。(提示:$f=1.58N/mm^2$,$\alpha=0.0015$,砌体容重为 $19kN/m^3$)

参 考 文 献

[1] 邓夕胜.混凝土结构设计原理[M].北京:中国水利水电出版社,2011.

[2] 杜绍堂,赵萍.工程力学与建筑结构[M].3版.北京:科学出版社,2016.

[3] 杜绍堂.钢结构工程施工[M].北京:高等教育出版社,2014.

[4] 方建邦.建筑结构[M].2版.北京:中国建筑工业出版社,2015.

[5] 郭继武.建筑结构[M].北京:中国建筑工业出版社,2012.

[6] 胡兴福,杜绍堂.土木工程结构[M].北京:科学出版社,2004.

[7] 胡兴福.建筑结构[M].3版.北京:高等教育出版社,2013.

[8] 李晨光,薛伟辰,邓思华.预应力混凝土结构设计及工程应用[M].北京:中国建筑工业出版社,2013.

[9] 梁兴文,史庆轩.混凝土结构设计原理[M].北京:中国建筑工业出版社,2011.

[10] 刘传辉,刘丽芳.砌体结构[M].北京:中国建材工业出版社,2013.

[11] 罗向荣.混凝土结构[M].3版.北京:高等教育出版社,2014.

[12] 沈蒲生.混凝土结构设计原理[M].北京:高等教育出版社,2012.

[13] 宋玉普,王立成,车轶.钢筋混凝土结构[M].2版.北京:机械工业出版社,2013.

[14] 唐岱新.砌体结构[M].2版.北京:高等教育出版社,2009.

[15] 吴承霞.混凝土与砌体结构[M].北京:中国建筑工业出版社,2012.

[16] 张季超.新编混凝土结构设计原理[M].北京:科学出版社,2011.

[17] 张瀑,鲁兆红,淡浩.预应力混凝土框架结构实用设计方法[M].北京:中国建筑工业出版社,2012.

[18] 张学宏.建筑结构[M].4版.北京:中国建筑工业出版社,2015.

[19] 赵亮,熊海滢.混凝土结构设计原理[M].2版.武汉:武汉理工大学出版社,2013.

[20] 中国建筑科学研究院.建筑抗震设计规范:GB 50011—2010[S].北京:中国建筑工业出版社,2016.

[21] 中国建筑科学研究院.混凝土结构设计规范:GB 50010—2010[S].北京:中国建筑工业出版社,2016.

[22] 中国建筑科学研究院.建筑结构荷载规范:GB 50009—2012[S].北京:中国建筑工业出版社,2012.

[23] 陕西省住房和城乡建设厅.砌体工程施工质量验收规范:GB 50203—2011[S].北京:中国建筑工业出版社,2011.

[24] 中国建筑东北设计研究院有限公司.砌体结构设计规范:GB 50003—2011[S].北京:中国建筑工业出版社,2012.

附录 1 荷载取值

附表 1-1　常用材料和构件自重

类　别	名　称	自重	备　注
隔墙及墙面 /(kN/m²)	双面抹灰板条隔墙	0.90	每面抹灰厚 16~24mm,龙骨在内
	水泥粉刷墙面	0.36	20mm 厚,水泥粗砂
	剁假石墙面	0.50	25mm 厚,包括打底
	贴瓷砖墙面	0.50	包括水泥砂浆打度,共厚 25mm
屋面 /(kN/m²)	水泥平瓦屋面	0.50~0.55	
	屋顶天窗	0.35~0.40	9.5mm 夹丝玻璃,框架自重在内
	捷罗克防水层	0.10	厚 8mm
	油毡防水层(包括 改性沥青防水卷材)	0.05	一层油毡刷油两遍
		0.25~0.30	四层做法,一毡二油上铺小石子
		0.30~0.35	六层做法,二毡三油上铺小石子
		0.35~0.40	八层做法,三毡四油上铺小石子
屋架、门窗 /(kN/m²)	钢屋架	0.12+0.011 ×跨度	无天窗,包括支撑,按屋面水平投影面积计算,跨度以米计算
	铝合金窗	0.17~0.24	
	木门	0.10~0.20	
	钢铁门	0.40~0.45	
	铝合金门	0.27~0.30	
预制板 /(kN/m²)	预应力空心板	1.73	板厚 120mm,包括填缝
	预应力空心板	2.58	板厚 180mm,包括填缝
	大型屋面板	1.30,1.47,1.75	板厚 180mm,240mm,300mm,包括填缝
建筑用压型钢板 /(kN/m²)	单波型 V-300 (S-30)	0.12	波高 173mm,板厚 0.8mm
	双波型 W-500	0.11	波高 130mm,板厚 0.8mm
	多波型 V-125	0.065	波高 35mm,板厚 0.6mm
建筑墙板 /(kN/m²)	彩色钢板金属幕墙板	0.11	两层,彩色钢板厚 0.6mm,聚苯乙烯芯材厚 25mm
	彩色钢板岩棉夹心板	0.24	钢板厚 100mm,两屋彩色钢板,Z 形龙骨岩棉芯材
	GRC 空心隔墙板	0.30	长 2400~2800mm,宽 600mm,厚 60mm
	GRC 墙板	0.11	厚 10mm
	玻璃幕墙	1.0~1.50	一般可按单位面积玻璃自重增大 20%~30%采用
	泰柏板	0.95	板厚 10mm,钢丝网片夹聚苯乙烯保温屋,每面抹水泥砂浆厚 20mm

续表

类别	名称	自重	备注
地面 /(kN/m²)	硬木地板	0.20	厚25mm,剪刀撑、钉子等自重在内,不包括格栅自重
	水磨石地面	0.65	10mm面层,20mm水泥砂浆打底
	地板格栅	0.20	仅格栅自重
顶棚 /(kN/m²)	V形轻钢龙骨吊顶	0.12	一层9mm纸面石膏板、无保温层
		0.17	二层9mm纸面石膏板、有厚50mm的岩棉板保温层
基本材料 /(kN/m³)	素混凝土	22~24	振捣或不振捣
	钢筋混凝土	24~25	
	加气混凝土	5.50~7.50	单块
	焦渣混凝土	10~14	填充用
	石灰砂浆、混合砂浆	17	
	水泥砂浆	20	
	瓷面砖	17.80	150mm×150mm×8mm(5556块/m³)
	岩棉	0.50~2.50	
	水泥膨胀珍珠岩	3.50~4	
	水泥蛭石	4~6	
砌体 /(kN/m³)	浆砌机砖	19	
	浆砌矿渣砖	21	
	浆砌焦渣砖	12.50~14	
	三合土	17	灰∶砂∶土=(1∶1∶9)~(1∶1∶4)
	浆砌毛方石	20.80	砂岩

附表 1-2 民用建筑楼面均布活荷载标准值及其组合值、频遇值和准永久值系数

项次	类别	标准值 /(kN/m²)	组合值 系数 ψ_c	频遇值 系数 ψ_f	准永久值 系数 ψ_q
1	(1) 住宅、宿舍、旅馆、办公楼、医院病房、托儿所、幼儿园	2.0	0.7	0.5	0.4
	(2) 试验室、阅览室、会议室、医院门诊室	2.0	0.7	0.6	0.5
2	教室、食堂、餐厅、一般资料档案室	2.5	0.7	0.6	0.5
3	(1) 礼堂、剧场、电影院、有固定座位的看台	3.0	0.7	0.5	0.3
	(2) 公共洗衣房	3.0	0.7	0.6	0.5
4	(1) 商店、展览厅、车站、港口、机场大厅及其旅客等候室	3.5	0.7	0.6	0.5
	(2) 无固定座位的看台	3.5	0.7	0.6	0.3
5	(1) 健身房、演出舞台	4.0	0.7	0.6	0.5
	(2) 舞厅、运动场	4.0	0.7	0.6	0.3
6	(1) 书库、档案库、储藏室	5.0	0.9	0.9	0.8
	(2) 密集柜书库	12.0	0.9	0.9	0.8
7	通风机房、电梯机房	7.0	0.9	0.9	0.8

续表

项次	类 别	标准值 /(kN/m²)	组合值 系数 ψ_c	频遇值 系数 ψ_f	准永久值 系数 ψ_q
8	汽车通道及客车停车库: (1) 单向板楼盖(板跨不小于 2m)和双向板楼盖(板跨不小于 3m×3m) 客车 消防车 (2) 双向板楼盖(板跨不小于 6m×6m)和无梁楼盖(柱网不小于 6m×6m) 客车 消防车	4.0 35.0 2.5 20.0	0.7 0.7 0.7 0.7	0.7 0.5 0.7 0.5	0.6 0.0 0.6 0.0
9	厨房:(1) 餐厅 (2) 其他	4.0 2.0	0.7 0.7	0.7 0.6	0.7 0.5
10	浴室、卫生间、盥洗室	2.5	0.7	0.6	0.5
11	走廊、门厅: (1) 住宅、宿舍、旅馆、医院病房、托儿所、幼儿园 (2) 办公楼、餐厅、医院门诊部 (3) 教学楼及其他可能出现人员密集情况	2.0 2.5 3.5	0.7 0.7 0.7	0.5 0.6 0.5	0.4 0.5 0.3
12	楼梯:(1) 多层住宅 (2) 其他	2.0 3.5	0.7 0.7	0.5 0.5	0.4 0.3
13	阳台:(1) 当人群可能密集时 (2) 其他	3.5 2.5	0.7 0.7	0.6 0.6	0.5 0.5

注:① 本表所给各项活荷载适用于一般使用条件,当使用活荷载较大、情况特殊或有专门要求时,应按实际情况采用。

② 第6项书库活荷载当书架高度大于 2m 时,书库活荷载应按每米书架高度不小于 2.5kN/m² 确定。

③ 第8项中的客车活荷载只适用于停放人少于 9 人的客车;消防车活荷载是适用满载总重为 300kN 的大型车辆,当不符合本表要求时,应将车轮的局部荷载按局部效应的等效原则,换算为等效均布荷载。

④ 第8项中的消防车活荷载,当双向板楼盖板跨介于 3m×3m~6m×6m 时,应按跨度线性插值确定。

⑤ 第12项楼梯活荷载,对预制楼梯踏步平板,应按 1.5kN 集中荷载验算。

⑥ 本表各项荷载不包括隔墙自重和二次装修荷载,对固定隔墙的自重应按恒荷考虑,当隔墙位置灵活自由布置时,非固定隔墙自重应取不小于 1/3 的每延米隔墙自重(kN/m)作为楼面活荷载的附加值(kN/m²)计入,且附加值不应小于 1.0kN/m²。

附表 1-3　活荷载按楼层的折减系数

墙、柱、基础计算截面以上的层数	1	2~3	4~5	6~8	9~20	>20
计算截面以上各楼层 活荷载总和的折减系数	1.00 (0.90)	0.85	0.70	0.65	0.60	0.55

注:当楼面梁的从属面积超过 25m² 时,应采用括号内系数。

附表 1-4 屋面积雪分布系数 μ_r

序　号	类　　别	屋面形式及积雪分布系数
1	单跨单坡屋面	 单坡屋面示意图，屋面坡角为 α <table><tr><td>α</td><td>$\leqslant25°$</td><td>$30°$</td><td>$35°$</td><td>$40°$</td><td>$45°$</td><td>$50°$</td><td>$55°$</td><td>$\geqslant60°$</td></tr><tr><td>μ_r</td><td>1.0</td><td>0.85</td><td>0.7</td><td>0.55</td><td>0.4</td><td>0.25</td><td>0.1</td><td>0</td></tr></table>
2	单跨双坡屋面	均匀分布情况 不均匀分布情况　$0.75\mu_r$　　$1.25\mu_r$ μ_r 按第1项规定采用
3	带天窗的坡屋面	均匀分布情况　　1.0 不均匀分布情况　1.1　0.8　1.1
4	双跨双坡或拱形层面	均匀分布情况　　1.0 不均匀分布情况1　μ_r　1.4　μ_r 不均匀分布情况2　μ_r　2.0　μ_r l　l μ_r 按第1项或第2项规定采用

注：① 第2项单跨双坡屋面仅当 $20°\leqslant\alpha\leqslant30°$ 时，可采用不均匀分布情况。

② 第3项只适用于坡度 $\alpha\leqslant25°$ 的一般工业厂房屋面。

③ 第4项双跨双坡或拱形屋面，当 $\alpha\leqslant25°$ 或 $f/l\leqslant0.1$ 时，只采用均匀分布情况。

④ 多跨屋面的积雪分布系数，可参照第4项的规定采用。

附表 1-5　风压高度变化系数 μ_z

离地或海平面高度/m	地面粗糙度类别			
	A	B	C	D
5	1.09	1.00	0.65	0.51
10	1.28	1.00	0.65	0.51
15	1.42	1.13	0.65	0.51
20	1.52	1.23	0.74	0.51
30	1.67	1.39	0.88	0.51
40	1.79	1.52	1.00	0.60
50	1.89	1.62	1.10	0.69
60	1.97	1.71	1.20	0.77
70	2.05	1.79	1.28	0.84
80	2.12	1.87	1.36	0.91
90	2.18	1.93	1.43	0.98
100	2.23	2.00	1.50	1.04
150	2.46	2.25	1.79	1.33
200	2.64	2.46	2.03	1.58
250	2.78	2.63	2.24	1.81
300	2.91	2.77	2.43	2.02
350	2.91	2.91	2.60	2.22
400	2.91	2.91	2.60	2.40
450	2.91	2.91	2.91	2.58
500	2.91	2.91	2.91	2.74
≥550	2.91	2.91	2.91	2.91

注：① A 类指海面和海岛、海岸、湖岸及沙漠地区。

② B 类指田野、乡村、丛林、丘陵以及房屋比较稀疏的乡镇和城市郊区。

③ C 类指有密集建筑群的城市市区。

④ D 指有密集建筑群且房屋较高的城市市区。

附表 1-6　屋面均布活荷载标准值及其组合值系数、频遇值系数和准永久值系数

项次	类　别	标准值/(kN/m²)	组合值系数 ψ_c	频遇值系数 ψ_f	准永久值系数 ψ_q
1	不上人屋面	0.5	0.7	0.5	0
2	上人屋面	2.0	0.7	0.5	0.4
3	屋顶花园	3.0	0.7	0.6	0.5
4	屋顶运动场地	3.0	0.7	0.6	0.4

注：① 不上人的屋面，当施工或维修荷载较大时，应按实际情况采用；对不同类型的结构应按有关设计规范的规定采用，但不得低于 0.3kN/m²。

② 上人屋面，当兼作其他用途时，应按相应楼面活荷载采用。

③ 对于因屋面排水不畅、堵塞等引起的积水荷载，应采取构造措施加以防止，必要时，应按积水的可能深度确定屋面活荷载。

④ 屋顶花园活荷载不包括花圃土石等材料自重。

附表 1-7　常见建筑的风荷载体型系数 μ_s

序　号	类　　别	建筑体型及体型系数 μ_s
1	封闭式双坡屋面	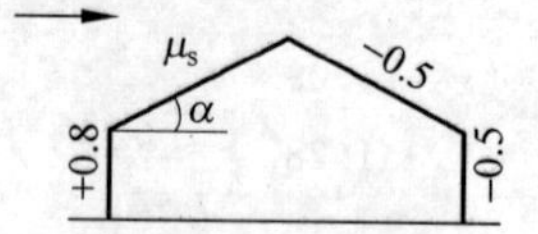 μ_s　-0.5　α　-0.5　$+0.8$　 α ／ μ_s $\leqslant 15°$ ／ -0.6 $30°$ ／ 0 $\geqslant 60°$ ／ $+0.8$ 中间值按插入法计算
2	封闭式带天窗的双坡屋面	$+0.6$　-0.7　-0.6　-0.2　-0.6　$+0.8$　-0.5 带天窗的拱形屋面可按本图采用
3	封闭式双跨双坡屋面	μ_s　-0.5　-0.4　-0.4　$+0.8$　α　-0.4 迎风面的 μ_s 按第1项采用
4	多、高层建筑	(a) 矩形平面：$+0.8$　-0.7　-0.5　-0.7 (b) L形平面：-0.6　$+0.8$　-0.5　$+0.8$　$+0.8$　-0.6 (c) Y形平面：-0.7　-0.5　$+1.0$　-0.5　-0.5　-0.7 (c) C形平面：-0.7　$+0.8$　-0.5　$+0.9$　$+0.8$　-0.7

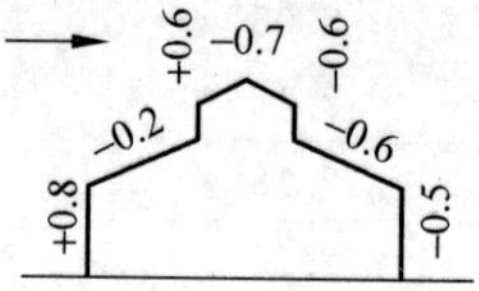

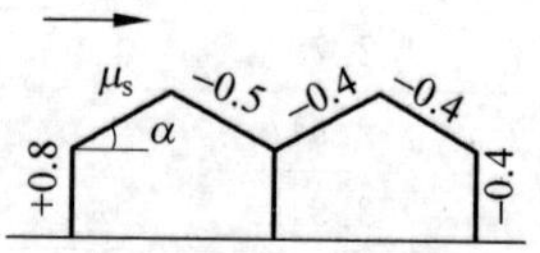

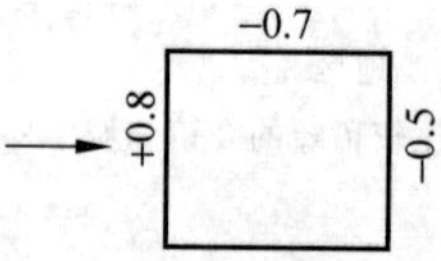

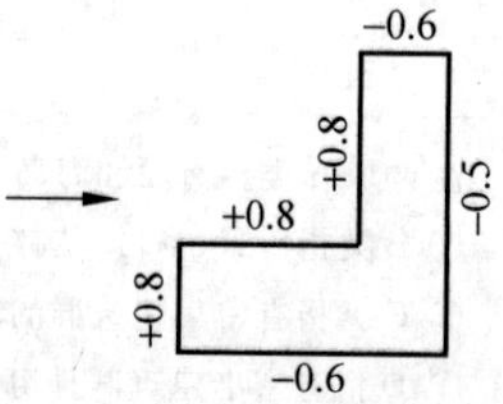

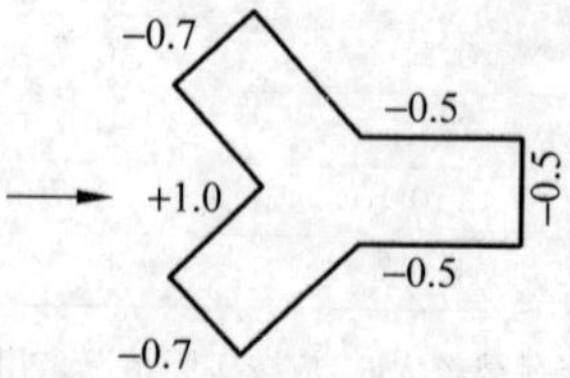

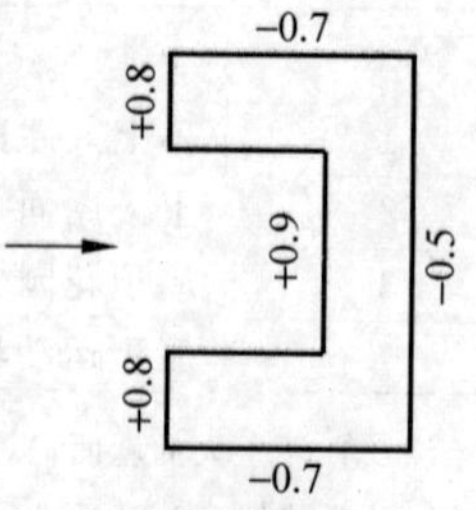

注：① 表图中符号"→"表示风向；"＋"表示压力；"－"表示吸力。

② 表中的系数未考虑邻近建筑群体的影响。

附录 2 钢筋的公称直径、公称截面面积及理论重量

附表 2-1 钢筋的公称直径、公称截面面积及理论重量

公称直径/mm	不同根数钢筋的公称截面面积/mm²									单根钢筋理论重量/(kg/m)
	1	2	3	4	5	6	7	8	9	
6	28.3	57	85	113	142	170	198	226	255	0.222
8	50.3	101	151	201	252	302	352	402	453	0.395
10	78.5	157	236	314	393	471	550	628	707	0.617
12	113.1	226	339	452	565	678	791	904	1017	0.888
14	153.9	308	461	615	769	923	1077	1231	1385	1.21
16	201.1	402	603	804	1005	1206	1407	1608	1809	1.58
18	254.5	509	763	1017	1272	1527	1781	2036	2290	2.00(2.11)
20	314.2	628	942	1256	1570	1884	2199	2513	2827	2.47
22	380.1	760	1140	1520	1900	2281	2661	3041	3421	2.98
25	490.9	982	1473	1964	2454	2945	3436	3927	4418	3.85(4.10)
28	615.8	1232	1847	2463	3079	3695	4310	4926	5542	4.83
32	804.2	1609	2413	3217	4021	4826	5630	6434	7238	6.31(6.65)
36	1017.9	2036	3054	4072	5089	6107	7125	8143	9161	7.99
40	1256.6	2513	3770	5027	6283	7540	8796	10 053	11 310	9.87(10.34)
50	1963.5	3928	5892	7856	9820	11 784	13 748	15 712	17 676	15.42(16.28)

注：括号内为预应力螺纹钢筋的数值。

附表 2-2 钢绞线的公称直径、公称截面面积及理论重量

种　类	公称直径/mm	公称截面面积/mm²	理论重量/(kg/m)
1×3	8.6	37.7	0.296
	10.8	58.9	0.462
	12.9	84.8	0.666
1×7 标准型	9.5	54.8	0.430
	12.7	98.7	0.775
	15.2	140	1.101
	17.8	191	1.500
	21.6	285	2.237

附表 2-3　钢丝的公称直径、公称截面面积及理论重量

公称直径/mm	公称截面面积/mm²	理论重量/(kg/m)
5.0	19.63	0.154
7.0	38.48	0.302
9.0	63.62	0.499

附表 2-4　钢筋混凝土板每 m 宽的钢筋用量表

钢筋间距/mm	钢筋直径/mm													
	3	4	5	6	6/8	8	8/10	10	10/12	12	12/14	14	14/16	16
70	101	180	280	404	561	719	920	1121	1369	1616	1907	2199	2536	2872
75	94.3	168	262	377	524	671	859	1047	1277	1508	1780	2052	2367	2681
80	88.4	157	245	354	491	629	805	981	1198	1414	1669	1924	2218	2513
85	83.2	148	231	333	462	592	758	924	1127	1331	1571	1811	2088	2365
90	78.5	140	218	314	437	559	716	872	1064	1257	1483	1710	1972	2234
95	74.5	132	207	298	414	529	678	826	1008	1190	1405	1620	1868	2116
100	70.6	126	196	283	393	503	644	785	958	1131	1335	1539	1775	2011
110	64.2	114	178	257	357	457	585	714	871	1028	1214	1399	1614	1828
120	58.9	105	163	236	327	419	537	654	798	942	1113	1283	1480	1676
125	56.5	101	157	226	314	402	515	628	766	905	1068	1231	1420	1608
130	54.4	96.6	151	218	302	387	495	604	737	870	1027	1184	1366	1547
140	50.5	89.7	140	202	281	359	460	561	684	808	954	1099	1268	1436
150	47.1	83.8	131	189	262	335	429	523	639	754	890	1026	1183	1340
160	44.1	78.5	123	177	246	314	403	491	599	707	834	962	1110	1257
170	41.5	73.9	115	166	231	296	379	462	564	665	785	905	1044	1183
180	39.2	69.8	109	157	218	279	358	436	532	628	742	855	985	1117
190	37.2	66.1	103	149	207	265	339	413	504	595	703	810	934	1058
200	35.3	62.8	98.2	141	196	251	322	393	479	565	668	770	888	1005
220	32.1	57.1	89.2	129	179	229	293	357	436	514	607	700	807	914
240	29.4	52.4	81.8	118	164	210	268	327	399	471	556	641	740	838
250	28.3	50.3	78.5	113	157	201	258	314	383	452	534	616	710	804
260	27.2	48.3	75.5	109	151	193	248	302	369	435	513	592	682	773
280	25.2	44.9	70.1	201	140	180	230	280	342	404	477	550	634	718
300	23.6	41.9	65.5	94.2	131	168	215	262	319	377	445	513	592	670
320	22.1	39.3	61.4	88.4	123	157	201	245	299	353	417	481	554	628

注：表中 6/8,8/10 等是指两种直径的钢筋交替放置。

附表 2-5　矩形和 T 形截面受弯构件正截面承载能力计算系数表

ξ	γ_s	α_s	ξ	γ_s	α_s
0.01	0.995	0.010	0.31	0.845	0.262
0.02	0.990	0.020	0.32	0.840	0.269
0.03	0.985	0.030	0.33	0.835	0.276
0.04	0.980	0.039	0.34	0.830	0.282
0.05	0.975	0.049	0.35	0.825	0.289
0.06	0.970	0.058	0.36	0.820	0.295
0.07	0.965	0.068	0.37	0.815	0.302
0.08	0.960	0.077	0.38	0.810	0.308
0.09	0.995	0.086	0.39	0.805	0.314
0.10	0.950	0.095	0.40	0.800	0.320
0.11	0.945	0.104	0.41	0.795	0.326
0.12	0.940	0.113	0.42	0.790	0.332
0.13	0.935	0.112	0.428	0.786	0.336
0.14	0.930	0.130	0.43	0.785	0.338
0.15	0.925	0.139	0.44	0.780	0.343
0.16	0.920	0.147	0.45	0.775	0.349
0.17	0.915	0.156	0.46	0.770	0.354
0.18	0.910	0.164	0.47	0.765	0.360
0.19	0.905	0.172	0.48	0.760	0.365
0.20	0.900	0.180	0.49	0.755	0.370
0.21	0.895	0.188	0.50	0.750	0.375
0.22	0.890	0.196	0.51	0.745	0.380
0.23	0.885	0.204	0.518	0.741	0.384
0.24	0.880	0.211	0.52	0.740	0.385
0.25	0.875	0.219	0.53	0.735	0.390
0.26	0.870	0.226	0.54	0.730	0.394
0.27	0.865	0.234	0.55	0.725	0.399
0.28	0.860	0.241	0.56	0.720	0.403
0.29	0.855	0.248	0.57	0.715	0.408
0.30	0.850	0.255	0.576	0.712	0.410

注：① 当混凝土强度等级为 C50 以下时，表中 $\xi_b = 0.576, 0.55, 0.518, 0.428$ 分别为 HPB300 级，HRB335 级、HRBF335 级，HRB400、HRBF400、RRB400 级，HRB500、HRBF500 级钢筋的界限相对受压区高度。

② ξ 和 γ_s 也可以按公式 $\xi = 1 - \sqrt{1 - 2\alpha}$，$\gamma_s = \dfrac{1 + \sqrt{1 - 2\alpha_s}}{2}$ 计算。

附录 3 钢筋混凝土受弯构件的挠度和裂缝限值

附表 3-1　受弯构件的挠度限值

构 件 类 型		挠 度 限 值
吊车梁	手动吊车	$l_0/500$
	电动吊车	$l_0/600$
屋盖、楼盖及楼梯构件	当 $l_0 < 7m$ 时	$l_0/200(l_0/250)$
	当 $7m \leqslant l_0 \leqslant 9m$ 时	$l_0/250(l_0/300)$
	当 $l_0 > 9m$ 时	$l_0/300(l_0/400)$

注：① 表中 l_0 为构件的计算跨度；计算悬臂构件的挠度限值时，其计算跨度 l_0 按实际悬臂长度的 2 倍取用。

② 表中括号内的数值适用于对挠度有较高要求的构件。

③ 如果构件制作时预先起拱，且使用上也允许，则在验算挠度时，可将计算所得的挠度值减去起拱值；对预应力混凝土构件，可减去预加力所产生的反拱值。

④ 构件制作时的起拱值和预加力所产生的反拱值，不宜超过构件在相应荷载组合作用下的计算挠度值。

附表 3-2　结构构件的裂缝控制等级及最大裂缝宽度限值

环 境 类 别	钢筋混凝土结构		预应力混凝土结构	
	裂缝控制等级	ω_{lim}	裂缝控制等级	ω_{lim}
一	三级	0.30(0.40)	三级	0.20
二 a				0.10
二 b		0.20	二级	—
三 a、三 b			一级	—

注：① 对处于年平均相对湿度小于 60% 地区一类环境下的受弯构件，其最大裂缝宽度限值可采用括号内的数值。

② 在一类环境下，对钢筋混凝土屋架、托架及需作疲劳验算的吊车梁，其最大裂缝宽度限值应取为 0.20mm；对钢筋混凝土屋面梁和托架，其最大裂缝宽度限值应取为 0.30mm。

③ 在一类环境下，对预应力混凝土屋架、托架及双向板体系，应按二级裂缝控制等级进行验算；对一类环境下的预应力混凝土屋面梁、托架、单向板。应按表中二 a 类环境的要求进行验算；在一类和二 a 类环境下需作疲劳验算的预应力混凝土吊车梁，应按裂缝控制等级不低于二级的构件进行验算。

④ 表中规定的预应力混凝土构件的裂缝控制等级和最大裂缝宽度限值仅适用于正截面的验算；预应力混凝土构件的斜截面裂缝控制验算应符合《混凝土结构设计规范》第 7 章的有关规定。

⑤ 对于烟囱、筒仓和处于液体压力下的结构，其裂缝控制要求应符合专门标准的有关规定。

⑥ 对于处于四、五类环境下的结构构件，其裂缝控制要求应符合专门标准的有关规定。

⑦ 表中的最大裂缝宽度限值为用于验算荷载作用引起的最大裂缝宽度。

附录 4　按弹性理论计算的内力系数表

附表 4-1　均布荷载和集中荷载作用下等跨连续梁的内力系数

均布荷载：

$$M = Kql_0^2, \quad V = K_1 ql_0$$

集中荷载：

$$M = KFl_0, \quad V = K_1 F$$

式中：q——单位长度上的均布荷载；

　　　F——集中荷载；

　　　K, K_1——内力系数，由表中相应栏内查得。

（1）两跨梁

序号	荷载简图	跨内最大弯矩		支座弯矩	横向剪力			
		M_1	M_2	M_B	V_A	$V_{B左}$	$V_{B右}$	V_C
1	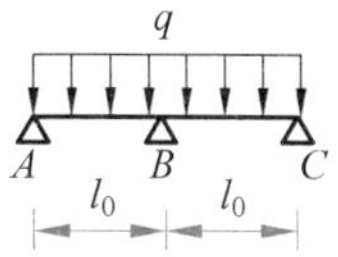	0.070	0.070	-0.125	0.375	-0.625	0.625	-0.375
2	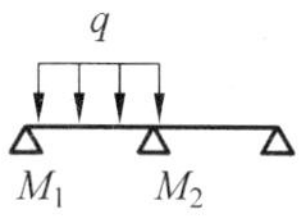	0.096	-0.025	-0.063	0.437	-0.563	0.063	0.063
3	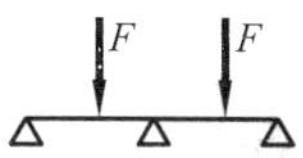	0.156	0.156	-0.188	0.312	-0.688	0.688	-0.312
4	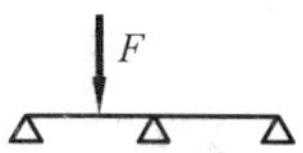	0.203	-0.047	-0.094	0.406	-0.594	0.094	0.094
5	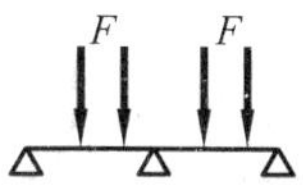	0.222	0.222	-0.333	0.667	-1.334	1.334	-0.667
6	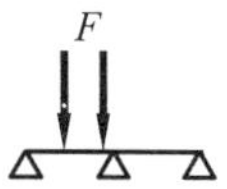	0.278	-0.056	-0.167	0.833	-1.167	0.167	0.167

（2）三跨梁

序号	荷载简图	跨内最大弯矩		支座弯矩		横向剪力					
		M_1	M_2	M_B	M_C	V_A	$V_{B左}$	$V_{B右}$	$V_{C左}$	$V_{C右}$	V_D
1		0.080	0.025	−0.100	−0.100	0.400	−0.600	0.500	−0.500	0.600	−0.400
2		0.101	−0.050	−0.050	−0.050	0.450	−0.550	0.000	0.000	0.550	−0.450
3		−0.025	0.075	−0.050	−0.050	−0.050	−0.050	0.500	−0.500	0.050	0.050
4		0.073	0.054	−0.117	−0.033	0.383	−0.617	0.583	−0.417	0.033	0.033
5		0.094	—	−0.067	0.017	0.433	−0.567	0.083	0.083	−0.017	−0.017
6		0.175	0.100	−0.150	−0.150	0.350	−0.650	0.500	−0.500	0.650	−0.350
7		0.213	−0.075	−0.075	−0.075	0.425	−0.575	0.000	0.000	0.575	−0.425

续表

序号	荷载简图	跨内最大弯矩		支座弯矩		横向剪力					
		M_1	M_2	M_B	M_C	V_A	$V_{B左}$	$V_{B右}$	$V_{C左}$	$V_{C右}$	V_D
8		−0.038	0.175	−0.075	−0.075	−0.075	−0.075	0.500	−0.500	0.075	0.075
9		0.162	0.137	−0.175	−0.050	0.325	−0.675	0.625	−0.375	0.050	0.050
10		0.200	—	−0.100	0.025	0.400	−0.600	0.125	0.125	−0.025	−0.025
11		0.244	0.067	−0.267	−0.267	0.733	−1.267	1.000	−1.000	1.267	−0.733
12		0.289	−0.133	−0.133	−0.133	0.866	−1.134	0.000	0.000	1.134	−0.866
13		−0.044	0.200	−0.133	−0.133	−0.133	−0.133	1.000	−1.000	0.133	0.133
14		0.229	0.170	−0.311	−0.089	0.689	−1.311	1.222	−0.778	0.089	0.089
15		0.274	—	−0.178	0.044	0.822	−1.178	0.222	0.222	−0.044	−0.044

（3）四跨梁

序号	荷载简图	跨内最大弯矩				支座弯矩			横向剪力							
		M_1	M_2	M_3	M_4	M_B	M_C	M_D	V_A	$V_{B左}$	$V_{B右}$	$V_{C左}$	$V_{C右}$	$V_{D左}$	$V_{D右}$	V_E
1	q（$A\,B\,C\,D\,E$ 全跨；$M_1\,M_2\,M_3\,M_4$）	0.077	0.036	0.036	0.077	−0.107	−0.071	−0.107	0.393	−0.607	0.536	−0.464	0.464	−0.536	0.607	−0.393
2	q（①③跨）	0.100	−0.045	0.081	−0.023	−0.054	−0.036	−0.054	0.446	−0.554	0.018	0.018	0.482	−0.518	0.054	0.054
3	q（①②④跨）	0.072	0.061	—	0.098	−0.121	−0.018	−0.058	0.380	−0.620	0.603	−0.397	−0.040	−0.040	0.558	−0.442
4	q（②③跨）	—	0.056	0.056	—	−0.036	−0.107	−0.036	−0.036	−0.036	0.429	−0.571	0.571	−0.429	0.036	0.036
5	q（①跨）	0.094	—	—	—	−0.067	0.018	−0.004	0.433	−0.567	0.085	0.085	−0.022	−0.022	0.004	0.004
6	q（②跨）	—	0.071	—	—	−0.049	−0.054	0.013	−0.049	−0.049	0.496	−0.504	0.067	0.067	−0.013	−0.013
7	F（全跨）	0.169	0.116	0.116	0.169	−0.161	−0.107	−0.161	0.339	−0.661	0.553	−0.446	0.446	−0.554	0.661	−0.339
8	F（①③跨）	0.210	−0.067	0.183	−0.040	−0.080	−0.054	−0.080	0.420	−0.580	0.027	0.027	0.473	−0.527	0.080	0.080
9	F（①②④跨）	0.159	0.146	—	0.206	−0.181	−0.027	−0.087	0.319	−0.681	0.654	−0.346	−0.060	−0.060	0.587	−0.413

续表

序号	荷载简图	跨内最大弯矩				支座弯矩			横向剪力							
		M_1	M_2	M_3	M_4	M_B	M_C	M_D	V_A	$V_{B左}$	$V_{B右}$	$V_{C左}$	$V_{C右}$	$V_{D左}$	$V_{D右}$	V_E
10	（荷载简图：$A\triangle B\,\triangle C\,\triangle D\,\triangle E$，$l_0\ l_0\ l_0\ l_0$）	—	0.142	0.142	—	-0.054	-0.161	-0.054	-0.054	-0.054	0.393	-0.607	0.607	-0.393	0.054	0.054
11	（荷载简图）	0.202	—	—	—	-0.100	0.027	-0.007	0.400	-0.600	0.127	0.127	-0.033	-0.033	0.007	0.007
12	（荷载简图）	—	0.173	—	—	-0.074	-0.080	0.020	-0.074	-0.074	0.493	-0.507	0.100	0.100	-0.020	-0.020
13	（荷载简图）	0.238	0.111	0.111	0.238	-0.286	-0.191	-0.286	0.714	-1.286	1.095	-0.905	0.905	-1.095	1.286	-0.714
14	（荷载简图）	0.286	-0.111	0.222	-0.048	-0.143	-0.095	-0.143	0.857	-1.143	0.048	0.048	0.952	-1.048	0.143	0.143
15	（荷载简图）	0.226	0.194	—	0.282	-0.321	-0.048	-0.155	0.679	-1.321	1.274	-0.726	-0.107	-0.107	1.155	-0.845
16	（荷载简图）	—	0.175	0.175	—	-0.095	-0.286	-0.095	-0.095	-0.095	0.810	-1.190	1.190	-0.810	0.095	0.095
17	（荷载简图）	0.274	—	—	—	-0.178	0.048	-0.012	0.822	-1.178	0.226	0.226	-0.060	-0.060	0.012	0.012
18	（荷载简图）	—	0.198	—	—	-0.131	-0.143	0.036	-0.131	-0.131	0.988	-1.012	0.178	0.178	-0.036	-0.036

（4）五跨梁

序号	荷载简图	跨内最大弯矩			支座弯矩				横向剪力									
		M_1	M_2	M_3	M_B	M_C	M_D	M_E	V_A	$V_{B左}$	$V_{B右}$	$V_{C左}$	$V_{C右}$	$V_{D左}$	$V_{D右}$	$V_{E左}$	$V_{E右}$	V_F
1	荷载简图	0.0781	0.0331	0.0462	-0.105	-0.079	-0.079	-0.105	0.394	-0.606	0.526	-0.474	0.500	-0.500	0.474	-0.526	0.606	-0.394
2	荷载简图	0.1000	-0.0461	0.0855	-0.053	-0.040	-0.040	-0.053	0.447	-0.553	0.013	0.013	0.500	-0.500	-0.013	-0.013	0.553	-0.447
3	荷载简图	-0.0263	0.0787	-0.0395	-0.053	-0.040	-0.040	-0.053	-0.053	-0.053	0.513	-0.487	0.000	0.000	0.487	-0.513	0.053	0.053
4	荷载简图	0.073	0.059	0.064	-0.119	-0.022	-0.044	-0.051	0.380	-0.620	0.598	-0.402	-0.023	-0.023	0.493	-0.507	0.052	0.052
5	荷载简图	—	0.055	—	-0.035	-0.111	-0.020	-0.057	-0.035	-0.035	0.424	-0.576	0.591	-0.049	-0.037	-0.037	0.557	-0.443
6	荷载简图	0.094	—	—	-0.067	0.018	-0.005	0.001	0.433	-0.567	0.085	0.085	-0.023	-0.023	0.006	0.006	-0.001	-0.001
7	荷载简图	—	0.074	—	-0.049	-0.054	-0.014	-0.004	-0.049	-0.049	0.495	-0.505	0.068	0.068	-0.018	-0.018	0.004	0.004
8	荷载简图	—	—	0.072	0.013	-0.053	-0.053	0.013	0.013	0.013	-0.066	-0.066	0.500	-0.500	0.066	0.066	-0.013	-0.013
9	荷载简图	0.171	0.112	0.132	-0.158	-0.118	-0.118	-0.158	0.342	-0.658	0.540	-0.460	0.500	-0.500	0.460	-0.540	0.658	-0.342
10	荷载简图	0.211	-0.069	0.191	-0.079	-0.059	-0.059	-0.079	0.421	-0.579	0.020	0.020	0.500	-0.500	-0.020	-0.020	0.579	-0.421
11	荷载简图	0.039	0.181	-0.059	-0.079	-0.059	-0.059	-0.079	-0.079	-0.079	0.520	-0.480	0.000	0.000	0.480	-0.520	0.079	0.079
12	荷载简图	0.160	0.144	—	-0.179	0.032	-0.066	-0.077	0.321	-0.679	0.647	-0.353	-0.034	-0.034	0.489	-0.511	0.077	0.077

续表

序号	荷载简图	跨内最大弯矩			支座弯矩				横向剪力									
		M_1	M_2	M_3	M_B	M_C	M_D	M_E	V_A	$V_{B左}$	$V_{B右}$	$V_{C左}$	$V_{C右}$	$V_{D左}$	$V_{D右}$	$V_{E左}$	$V_{E右}$	V_F
13		—	0.140	0.151	−0.052	−0.167	−0.031	−0.086	−0.052	−0.052	0.385	−0.615	0.637	−0.363	−0.056	−0.056	0.586	−0.414
14		0.200	—	—	−0.100	0.027	−0.007	0.002	0.400	−0.600	0.127	0.127	−0.034	−0.034	0.009	0.009	−0.002	−0.002
15		—	0.173	0.171	−0.073	−0.081	0.022	−0.005	−0.073	−0.073	0.493	−0.507	0.102	0.102	−0.027	−0.027	0.005	0.005
16		—	0.100	0.122	0.020	−0.079	−0.079	0.020	0.020	0.020	−0.099	−0.099	0.500	−0.500	0.099	0.099	−0.020	−0.020
17		0.240	0.100	0.228	−0.281	−0.211	−0.211	−0.281	0.719	−1.281	1.070	−0.930	1.000	−1.000	0.930	−1.070	1.281	−0.719
18		0.287	−0.117		−0.140	−0.105	−0.105	−0.140	0.860	−1.140	0.035	0.035	1.000	−1.000	−0.035	−0.035	1.140	−0.860
19		−0.047	−0.216	−0.105	−0.140	−0.105	−0.105	−0.140	−0.140	−0.140	1.035	−0.965	0.000	0.000	0.965	−1.035	0.140	0.140

续表

序号	荷载简图	跨内最大弯矩			支座弯矩				横向剪力									
		M_1	M_2	M_3	M_B	M_C	M_D	M_E	V_A	$V_{B左}$	$V_{B右}$	$V_{C左}$	$V_{C右}$	$V_{D左}$	$V_{D右}$	$V_{E左}$	$V_{E右}$	V_F
20		0.227	0.189	—	−0.319	−0.057	−0.118	−0.137	0.681	−1.319	1.262	−0.738	−0.061	−0.061	0.981	−1.019	0.137	0.137
21		—	0.172	0.198	−0.093	−0.297	−0.054	−0.153	−0.093	−0.093	0.796	−1.204	1.243	−0.757	−0.099	−0.099	1.153	−0.847
22		0.274	—	—	−0.179	0.048	−0.013	0.003	0.821	−1.179	0.227	0.227	−0.061	−0.061	0.016	0.016	−0.003	−0.003
23		—	0.198	—	−0.131	−0.144	0.038	−0.010	−0.131	−0.131	0.987	−1.013	0.182	0.182	−0.048	−0.048	0.010	0.010
24		—	—	0.193	0.035	−0.140	−0.140	0.035	0.035	0.035	−0.175	−0.175	1.000	−1.000	0.175	0.175	−0.035	−0.035

附表 4-2　按弹性理论计算矩形双向板在均布荷载作用下的弯矩系数表

1. 符号说明

$M_x, M_{x,\max}$——分别为平行于 l_x 方向板中心点弯矩和板跨内的最大弯矩；

$M_y, M_{y,\max}$——分别为平行于 l_y 方向板中心点弯矩和板跨内的最大弯矩；

M_x^0——固定边中点沿 l_x 方向的弯矩；

M_y^0——固定边中点沿 l_y 方向的弯矩；

M_{0x}——平行于 l_x 方向自由边的中点弯矩；

M_{0x}^0——平行于 l_x 方向自由边上固定端的支座弯矩。

代表固定边　　　　　　代表简支边　　　　　　代表自由边

2. 计算公式

$$弯矩 = 表中系数 \times ql_x^2$$

式中：q——作用在双向板上的均布荷载；

$\quad\quad l_x$——板跨，见表中插图所示。

表中弯矩系数均为单位板宽的弯矩系数。表中系数为泊松比 $v = 1/6$ 时求得的，适用于钢筋混凝土板。表中系数是根据 1975 年版《建筑结构静力计算手册》中 $v = 0$ 的弯矩系数表，通过换算公式 $M_x^{(v)} = M_x^{(0)} + vM_y^{(0)}$ 及 $M_y^{(v)} = M_y^{(0)} + vM_x^{(0)}$ 得出的。表中 $M_{x,\max}$ 及 $M_{y,\max}$ 也按上列换算公式求得，但由于板内两个方向的跨内最大弯矩一般并不在同一点，因此，由上式求得的 $M_{x,\max}$ 及 $M_{y,\max}$ 仅为比实际弯矩偏大的近似值。

(1)

边界条件	① 四边简支		② 三边简支、一边固定									
l_x/l_y	M_x	M_y	M_x	$M_{x,\max}$	M_y	$M_{y,\max}$	M_y^0	M_x	$M_{x,\max}$	M_y	$M_{y,\max}$	M_x^0
0.50	0.0994	0.0335	0.0914	0.0930	0.0352	0.0397	−0.1215	0.0593	0.0657	0.0157	0.0171	−0.1212
0.55	0.0927	0.0359	0.0832	0.0846	0.0371	0.0405	−0.1193	0.0577	0.0633	0.0175	0.0190	−0.1187
0.60	0.0860	0.0379	0.0752	0.0765	0.0386	0.0409	−0.1160	0.0556	0.0608	0.0194	0.0209	−0.1158
0.65	0.0795	0.0396	0.0676	0.0688	0.0396	0.0412	−0.1133	0.0534	0.0581	0.0212	0.0226	−0.1124
0.70	0.0732	0.0410	0.0604	0.0616	0.0400	0.0417	−0.1096	0.0510	0.0555	0.0229	0.0242	−0.1087
0.75	0.0673	0.0420	0.0538	0.0519	0.0400	0.0417	−0.1056	0.0485	0.0525	0.0244	0.0257	−0.1048
0.80	0.0617	0.0428	0.0478	0.0490	0.0397	0.0415	−0.1014	0.0459	0.0495	0.0258	0.0270	−0.1007
0.85	0.0564	0.0432	0.0425	0.0436	0.0391	0.0410	−0.0970	0.0434	0.0466	0.0271	0.0283	−0.0965
0.90	0.0516	0.0434	0.0377	0.0388	0.0382	0.0402	−0.0926	0.0409	0.0438	0.0281	0.0293	−0.0922
0.95	0.0471	0.0432	0.0334	0.0345	0.0371	0.0393	−0.0882	0.0384	0.0409	0.0290	0.0301	−0.0880
1.00	0.0429	0.0429	0.0296	0.0306	0.0360	0.0388	−0.0839	0.0360	0.0388	0.0296	0.0306	−0.0839

（2）

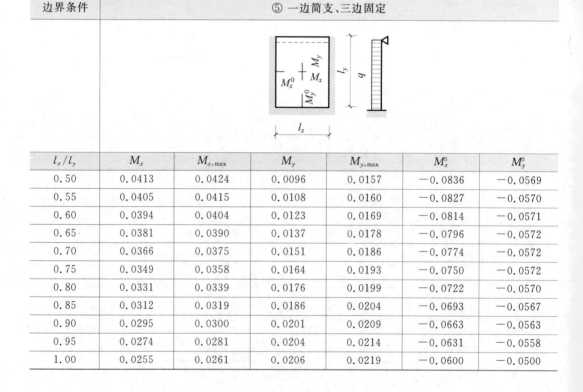

边界条件	③ 两对边简支、两对边固定						④ 两邻边简支、两邻边固定					
l_x/l_y	M_x	M_y	M_y^0	M_x	M_y	M_x^0	M_x	$M_{x,max}$	M_y	$M_{y,max}$	M_x^0	M_y^0
0.50	0.0837	0.0367	−0.1191	0.0419	0.0086	−0.0843	0.0572	0.0584	0.0172	0.0229	−0.1179	−0.0786
0.55	0.0743	0.0383	−0.1156	0.0415	0.0096	−0.0840	0.0546	0.0556	0.0192	0.0241	−0.1140	−0.0785
0.60	0.0653	0.0393	−0.1114	0.0409	0.0109	−0.0834	0.0518	0.0526	0.0212	0.0252	−0.1095	−0.0782
0.65	0.0569	0.0394	−0.1066	0.0402	0.0122	−0.0826	0.0486	0.0496	0.0228	0.0261	−0.1045	−0.0777
0.70	0.0494	0.0392	−0.1031	0.0391	0.0135	−0.0814	0.0455	0.0465	0.0243	0.0267	−0.0992	−0.0770
0.75	0.0428	0.0383	−0.0959	0.0381	0.0149	−0.0799	0.0422	0.0430	0.0254	0.0272	−0.0938	−0.0760
0.80	0.0369	0.0372	−0.0904	0.0368	0.0162	−0.0782	0.0390	0.0397	0.0263	0.0278	−0.0883	−0.0748
0.85	0.0318	0.0358	−0.0850	0.0355	0.0174	−0.0763	0.0358	0.0366	0.0269	0.0284	−0.0829	−0.0733
0.90	0.0275	0.0343	−0.0767	0.0341	0.0186	−0.0743	0.0328	0.0337	0.0273	0.0288	−0.0776	−0.0716
0.95	0.0238	0.0328	−0.0746	0.0326	0.0196	−0.0721	0.0299	0.0308	0.0273	0.0289	−0.0726	−0.0698
1.00	0.0206	0.0311	−0.0698	0.0311	0.0206	−0.0698	0.0273	0.0281	0.0273	0.0289	−0.0677	−0.0677

（3）

边界条件	⑤ 一边简支、三边固定					
l_x/l_y	M_x	$M_{x,max}$	M_y	$M_{y,max}$	M_x^0	M_y^0
0.50	0.0413	0.0424	0.0096	0.0157	−0.0836	−0.0569
0.55	0.0405	0.0415	0.0108	0.0160	−0.0827	−0.0570
0.60	0.0394	0.0404	0.0123	0.0169	−0.0814	−0.0571
0.65	0.0381	0.0390	0.0137	0.0178	−0.0796	−0.0572
0.70	0.0366	0.0375	0.0151	0.0186	−0.0774	−0.0572
0.75	0.0349	0.0358	0.0164	0.0193	−0.0750	−0.0572
0.80	0.0331	0.0339	0.0176	0.0199	−0.0722	−0.0570
0.85	0.0312	0.0319	0.0186	0.0204	−0.0693	−0.0567
0.90	0.0295	0.0300	0.0201	0.0209	−0.0663	−0.0563
0.95	0.0274	0.0281	0.0204	0.0214	−0.0631	−0.0558
1.00	0.0255	0.0261	0.0206	0.0219	−0.0600	−0.0500

（4）

| 边界条件 | ⑤ 一边简支、三边固定 | | | | | | ⑥ 四边固定 | | | |

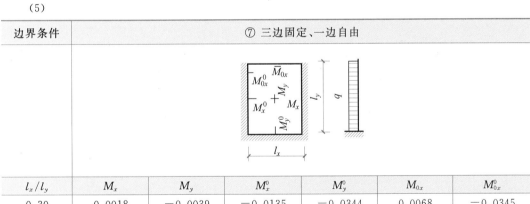

l_x/l_y	M_x	$M_{x,max}$	M_y	$M_{y,max}$	M_y^0	M_x^0	M_x	M_y	M_x^0	M_y^0
0.50	0.0551	0.0605	0.0188	0.0201	−0.0784	−0.1146	0.0406	0.0105	−0.0829	−0.0570
0.55	0.0517	0.0563	0.0210	0.0223	−0.0780	−0.1093	0.0394	0.0120	−0.0814	−0.0571
0.60	0.0480	0.0520	0.0229	0.0242	−0.0773	−0.1033	0.0380	0.0137	−0.0793	−0.0571
0.65	0.0441	0.0476	0.0244	0.0256	−0.0762	−0.0970	0.0361	0.0152	−0.0766	−0.0571
0.70	0.0402	0.0433	0.0256	0.0267	−0.0748	−0.0903	0.0340	0.0167	−0.0735	−0.0569
0.75	0.0364	0.0390	0.0263	0.0273	−0.0729	−0.0837	0.0318	0.0179	−0.0701	−0.0565
0.80	0.0327	0.0348	0.0267	0.0267	−0.0707	−0.0772	0.0295	0.0189	−0.0664	−0.0559
0.85	0.0293	0.0312	0.0268	0.0277	−0.0683	−0.0711	0.0272	0.0197	−0.0626	−0.0551
0.90	0.0261	0.0277	0.0265	0.0273	−0.0656	−0.0653	0.0249	0.0202	−0.0588	−0.0541
0.95	0.0232	0.0246	0.0261	0.0269	−0.0629	−0.0599	0.0227	0.0205	−0.0550	−0.0528
1.00	0.0206	0.0219	0.0255	0.0261	−0.0600	−0.0550	0.0205	0.0205	−0.0513	−0.0513

（5）

| 边界条件 | ⑦ 三边固定、一边自由 | | | | | |

l_x/l_y	M_x	M_y	M_x^0	M_y^0	M_{0x}	M_{0x}^0
0.30	0.0018	−0.0039	−0.0135	−0.0344	0.0068	−0.0345
0.35	0.0039	−0.0026	−0.0179	−0.0406	0.0112	−0.0432
0.40	0.0063	0.0008	−0.0227	−0.0454	0.0160	−0.0506
0.45	0.0090	0.0014	−0.0275	−0.0489	0.0207	−0.0564
0.50	0.0166	0.0034	−0.0322	−0.0513	0.0250	−0.0607
0.55	0.0142	0.0054	−0.0368	−0.0530	0.0288	−0.0635
0.60	0.0166	0.0072	−0.0412	−0.0541	0.0320	−0.0652
0.65	0.0188	0.0087	−0.0453	−0.0548	0.0347	−0.0661
0.70	0.0209	0.0100	−0.0490	−0.0553	0.0368	−0.0663
0.75	0.0228	0.0111	−0.0526	−0.0557	0.0385	−0.0661
0.80	0.0246	0.0119	−0.0558	−0.0560	0.0399	−0.0656

续表

l_x/l_y	M_x	M_y	M_x^0	M_y^0	M_{0x}	M_{0x}^0
0.85	0.0262	0.0125	−0.558	−0.0562	0.0409	−0.0651
0.90	0.0277	0.0129	−0.0615	−0.0563	0.0417	−0.0644
0.95	0.0291	0.0132	−0.0639	−0.0564	0.0422	−0.0638
1.00	0.0304	0.0133	−0.0662	−0.0565	0.0427	−0.0632
1.10	0.0327	0.0133	−0.0701	−0.0566	0.0431	−0.0623
1.20	0.0345	0.0130	−0.0732	−0.0567	0.0433	−0.0617
1.30	0.0368	0.0125	−0.0758	−0.0568	0.0434	−0.0614
1.40	0.0380	0.0119	−0.0778	−0.0568	0.0433	−0.0614
1.50	0.0390	0.0113	−0.0794	0.0569	0.0433	−0.0616
1.75	0.0405	0.0099	−0.0819	−0.0569	0.0431	−0.0625
2.00	0.0413	0.0087	−−0.0832	−0.0569	0.0431	−0.0637

附录 5　受压砌体承载力影响系数 φ

附表 5-1　影响系数 φ（砂浆强度等级≥M5）

β	$\frac{e}{h}$ 或 $\frac{e}{h_\mathrm{T}}$												
	0	0.025	0.05	0.075	0.1	0.125	0.15	0.175	0.2	0.225	0.25	0.275	0.3
≤3	1	0.99	0.97	0.94	0.89	0.84	0.79	0.73	0.68	0.62	0.57	0.52	0.48
4	0.98	0.95	0.90	0.85	0.80	0.74	0.69	0.64	0.58	0.53	0.49	0.45	0.41
6	0.95	0.91	0.86	0.81	0.75	0.69	0.64	0.59	0.54	0.49	0.45	0.42	0.38
8	0.91	0.86	0.81	0.76	0.70	0.64	0.59	0.54	0.50	0.46	0.42	0.39	0.36
10	0.87	0.82	0.76	0.71	0.65	0.60	0.55	0.50	0.46	0.42	0.39	0.36	0.33
12	0.82	0.77	0.71	0.66	0.60	0.55	0.51	0.47	0.43	0.39	0.36	0.33	0.31
14	0.77	0.72	0.66	0.61	0.56	0.51	0.47	0.43	0.40	0.36	0.34	0.31	0.29
16	0.72	0.67	0.61	0.56	0.52	0.47	0.44	0.40	0.37	0.34	0.31	0.29	0.27
18	0.67	0.62	0.57	0.52	0.48	0.44	0.40	0.37	0.34	0.31	0.29	0.27	0.25
20	0.62	0.57	0.53	0.48	0.44	0.40	0.37	0.34	0.32	0.29	0.27	0.25	0.23
22	0.58	0.53	0.49	0.45	0.41	0.38	0.35	0.32	0.30	0.27	0.25	0.24	0.22
24	0.54	0.49	0.45	0.41	0.38	0.35	0.32	0.30	0.28	0.26	0.24	0.22	0.21
26	0.28	0.46	0.42	0.38	0.35	0.33	0.30	0.28	0.26	0.24	0.22	0.21	0.19
28	0.46	0.42	0.39	0.36	0.33	0.30	0.28	0.26	0.24	0.22	0.21	0.19	0.18
30	0.42	0.39	0.36	0.33	0.31	0.28	0.26	0.24	0.22	0.21	0.20	0.18	0.17

附表 5-2　影响系数 φ（砂浆强度等级≥M2.5）

β	$\frac{e}{h}$ 或 $\frac{e}{h_\mathrm{T}}$												
	0	0.025	0.05	0.075	0.1	0.125	0.15	0.175	0.2	0.225	0.25	0.275	0.3
≤3	1	0.99	0.97	0.94	0.89	0.84	0.79	0.73	0.68	0.62	0.57	0.52	0.48
4	0.97	0.94	0.89	0.84	0.78	0.73	0.67	0.62	0.57	0.52	0.48	0.44	0.40
6	0.93	0.89	0.84	0.78	0.73	0.67	0.62	0.57	0.52	0.48	0.44	0.40	0.37
8	0.89	0.84	0.78	0.72	0.67	0.62	0.57	0.52	0.48	0.44	0.40	0.37	0.34
10	0.83	0.78	0.72	0.67	0.61	0.56	0.52	0.47	0.43	0.40	0.37	0.34	0.31
12	0.78	0.72	0.67	0.61	0.56	0.52	0.47	0.43	0.40	0.37	0.34	0.31	0.29
14	0.72	0.66	0.61	0.56	0.51	0.47	0.43	0.40	0.36	0.34	0.31	0.29	0.27
16	0.66	0.61	0.56	0.51	0.47	0.43	0.40	0.36	0.34	0.31	0.29	0.26	0.25
18	0.61	0.56	0.51	0.47	0.43	0.40	0.36	0.33	0.31	0.29	0.26	0.24	0.23

续表

β	$\dfrac{e}{h}$ 或 $\dfrac{e}{h_T}$												
	0	0.025	0.05	0.075	0.1	0.125	0.15	0.175	0.2	0.225	0.25	0.275	0.3
20	0.56	0.51	0.47	0.43	0.39	0.36	0.33	0.31	0.28	0.26	0.24	0.23	0.21
22	0.51	0.47	0.43	0.39	0.36	0.33	0.31	0.28	0.26	0.24	0.23	0.21	0.20
24	0.46	0.43	0.39	0.36	0.33	0.31	0.28	0.26	0.24	0.23	0.21	0.20	0.18
26	0.42	0.39	0.36	0.33	0.31	0.28	0.26	0.24	0.22	0.21	0.20	0.18	0.17
28	0.39	0.36	0.33	0.30	0.28	0.26	0.24	0.22	0.21	0.20	0.18	0.17	0.16
30	0.36	0.33	0.30	0.28	0.26	0.24	0.22	0.21	0.20	0.18	0.17	0.16	0.15

附表 5-3　影响系数 φ（砂浆强度 0）

β	$\dfrac{e}{h}$ 或 $\dfrac{e}{h_T}$												
	0	0.025	0.05	0.075	0.1	0.125	0.15	0.175	0.2	0.225	0.25	0.275	0.3
≤3	1	0.99	0.97	0.94	0.89	0.84	0.79	0.73	0.68	0.62	0.57	0.52	0.48
4	0.87	0.82	0.77	0.71	0.66	0.60	0.55	0.51	0.46	0.43	0.39	0.36	0.33
6	0.76	0.70	0.65	0.59	0.54	0.50	0.46	0.42	0.39	0.36	0.33	0.30	0.28
8	0.63	0.58	0.54	0.49	0.45	0.41	0.38	0.35	0.32	0.30	0.28	0.25	0.24
10	0.53	0.48	0.44	0.41	0.37	0.34	0.32	0.29	0.27	0.25	0.23	0.22	0.20
12	0.44	0.40	0.37	0.34	0.31	0.29	0.27	0.25	0.23	0.21	0.20	0.19	0.17
14	0.36	0.33	0.31	0.28	0.26	0.24	0.23	0.21	0.20	0.18	0.17	0.16	0.15
16	0.30	0.28	0.26	0.24	0.22	0.21	0.19	0.18	0.17	0.16	0.15	0.14	0.13
18	0.26	0.24	0.22	0.21	0.19	0.18	0.17	0.16	0.15	0.14	0.13	0.12	0.12
20	0.22	0.20	0.19	0.18	0.17	0.16	0.15	0.14	0.13	0.12	0.12	0.11	0.10
22	0.19	0.18	0.16	0.15	0.14	0.14	0.13	0.12	0.12	0.11	0.10	0.10	0.09
24	0.16	0.15	0.14	0.13	0.13	0.12	0.11	0.11	0.10	0.10	0.09	0.09	0.08
26	0.14	0.13	0.13	0.12	0.11	0.11	0.10	0.10	0.09	0.09	0.08	0.08	0.07
28	0.12	0.12	0.11	0.11	0.10	0.10	0.09	0.09	0.08	0.08	0.08	0.07	0.07
30	0.11	0.10	0.10	0.09	0.09	0.09	0.08	0.08	0.07	0.07	0.07	0.07	0.06